Unity插件宝典

张忠喜　廖一庭◎编著

中国铁道出版社
CHINA RAILWAY PUBLISHING HOUSE

内容简介

本书从实用角度出发，详细介绍了Unity项目开发中常用的各种插件。这些插件全面涵盖了模型、特效、动画、编辑器、脚本、GUI、Shaders、优化等各种类型。书中对每类插件都是从功能和特点开始讲解，再通过具体的操作步骤详细介绍其使用方法和操作技巧，最后通过一个游戏案例和一个AR案例，讲解综合运用各种插件进行项目开发的实战。

配套资源中提供了书中案例的源文件和用到的素材文件。

本书适合Unity初学者、游戏开发者、程序员、AR&VR开发人员阅读学习，也可作为大专院校相关专业师生的学习用书和培训学校的培训教材。

图书在版编目（CIP）数据

Unity插件宝典/张忠喜，廖一庭编著．—北京：中国铁道出版社，2019.3

ISBN 978-7-113-25315-8

Ⅰ．①U… Ⅱ．①张… ②廖… Ⅲ．①游戏程序-程序设计 Ⅳ．①TP311.5

中国版本图书馆CIP数据核字（2018）第295506号

书　　名：Unity 插件宝典

作　　者：张忠喜　廖一庭　编著

责任编辑：于先军　　　**读者热线电话**：010-63560056

责任印制：赵星辰　　　**封面设计**：MXK DESIGN STUDIO

出版发行：中国铁道出版社（100054，北京市西城区右安门西街 8 号）

印　　刷：中国铁道出版社印刷厂

版　　次：2019 年 3 月第 1 版　2019 年 3 月第 1 次印刷

开　　本：787 mm×1 092 mm　1/16　**印张**：22.75　**字数**：549 千

书　　号：ISBN 978-7-113-25315-8

定　　价：118.00 元

前言

随着各类游戏的普及和每个行业的游戏化应用，有越来越多的开发软件可以帮助开发人员设计出不同形态的游戏，并将这些游戏延伸到Web、台式电脑和移动设备。Unity游戏引擎是目前市场上最热门的精英游戏引擎之一。它已经被大型游戏工作室和独立开发者用于创建许多的2D和3D游戏。而随着Unity的免费版本和Unity 2018的发布，使用Unity的开发人员已经遍及到各个领域。

Unity提供的资源商店无疑是开发人员最喜爱去寻宝的地方，不论是美术设计人员还是刚接触Unity的初学者，在资源商店里面都可以很容易地找到各类游戏的开发素材。目前市场上的游戏开发书籍比较偏向程序的编写与逻辑思路的引导，而对于Unity资源的使用大多来自于网站的介绍，有鉴于此，我们经过研究与讨论后，决定出版一本专门针对Unity资源使用的书籍。

在本书中，你将学习使用不同类型的插件来建构所需的游戏效果，对于一名独立开发者来说，高效率是至关重要的，通过这些插件快速创建一个游戏环境是一项令人兴奋的工作。无论你是刚开始学习游戏开发还是拥有其他游戏引擎的使用经验，本书都将是你使用Unity插件来制作游戏的一部绝佳宝典。

配套资源中提供了书中实例的源文件及书中介绍插件的官方下载网址。

配套资源下载网址：http://www.m.crphdm.com/2019/0102/14006.shtml。

在本书的编写过程中，特别感谢Unity官方的刘玥与几位游戏界好友的鼎力支持，并对于插件资源的应用层面提出更为深入的见解与指点。同时感谢中国铁道出版社的编辑与纳金网郭经理的全力支持，才得以让本书能顺利上市。本书仍有未尽完美之处，期望各位业界同仁与游戏开发爱好者不吝指教。

野猪 / 艾西格亚

2019年2月

配套资源下载网址：

http://www.m.crphdm.com/2019/0102/14006.shtml

配套资源下载网址：

http://www.m.crphdm.com/2019/0102/14006.shtml

目 录

第 1 章
模型类插件

本章主要介绍资源商店中关于模型创建与关卡制作的主要插件，通过模型插件的功能说明后，我们就可以在游戏与虚拟现实项目里面快速地打造出多种不同风格的场景。模型插件适用于项目初期时设计出游戏原始场景，对于美术与策划人员来说是场景设计的绝佳参考资源。

1.1 EasyRoad3D——道路创建的强大工具

1.1.1 简述

以往在游戏中的道路模型是从三维软件制作后导入Unity，如果遇到路面修改的情况就必须回到三维软件进行修改并重复一次导入的工作。EasyRoad3D是一个非常理想的道路制作工具，此插件学习容易，对于道路两旁的配套模型也能快速制作，运用在虚拟现实的场景中十分的适合。

1.1.2 功能

EasyRoad3D提供了多种路面形态，例如围栏、墙面、管道、树木、桥梁与火车轨道，或是任何沿着曲线产生的模型，都可以在几个点选后直接完成。

1.1.3 操作流程

下面将一步一步地介绍EasyRoad3D插件的使用方法。

Step 1 首先在场景中设置一个具备纹理的地形，或使用任何其他已经具备高度的地形来制作道路，如图1-1所示。

Step 2 选择GameObject>3D Object>EasyRoad3DV3>New Network命令，在Hierarchy面板里面自动生成一个EasyRoad3D模型组件，如图1-2所示。接着在Inspector的EasyRoad3D工具图示里面单击Add New Road/Object按钮，底下出现的Type为内置的道路类型，我们可以先使用默认的道路形态，然后再单击Add New Object进行道路的创建。

Add New Object的功能是先设置所选择的道路类型，在Hierarchy面板里面的Road Object底下的子物体即为设置的类型名称，如图1-3所示，Road Object的层级表示在一个地形上允许创建出多个道路。

图 1-1

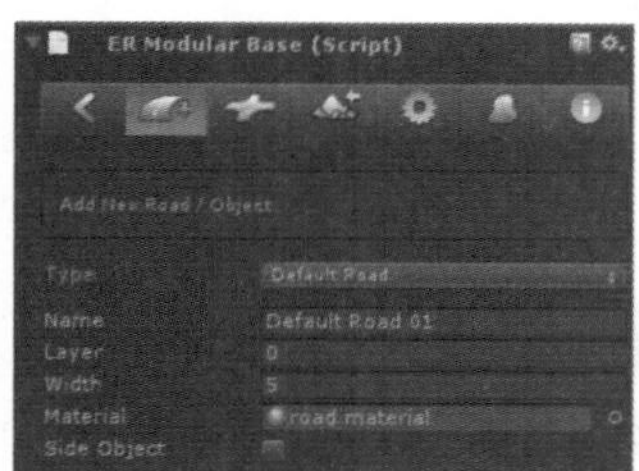

图 1-2

图 1-3

Step 3　在地形上单击Shift+左键就可以开始创建道路，如果觉得创建后的道路不是很理想，可以点选道路上的任何一个小圆点，再单击Inspector里面的Delete Road直接删除。图1-4中显示的是道路上的控制点。

图 1-4

Step 4　创建道路的过程中也可以选择小圆点进行位置的调整，如图1-5所示。这里需要注意的是如果勾选了Follow Terrain Control的选项（Inspector第一个图示工具里面），小圆点就会被锁定在地形表面进行移动。

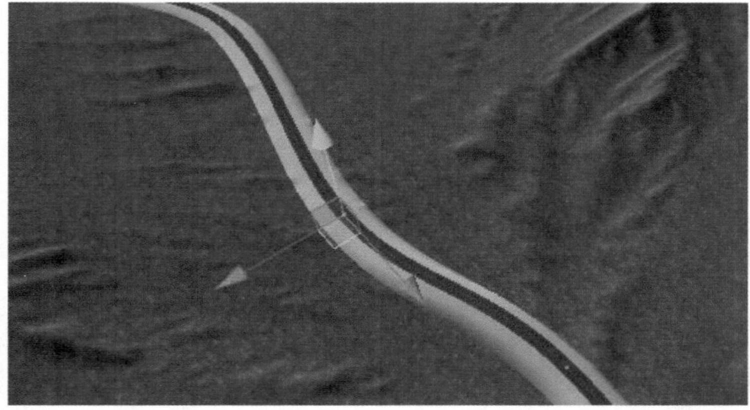

图 1-5

通过道路上小圆点的位置调整，地形上已经显示出所需要的道路基本结构，如图1-6所示。

Step 5　调整好道路的位置后，单击工具栏的贴合地形按钮，如图1-7所示，这个功能主要是让EasyRoad创建的道路与地形无缝的结合，如果道路下面已经有树木或其他物体也会在选择Build Terrain后自动的移除。

通过Build Terrain功能的调整EasyRoad产生的模型与地形结合后，现在整个道路效果已经呈现出来，如图1-8所示。

图 1-6

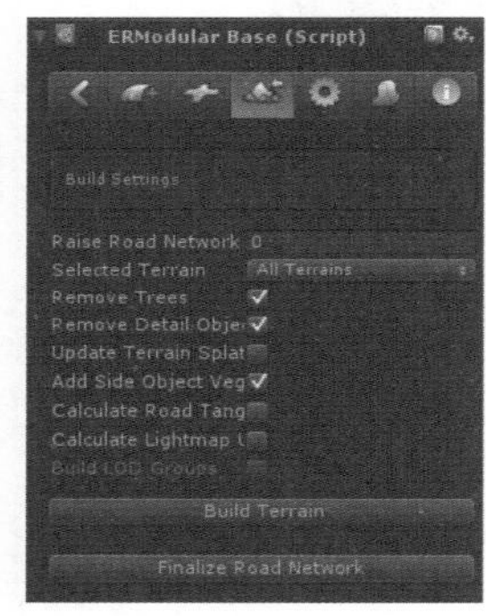

图 1-7

图 1-8

通过几个简单的步骤，我们就可以在地形上面快速地创建出道路，尤其是参数化的调整模式可以帮助我们将道路细节制作得更为完善。

EasyRoad还提供了一个很方便的功能，就是在道路与地形结合之后，如果还需要要修改道路的位置，可以单击Back to Edit Mode就能恢复到原来的道路修改模式，如图1-9所示。

在建立道路时，单击Add New Object之后再打开Side Object State就可以任意选择道路两边的配套模型，如图1-10所示，勾选不同的选项后，在单击Shift键建立道路时就可以看到效果。

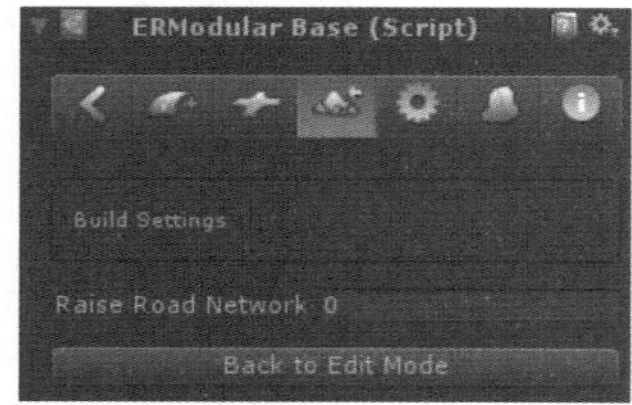

图 1-9

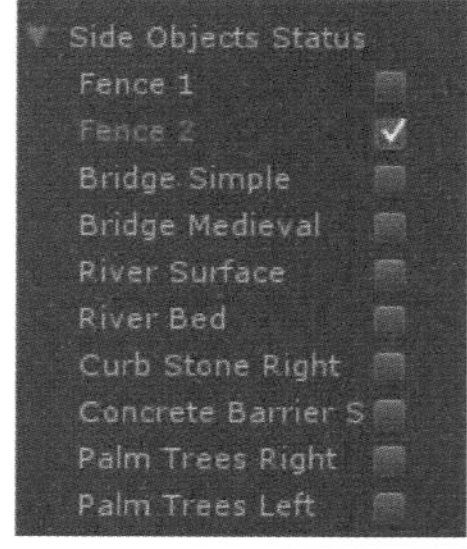

图 1-10

如图1-11所示，我们选择了Side Object里面的Concrete Barrier与Lamppost来创建道路中间与两边的路灯。

图 1-11

那么要如何查看场景中的道路效果呢？是否需要再使用一个新的相机来查看？对于这点，EasyRoad提供了一个非常方便的功能，在Cam Fly Over里面可以拖动Position来预览相机在道路上的任何一个位置，调整Height的数值则是改变相机的预览高度，如图1-12所示。

通过相机的位置与高度预览后，再单击Build Terrain下方的Finalize Road Network进行最终的道路与地形结合，系统会提示一旦执行这个动作后就不能回到原来的道路编辑模式，在单击yes按钮前务必确认道路设置已经完成。图1-13 为道路与地形的合并说明提示。

图 1-12

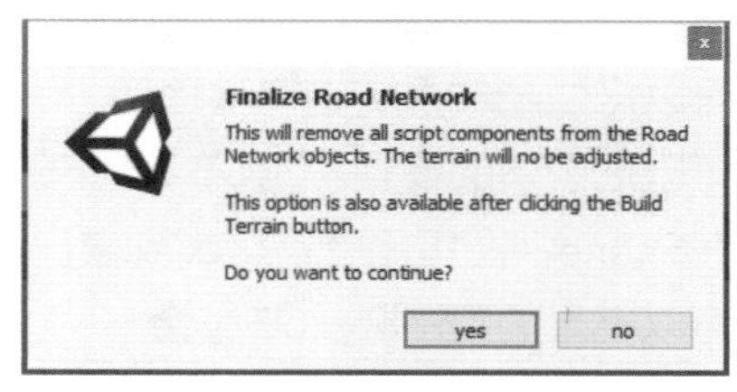

图 1-13

EasyRoad 3D带给我们的功能不仅于此，除了弯曲的道路外，也能制作一般的十字路口，而这个道路系统的制作流程有一定的规范，我们特别列出几个操作的重点：

图 1-14

1）首先是添加EasyRoad 3D的基本组件；

2）选择道路与Side Object的产生类型；

3）单击Shift+左键在地形上添加道路的基础原型；

4）调整蓝色小圆点来修正道路的位置；

5）使用Build Terrain测试道路与地形结合的效果；

6）回到道路编辑模式调整道路；

7）修改完成后执行最终的道路与地形结合。

1.2 Building BuildR Procedural Generator——建筑模型制作

1.2.1 简述

不论是游戏或是虚拟漫游的制作过程中，将3D软件创建的模型导入Unity是一个标准的流程，对许多的用户来说，在Unity里面直接制作建筑模型估计是不太现实的事情。BuildR插件的出现确实让许多设计建筑漫游的用户感到振奋，原来Unity里面也可以通过几个简单的点击就产生各式各样的建筑模型。

1.2.2 功能

BuildR插件的主要的功能有：

- 可以使用在Unity的个人版与专业版
- 自定义建筑的贴图、空间与风格
- 可以产生建筑内部结构与楼梯
- 可以把创建的模型导出OBJy与FBX格式
- 在Scene视图里面就可以看到自己创建的建筑模型
- 可以完全的跟Unity IDE整合

1.2.3 操作流程

Step 1 安装BuildR插件后，在GameObject的菜单下多了Create New BuildR Building这个功能，选择这个功能后在Hierarchy面板里面自动生成一个New Building物件。如图1-15所示为创建BuildR的菜单位置。

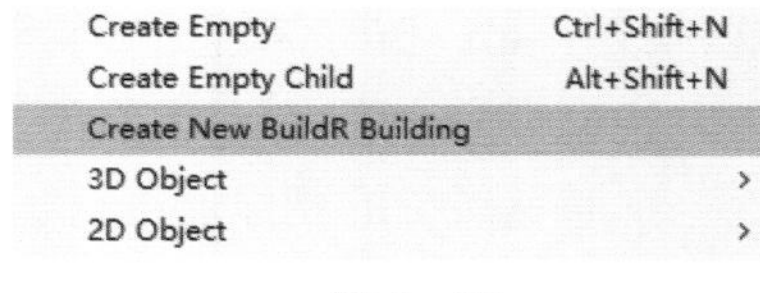

图 1-15

在生成BuildR的物件后，如图1-16所示，这是在Hierarchy面板内的New Building物件结构。

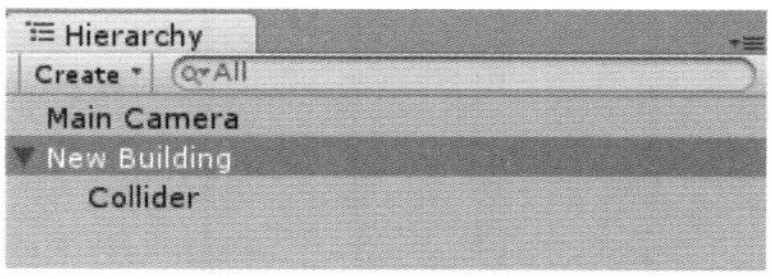

图 1-16

Step 2 单击New Building，在Inspector里面即可看到BuildR的编辑工具，如图1-17所示。单击Start floorplan with basic square功能创建一个基本的楼面2D图形。

Step 3 在Scene视图里面拖动这个图形到想要摆放的位置，同时我们注意到在这个2D的四周提供了以米为单位的尺寸标注，如图1-18所示。

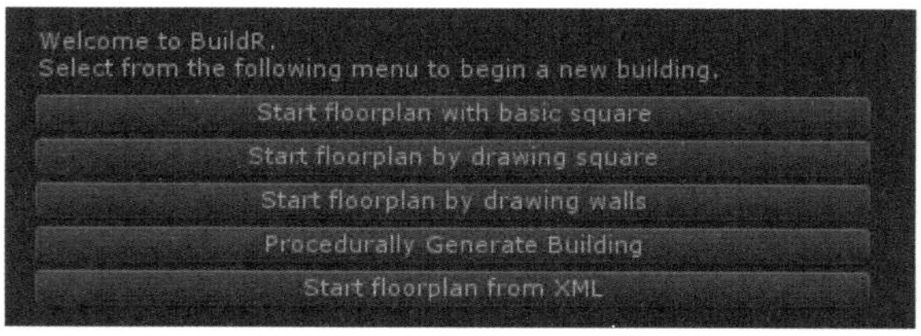

图 1-17

Step 4 接着需要对这个基本图形进行修改，可以直接选择一个白色控制点进行移动，或是配合使用Shift键选出多个控制点，如图1–19所示，绿色的小方块是被选出来的点，然后再拖动红蓝箭头即可调整外形。

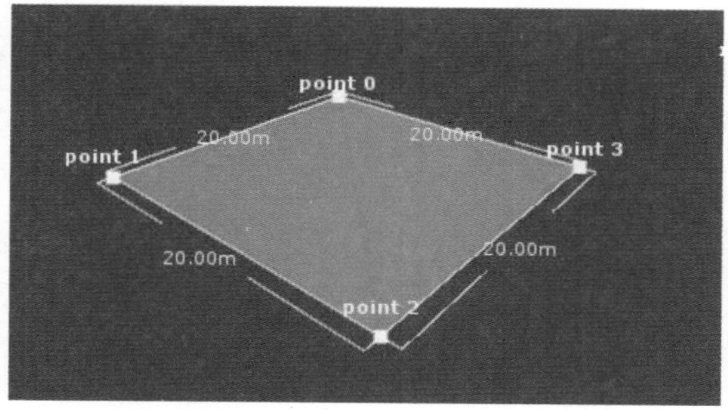

图 1–18

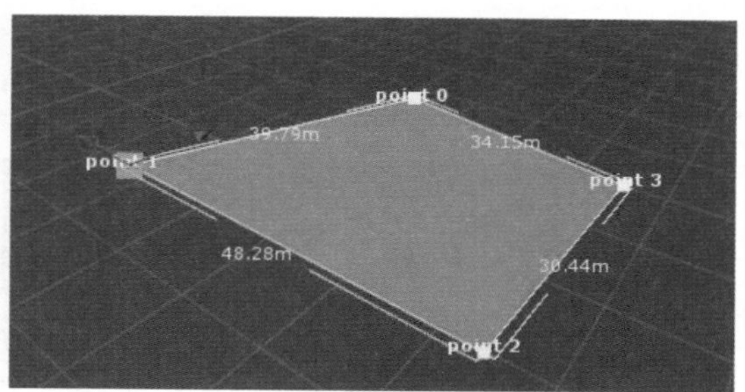

图 1–19

注意：在移动这些控制点的时候，需要注意红蓝箭头对应的是X与Z轴的方向，而控制点Y的垂直方向是无法移动的。

Step 5　由于基本图形只有四个控制点，我们需要在图形上面增加一些控制点来调整外形，单击Split Wall这个功能，在线段上面点选即可增加一个新的控制点。如图1–21所示为线段的修改功能列表。

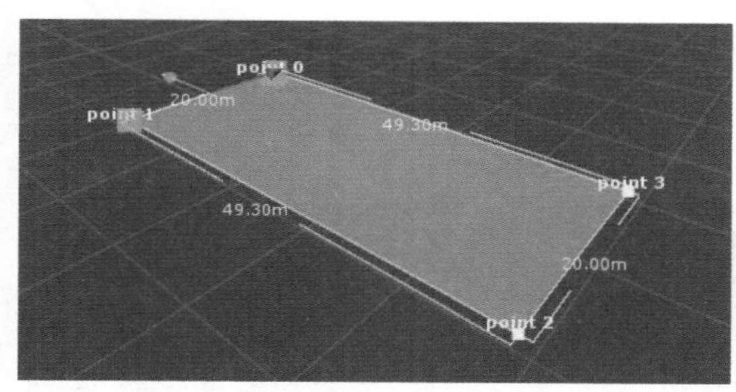

图 1–20

Volume Plan Modification

Split Wall

Add Point To Volume

Remove Wall Point

Extrude Wall

图 1–21

图1–22所示为经过Split Wall功能修改后的结构，接下来就可以通过这些新增的控制点来改变造型。

Step 6　接下来我们希望从线段延伸出一个新的平面，单击Add New Volume By Extending Wall，然后选择线段即可延伸出新的平面。图1–23显示新增平面功能的位置。

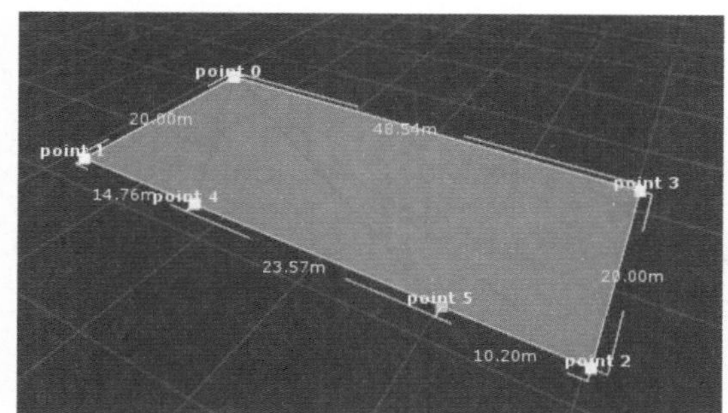

图 1–22

图 1–23

如图1–24所示，通过Add New Volume By Extending Wall的功能，原来的平面现在延伸出了两个新的平面。

Step 7 修改好初步的形状后，单击工具栏的第二个按钮，原来的平面图形立即转换为3D的楼房。图1–25为编辑模式的工具栏。

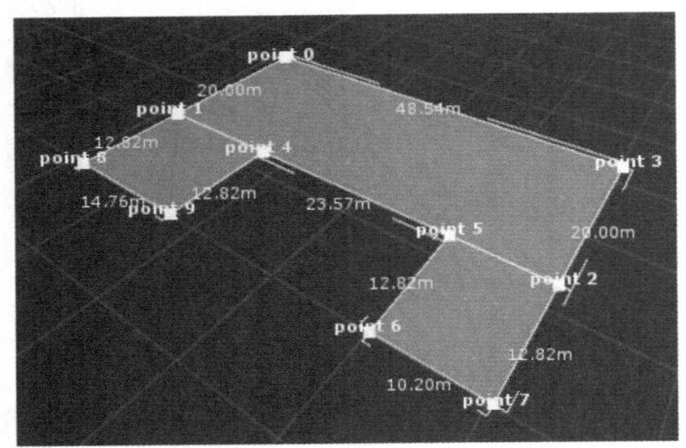

图 1–24

图 1–25

是不是很简单呢？几个动作的设置后就产生了一个3D的楼房模型，如图1–26所示。在基本的楼房产生后，如果对生成的楼房结构不满意，只要再单击第一个按钮回到平面的编辑模式即可进行修改。

Step 8 回到编辑模式后，将部分控制点选择起来，再拖动这些控制点来改变造型。如图1–27所示，通过控制点的改变来调整楼房的结构。

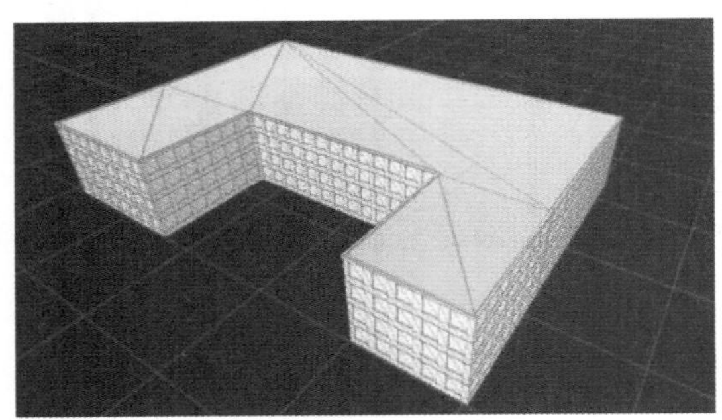

图 1–26

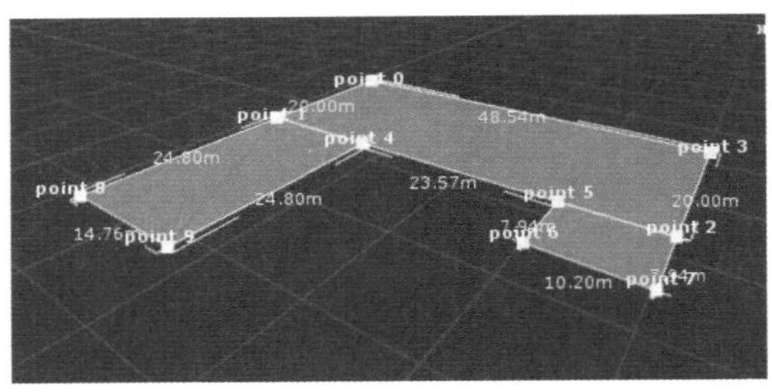

图 1–27

Step 9 再单击第二个按钮即可看到楼房造型的改变。图1–28显示的是通过控制点的调整后得到的楼房造型。

在控制点的位置调整与高度生成后，现在已经完成了一个简单的建筑外观，不过我们对于这个建筑结构还不是很满意，因为现在楼房的外墙呈现的是灰白色，接下来还需要在楼房外观上进行贴图的美化工作。

Step 10 将Texture的形态更换为bricks，这个选项表示我们要对外墙进行设置贴图的工作，如图1–29所示，在Texture的图示框里面选择一张外墙用的贴图，或是选择自己导入的图片。

通过贴图的指定后，如图1–30所示，现在楼房的外墙已经有了纹理效果，以此类推，窗户的贴图设置也是采用相同的方式来完成。

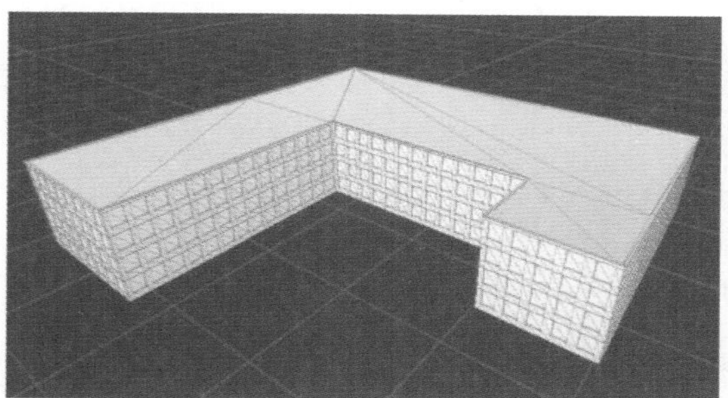

图 1-28

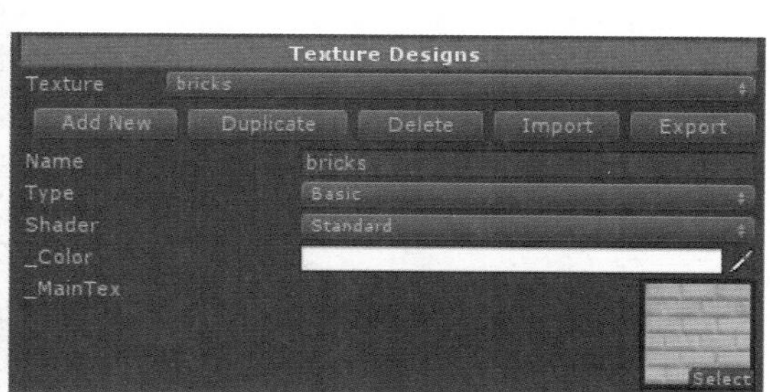

图 1-29

Step 11　在Texture选项里面将纹理更换为window，然后选择一张窗户的贴图，这样就完成了外墙与窗户的材质设置。如图1-31所示，楼房的外墙经过设置后已经具备了纹理效果。

图 1-30

图 1-31

如果游戏的场景需要楼房上空的镜头，那么Texture的选项里面还提供了屋顶纹理的设置，步骤与前面指定window，brick的设置方法相同。如图1-32所示，这是在屋顶设置了贴图的模型效果。

在指定完成贴图后，我们还可以对楼房的一些细节进行调整，在Facade Designs的栏位里面提供了多种关于外墙的调整参数，例如将Opening Depth的数值加大，窗户的深度也跟着改变。另外一个情况是window的贴图默认是Tiled的模式，会导致窗户看起来有点奇怪，解决的方法是在window设置的下方取消Is Tiled的勾选。图1-33所示为Is Tiled取消勾选的状态。

Step 12　在Building Design的栏位里面可以对已经产生的楼房进行局部高度的调整，如图1-34所示，在单击局部高度的按钮后，楼房里面会出现向上的箭头，拖动其中一个箭头即可拉高模型的局部高度。

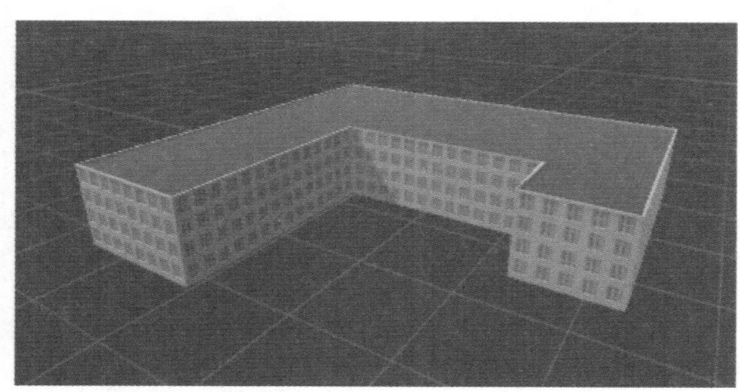

图 1-32

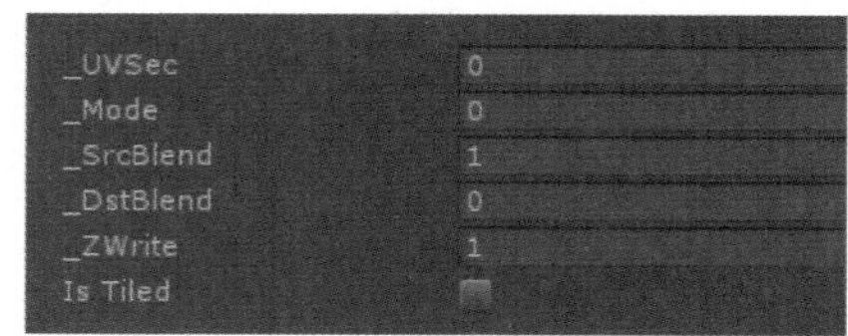

图 1-33

图 1-34

移动绿色箭头就可以快速地调整楼房不同位置的高度，这个功能与一些三维软件的操作模式可说是非常的相似，通过这个方法就能很快地创建出我们需要的建筑楼房。图1–35的绿色箭头显示了不同位置的高度调整方向与调整后的效果。

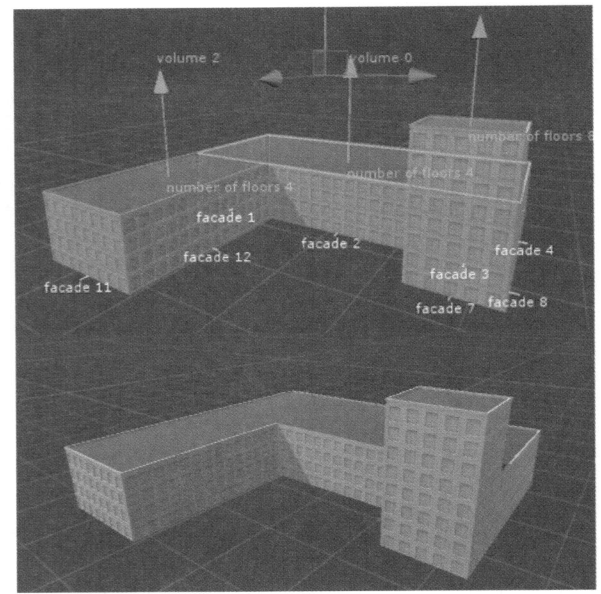

图 1–35

1.3 DropTrack：Road Course Pack——创建赛车场景

1.3.1 简述

赛车一直是玩家非常喜爱的游戏类型，游戏中速度与音效的震撼力令人痴迷，各式各样的赛车游戏也随着硬件的发展而不断的提升画面品质。在Unity的资源商店里面，属于赛车类型的插件可说是五花八门，其中也包含了赛车AI与整套游戏的模板。对于初学者来说，打造一个专属的赛车场景是一开始制作游戏时会遇到的问题。如果没有任何的模型基础，是否能快速地制作出赛车场的跑道与环境呢？接下来要介绍的这款插件相信可以解答以上的问题！

1.3.2 功能

DropTrack提供了16种不用造型的轨道模型与20种赛车场内的专用道具模型，这些模型已经设置了预制组件（Prefabs），并且附带了自定义的碰撞体与阴影的贴图。所有模型的面数非常低，可以用在单机与手机终端。模型使用了Unity自带的标准材质设置，在任何平台内都可以快速地把模型资源套入场景内进行测试。

1.3.3 操作流程

安装此插件后在Project面板内即可看到DropTrack目录结构，如图1–36所示，_Prefabs里面的RoadCourse放置了赛车场的轨道组合模型，TrackSideObject则是提供布置赛车场周围环境的物件。

在RoadCourse目录里面的赛道是以每一段造型与尺寸来区分的，所以在预览的窗口里面可以直接对照资源名称与形状来判断选用的模型，如图1-37所示。

接下来的工作是使用这些模型资源制作出一个完整的赛车跑道，这里我们使用了一张跑道背景图来作为参考，如图1-38所示，这些图片资料在网上都很容易就能搜索到，找到参考图片后可以使用把图片赋予到一个Plane上来作为底图，目的是在摆放模型时能得到较为正确的位置。

Step 1　把DT-M_CheckPoint这个起点标示的模型拖动到地面，在Inspector里面可以看到模型上面已经添加了Mesh Collider的碰撞体。如图1-39所示，绿色框线为自带的碰撞器。

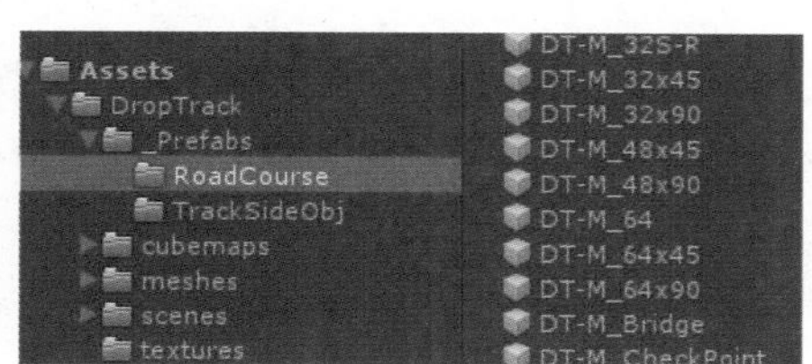

图 1-36

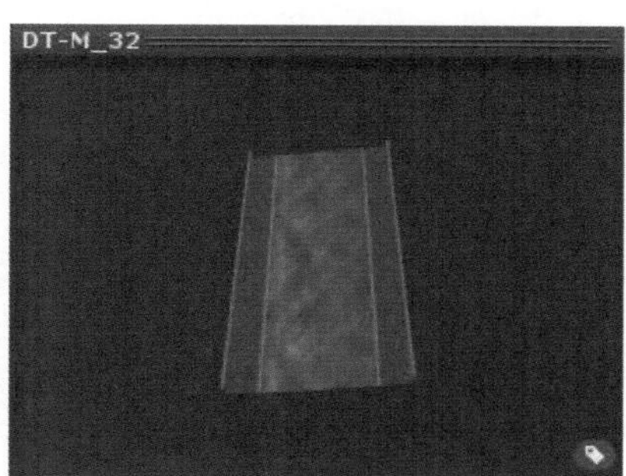

图 1-37

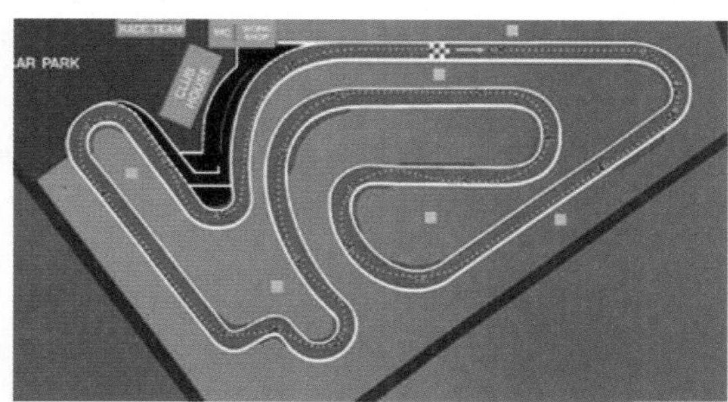

图 1-38

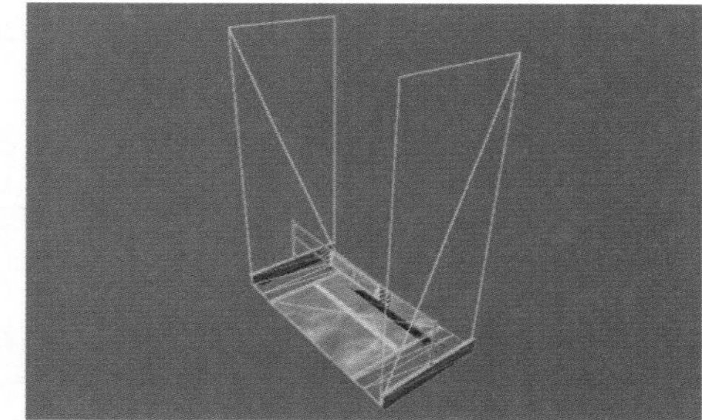

图 1-39

技巧：由于DropTrack的模型已经包含了Mesh Collider的碰撞体，在进行模型组合的时候会造成视觉上的影响，这时可以在Scene视图右上方的Gizmo里面关闭Mesh Collider的显示。

Step 2　将DT-M_64单位长度的直线赛道添加到DT-M_CheckPoint的左边，如图1-40所示，为了要精确的结合，我们必须使用V键以锁点功能配合移动进行准确的定位。

Step 3　将DT-M_64 × 45 这个90度弯角的赛道添加到直线赛道的左边进行延伸，作用是让这里出现弯道的效果。如图1-41所示，蓝色的部分为新增的弯道网格。

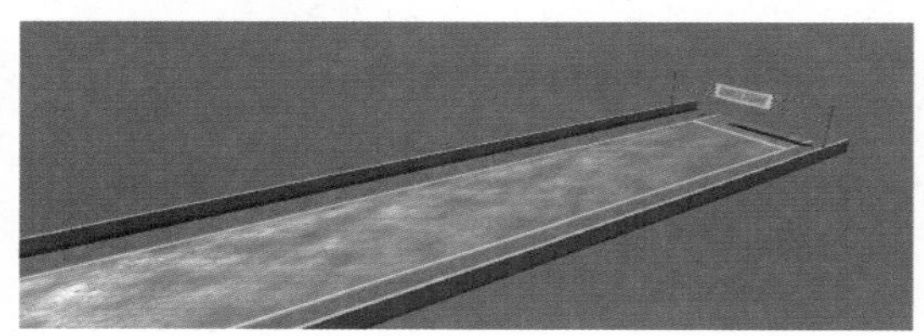

图 1-40

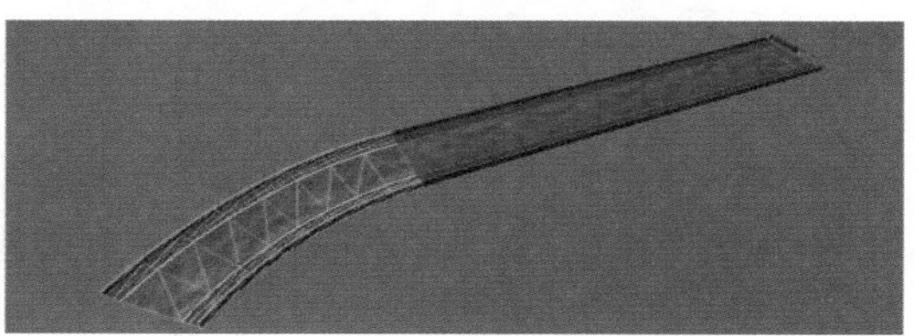

图 1-41

技巧：如果要把原来向左的弯道改变为向右，可以使用旋转功能将其转向后再进行对齐。

Step 4 接着添加DT-M_32x90直线赛道，然后再单击 Ctrl+D 复制DT-M_32 × 90 这个弯角的模型，将复制出来的模型移到直线赛道下方进行接合，如图1-42所示。

Step 5 使用相同的方式把直线与弯道模型继续添加进来，如图1-43所示，把直线与弯曲的模型组合后呈现出一个S形状的道路。

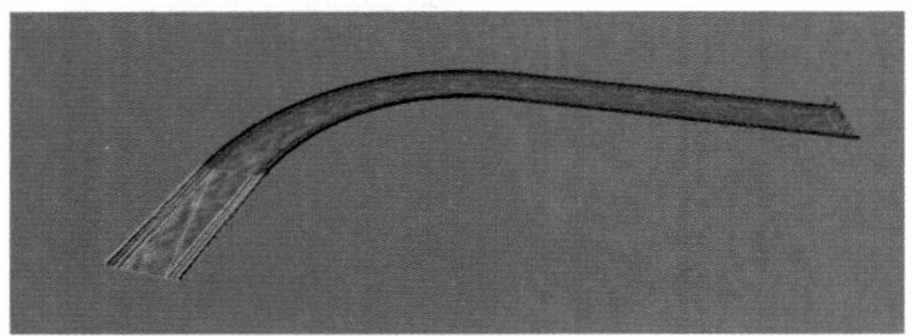

图 1-42

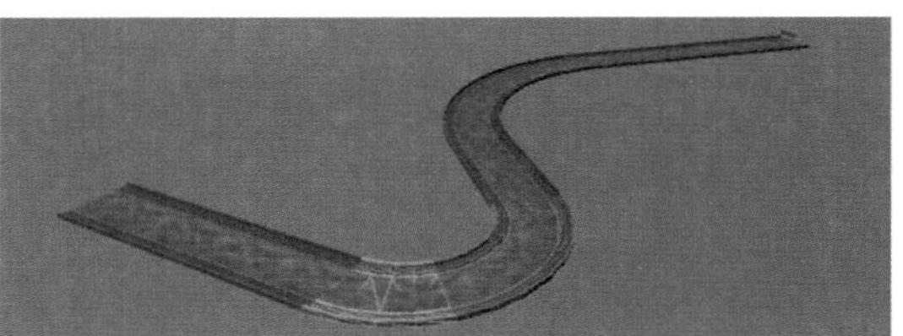

图 1-43

Step 6 继续把不同形状的模型组合进来，通过这些预制组件的名称可以很容易地找到所需要的赛道模型，过程中务必配合V键的锁点才能精确的把模型组合起来。如图1-44所示，通过不同形状的预制组件进行赛道的组合。

Step 7 在进行赛道组合接近后半段的过程中，有时必须打开背景图来进行赛道位置的确认，避免到最后的阶段无法把赛道完整地组合起来。如图1-45所示为多个预制组件结合后的赛道。

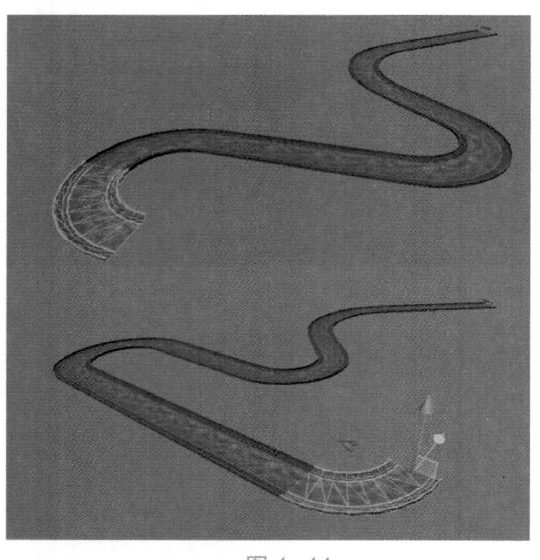

图 1-44

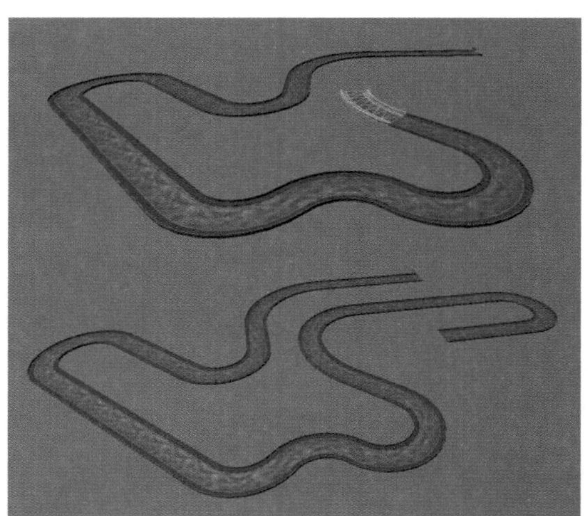

图 1-45

Step 8 赛道组合完成后，删除原来的参考背景图，添加一个平面的网格并赋予草地的材质效果。如图1-46所示为赛道与地面的完成效果。

赛道的布置完成后，接着需要添加赛车场的周边配套模型，在TrackSideObject目录里面提供了多种不同类型的物件让我们进行赛车场的配置。

Step 9　把赛道里面需要的卡车与办公楼、灯柱、看台、周围树木的贴图等模型添加进来，如图1-47所示，在Gizmo里面打开Mesh Collider的显示，现在我们就可以看到一个专用的的赛车场景。

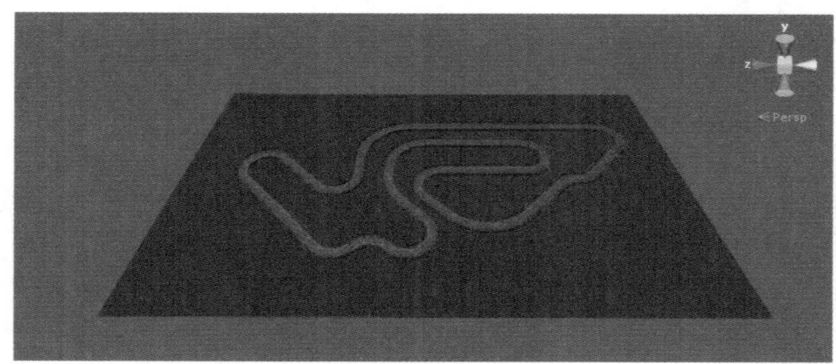

图 1-46

图 1-47

Step 10　为了让场景看起来更加丰富，我们使用了另一个天空盒来取代默认的背景，并使用雾化让整个场景增加了深度的效果。如图1-48所示是为场景加上天空盒的效果。

图 1-48

> **注意：** 使用DropTrack组合出专属的赛车场后，如果需要把场景导出到其他的三维软件，我们应该如何处理呢？推荐一个Export2Maya的插件，通过这个插件导出就能把场景保存为ma的模型格式。

DropTrack插件对于开发者来说是一个非常不错的赛车游戏原型，而且每一个的模型面数非常的低，不论是运行在单机与手机平台上都有很理想的画面效果，如图1-50所示为场景的完成效果。我们还可以使用Realistic Car Controller这类的插件来搭配DropTrack进行赛车游戏的开发，使用这几个方便而有效率的插件来制作赛车类的游戏将是一件轻松愉快的工作。

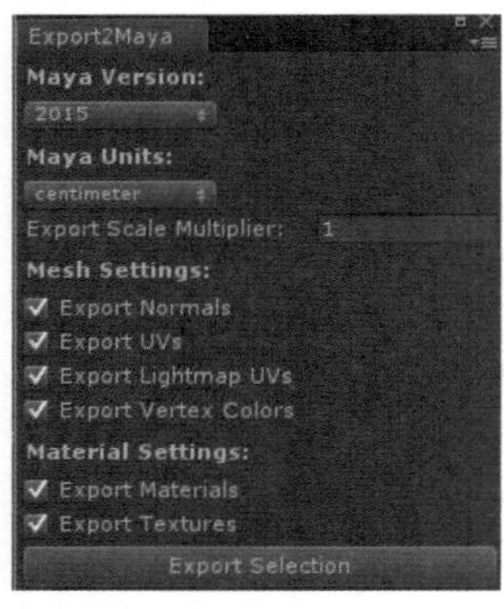

图 1-49

图 1-50

1.4 TerrainComposer——快速创建高品质地形

1.4.1 简述

TerrainComposer是一个用来制作3A级地形的专用插件，只需要简单的几个点击动作就可以得到令人惊艳的地形效果。

TerrainComposer在操作上非常容易，使用的界面布局也很清晰并容易学习。简单来说就是以往需要耗费几天的工作才能制作出来的地形，使用TerrainComposer只需要几个操作步骤就能完成。TerrainComposer不仅可以节省制作时间，品质与速度的优势也非常明显，使得这个插件成为Unity资源商店里面的一个极为热门的地形制作工具。

1.4.2 功能

TerrainComposer的主要功能如下：

- 在运行模式下产生无限地形
- 可以把地形输出为Obj格式
- 可以跟WorldComposer插件结合使用
- 可直接导入WorldMachine软件产生的Splat贴图
- 可以把TC的项目设置为一个Prefab，然后在其他的场景里面直接使用

1.4.3 使用说明

下载并安装资源后，在Window的菜单内找到Terrain Composer(TC)，单击后即可打开TC专用的功能面板，如图1-51所示为Terrain Composer的菜单位置。

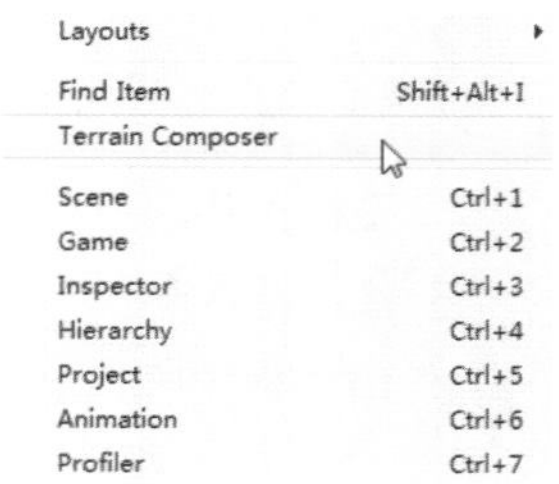

图 1-51

由于TC提供的功能非常丰富，建议将这个面板拖到Inspector的右边以便于随时进行设置与调整，如图1–52所示的视图编排是我们推荐的方式。

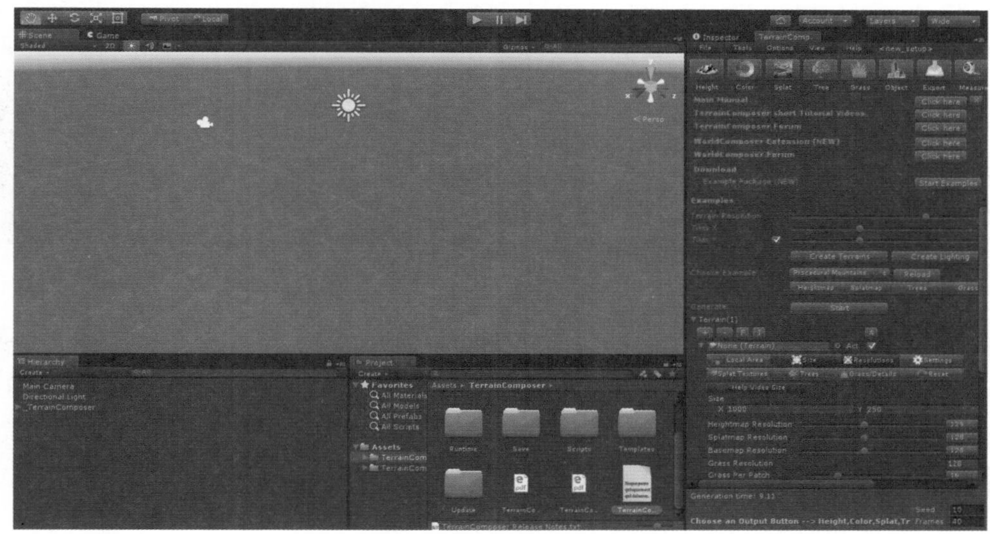

图 1–52

在使用TC之前，建议将其附带的案例资源包一并下载，操作的方法是单击工具栏最右边的Help，如图1–53所示，在Download的栏位提供了资源包的下载位置，单击Download下载完成再进行安装。绿色区域其他选项为TC的官方手册与教程。

> **注意：** World Composer可结合真实的地理数据来制作地形，RTPv3 主要是搭配Terrain Composer用来设置地形的材质，Ufs Flight Simulation Engine Forum则是用来模拟空战游戏或是飞航效果。

安装完成TC的案例资源包后，在Project的目录下就能看到TC的主要文件与Example的目录，如图1–54所示为TC的主要目录与案例文件位置。

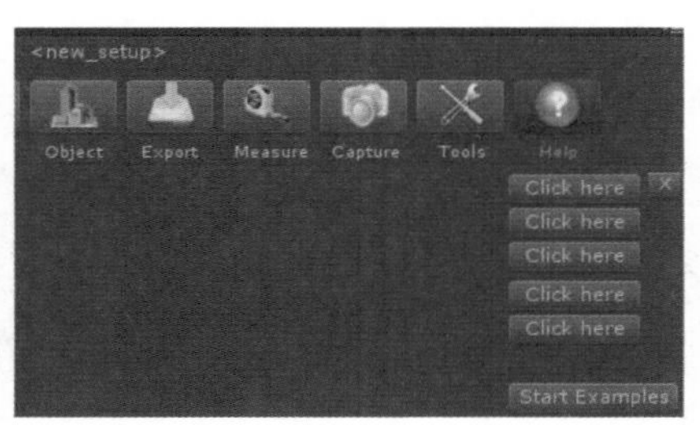

图 1–53

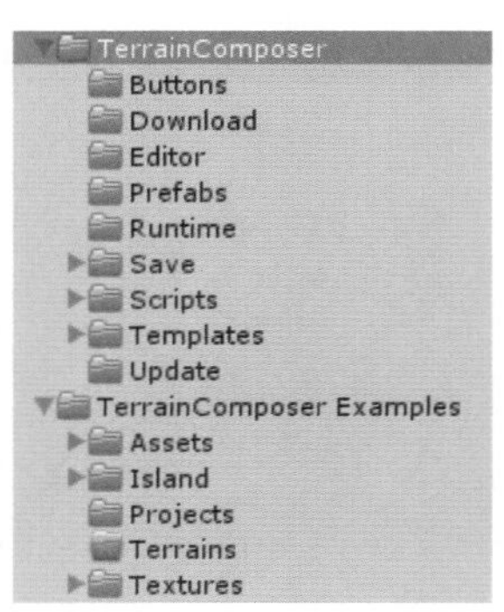

图 1–54

TC上面的工具图示从Height到Object的部分都是运用在地形的制作，后面的工具则是辅助的用途。现在我们就来演示如何使用案例资源包的内容创建出一个漂亮的地形。

1.4.4 操作流程

Step 1 首先在Terrain Resolution的栏位选择512，Terrain Tile设置2 × 2，表示产生四个512 × 512的地形，单击Create Terrain，场景内就会创建出四个地形的组合。图1-55所示为创建基本地形的设置。

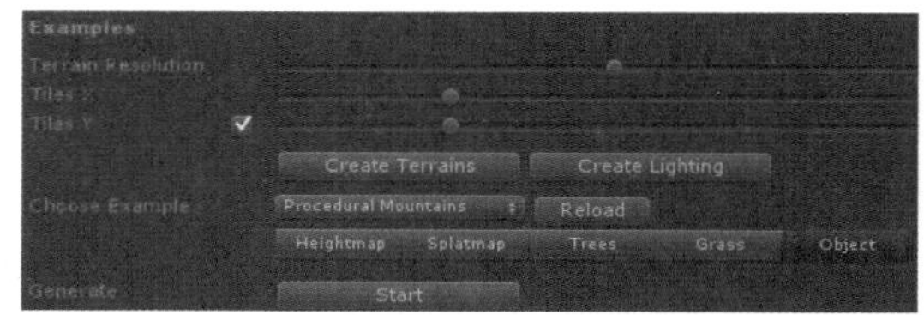

图 1-55

Step 2 接着单击Create Lighting，TC就会自动在场景内产生天光与天空盒，并附带了光晕效果，如图1-56所示，场景内自动添加天光与环境效果。

Step 3 Choose Example的选项提供了几种地形设置，默认为Procedural Mountains的地形模式，如图1-57所示。单击Reload重新进行数据的加载，再单击底下的Start按钮即可自动产生地形高度与纹理。

图 1-56

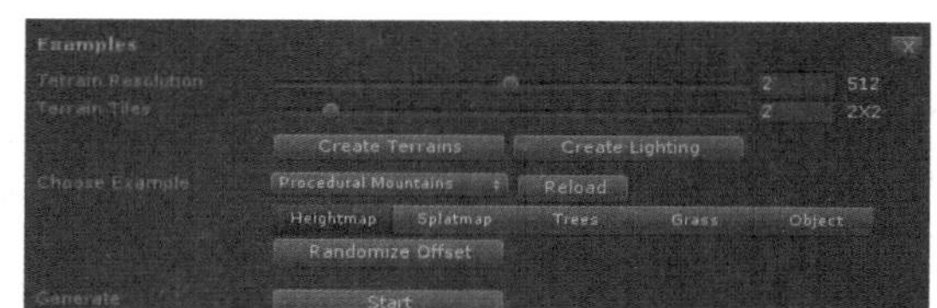

图 1-57

经过计算，原来的地形自动产生高度，如图1-58所示，地形自动生成贴图纹理与树木、植物模型，由于是参数化设置的地形，所以在生成后仍然可以通过数值的调整来改变地形。

Step 4 接着让我们来测试其他的地形范例。如图1-59所示，选择Procedural Islands的模式，单击Reload重新加载数据后，再单击Start开始生成新的地形。

图 1-58

图 1-59

如图1-60所示，这是选择了参数化的岛屿模式后产生出来的地形效果，在高低与水面的位置已经设置了不同的纹理，并且在表面摆放树木与花草的模型，整体来看与Unity早期提供的

BootCamp演示场景非常的相似。

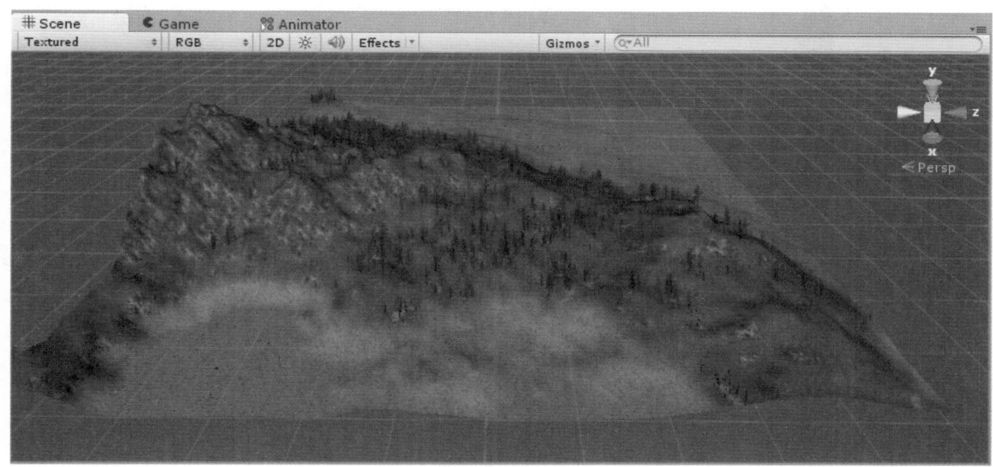

图 1-60

Step 5　导入Character Controller与Water Pro的资源，这两个资源的作用分别是用来模拟第一人称视角与水面的效果。资源导入后将First Person Controller的组件放到地面，再把Daylight Water拖动到场景内并调整其高度，单击Play后就可以进行第一人称视角的模拟。如图1-61所示，蓝色的框线为水面网格部分。

图 1-61

注意：Water Pro原来是一个单独的资源包，在Unity 5.x版本已经合并到Environment的资源里面。

以地形制作功能来说，Terrain Composer提供的工具可以帮助我们快速地创建出高品质的地形景观，并节省刷植物与绘制表面贴图的时间，如需要调整纹理，也可以回到原来的地形工具再进行调整。图1-62所示为TC产生的地形整体效果。

图 1-62

1.5 trackBuildR——快速创建赛道的超强工具

1.5.1 简介

trackBuildR是一款使用参数化创建赛道的特殊插件，帮助开发者在最短的时间内创建出高质量的赛车专用跑道，并提供赛道创建后的预览效果，同时也可以通过简单而快速的方式对赛道结构进行修改。

1.5.2 功能

trackBuildR主要被运用在各种跑道的设计与制作，与DropTrack插件最大的不同就是此插件的功能更为完整，并且内带模型的输出功能，并提供相机视角的预览。

trackBuildR有以下的特点：

- 可以使用在Unity Pro与个人版
- 自定义贴图与道路样式
- 不需要运行游戏就能看到轨道滑行效果
- 支持Substance材质
- 使用自定义的UI与Unity IDE完全的结合
- 可以使用谷歌地图KML文件产生轨道
- 支持Unity地形
- 提供完整的源码
- 可以输出跑道模型

1.5.3 操作流程

Step 1 安装trackBuildR插件后，在Game Object里面选择Create New BuildR Track创建

一个基本的跑道模型。图1-63所示为BuildR Track的菜单位置。

Step 2　视图里面显示的这个物件是trackBuildR的基本原型，结构看起来很简单，由四个独立的物件组成，并以Curve1..2..的方式排列在New Track的物件里面。如图1-64所示为BuildR Track的基本造型。

Create Empty	Ctrl+Shift+N
Create Empty Child	Alt+Shift+N
Create New BuildR Track	
3D Object	>
2D Object	>

图 1-63

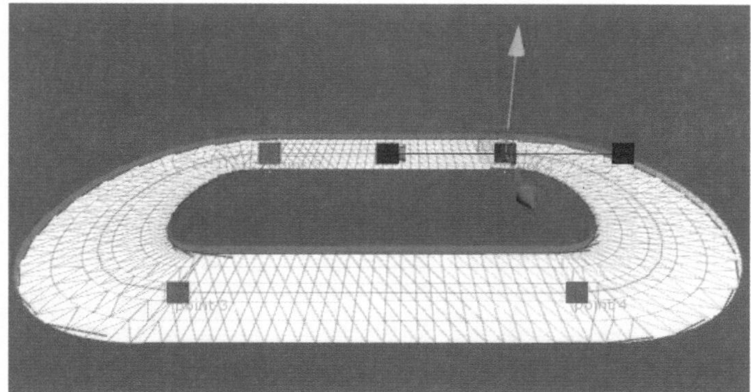

图 1-64

在Inspector里面提供了轨道的所有设置，上面的小视图可进行动态的相机角度预览，而底部的图形按钮是用来设置轨道所有参数。上方的第一个按钮的作用是调整轨道的位置，第二与第三按钮分别用来设置轨道的边界与路肩部分，在创建基本的模型后必须先对轨道进行调整。图1-65所示为BuildR Track的主要设置功能。

Step 3　选择轨道上的控制点后就可以对其位置进行调整，单击两边的黑色小方块会发现多了两边的控制杆，如图1-66所示，调整控制杆的位置就能进行角度的调整。

图 1-65

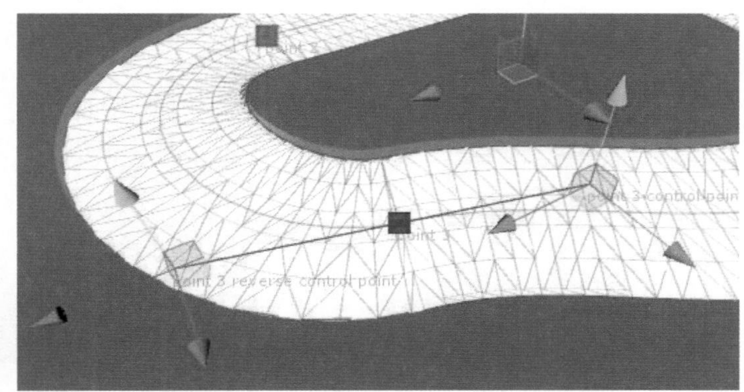

图 1-66

Step 4　Track里面的Is Looed默认为勾选，表示轨道为封闭的状态。单击Add New Point后可以在轨道上任意增加控制点，Remove Point则是单击后再选择控制点进行删除，如图1-67所示。

Track
Is Looped
Add New Point　Remove Point
Layout Track Points　?

图 1-67

如果取消Is Looped的勾选，轨道就会呈现缺口的状态，这样就可以更方便地对轨道进行调整。图1-68所示为IsLooped未勾选的状态下的轨道状态。

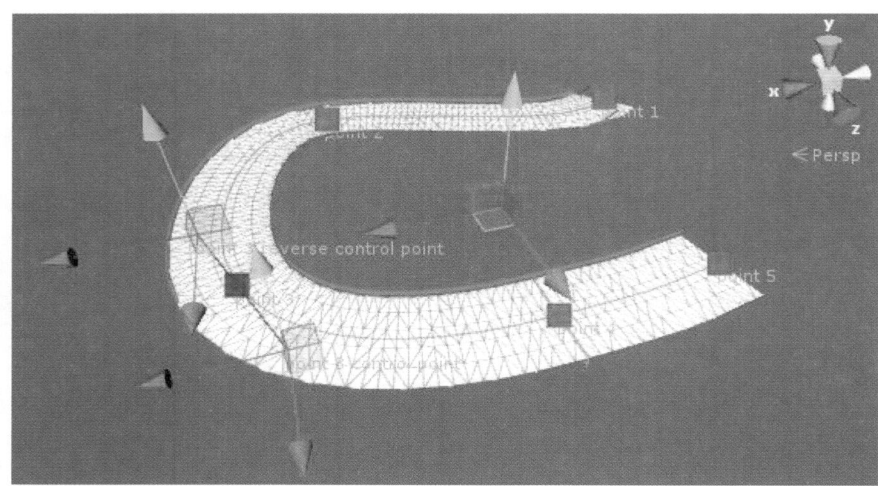

图 1-68

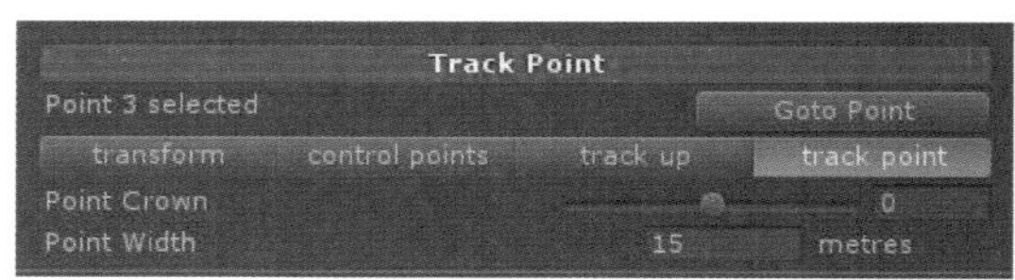

图 1-69

Track Point底部的四个功能分别用来修改轨道的表面，transform模式用来调整控制点的位置，control points用来调整角度，track up模式下可通过控制点的增加来调整轨道的倾斜度。track point 底部的Point Crown数值用来改变轨道弧度，调整Point Width的数值就可以改变轨道的宽度。图1-69所示为Track Point的功能设置。

如图1-70所示，在调整几个Track Point的位置后已经得到了基本的轨道形状，同时可以看到这个轨道会自动生成Mesh Collider，这样我们就不需要在模型创建后另外添加Colldier组件。

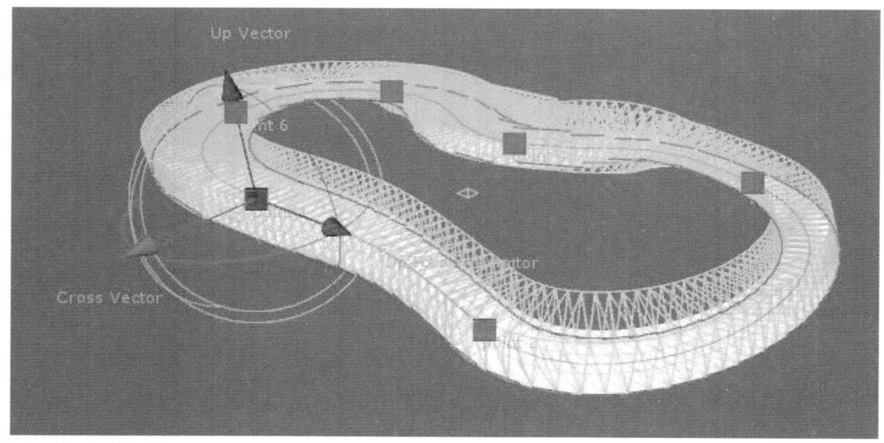

图 1-70

Step 5　接下来准备对轨道进行贴图的设置，在trackBuildR工具栏中单击油漆刷按钮，然后在底部的Track Texture Library里面对轨道进行纹理设置，在Texture栏位里分别对Track、Offroad、Wall与Bumper选择对应的贴图，贴图的案例在TrackBuildR>Textures目录下就可以找到。图1-71所示为轨道的贴图设置。

设置好轨道部分的贴图后，在Inspector里面的预览视图拖动PreviewTrack Percentage的滑竿来查看轨道赋予贴图后的效果。图1-72所示为轨道的预览窗口。

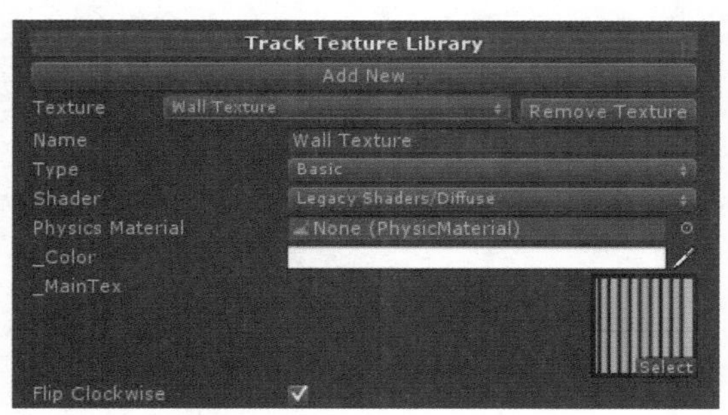

图 1-71

图 1-72

通过前面几个步骤的操作，我们已经初步了解到trackBuildR的模型制作特点，接下来的工作是，我们需要使用一张赛道平面图来描绘轨道，目的是希望通过这张底图搭配trackBuildR来进行轨道的绘制。

Step 1 单击Diagram Image按钮，确认Show Diagram为勾选的状态下，使用Load Diagram功能即可将图片添加进来。图1-73所示为加载图片背景的设置。

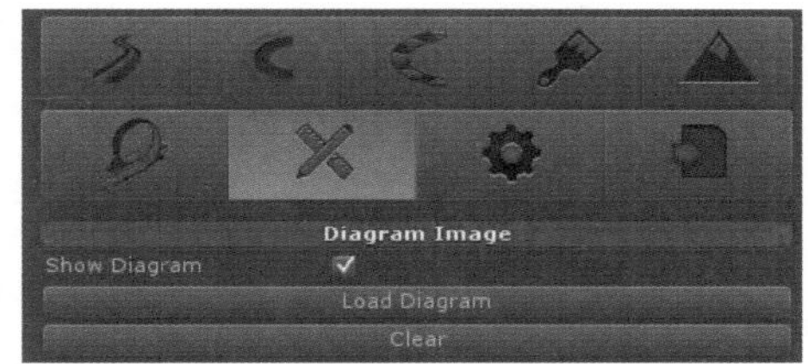

图 1-73

在图片加载进来后，现在场景里面出现了我们所选择的赛车场地图，这样就有助于把轨道模型快速地调整到适合的位置。图1-74所示为加载图片后的场景效果。

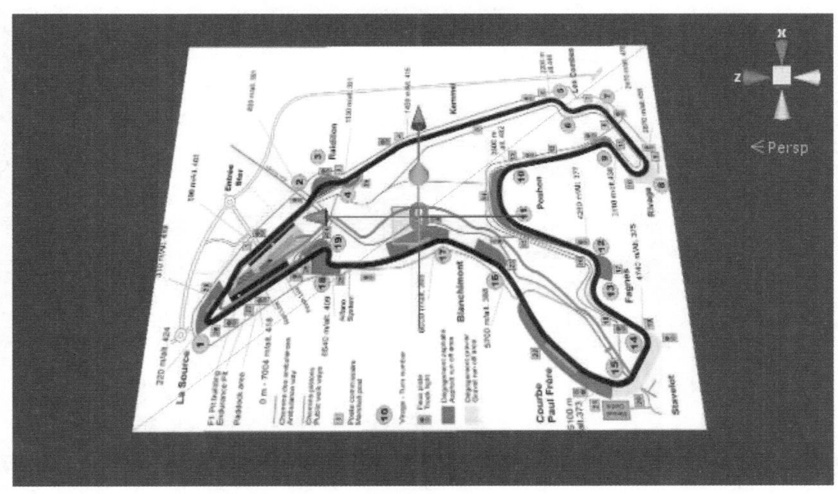

图 1-74

Step 2 接下来是准备进行轨道的绘制，在进行这个动作之前，我们需要先进行比例的修正，做法是先单击Diagram Image里面的Draw Scale功能，然后在图片上定出两个点，案例图中第一个点显示的是1490米，第二个位置显示的是2200米，表示这两个点的距离为710米。图1-75显示了两个点之间的距离。

Step 3 接着在Diagram Scale里面输入710的数值，整个图片比例就会自动进行调整，通过这个设置才能开始绘制轨道的工作。图1-76所示为设置两点间的参考距离。

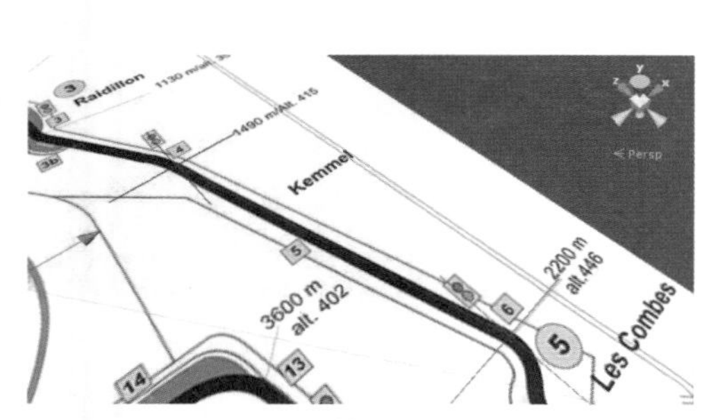

图 1-75

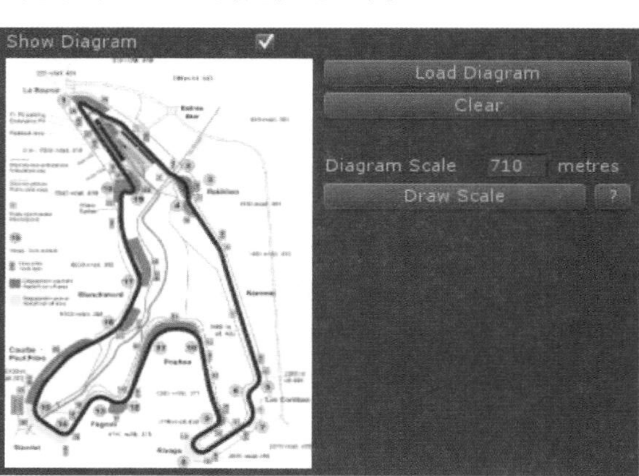

图 1-76

Step 4 单击第一个按钮进入轨道设置功能，再单击Track里面的Layout Track Points，在弹出的提示里面选择Yup，表示放弃默认的轨道图形。图1-77所示为轨道设置功能。

图 1-77

Step 5 在视图里面根据底图赛道的位置进行绘制，可以先大致描绘出路线后，再使用Track Point 里面的transform与control points调整轨道，使其形状能精确地与底图赛道完全吻合。图1-78所示为轨道与背景图的参考位置。

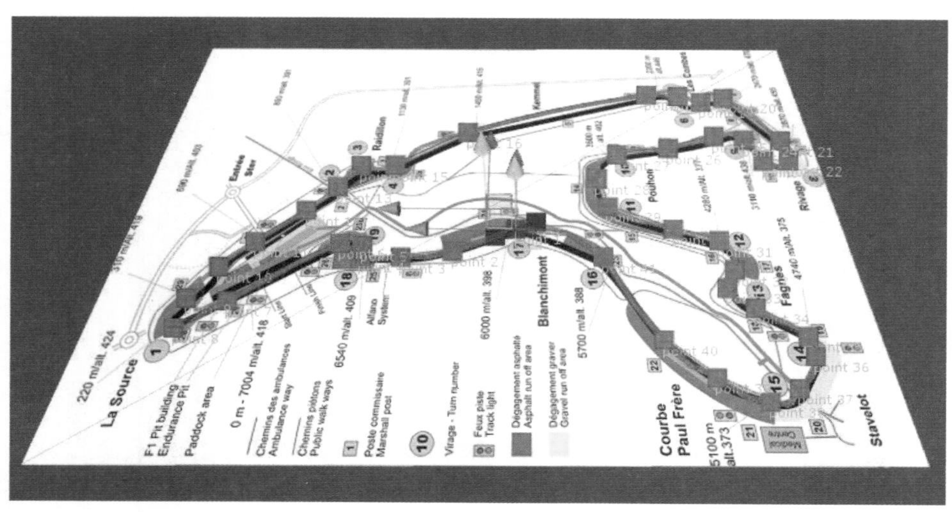

图 1-78

轨道模型绘制出来后，再调整一下Track Boundary的部分，最后加上材质就完成了整个轨道的制作。图1-79显示的是整个轨道完成的模型。

制作完成的赛道如果要与地形相互结合而产生高低路面的话，trackBuildR还提供了地形合并的功能，操作的方法是在Select Terrain选择合并的地形，再单击Conform Track进行合并，如图1-80所示。

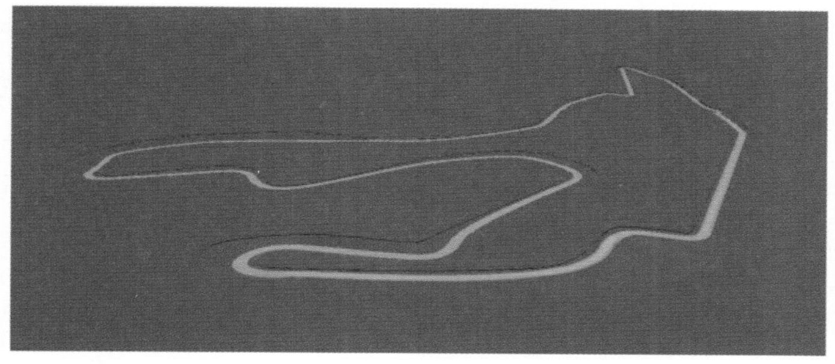

图 1-79

图 1-80

如图1-81所示，在Conform Track的合并功能后，轨道已经贴附在地形上，效果看起来非常的不错。

trackBuildR插件的功能非常完整，执行起来也很有效率，对于不是很熟悉三维软件建模的人来说，这款插件最大的好处就是提供了快速的赛道制作，并且可以制作出不同形态的道路模型，用来制作竞速类的游戏是相当不错的选择。图1-82所示为使用trackBuildR制作的场景。

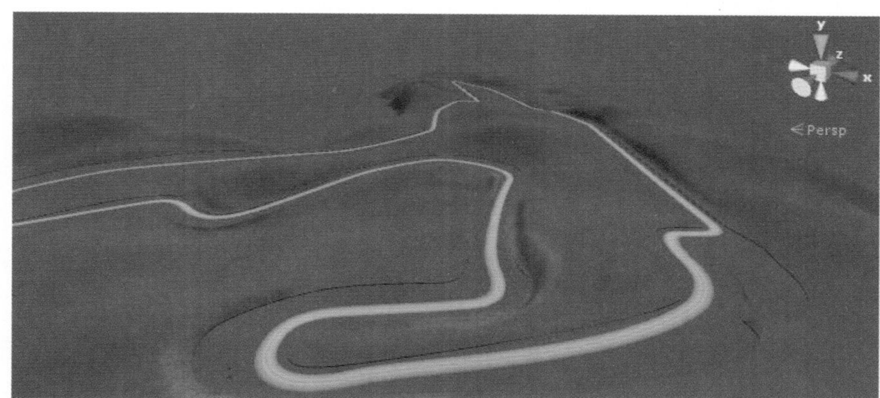

图 1-81

图 1-82

1.6 Gaia-Terrain Creation, Texturing, Population——地形景观插件

1.6.1 简介

Gala是一个能快速制作出高品质地形景观的插件，它提供了非常简化的地形制作流程，几个点选之后就能制作出高质量的地形，并赋予材质及地形所需要的各种树木花草，适合用在大型的游戏项目与虚拟现实工程中。

1.6.2 功能

- Gaia可指定与管理生成后的地形
- 可备份与分享Gaia的设置记录，让其他用户可快速地复制出相同的地形
- 可以通过Gaia提供的150多种的模板产生出各种不同样貌的地形
- Gaia制作完成的地形可以输出Obj网格模型，包含Splat纹理与法线贴图
- 可以在运行模式下直接进行高品质的游戏场景截图
- 提供多种灯光模型与相机特效
- 在产生地形后可以删除原来的Gaia设置

1.6.3 操作流程

导入Gaia的插件后，使用Window>Gaia>Show Gaia Manager打开Gaia的功能面板，Standard提供了快速的地形产生流程，Advanced提供更多地形进阶的设置，Utilities功能可以把地形导出OBJ格式。

接下来我们将演示如何使用Gaia创建地形景观，并在地形里面完成第一人称视角的漫游。

Step 1 单击Standard里面的Create Terrain & Show Stamper创建出基本的地形，并在Inspector里面显示出地形的模板设置，如图1-83所示。

Step 2 接下来需要把地形所需要的位高图拖进Stamp Preview的预览小窗口。在Gaia>Stamps目录下提供了多种形态的地形位高图，可以任选其中的一种来产生基本的地形样貌，如图1-84所示。

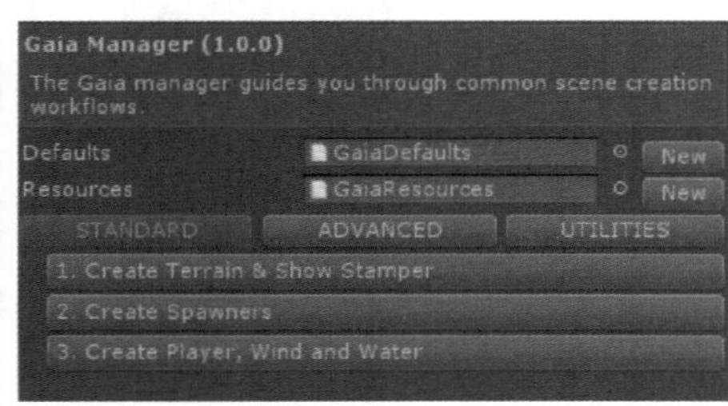

图 1-83

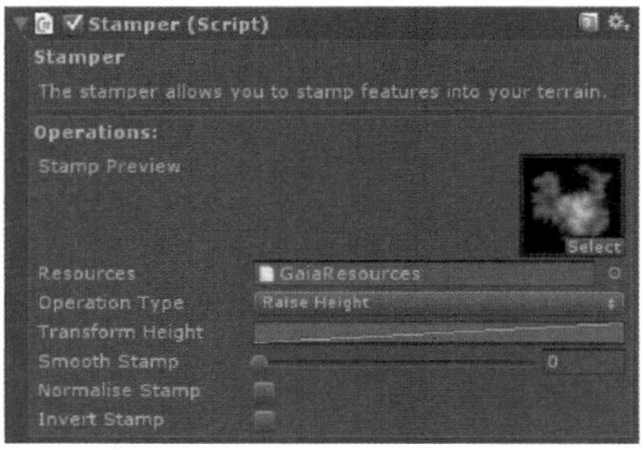

图 1-84

Step 3　把位高图拖到Stamper里面后就能看到地形的网格原型，深蓝色的部分为海平面的高度，可以通过Position, Rotate, Scale里面的数值改变地形的位置与角度，也可通过Base Level的数值调整来改变海平面的高度，如图1−85所示。

Step 4　调整好Stamper的位置与高度后，在Stamp Controller里面提供了几个地形的修正选项：单击Ground可以把Stamp网格底部贴到底部的地形；Fit To Ground的功能是把Stamp网格布满整个地形；Preview用来切换Stamp网格的预览。确认以上的设置后，单击Stamp就能生成真正的地形，如单击Undo就取消Stamp的执行动作，图1−86所示为地形调整与生成的功能。

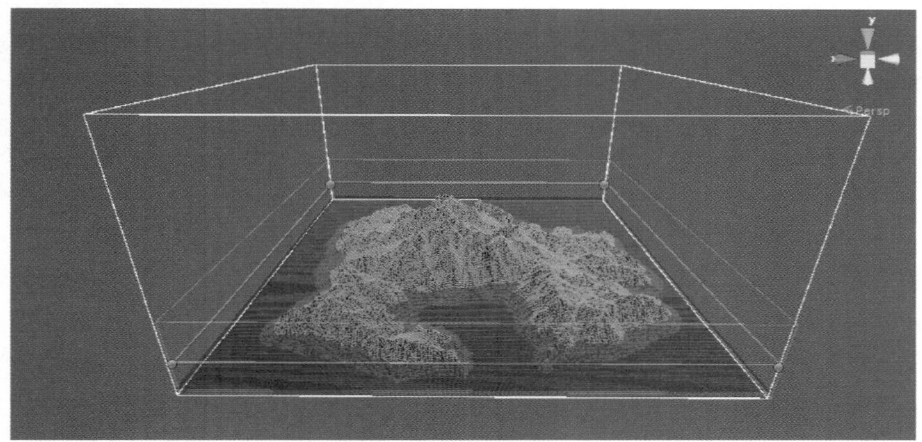

图 1−85

Stamp Controller

Ground　Fit To Terrain

Preview　Stamp　Undo

图 1−86

如图1−87所示，在通过Stamp的执行后已经生成了地形，如果觉得不满意的话，可以单击Undo回到Stamp模式再进行修改。

图 1−87

Step 5 接下来需要在地形上面添加材质与植物，回到Gaia Manager的面板，单击Create Spawners即可自动进行材质与植物的布置工作，如图1–88所示。

Step 6 在Hierarchy里面选择Gaia底部的Group Spawner，Spawners里面已设置了四种不同属性的组件，在单击Spawn的按钮后就会开始把这些组件添加到地形上面，如图1–89所示。

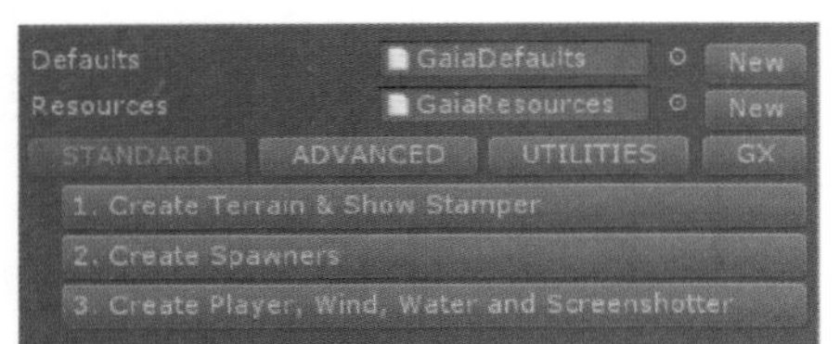

图 1–88

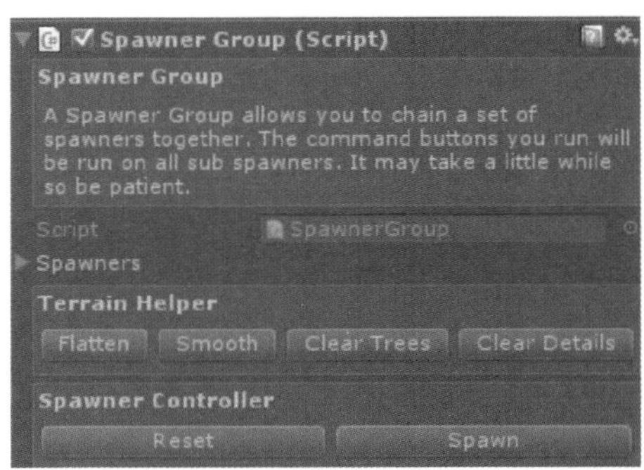

图 1–89

通过Group Spawner功能的调整后，现在地形上面已经具备了材质与花草树木的效果，如图1–90所示，如果需要继续添加或是删除这些植物，可以选择Gaia Environment底部的地形，再通过笔刷功能来进行调整。

图 1–90

Step 7 接下来是对场景进行第一人称视角漫游的设置，选择Gaia Manager>Standard最后一项功能Create Player, Wind, Water的功能后，Gaia会自动产生第一人称的视角与水面效果。

> **注意：**Gaia在创建水面时如果提示无法找到Water4Advanced的预制组件，则需要使用Assets>Import Package导入Environment的资源包，如图1–91所示。

在导入环境组件后，在地形的周围形成了水面效果，如图1–92所示。

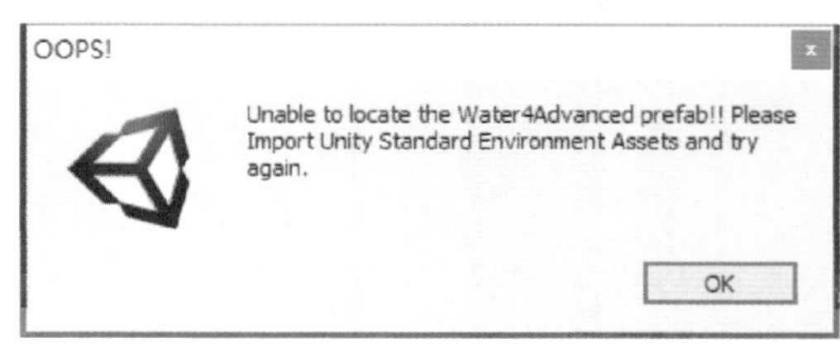

图 1–91

图 1-92

如图1-93所示，在单击Create Player, Wind, Water按钮后就可以使用方向键操作第一人称视角。

图 1-93

此外，Gaia还提供了截图的功能，选择Gaia Environment底部的Screen Shotter，如图1-94所示，在设置里面可以看到默认的截图快速键为F12，存档的格式为JPG，截图的路径为Assets目录下的Screenshots，然后把Gaia设置的FPS组件添加到Main Camera里面即可在运行模式下进行截图。

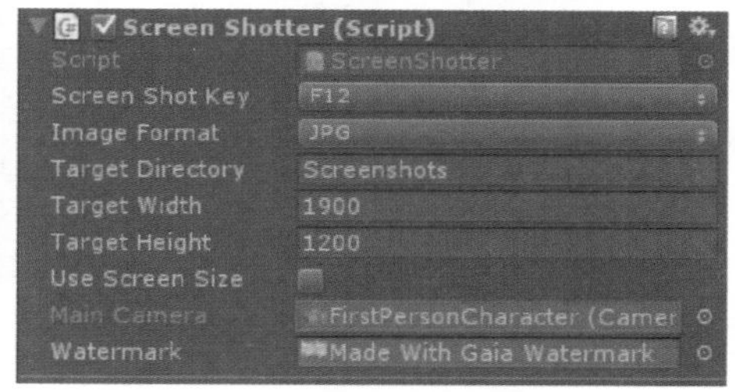

图 1-94

1.7　ProBuilder Advanced——制作关卡场景的专用插件

1.7.1　简介

ProBuilder是一个Uinty专用的建模插件，不论是小物件或是高精度的网格模型，使用

ProBuilder独特的工具都可以很快地在Editor窗口里面直接完成。对于没有建模经验的用户来说，ProBuilder几乎是马上就能上手的一个模型插件。用户如果使用过3ds Max建模，对ProBuilder所提供的模型编辑工具将可以更快速而全面的掌握。

1.7.2 功能

- 简洁的使用界面，配合直观的操作方式快速建立关卡原型
- 在Unity里面即可完成模型的创建，并可以把模型导出为OBJ格式
- 对模型进行点、线、面的修改
- 对表面进行分割、延伸、焊接与桥接的功能
- 提供多种基本的网格模型
- 对模型进行平滑与硬表面的控制
- 对模型自身轴心的控制
- 可自定义快速键操作
- 可编辑贴图与材质，包含修改模型的UV
- 提供对顶点进行绘制的功能
- 自动对模型的第二套UV进行拆解
- 支持实时模型的修改

1.7.3 操作流程

Step 1 安装ProBuilder插件后面，选择Tools>ProBuilder>ProBuilder Window弹出专用的命令面板，如图1-95所示。

Step 2 首先就是创建基本的网格模型，ProBuilder提供了多种基础模型，在Shape Selector里面选择不同模型时，Editor窗口就可以直接进行预览，如图1-96所示。

图 1-95

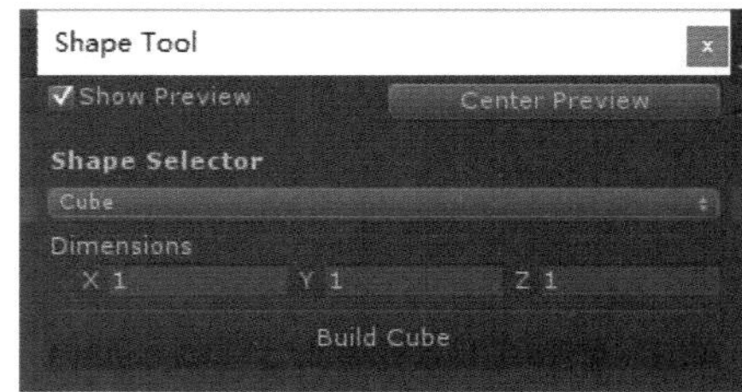

图 1-96

Step 3 在Shape Selector里面选择Cube，Dimensions采用默认的尺寸，然后单击Build Cube产生一个新的方块模型，如图1-97所示。

Step 4 接着是对这个基础模型进行调整，窗口的上方显示出ProBuilder专用的网格修改工具，可以直接单击按钮进入修改模式，或是单击快速键G在模型与修改模式之间进行切换，重复单击H键则是在模型的点、线、面的模式下进行切换。在进入面的修改模式后，配合Ctrl键可以精确地进行移动，如图1-98所示。

图 1-97

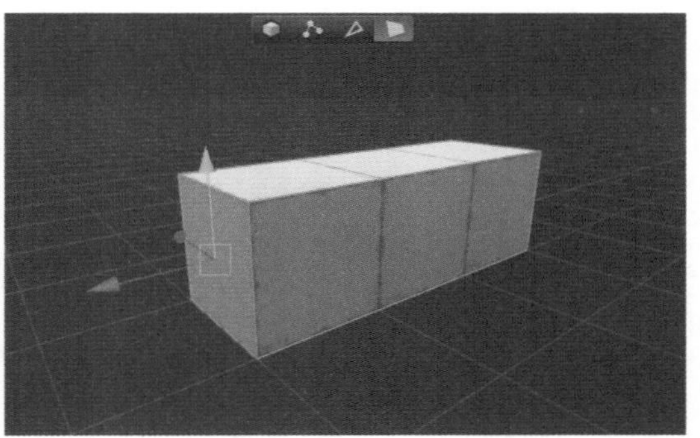

图 1-98

Step 5　参照Step4的方式，使用Ctrl键与移动方式把面往右边延伸出来，注意窗口里面的网格线是以米为单位，而单击Ctrl键的作用就是可以每次精确地移动一米，如图1-99所示。

Step 6　选择网格模型前端的面，同样使用Ctrl键加移动的方式往前延伸，如图1-100所示。

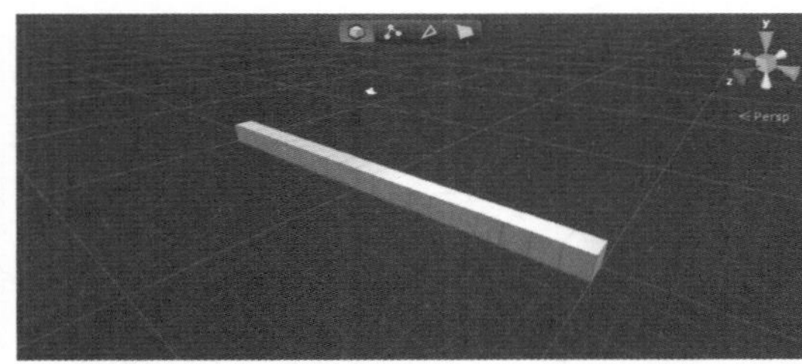

图 1-99

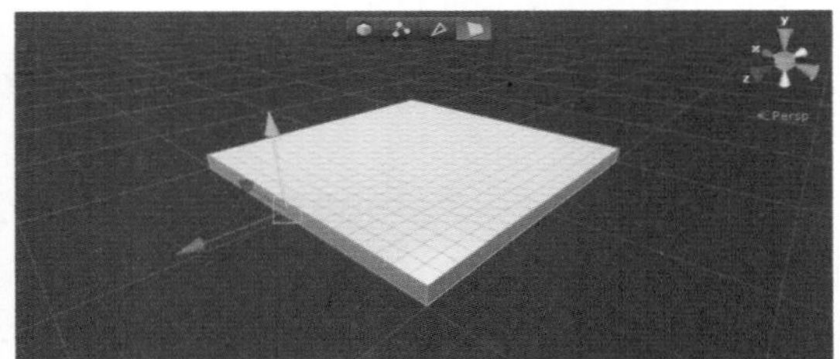

图 1-100

Step 7　选择最上层的面往上延伸四个格子高度，基本已经产生了一个简易的空间，如图1-101所示。

从上面的几个步骤里面我们可以看到ProBuilder产生模型与调整的方法与3ds Max有些相同的地方，例如对于点线面的选择与调整方式，包含网格修改的命令也跟3ds Max的名称大致相同。

Step 8　接下来的步骤是把整个模型法线反转。单击第一个按钮或是按G键回到物体模式，选择Flip Normals功能即可反转模型的法线，如图1-102所示。

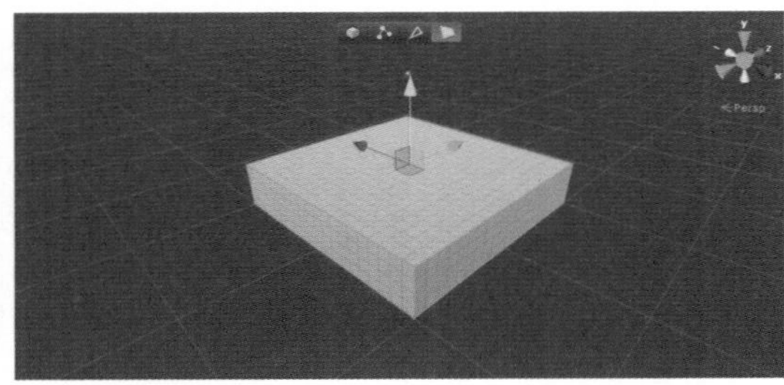

图 1-101

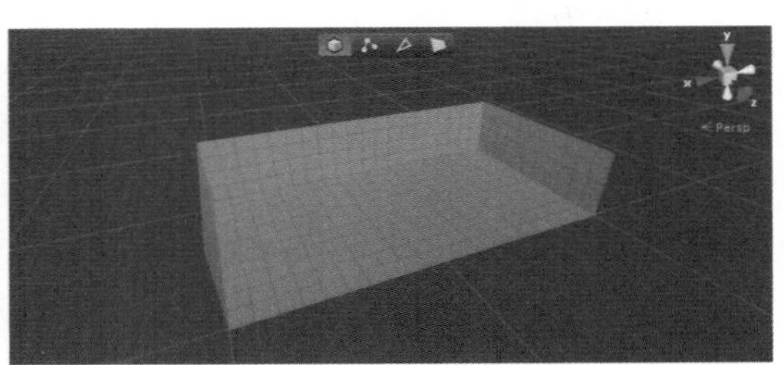

图 1-102

Step 9 单击线段修改按钮（或是使用H键进行切换），点选上方横向的线段，选择Insert Edge Loop产生一个新的线段，再使用Ctrl键加上移动方式把新的线段往右边移动，如图1-103所示。

Step 10 单击面修改按钮，选择左边的面，按Shift键延伸出一个新的面，这个功能与Extrude是相同的命令，如图1-104所示。

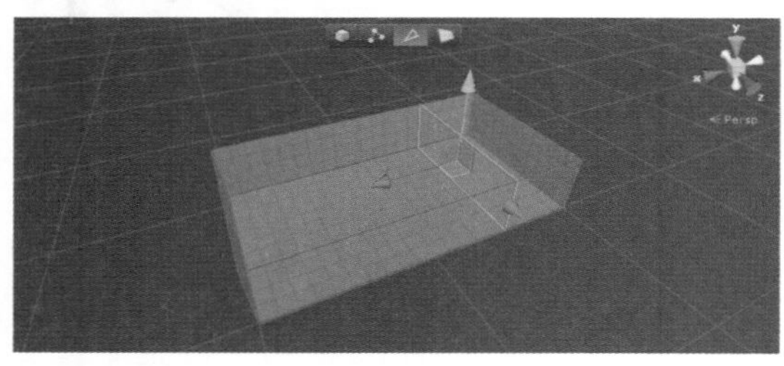
图 1-103

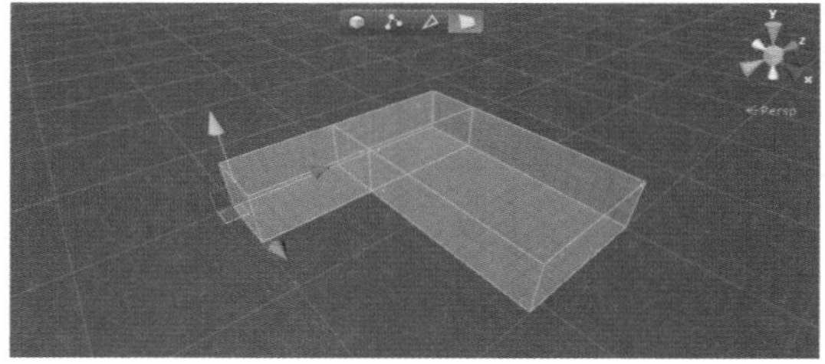
图 1-104

Step 11 使用相同的方法再延伸出另一个新的面，主要是在这个空间里面产生另一个通道，如图1-105所示。

> **注意：**操作的过程中将会不断地使用Shift与Ctrl键来进行面的延伸与锁定，如果需要改变锁定的单位，可使用Edit>Snap Settings调整网格锁定的大小。

把通道延伸出来后，如果对于模型效果不是很满意的话，可以使用Ctrl+Z键回到上一个步骤再进行调整，接着继续在空间里面延伸出走道的位置，如图1-106所示。

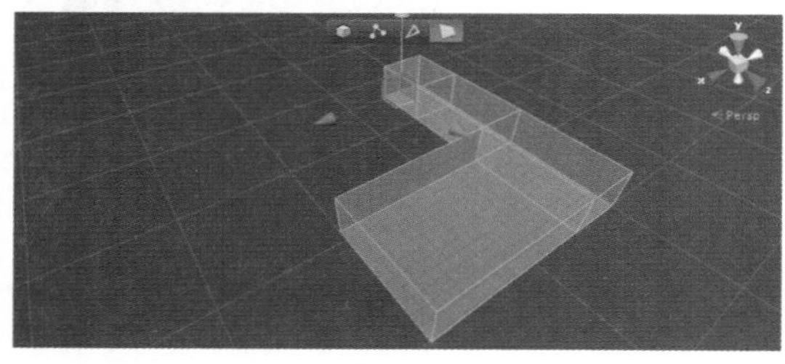
图 1-105

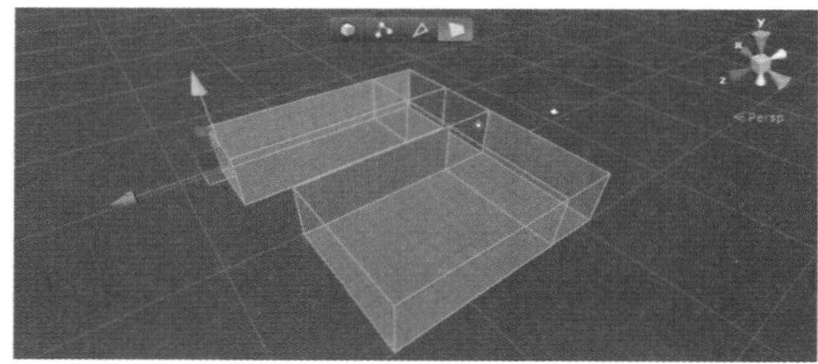
图 1-106

使用Ctrl键进行锁定的移动是非常重要的操作方式，ProBuilder的开发商也提供了专门设置网格锁点的插件——ProGrids，或是直接购买ProCore插件合集，里面提供了更为全面的模型专用的插件资源。

继续通过Step9～Step11的步骤对线段进行分割与表面延伸来拓展出走道与其他空间，这样就得到了一个类似FPS游戏所需要的场景，如图1-107所示。

Step 12 在场景里面摆放一些Point Light，赋予不同的灯光颜色，并摆上第一人称角色组件，接着就可以运行游戏来查看整个场景效果，如图1-108所示。

> **注意：**Unity 5之后的版本已经把以往内建的几个资源更换为单独的安装包，如果需要第一与第三人称的角色组件，需要到官方下载UnityStandardAssetsSetup执行文件后才能导入所需的资源。

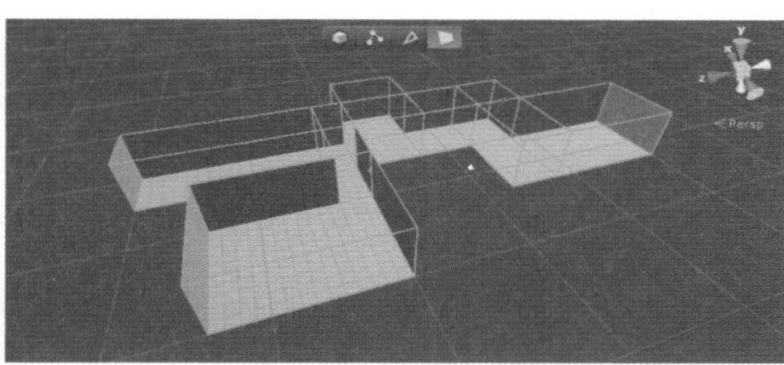

图 1-107

图 1-108

ProBuilder另外一个功能是对于模型顶点的绘制，在ProBuilder的面板内单击Vertex Colors旁边的+号选择所需的绘图窗口，一种是Palette，另一种是Painter模式。在Palette模式下直接选择面，再单击Vertex Colors里面的颜色就能替换原来的颜色，而Painter模式则是直接在模型上面进行笔刷式的涂抹，如图1-109所示。

在模型的局部表面完成了Vertex Colors的指定后运行场景测试，FPS的测试可以使用UFPS、Realistic FPS Prefab或是Advanced Shooter Kit来运行第一人称视角与射击效果。这几个FPS套件的共同特点就是只需要把预制好的Player组件拖进场景就可以进行测试，图1-110为安装Advanced Shooter Kit插件后的运行效果。

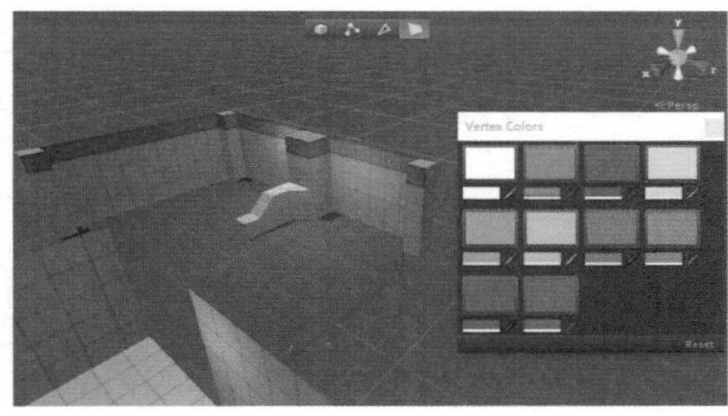

图 1-109

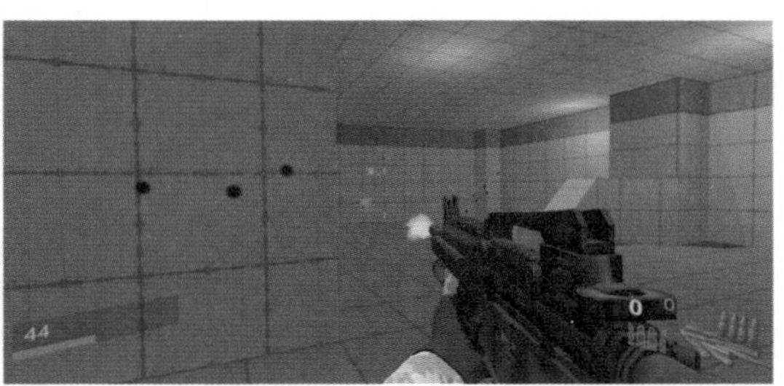

图 1-110

1.8　Voxel Master——立体像素场景

1.8.1　简述

在游戏或虚拟现实开发中我们可能需要创建像素类型的场景例如Minecraft，如果有那么一个插件可以快速地产生无尽的立体像素场景，想想都开心。

1.8.2　功能

立体像素控制是一个强大的、简单易用的立体像素引擎。它能够产生简单的形状、无尽的程序地形，却只需要简单的几行代码。

特性：

- 强大快速的立体像素引擎
- 实时的地形编辑

- 自定义像素块（名字、纹理、持久性）
- 根据需要产生无尽的程序地形
- 带有生物区、树木等的程序地形例子
- 整体优化，快速刷新、像素块处理等
- 智能加载系统

1.8.3 操作流程

新建一个空的工程，把Voxel Master插件导入新建的工程中，Voxel Master目录结构如图1-111所示。

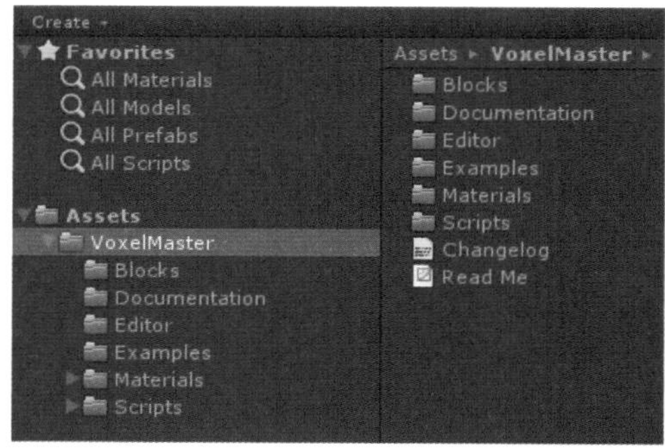

图 1-111

Blocks：此目录是插件自带的像素块资产。

Documentation：此目录存放的是立体像素引擎的脚本API文档。

Editor：此目录存放的插件的编辑器脚本。

Examples：此目录存放的是插件自带的演示例子。

Materials：此文件存放的是插件使用的材质球和纹理。

Scripts：此目录存放的是插件的核心代码和例子中用到的代码。

打开Examples里面的几个样例运行查看效果，通过界面的UI按钮我们可以进行简单的预览。

使用Voxel Master的功能非常简单，创建一个空的游戏对象，然后添加“Voxel Terrain”组件，如图1-112所示。

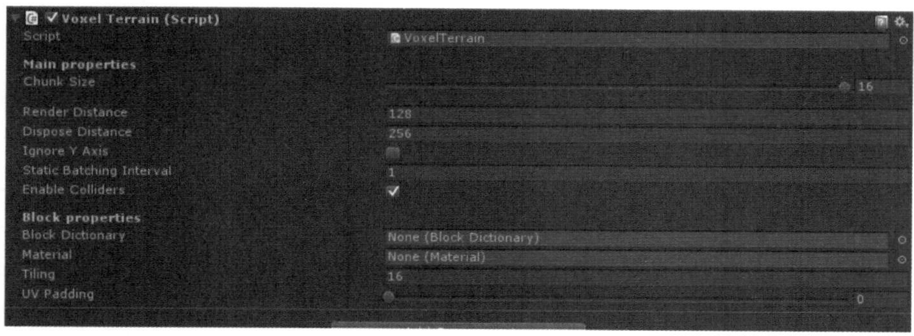

图 1-112

参数说明。

Chunk Size：像素块的大小，16是一个不过的值。

Render Distance：像素块渲染的距离。

DisposeDistance：像素块消失的距离，如果像素块超过这个距离没有进行任何的修改，将会销毁它。越高的处理距离意味着越高的内存使用。

Ingore Y Axis：距离检测中忽略Y轴，如果启用它，可以避免上面和下面的像素块突然消失，感觉像Mineraft-like的渲染。

Static Batching Interval：静态批处理的间隔（-1禁用静态批处理）。

Enable Colliders：是否为像素块启用碰撞器。

Block Dictionary：像素块使用的字典。一个像素块字典包括像素块及它的Id、纹理和其他信息。

Material：像素块引擎使用的材质球。

Tiling：材质球的平铺。例如，16将会把纹理切分为16×16部分。

UV Padding：纹理的UV填充，在延迟渲染中应该设置为0，如果在像素块边缘有黑线，增加这个值来进行修改。

如何创建像素块字典？通过选择Create>Block Dictionary来创建像素块字典，如图1-113所示。

图 1-113

在Size那里可以设置像素块字典包括的像素块信息。

如何创建像素块信息？通过Create>Block Info来创建像素块信息，如图1-114所示。

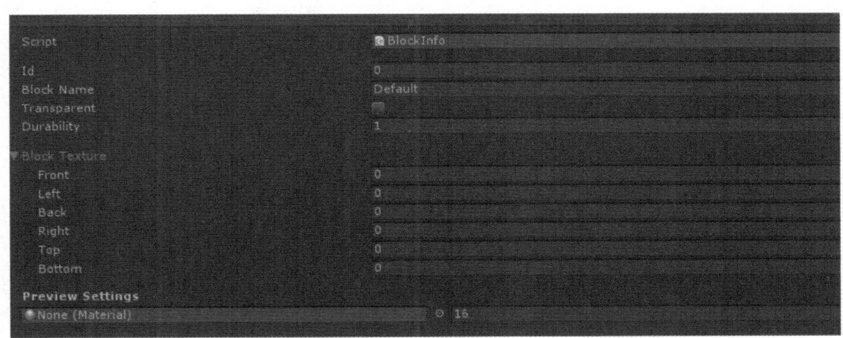

图 1-114

Id：像素块信息的编号。

Block Name：像素块信息的名称。

Transparent：决定像素块在纹理中是否有某些透明质感，该命令用来阻止不透明像素块被隐藏在透明像素块后边。

Durability：像素块的持久性，这个值是任意的，当你阻断块时，可以使用这个值作为时间倍数。

Block Texture：像素块的纹理。包括前、左、后、右、上、下6个面。

Preview Settings：前面是预览的材质球，后面的数字是平铺数。

关于纹理ID查找工作原理的例子，如图1-115所示。

所以如果创建一个新的像素块信息，紫色在边上，粉红色在顶部和底部，纹理ID应该看起来如图1-116所示。

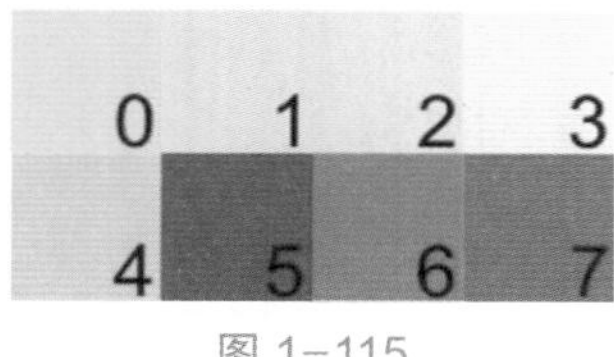

图 1-115

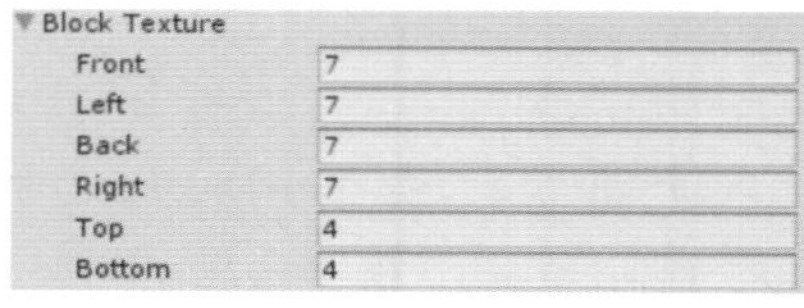

图 1-116

注意：立体像素控制的纹理ID查找工作正常需要使用平方的纹理，意味着它们必须有相同的宽度和高度(64 × 64, 128 × 128, 256 × 256，等…)。

Voxel Master可以如我们所愿，从一个简单平坦的地形产生简单或复杂的山脉、沙漠和海洋。可以使用“Voxel Terrain Test”场景查看程序生成系统的行为，如果想创建自己的程序生成系统，可查看“GenerationExample.cs”文件，同时参考“BlankGeneration.cs”模板。

1.9 Erosion Brush——创造真实地形的专用笔刷

1.9.1 简述

Erosion Brush是一个专门在地形上制造出真实表面的插件，它可以使用笔刷功能让地形表面模拟出海水侵蚀，天候影响以及泥沙沉淀后的效果，而创造这些效果的条件只需要地形的高度与预设好的贴图。

1.9.2 功能

Erosion Brush的功能并不像有些地形插件是导入位高图来完成，而是提供美术人员非常方便的笔刷工具来改变地形的外貌，简单来说就是先使用Unity的原始地形拉出基本的高度，然后添加地形所需要的贴图，再使用Erosion Brush就可以让美术人员以笔刷模式强化地形表面，而创造出这些真实的地形景观仅需要几个步骤就能完成。

1.9.3 操作流程

Erosion Brush的操作是基于Unity的地形，使用的前提是需要创建一个已经有高低起伏的基本地形样貌，并附带地形所需要的基本纹理，然后才可以开始使用Erosion Brush插件的功能，图1-117为创建的基本的地形网格。

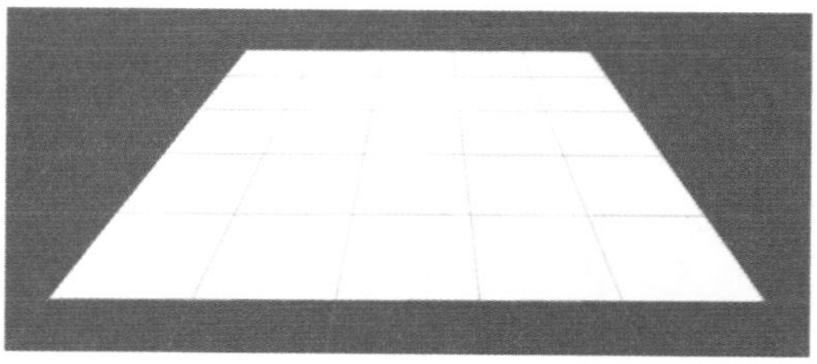

图 1-117

Step 1 在基本的地形产生后，在地形的贴图位置里面添加几种不用的纹理，贴图文件可以在ErosionBrush>Demo>Textures目录下找到，或是使用自己的地形纹理，如图1-118所示。

Step 2 接着使用地形笔刷把基本的高度先调整出来，这个部分可以把Brush Size设置为

100，Opacity的数值设置在30～35之间再进行高度的绘制，如图1－119所示。

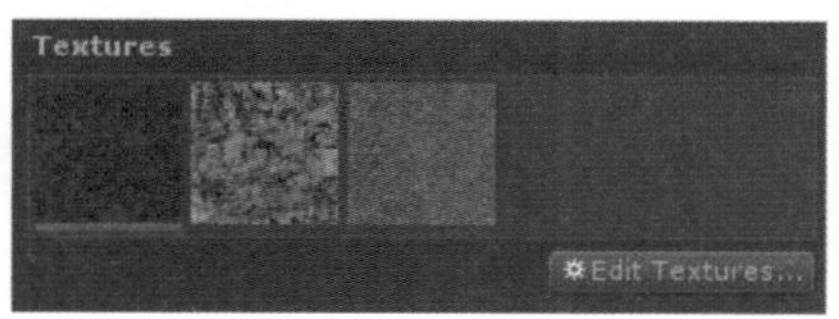

图 1－118

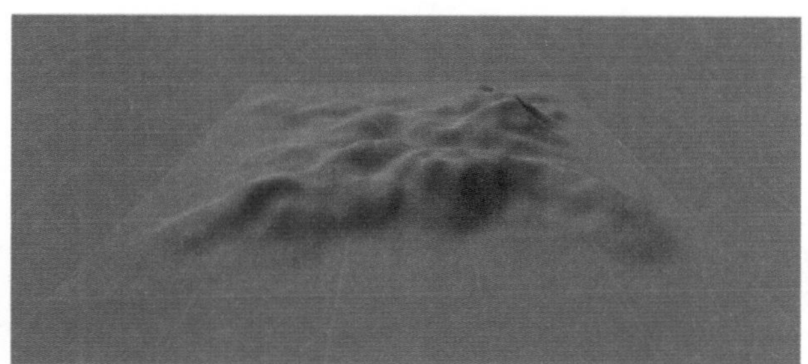

图 1－119

> **技巧**：为了让地形表面在Scene视图里面有更好的显示效果，可以在地形的设置里面把Pixel Error设置为1，这个数值越小越能显示出地形表面的细节，如图1－120所示。

Step 3　使用地形笔刷里面的工具对地形表面进行初步调整，如图1－121示，我们选用了此类型的笔刷即可快速地改变地形表面。

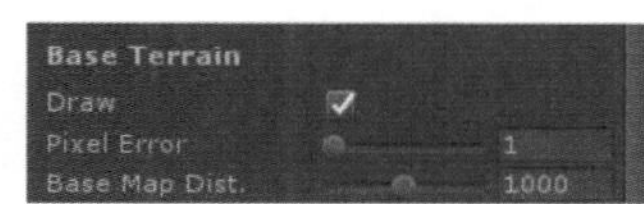

图 1－120

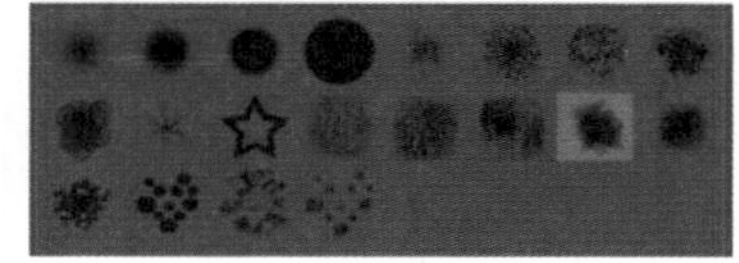

图 1－121

在地形上通过简单的笔刷涂抹后，现在地形表面就不会过于光滑，得到的效果也能跟Erosion Brush插件功能进行完美的结合，如图1－122所示。

图 1-122

Step 4　在地形上面添加Erosion Brush的专用脚本（文件在ErosionBrush目录下），在Textures里面勾选Crag（岩壁）与Sediment（泥沙）这两个选项，再分别点选不同的贴图，例如Crag选择了第二种贴图，Sediment选择了第三种，如图1－123所示。

Step 5　单击Paint与Erosion的功能，再单击Global Brush提供的Apply to Whole Terrain功能，就可以自动地在地形表面分配出不同的纹理效果，如图1－124所示。

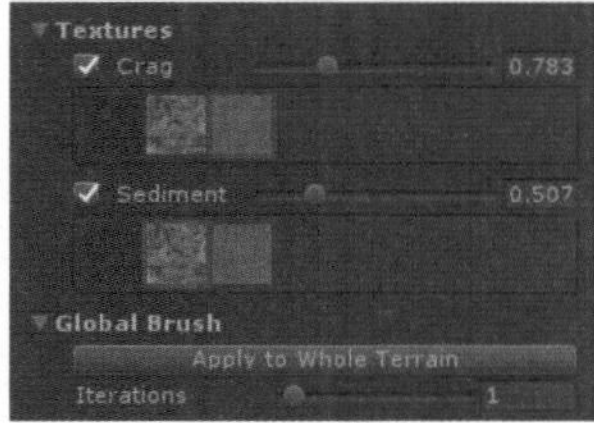

图 1－123

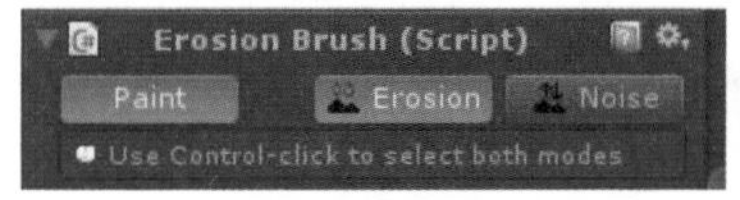

图 1－124

在Apply to Whole Terrain的功能辅助下，现在地形上面已经呈现了几种不同的纹理，并且自动强化了地形的表面细节，而接下来的工作就显得简单多了，我们只需要继续使用Erosion Brush的Paint功能在地形上涂抹，就可以在地形表面绘制出更多的细节，如图1-125所示。

在Brush Settings里面提供了更多的笔刷设置，正确调整这些数值后就可以快速得到地形腐蚀的效果，如图1-126所示。

图 1-125

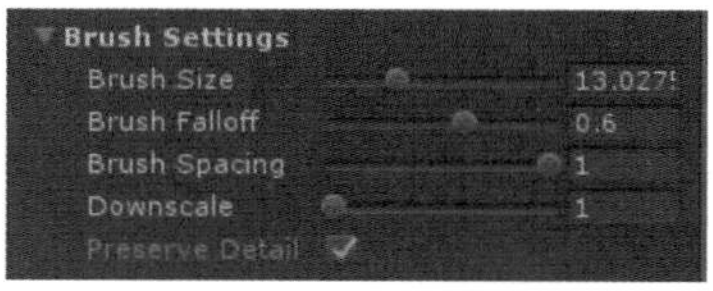

图 1-126

Brush Size：调整笔刷大小，可以使用键盘上的[] 键直接进行调整。

Brush Falloff：调整笔刷的中心位置与边缘的衰减值。

Brush Spacing：设置笔刷之间的作用范围，建议采用默认值即可。

Downscale：数值越大则笔刷的作用越不明显，相对的操作效能会提高。

Erosion Brush对于美术制作人员来说是一个容易上手的模型插件，与其他功能更为复杂的地形插件相比，Erosion Brush能加快游戏场景或是虚拟漫游中的高质量地形制作，而用户并不需要理解太多的设置就能在极短的时间内完成整个地形的制作，相信这也是开发者在编写这个插件时的一个初衷吧。图1-127为Erosion Brush绘制后的地形。

图 1-127

1.10 MapMagicWorld Generator——可视化的地形插件

1.10.1 简述

MapMagicWorld Generator是一个快速制作出高质量地形的可视化插件，美术人员再也不需花费大量的时间雕刻与修饰地形表面，而是通过几个节点的连接就能在地形上完成纹理、植物与树木的种植。

1.10.2　功能

MapMagic的每个节点代表一个地形或对象发生器，例如噪声、混合、曲线、侵蚀、散射、森林等。一旦这些节点被连接起来，视图内就能直接看到地形的变化。彻底摆脱以往需要耗费大量精力雕塑地形和在广阔的地形上放置数以千计的植物与花草，现在只要在几个节点上连接，就能完成一个高质量的地形!

1.10.3　操作流程

Step 1　选择Game Object>3D Object>Map Magic功能，场景内自动生成一个不带任何材质的基础地形，如图1–128所示。

图 1–128

Step 2　在Inspector里面单击Show Editor打开MapMagic的专用编辑器，使用右键选择Remove命令删除默认的Noise与Curve两节点，再单击右键选择Create>Map>Raw Input，单击Browse选择附件的地形位高图文件，然后把Raw Input连接到Height节点，如图1–129所示。

注意： 为了提升读取地形数据的效能，在选取Raw文件后，单击Save Inported RAW可以把原来的位高图文件转换为Unity专用的资源格式。

Step 3　在General Settings里面修改地形的大小与高度，分别在Terrain Size与Terrain Height栏位输入2000与300的数值，如图1–130所示。

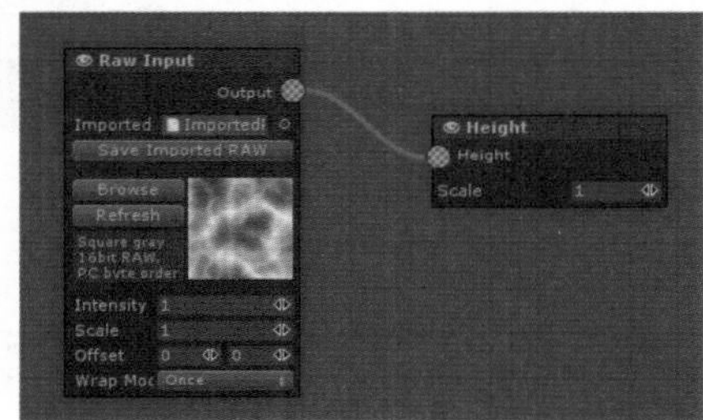

图 1–129

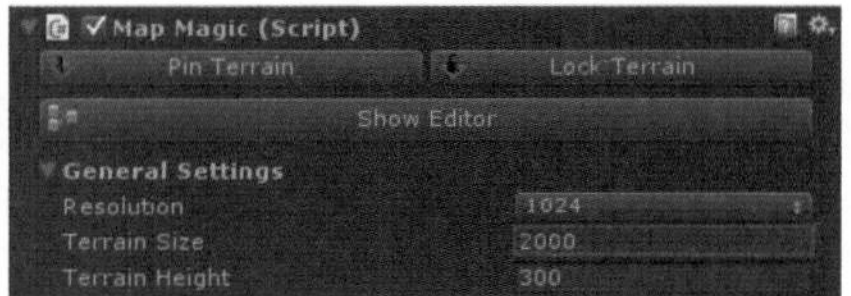

图 1–130

如图1-131所示，在导入地形位高图与修改地形的大小单位后，场景里已经出现了我们所需的地形样貌。

Step 4 单击右键新增一个Texture的节点（Create>Output>Texture），按下+号新增一个贴图的图层，并对其更改名称为Grass，然后把MapMagic目录下(Demo\LandTextures) GreenGrass与GreenGrass_n的贴图添加进来，如图1-132所示。

图 1-131

图 1-132

Step 5 新增一个Erosion的节点（Create>Map>Erosion），然后分别连接到Raw Input与Height，再增加一个Portal（Create>Portal）节点，在Portal节点里面选择In模式，名称为Height。把Height连接到Portal形成一个地形高度的通道，目的是简化节点之间的复杂连接，如图1-133所示。

Step 6 新增一个Portal节点，这次把模式设置为Out，底下的选项设置为刚才命名的Height。新增一个Slope（Create>Map>Slope）节点，然后在Texture节点按下+号增加一个新的图层，把这个图层命名为Cliff并选择一张岩石的纹理，接着把Slope分别连接到Portal与Cliff的图层，如图1-134所示。

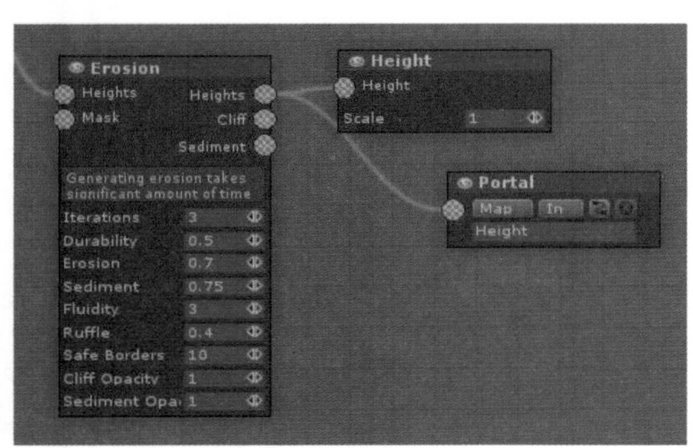

图 1-133

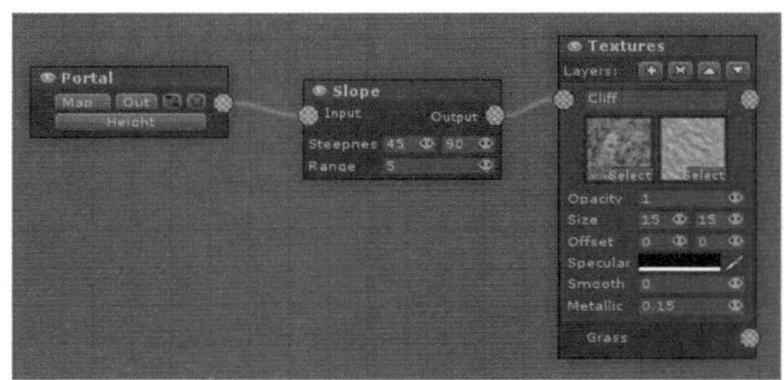

图 1-134

Step 7 在岩石的上层还需要增加一个纹理的堆叠来获得更理想的效果，按下+号新增一个名为Birght Cliff的图层，选择一个比较明亮的岩石纹理。单击右键增加Cavity（Create>Map>Cavity）节点，把Portal与Cavity进行连接，再把Cavity与Bright Cliff图层相连，如图1-135所示。

Step 8　继续添加一个图层并命名为Sediment，把Erosion节点里面的Sediment连接到Sediment图层，如图1-136所示，然后查看地形表面的效果。

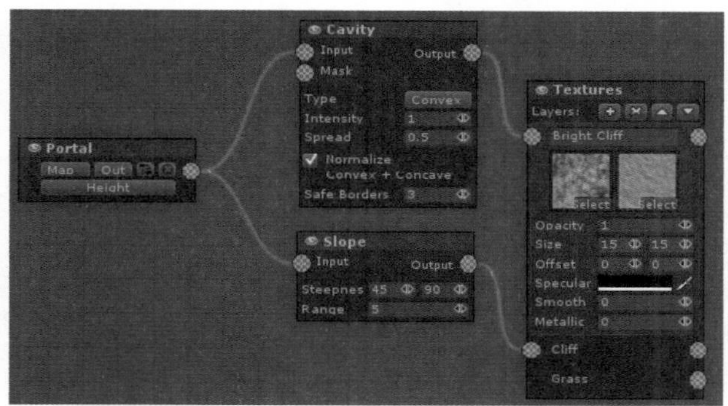

图 1-135

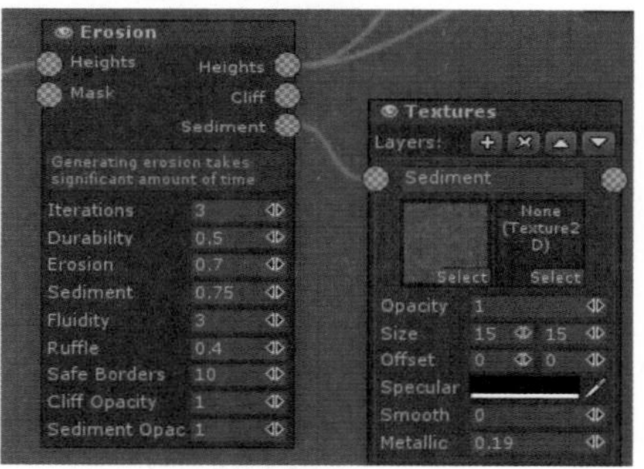

图 1-136

通过几个材质图层的设置后，已经得到了如图1-137所示的地形表面效果，接着我们就可以进行草地植物的添加。

Step 9　单击右键新增一个Constant（Create>Map>Constant）节点，再增加一个Grass（Output>Grass）的节点，按下+号添加一个新的图层并命名为Grass，把植物贴图Sedge（Demo>Texture目录下）添加进来后与Constant节点连接，Constant节点里面的Value设置为1，如图1-138所示。

图 1-137

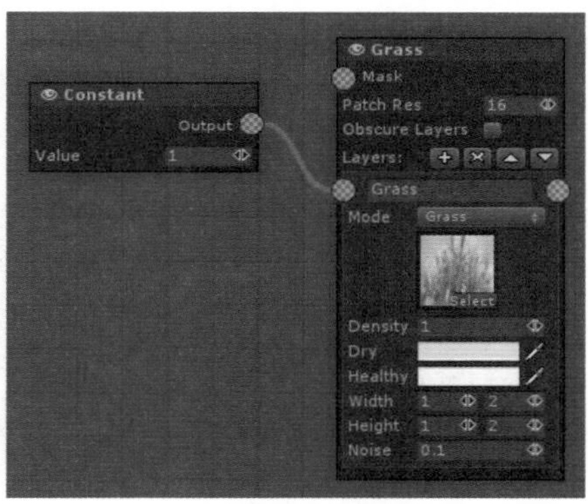

图 1-138

通过Constant与Grass节点的连接，现在地形表面已经出现了草地种植的效果，如图1-139所示。但细看的话会发现这种种植方式会连同岩石上也被覆盖植物，这显然不是我们需要的结果，所以接下来还需要通过节点的设置进行修正。

图 1-139

Step 10　增加一个Blend（Create>Map>Blend）节点，按下+号增加两个Subtract的图层，再把Texture节点

里面的Cliff与Bright Cliff连接到Subtract通道，Grass则是与Add通道连接。新增一个Portal节点并与Blend连接，Portal的名称设置为Grass，如图1-140所示。

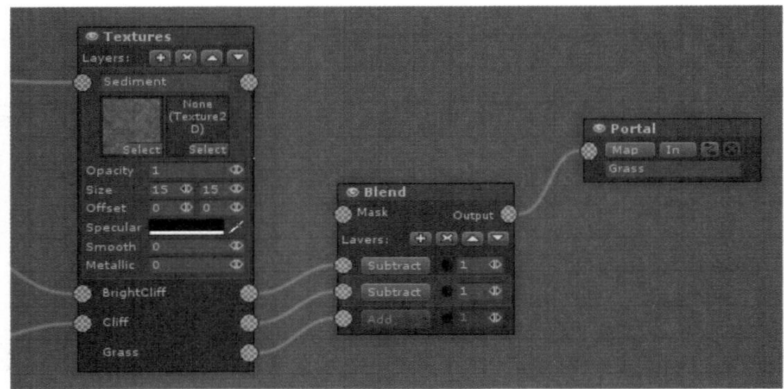

图 1-140

Step 11 继续增加一个Portal节点，模式选择为Out，输出的名称为Grass，再把Portal与Grass节点里面的Mask连接，作用就是让植物在生成的时候必须排除掉岩石的部分，如图1-141所示。

如图1-142所示，通过几个节点的连接后，很快就完成了一个地形场景，并可以在场景内继续添加其他物体与植物，这就是MapMagic的神奇之处。在后续的教程里面，我们将针对地形上的其他物件与树木的生成再进行介绍。

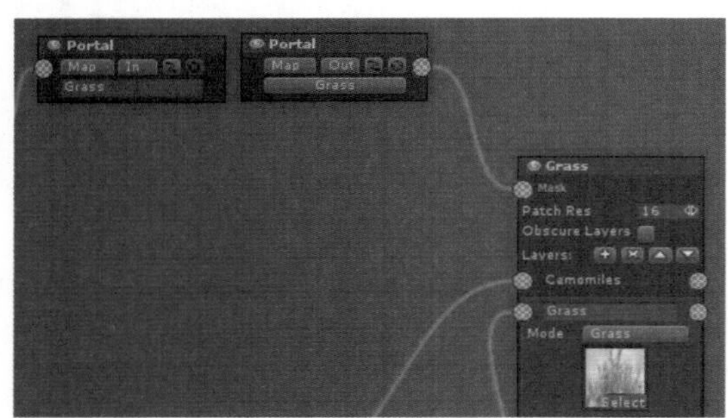

图 1-141

图 1-142

第 2 章

特效类插件

本章主要介绍资源商店中关于游戏场景中特效制作的插件，这些特效插件可运用在虚拟现实、各类风格的游戏场景，对于美术人员来不但可以提升制作效能，特效插件里面的诸多效果也提供了更丰富的参考资源。

2.1 Foggy Lights——高质量光晕效果制作

2.1.1 简述

在游戏或虚拟现实开发中我们经常需要创建美丽的光源效果，但是自带的灯光制作起来效果往往不是太满意。如果有那么一个插件可以方便快速制作出漂亮朦胧的光晕效果，那将会让整个场景看起来更有质感。

2.1.2 功能

Foggy Lights是一个运用可视化效果用来创建光晕的插件，它提供了选项添加灯光实时匹配发光的颜色和强度，并考虑到场景深度避免与环境的硬相交。也可以使用偏移效果让Foggy Lights在近处或远处出现，朦胧的雾灯光将增强场景中的光源。

2.1.3 操作流程

新建一个空的工程，把Foggy Lights插件导入新建的工程中，Foggy Lights的目录结构如图2-1所示。

Resources：此目录存放的是插件里面使用的着色器、朦胧灯使用的模型和纹理。

Sample：此目录存放的是插件的演示场景。

其他是插件的核心代码和帮助文档。

首先打开Sample目录里面的Scene演示场景，运行查看一下效果，如图2-2所示。

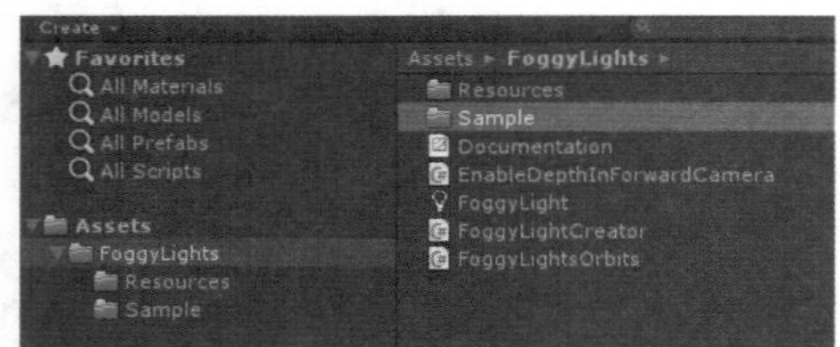

图 2-1

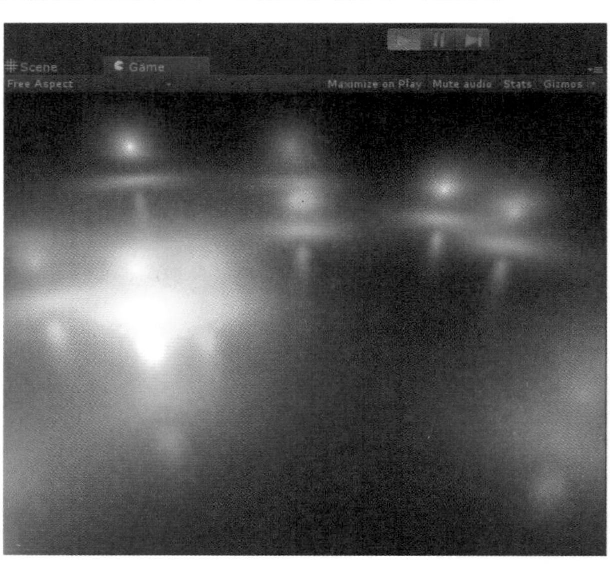

图 2-2

现在我们来学习如何设置Foggy Light，通过GameObject/Create Other/Foggy Light来创建一个雾蒙蒙的灯光，如图2-3所示。

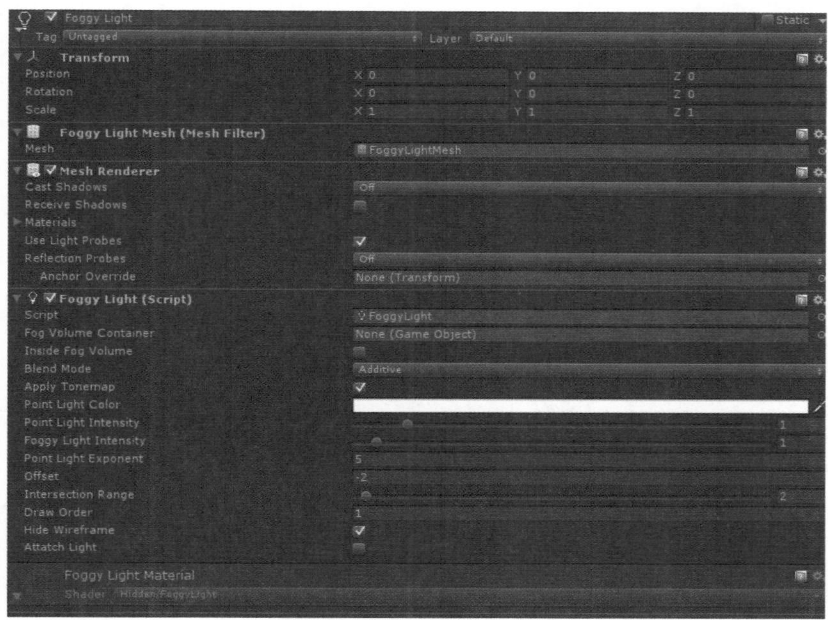

图 2-3

由Foggy Light的设置里面可以看到它自动添加了Foggy Light Mesh网格、网格渲染器和Foggy Light脚本组件。

下面我们对Foggy Light灯光的参数进行说明。

Fog Volume Container：如果我们想在体积雾中使用朦胧的灯光，可能想让雾也能影响灯光。只要填充满这个字段的值，朦胧的灯光将会根据体积雾的可见性进行衰减。

Inside Fog Volume：开启或关闭体积雾影响。

Blend Mode：允许我们在Additive或Alpha blended模式间进行切换。

Apply Tonemap：启用该选项。会对最终的强度执行色调映射操作。

Point light color：设置灯光颜色。

Point light Intensity：设置灯光强度。

Foggy light Intensity：设置朦胧灯的强度。

Point light Exponent：控制效果大小。

Offset：调整与环境的相交位置。

Intersection Range：用于柔和相交过渡。

Draw Order：允许我们排序此对象和其他透明的对象。

Hide Wireframe：可选项，我们可以避免绘制线框。

Attach light：添加/移除点光源组件。

注意：场景中需要附加EnableDepthInForwardCamera.cs到摄像机上。

2.2 FxPro Bloom&DOF, Mobile-Ready——手机专用光斑特效

2.2.1 简述

在游戏或虚拟现实开发中，经常需要进行屏幕效果处理来满足对游戏画面感的要求。支持桌面平台的效果比较容易实现，但同时也能很好地支持移动平台的却相对较少。FxPro Bloom&DOF可支持桌面平台，并可以完美地运行在移动平台，是光斑特效制作的一大利器。

2.2.2 功能

- 支持多种AAA图像效果
- 设置简单，方便易用
- 支持HDR（32位）和非HDR的工作流
- 根据不同的平台提供不同的质量
- 除了色彩效果，支持抗锯齿
- 包括全部的源代码
- 效率高效，比同类的插件效率高效

2.2.3 操作流程

新建一个空的工程，把FxPro插件导入我们新建的工程中，FxPro结构如图2-4所示。

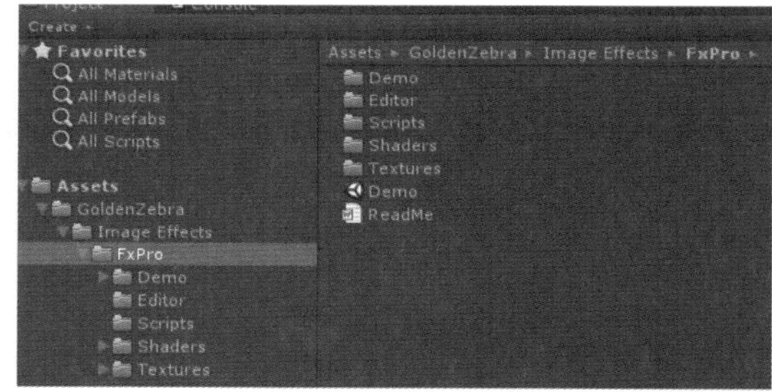

图 2-4

Demo：此目录存放的是FxPro™插件的演示场景相关的资产。

Editor：此目录存放的是FxPro™编辑器相关的脚本文件。

Scripts：此目录存放的是FxPro™插件核心的脚本文件。

Shaders：此目录存放的是FxPro™插件提供的着色器。

Textures：此目录存放的FxPro™用到的纹理资源。

Demo这是FxPro™的演示场景，我们打开演示场景，运行可以查看效果。同时修改Camera对象上组件FxPro的相关参数可以查看不同的效果。

如何使用FxPro插件?

1）选择需要应用FxPro效果的摄像机。

2）通过选择 Component>Image Effects>FxPro添加FxPro组件。

3）单击运行查看效果。

下面我们查看一下FxPro脚本组件的功能，如图2-5所示。

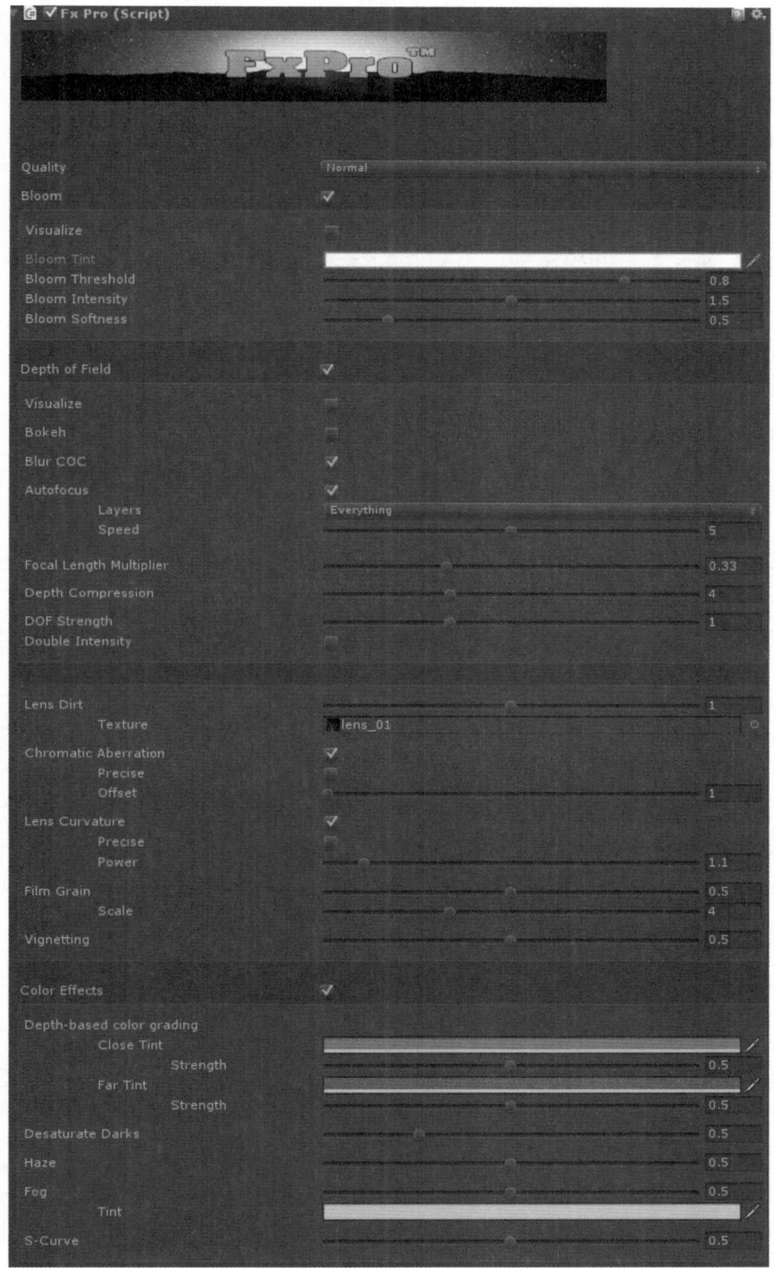

图 2-5

下面对图2-5中的主要参数进行说明。

Quality：设置一个适合我们目标平台的质量级别。如果在目标设备上有性能问题降低质量。它有High、Normal、Fast 和Fastest，逐级提升性能但是质量会有所下降。

Half Resolution：该选项只有在目标平台的质量级别为Fast和Fastest时可用。如果在移动设备上有性能问题时启用该选项。

Bloom Settings

Visualize：打开这个选项可以查看场景中哪部分用bloom。用于bloom效果的故障诊断。

Bloom Tint：为bloom效果添加颜色色彩。当不使用HDR颜色缓冲时有用，因为它允许构成的bloom不全是白色的。使用高颜色值和低饱和度。

Bloom Threshold：通过增加这个值来使场景bloom获得更高的颜色范围。低值可以用于梦幻效果。建议值为0.7或者更高。当摄像机设置启用了HDR时该选项不可用。

Bloom Intensity：增加此参数会使效果更亮。请注意，实际的强度可能取决于GPU。我们可能基于设备通过脚本来手动设置强度。真实的强度可能在Forward和Deferred渲染路径间不一致。

Bloom Softness：调整此参数将对bloom的渐变产生影响。较高的值将会获得一个柔和的外观，相反较低的值会使bloom产生硬边缘。

Depth-of-Field Settings

Visualize：打开这个选项可以查看场景中哪部分失去焦点。用于Depth-of-Field效果的故障诊断。

Bokeh：使失焦凸显环顾，用于模拟真实的镜头光晕。散景可能是资源密集型，在低端/移动设备上禁用该选项。

Highlight Threshold：定义被认为是亮点的区域。较低的值意味着有更多的像素受bokeh的影响。

Bokeh Gain：增加这个值会使散景效果更突出。

Blur COC：在对象的边缘处使景深更精确。

Auto-Focus：让摄像机自动聚焦屏幕中心。注意，摄像机聚焦的对象应该附加碰撞器，否则自动聚焦功能不能正常工作。

Layers：我们可以设置摄像机聚焦的层。

Speed：设置摄像机聚焦对象的速度。

Target（Focus On）：如果摄像机需要聚焦特殊的对象使用这个选项。当禁用Autofocus选项时该选项可用。

Focal Length Multiplier：增加这个值会使景深更浅，相反降低这个值会使景深更广泛。

Depth Compression：压缩深度缓冲区。这个选项在COC计算时用来获得更精确的alpha通道。（当Unity深度缓冲区选项开启时）

DOF Strength：调整动态景深模糊的半径大小。高的值会失去焦点区域而变得更模糊。

Double Intensity：使景深效果更强烈。不像上面的DOF Strength选项，这个选项不会降低效果质量。注意，开启这个选项将会有性能影响。

Lens Settings

Lens Dirt：增加此参数的值将会使镜头灰尘效果更强烈。设置为零会禁用该效果。

Lens Dirt Texture：在FXPro/Textures目录下找到镜头灰尘纹理。在将来的更新中会添加更多的纹理。我们也可以使用自己的镜头灰尘纹理。

Chromatic Aberration：启用或禁用色差。色差会让我们的场景看起来更加逼真。尽管这个特性对性能的影响很低，我们可以选择在低端平台上禁用它。

Precise：通过减少效果的初始强度使效果更精确。启用这个选项使效果运行慢，在低端/移动设备上应该禁用该选项。

Offset：允许我们调整效果的强度。

Lens Curvature：透镜曲率。启用该选项可以修改摄像机的透镜曲率。

Precise：通过减少效果的初始强度使效果更精确。启用这个选项使效果运行慢，在低端/移动设备上应该禁用该选项。

Power：允许我们调整效果的强度。

Film Grain：模拟电影胶片纹理的效果（可以参考很多顶级的好莱坞电影）。

Scale：允许我们通过放大或缩小来调整效果的缩放。

Vignetting：通过比较图像中心来减少图像边缘的亮度。打开FXPro.shader调整下行的值可以调整光晕渐变。

#define VIGNETTING_POWER 1

Color Effects：色彩效果为场景添加艺术风格。

Depth-based color grading：这种效果可以提升场景的深度，它是根据靠近像素的颜色偏暖，远离像素的颜色偏冷来实现的。

Close/Far Tint：用于深度颜色渐变的颜色。

Close/Far Tint Strength：影响最终图像的每个色彩平面。

Desaturate Darks：一个艺术效果使深色（阴影）出现不饱和度。

Haze：烟雾是一种大气现象，灰尘、烟雾和其他干燥粒子影响了空气的清晰度。这个效果的工作原理是通过远离像素的不饱和度来实现的。

Fog：已经为移动设备准备好了深度非指数的雾。

Tint：雾颜色。

打开FXPro.shader调整下行的值可以调整雾的浓度：

#define FOG_DENSITY 1

S-Curve

最重要的色彩效果。使阴影暗淡，明亮突出。当使用bloom效果时请确保使用S-Curve色彩校正。它将会在应用bloom后恢复整体场景的亮度。

2.3　Dynamic Shadow Projector——制作移动设备上的实时阴影

2.3.1　简述

在游戏开发中我们经常需要实时阴影来增加游戏环境的逼真度。在PC、Web等非移动平台上添加实时阴影很方便，直接开启就可以看到效果。但是在移动开发中我们却不能直接这样做。一般移动端上要实现“实时阴影”效果就需要通过烘焙光照贴图加上灯光探测器。对于游戏角色的实时阴影也有很多实现方式，例如简单贴图法、投影生成法等。这里我们来讲解用

Shadow Projector来实现的角色的实时阴影。

2.3.2 功能简介

Unity提供了一些组件用来渲染阴影到一个渲染纹理上，这样渲染纹理就可以使用Blob Shadow Projector了。Blob Shadow Projector是用于投射一个圆形的模糊的影子，它并不适合带有蒙皮网格的对象。本插件启用投影器，投射动态阴影可以适合带有蒙皮网格的对象。

2.3.3 操作流程

新建一个空的工程，把Dynamic Shadow Projector插件导入新建的工程中，Dynamic Shadow Projector结构如图2-6所示。

图 2-6

Samples：里面存放的是插件的演示资源及场景。

Scripts：是插件的核心代码文件。

Shaders：里面存放的是插件使用的着色器文件。

打开Samples目录里面的Spotlight演示场景，然后运行一下查看阴影的效果。在这个演示的场景中可以看到涂色阴影、硬阴影、软阴影和灯光阴影的效果。

现在就让我们来构建自己的场景来学习一下如何使用本插件。

Step 1 在Assets目录下新创建一个名为Scenes的目录。然后新建一个场景命名为ShadowDemo存放在刚才创建的Scenes目录下。

Step 2 在项目面板中我们导入Standard Assets资源包里面的Characters资源包。然后新建测试的环境对象和测试使用的灯光对象，再把刚导入的Characters资源包里面的ThirdPersonCharacter预设拖动到层次面板。最后再创建我们的投影器对象，如图2-7所示。

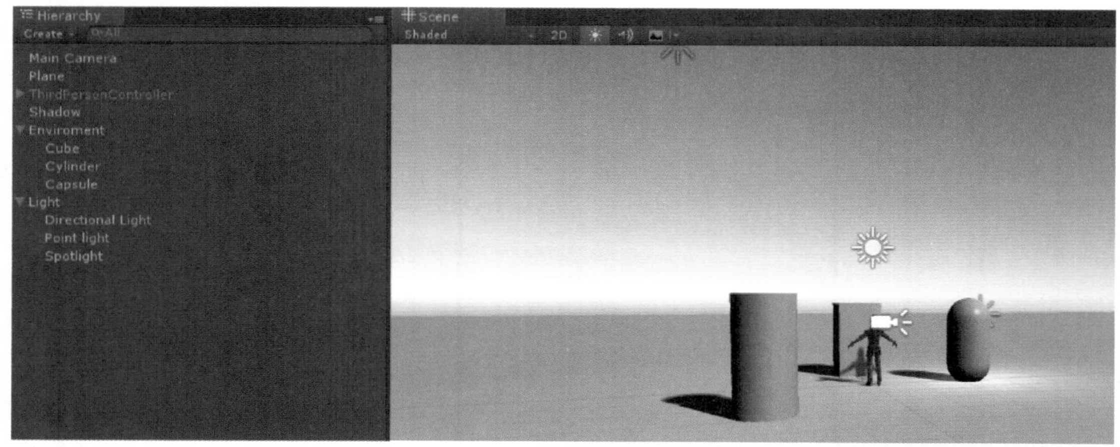

图 2-7

Step 3 接着我们为创建的投影器Shadow添加Projector组件、ShadowTextureRender和DrawTargetObject组件。在Layer里面创建一个Unnamed 8层。参数设置如图2-8所示。

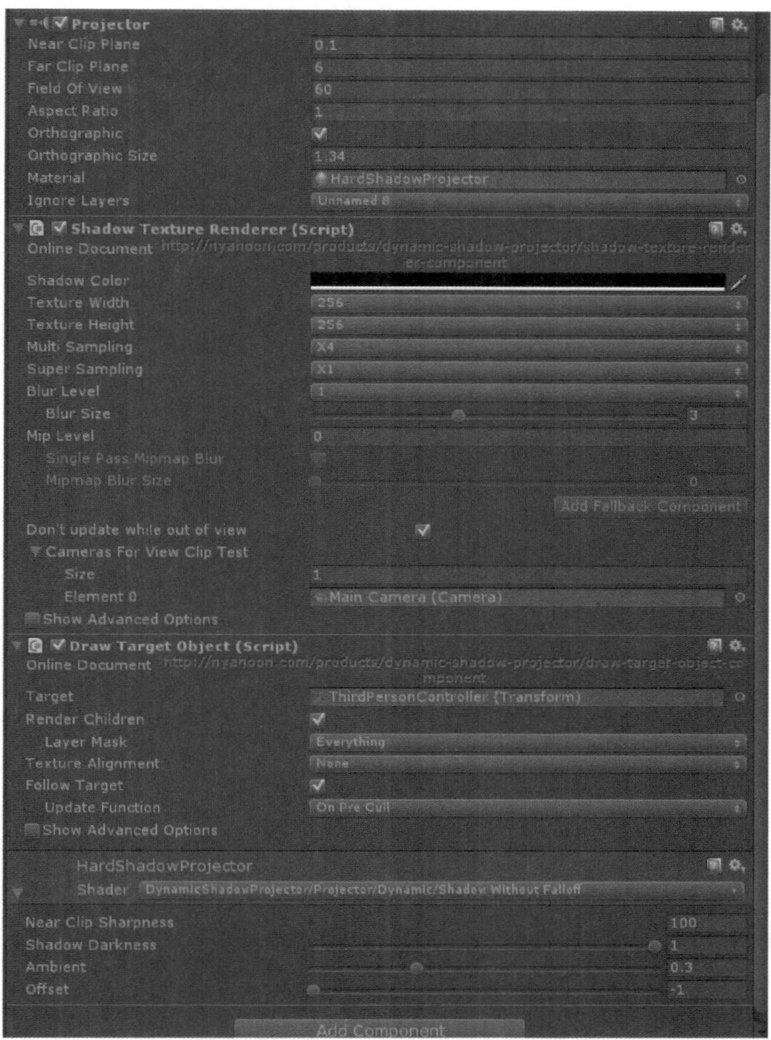

图 2-8

然后单击Play运行程序，所得到的效果如图2-9所示。

图 2-9

> **注意**：如果我们没有设置Projector组件的Ignore Layers属性为使用的其他层，那么会出现如图2-10所示的问题。

图 2-10

我们会发现玩家变黑了，这是因为它也接受了其他层的阴影信息。上面测试的是没有烘焙过的场景，我们可以尝试一下烘焙完的场景，然后再隐藏灯光信息，接着运行刚刚的程序发现烘焙过的场景依旧可以有玩家的阴影信息。

我们还可以自己尝试修改一下Projector参数然后在运行时修改其他组件的参数来观看运行效果。根据自己项目的需要进行设置。本插件中默认提供了BlobShadowProjector、HardShadowProjector、SoftShadowProjector和SpotlightWithShadow四个阴影材质可以用于Projector的Material参数的设置。不同的材质产生的阴影消耗不一样。

2.4 Psoft Body Deformation——实现网格变形功能

2.4.1 简述

在游戏或虚拟现实开发中我们可能想动态实现网格变形的功能，现在就有那么一个简单易用的小工具可以满足我们的需求。

2.4.2 功能

- 简单易用
- 监视面板上有全面的提示，帮助我们调试变形参数
- 碰撞可以动态进行更新
- 可以使用射线投射或作用碰撞器变形
- 包括源代码

2.4.3　操作流程

新建一个空的工程，把Psoft Body Deformation插件导入我们新建的工程中，Psoft Body Deformation结构如图2-11所示。

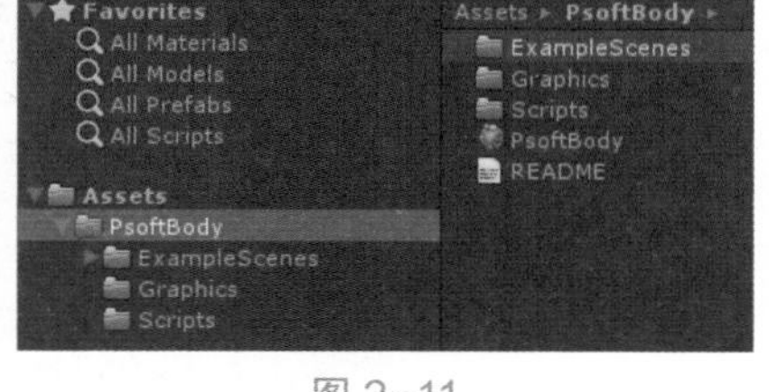

图 2-11

ExampleScenes：此目录存放的是插件的演示场景及演示场景相关的资产。

Graphics：此文件存放的是插件使用的图片。

Scripts：此目录存放的是法线的脚本。

PsoftBody.cs是插件的核心脚本。

我们可以打开ExampleScenes目录里的ProjectileImpacts演示场景，然后运行场景看到的效果如图2-12所示。

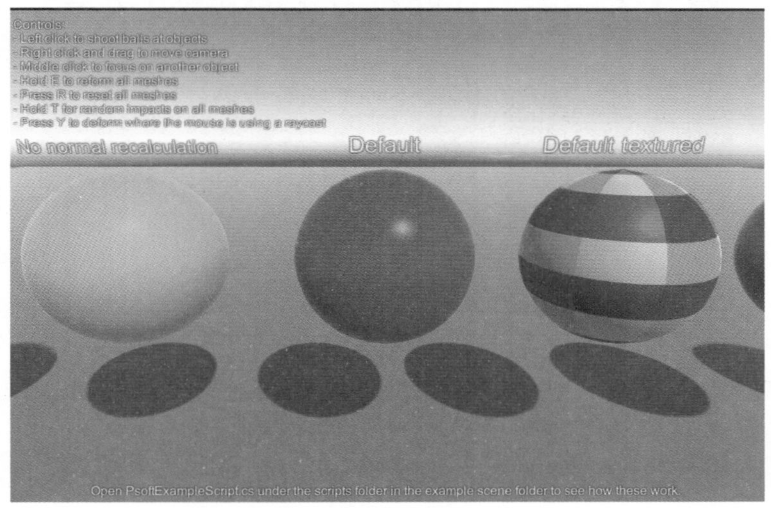

图 2-12

我们可以根据UI上面的描述信息进行操作与预览效果。接下来说明的是如何使用Psoft Body Deformation插件来改变网格外形。

Step 1　通过Physics>PsoftBody添加组件到带有网格游戏对象，如图2-13所示。

参数说明如下。

Min Soft Velocity：触发Psoft碰撞计算的最小速度。

Impact Scale：碰撞影响的缩放。值越大意味着越大的凹痕。

Force Multiplier：碰撞力量的乘数因子。越大的乘数因子导致越深的凹痕。

Recalculate Normals：在Psoft 计算后是否重新计算法线（推荐勾选）。

Better Recalculate Normals：在Psoft计算后是否使用更好的方法计算法线（推荐勾选）。

Smoothing Angle：当使用更好的法线计算时，这个平滑角度用于计算。

Deform On Collision：当有平滑碰撞时会自动使网格变形。仅在对象没有子对象时工作，会打断OnCollisionEnter事件。我们可以通过PsoftCalculate()方法继续。

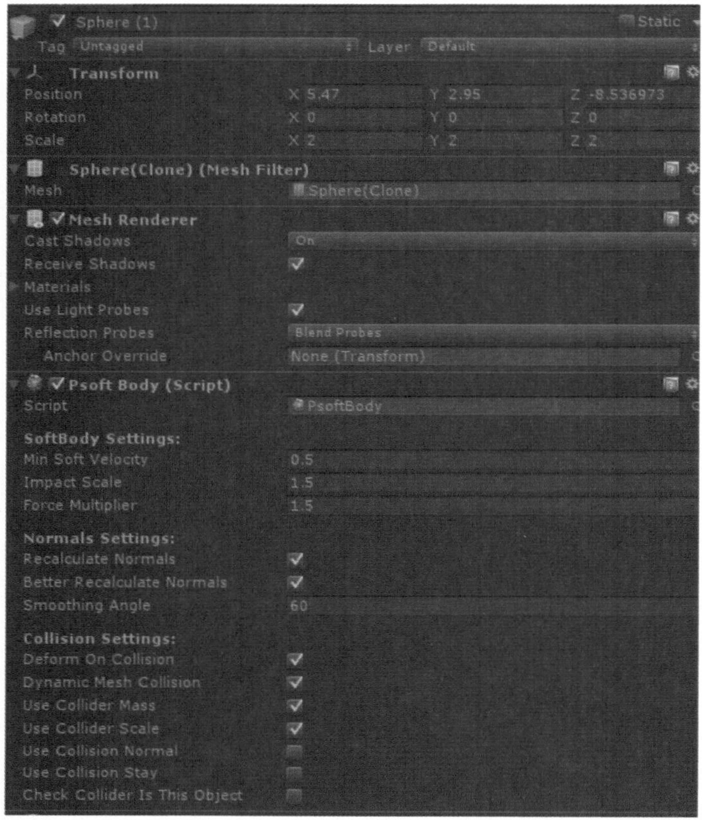

图 2-13

Dynamic Mesh Collision：选择该命令后每当网格变形时都会更新PsoftBody的网格碰撞器。

Use Collider Mass：当计算变形时考虑碰撞对象的质量。

Use Collider Scale：当计算变形时考虑到碰撞对象的缩放。

Use Collision Normal：使用碰撞的法线作为变形的方向代替碰撞的相对速度。这将大幅度地改变作用模型的力。

Use Collision Stay：使用OnCollisionStay方法触发变形，最好使用Min Soft Velocity的值为0。虽然不建议这么做，但是在某些场合会很有用。

Check Collider Is This Object：确保用于变形的是这个对象，而不是其他对象。当我们调用PsoftCalculate()方法时可能包含其他对象的碰撞信息。

Step 2 根据需要调整组件的参数。

Step 3 默认情况下，网格基于碰撞变形，如果我们的平面使用射线投射或一些其他的方法产生变形，那么应该关闭监视面板的DeformOnCollision 参数。我们可以在运行时通过其他脚本来调用PsoftBody内置的方法。

当然，也可以通过脚本来进行操作。核心的API很简单，如下所述：

重置对象网格到它初始位置。

```
public void ResetMesh(){...}
```

将PsoftBody网格上所有的顶点朝向原始的网格顶点。

```
public void LerpTowardsOriginal(float t){...}
```

将会执行PsoftBody网格的随机影响，方法中可以指定一些可选项参数。

```
public void RandomImpact(float impactForce = 15f, float impactScale = 1f, bool inverseImpacts = false){...}
```

将会在指定的世界点产生影响，对于使用射线投射需要使用一个世界点和法线向量，但是可以指定某些可选项参数。

```
public void DeformAtPoint(Vector3 worldPoint, Vector3 impactNormal, float impactForce = 15f, float impactScale = 1f, bool inverseImpacts = false){...}
```

PsoftBody目前不支持蒙皮网格，在Unity 5中超过256顶点的网格中刚体的动态碰撞不支持。因为带有刚体的网格碰撞器不能超过256个多边形，同时需要设置为convex。不考虑碰撞物体的形状，将撞击模拟为圆形，这样可以使计算简单、快捷。

2.5 Tenkoku-Dynamic Sky System——效果绝佳的天候系统

2.5.1 简介

Tenkoku交互天空系统是一个操作界面友好的环境与气候制作插件，可以让我们在极短的时间内设计出场景所需要的天空效果，在运行模式下随时进行调整与观察。Tenkoku – Dynamic Sky 基于Unity 5所开发，可输出桌面与网页程序，但是支持手机终端。

2.5.2 功能

- 可模拟一整年白天到夜晚24小时的气候
- 提供真实的春分 & 岁差定位
- 提供纬度和经度的调整
- 准确的太阳、地球与恒星的位置
- 精确的月球运动和阶段
- 可调整场景内的所有光源
- 可制作出质量光与大气效果
- 可模拟出多层的动态云彩
- 可模拟出炫丽的夜景效果
- 基于纬度的极光渲染效果
- 环状和全部的日食效果

2.5.3 操作流程

Step 1 首先打开_Demo目录下的_Tenkoku_Demo_Scene文件，场景里面已经包含了Tenkoku的组件与地形环境所需的物件。

场景左边的UI里面已经提供了三种不同条件下的天气设置，我们可以通过这些数值的改变来观察天候的变化，如图2-14所示。

图 2-14

Date & Time：调整年、月、日时间，并控制时间的快进与经纬度。

Atmospherics：调整大气与雾化的效果。

Weather：调整不同的气候，包含下雨、下雪、雷电与彩虹效果。

在调整UI里面的这些数值时，我们可以即时看到场景内的天候变化与各种特效，而这些效果也搭配了不同的音效，这使得我们很容易就能控制场景内天气与环境的交互作用，如图2-15所示。

图 2-15

Step 2　接着我们打开一个已经设置好的地形场景(或是导入地形资源包)，如图2–16所示。然后把TENKOKU–DYNAMIC SKY>Prefabs目录下的Tenkoku DynamicSky组件添加到Hierarchy里面。

图 2–16

> **技巧**：场景内的地形可以使用MapMagic或是GAIA插件来快速产生，或是使用自己项目中的地形来做练习。

Step 3　打开Tenkoku DynamicSky的层级找到SkySphere，如图2–17所示，这个物件的作用是通过一个网格球体把场景包覆在里面，然后在这个球体里面的组件包含了各种的天候特效脚本，里面同时包含了模拟的光源，所以还需要手动删除场景里原来的灯光。

图 2–17

> **注意**：在运行模式下我们可以看到SkySphere的具体作用，如图2–18所示的黑色部分即为场景里面出现的云彩，而白色密集的小点是夜晚的星空，同时在里面设置了模拟下雨与下雪的粒子系统。

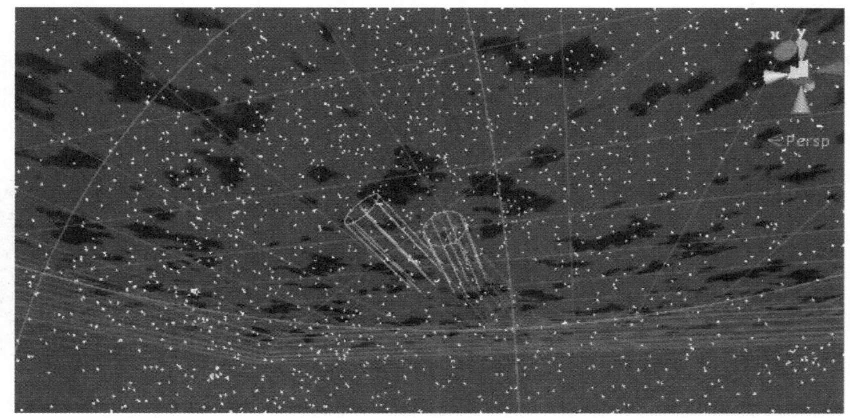

图 2–18

Step 4 在Time And Position的设置里面可以通过调整年月日来改变场景效果，也可以勾选Sync to System Time与Sync to System Date设置与电脑系统的时间同步，如图2-19所示。

Step 5 Configuration设置里面可以选择不同的相机进行天空的渲染，也可以改变天空与环境的整体色调。Scene Light Layers可以对不需要被光线照射的图层进行排除，Set Orientation被用来改变太阳位置，如图2-20所示。

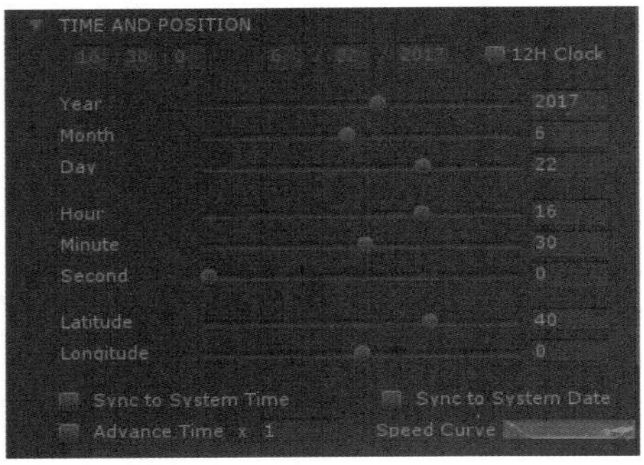

图 2-19

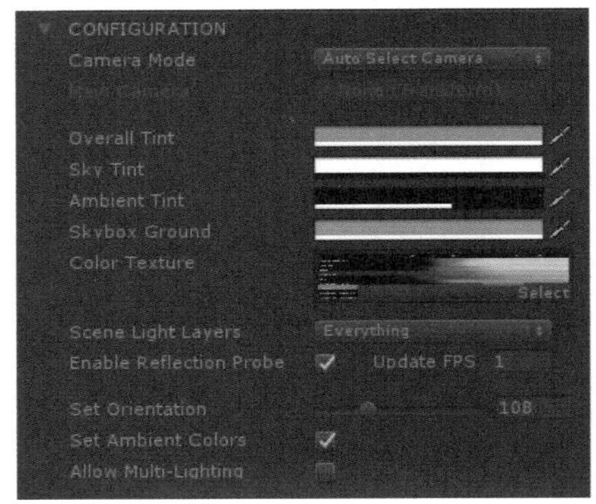

图 2-20

Step 6 Celestial Settings主要用来设置日月星辰的各种效果，在Sun Rendering里面可调整太阳光的强度、饱和度、天空亮度与太阳的大小显示。Moon Rendering的设置用来调整夜色的强度与饱和度。Star Rendering提供了繁星的亮度，Aurora Rendering与Galaxy Rendering分别提供了南极光与银河系的渲染设置，图2-21为昼夜效果。

图 2-21

Step 7 接下来调整环境的雾化作用，这个部分只需要看地形的大小来设置Fog Distance的数值，Fog Density是用来调整雾的浓度，调整Fog Dispersion数值可改变雾化的扩散程度，如图2-22所示。

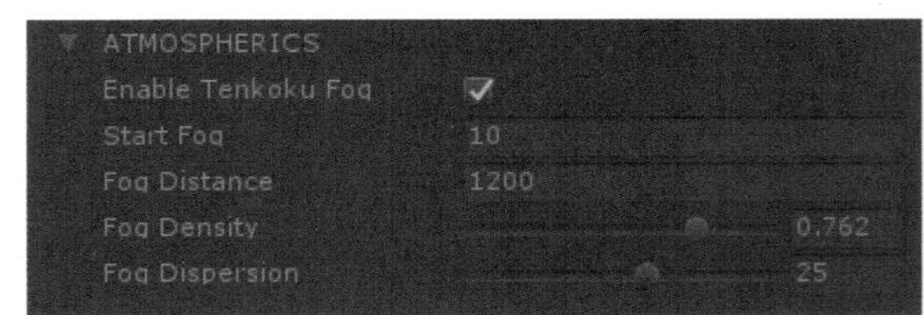

图 2-22

Step 8 在Weather的设置里面可以选择Manual(手动)与Automatic(自动)模式，我们使用默认的Manual来调整天空的云彩效果，如图2-23所示。

Clouds AltoStratus：用来调整云层高度。

Clouds Cirrus：设置卷云的数量。

Clouds Cumulus：设置体积云的数量。

Overcast Amount：控制天空阴暗的程度。

Cloud Scale：调整云彩的大小。

Cloud Speed：调整云彩流动的速度。

通过Atmospherics与Weather的数值调整后，现在天空就呈现出流动的云彩与远端的雾化效果，如图2-24所示，而这种表现是系统自带的天空盒无法制作出来的。

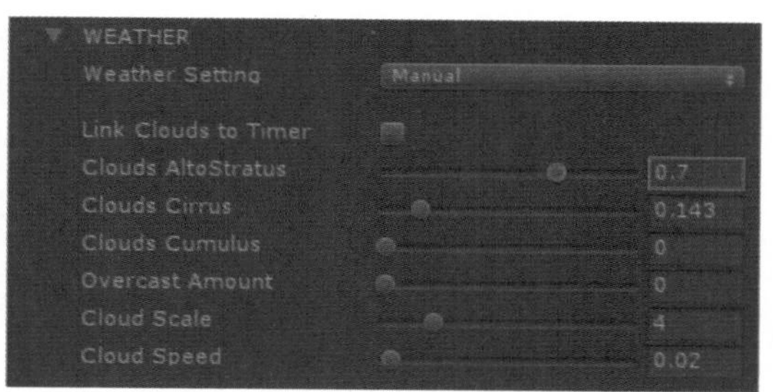

图 2-23

图 2-24

注意：需要特别注意的是，这种真实的天候效果只能运用在桌面平台，如需要手机上模拟出类似功能，可以选择Unistorm插件，这个插件就适用于桌面与手机终端。

Step 9　Weather设置里面增加Lighting Amount的数值，这个功能被用在模拟闪电，在数值调整后，就能看到场景内的雷电效果，如图2-25所示。

图 2-25

Tenkoku：Dynamics Sky System还提供配合天候效果的各种音效，包含了风吹、下雨与雷电的声音，白天与黑夜的环境音效也分开设置，如图2-26所示。在这个设置里面可以通过Master Volume来控制整体的环境音量，或是对其中的一种音效进行音量的调节。

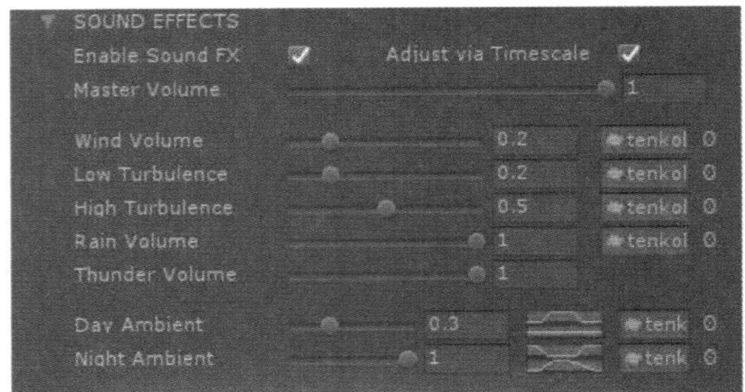

图 2-26

2.6 Trambience-Easy Ambience Transitions——大气环境制作

2.6.1 简述

在游戏或虚拟现实开发中我们可能需要构造不同的大气环境，并且实现大气环境之间的自动切换或者是手动切换。那么拥有一个简单易用的大气环境切换的插件将会提高我们的开发和工作效率。

2.6.2 功能

Trambience 允许用户使用包中的脚本来快速构建不同的大气环境。仅通过调用一个函数，Trambience会自动切换不同的大气效果，同时可以在内存中存储多个大气环境。

特性支持：

- 雾
- 背景烟
- 背景
- 粒子及更多效果
- 包括了20+预设周围大气环境

2.6.3 操作流程

新建一个空的工程，把Trambience-Easy Ambience Transitions插件导入新建的工程中，Trambience-Easy Ambience Transitions结构如图2-27所示。

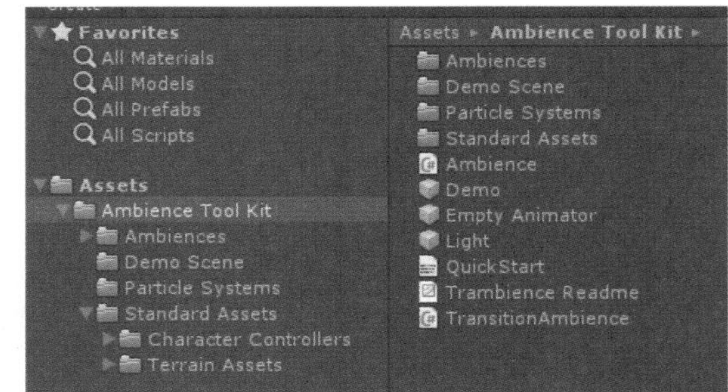

图 2-27

Ambiences：此目录里面存放的是插件里面自带的已经设置好的大气效果。

DemoScene：此目录里面存放的是插件自带的演示场景及演示场景使用的脚本文件。

Particle Systems：此目录里面存放的是粒子系统资源。

Standard Assets：此目录里面存放的是Unity的标准资源。

首先我们预览一下插件里面的演示场景。打开Demo场景，运行游戏，可以看到如图2-28的画面效果。

图 2-28

我们可以通过单击上面的UI按钮来切换不同的大气效果。

现在我们来学习如何制作符合自己项目要求的大气效果。

Step 1　创建一个空对象，然后拖动Ambience.cs脚本到空的游戏对象上。这将是新的周围环境对象，稍后用于保存为预设，如图2-29所示。

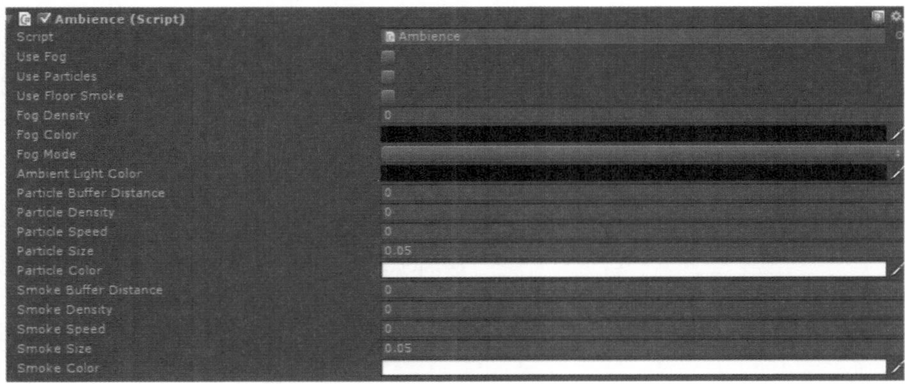

图 2-29

下面对组件的参数进行说明。

Use Fog：是否使用雾。

Use Particles：是否使用粒子。

Use Floor Smoke：是否使用烟雾。

Fog Density：设置雾的浓度。根据需要设置符合自己需求的雾浓度。

Fog Color：设置雾的颜色。根据需要设置符合自己需求的雾颜色。

Fog Mode：设置雾使用的模式。根据需要设置符合自己需求的雾模式。

Ambient Light Color：设置环境光的颜色。根据需要设置符合自己需求的环境光颜色。

Particle Buffer Distance：围绕玩家多远的距离产生粒子。

Particle Density：设置粒子的浓度。根据需要设置符合自己需求的粒子浓度。

Particle Speed：设置粒子的运动速度。

Particle Size：设置粒子的大小。

Particle Color：设置粒子的颜色。

Smoke Buffer Distance：围绕玩家多远的距离产生烟雾。

Smoke Density：设置烟雾的浓度。

Smoke Speed：设置烟雾的运动速度。

Smoke Size：设置烟雾的大小。

Smoke Color：设置烟雾的颜色。

Step 2 根据需要来调整上面的参数，然后保存成预设，存放到自己相应的目录中。方便我们来切换大气时使用。

Step 3 切换大气效果的步骤，我们可以看一下脚本TransitionAmbience.cs。新建一个对象然后附加TransitionAmbience.cs脚本组件，如图2-30所示。

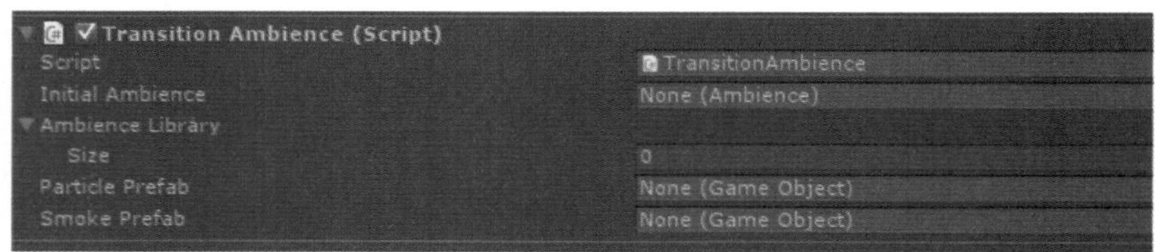

图 2-30

Initial Ambience：这是场景运行时默认使用的大气效果。

Ambience Library：我们把需要使用的大气效果拖动到此参数中。它的索引位置是从零开始。

Particle Prefab：这是大气中使用的粒子预设。

Smoke Prefab：这是大气中使用烟雾的预设。

我们可以使用ransitionAmbientScriptReference.changeAmbience(INDEX, TIME)方法来动态地更换不同的大气效果。有关代码可以参考Demo样例工程的脚本Demo.cs。

2.7 Time of Day——制作动态天气效果

2.7.1 简述

在游戏或虚拟现实开发中我们经常会需要动态的天气效果，通过Time of Day插件功能就可以在PC和Mobile上实现真实的天气系统。

2.7.2　功能

Time Of Day 包是一个渲染真实的昼夜交互的动态天空穹顶，真实的天空，动态云和基于物理的大气散射。

Sky——天空系统

- 基于天空的物理阴影
- 瑞利和米氏散射
- 高度的可定制性
- 太阳和月亮的照射
- 空气透视

Lighting——照明系统

- 完整的PBR和HDR支持
- 实时的Unity 5环境光
- 实时的Unity 5反射

Clouds——云层

- 基于云的物理阴影
- 半体积云层
- 动态批处理的云公告板
- 可调整的风速和方向
- 可配置的覆盖率和阴影
- 正确的投射云阴影

Time&Location——时间与地理位置

- 动态的昼夜循环
- 可调整的时间进程曲线
- 完整的经度、纬度和时区支持
- 完整的公历支持
- 真实的太阳位置
- 真实的月亮位置和相位
- 真实的星座

Performance&Requirements——插件效能与平台支持

- 非常优化的着色器和脚本
- 零动态内存分配
- 支持着色器模型2.0
- 支持所有的平台
- 支持线性&伽马颜色空间
- 支持前向和延迟渲染
- 支持HDR&LDR渲染
- 支持虚拟现实硬件

2.7.3 操作说明

新建一个空的工程，把Time of Day插件导入新建的工程中，Time of Day目录结构如图2-31所示。

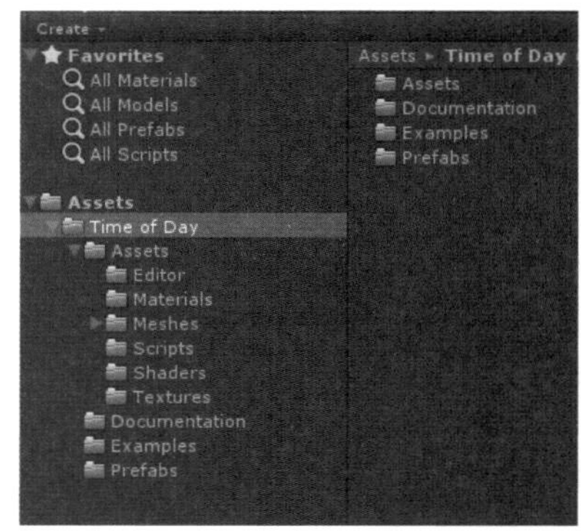

图 2-31

Editor：此目录存放的是插件编辑器的核心代码。

Materials：此目录存放的是插件使用的材质球。

Meshes：此目录存放的是插件使用的模型资产。

Scripts：此目录存放的是插件的核心代码。

Shaders：此目录存放的是插件里的核心着色器资源。

Textures：此目录存放的是插件使用到的纹理资源。

Documentation：此目录存放的是插件的帮助文档。

Examples：此目录存放的是样例代码。

• AudioAtDay/AudioAtNight/AudioAtTime：根据指定的天气类型淡入淡出音频源。

• ParticleAtDay/ParticleAtNight/ParticleAtTime：根据指定的天气类型淡入淡出粒子系统。

• LightAtDay/LightAtNight/LightAtTime：根据指定的天气类型淡入淡出灯光强度。

• RenderAtDay/RenderAtNight/RenderAtWeather：根据指定的天气类型启用或禁用渲染组件。

• LoadSkyFromFile：可以通过拖动进行指定，也可以在运行时从TextAsset加载Sky Dome导出的参数。

• WeatherManager：天气管理的例子和管理特效粒子。

Prefabs：此目录存放的是插件的预设。

接着我们来看看如何使用Time of Day插件。

Step 1 拖动“Time Of Day/Prefabs/Sky Dome”预设到我们的场景中。

Step 2 通过Component>Time of Day>Camera Main Script添加TOD_Camera组件到主摄像机。

Step 3 通过Component>Time of Day>…来添加摄像机的可选组件。

Step 4 根据我们的需要来启用或禁用Sky Dome里面的子对象。

Step 5 调整Sky Dome监视面板上的变量直到得到我们满意的结果。

> **注意：** Camera 脚本在场景裁剪之前直接移动Sky Dome，保证所有其他位置的更新处理完毕。不能在“LateUpdate”里面移动Sky Dome，因为这样在移动摄像机时可能会导致帧之间的细微差别。

下面对性能进行简单介绍。

桌面系统：

1）使用Sky Dome的Web Player的大小大约是200KB，和大多数动态评估的一样。

2）所有的脚本和着色器是高度优化的，不会对桌面电脑有重大的FPS影响。

3）除了Sky Dome的实时反射是很昂贵的，应该谨慎使用。

移动平台：

1）老的移动设备应该根据合适的性能选择质量。

2）低的星星质量会大大地降低整体的顶点数量。

3）低的云层质量会显著降低逐像素计算的复杂性。

Sky Dome组件的渲染顺序：

- Unity depth pass
- Unity objects (background)
- Space
- Stars
- Sun
- Moon
- Atmosphere
- Unity objects (opaque)
- Unity image effects (depth)
- Clear
- Clouds
- Billboards
- Unity objects (transparent)
- Unity image effects (remaining)

根据场景的设置渲染整个Sky Dome通常会导致3～6个Drawcall。所有的公告板使用Untiy Pro的动态批处理。

注意：通过TOD_Sky脚本上下文中的“Import Parameters”和“Export Parameters”选项导出和导入设置为自定义的XML。导出参数可以导入到其他工程中，甚至是在运行时通过API调用进行加载。TOD_Rays使用深度缓冲和颜色缓冲的透明值来阻挡灯光。阻挡太阳照射的对象必须写入深度或写入一个有效的透明值。不阻挡太阳照射的对象必须使用“ZWrite off”和“ColorMask RGB”着色器特性。

可以通过禁用任何子对象来保持Sky Dome的指定部分进行渲染。我们也可以禁用父对象上任何脚本禁用指定功能。注意：是禁用子对象而不是它们单独的组件。启用组件的状态可能被Sky Dome 脚本改变，可能重写我们的更改。

2.8　Better Trails——武器拖尾特效

2.8.1　简述

在游戏开发中，我们经常需要拖尾的各种效果，但是Unity里面内置的拖尾效果缺少一些关键特性。Better Trails的创建是为了解决Unity内置拖尾渲染器缺少一些关键的特性。使用Better

Trails我们可以清除拖尾，检查拖尾是否还有可见片段同时我们也可以扩展Better Trails的代码产生新的行为。

2.8.2 功能

Better Trails是Unity内置拖尾渲染器效果的扩展，它提供了更多的拖尾控制，及多种拖尾效果预设。原生Unity拖尾不支持批处理，但是本工具提供了移动设备上的拖尾批处理。同时也提供了可视化的拖尾预览。

2.8.3 操作流程

新建一个空的工程，把Better Trails插件导入我们新建的工程中，Better Trails结构如图2-32所示。

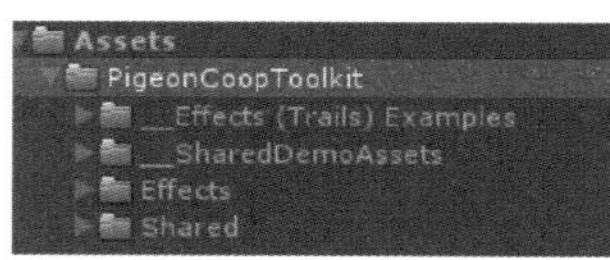

图 2-32

_Effects(Trails) Examples：本目录里存放的是插件的演示例子及使用的相关资产。

_SharedDemoAssets：本目录里存放的是插件里共享例子使用的资产。

Effects：本目录里存放的是插件的核心代码。

Shared：本目录里存放的是共享的代码。

我们可以先打开_Effects(Trails) Examples>Scenes文件夹里面的演示样例预览一下插件提供的效果。

下面我们对插件提供的几个组件进行说明。

1. Trail Component

通过Component>Pigeon Coop Toolkit>Effects>Trail添加拖尾组件，如图2-33所示。

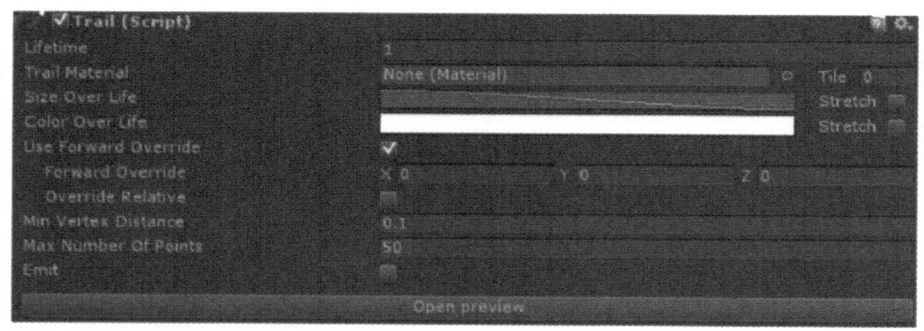

图 2-33

Lifetime：拖尾的生命周期，以秒为单位。

Trail Material：用于渲染拖尾的材质球。粒子着色器工作最佳的路径。

Tile：沿着拖尾调整材质纹理平铺的频率。如果设置为0，材质纹理将会从拖尾的开始延伸到结束。

Size Over Life：一条曲线对应拖尾生命周期内它的大小。

Color Over Life：颜色渐变对应着拖尾生命周期内它的颜色。

Stretch：延伸颜色/大小从拖尾的开始它的结束。

Use Forward Override：不使用摄像机的前向计算公告板，我们可以指定自己的向量。

Forward Override：重写向量。

Override Relative：如果使用启用这个选项，Forward Override的向量会被认为是本地向量然后转换到世界空间。

Min Vertex Distance：拖尾锚点之间最小的距离。

Max Number Of Points：拖尾使用的最多的点数。任何新的点将会覆盖老的点。

Emit：是否发射。

Open preview：打开预览窗口进行预览。

2. Smoke Trail Component

通过Component>Pigeon Coop Toolkit>Effects>Smoke Trail添加烟雾拖尾组件，如图2-34所示。

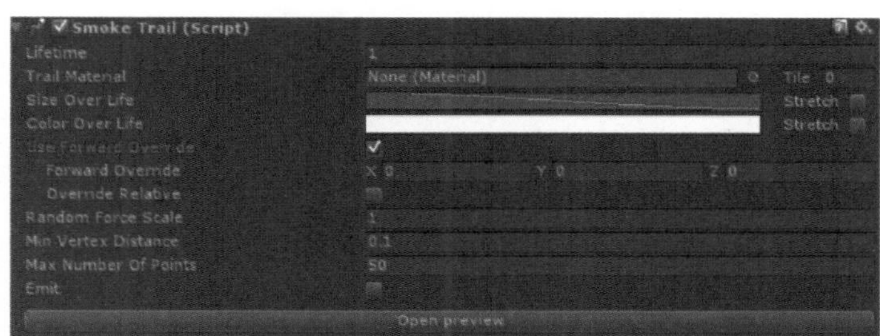

图 2-34

Lifetime：拖尾的生命周期，以秒为单位。

Trail Material：用于渲染拖尾的材质球。粒子着色器工作最佳的路径。

Tile：沿着拖尾调整材质纹理平铺的频率。如果设置为0，材质纹理将会从拖尾的开始延伸到结束。

Size Over Life：一条曲线对应拖尾生命周期内它的大小。

Color Over Life：颜色渐变对应着拖尾生命周期内它的颜色。

Stretch：延伸颜色/大小从拖尾的开始延伸到结束。

Use Forward Override：不使用摄像机的前向计算公告板，我们可以指定自己的向量。

Forward Override：重写向量。

Override Relative：如果启用这个选项，Forward Override的向量会被认为是本地向量然后转换到世界空间。

Random Force Scale：每个沿着拖尾的点开始给予一个随机的方向来产生烟的感觉。这个值用来控制效果的缩放。

Min Vertex Distance：拖尾锚点之间最小的距离。

Max Number Of Points：拖尾使用的最多的点数。任何新的点将会覆盖老的点。

Emit：是否发射。

Open preview：打开预览窗口进行预览。

3. Smoke Plume Component

通过Component>Pigeon Coop Toolkit>Effects>Smoke Plume添加烟羽拖尾组件，如图2-35所示。

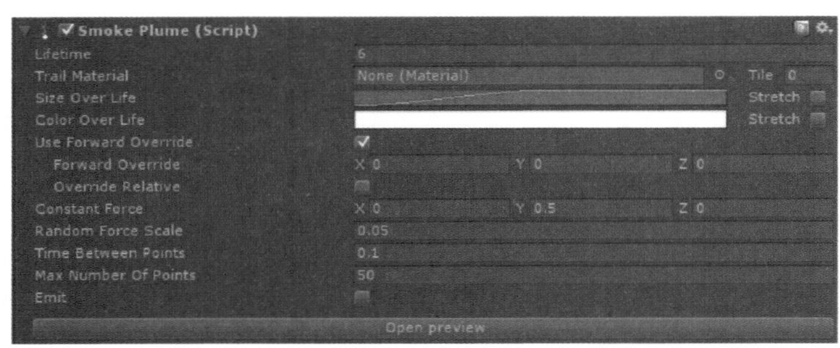

图 2-35

Lifetime：拖尾的生命周期，以秒为单位。

Trail Material：用于渲染拖尾的材质球。粒子着色器工作最佳的路径。

Tile：沿着拖尾调整材质纹理平铺的频率。如果设置为0，材质纹理将会从拖尾的开始延伸到结束。

Size Over Life：一条曲线对应拖尾生命周期内它的大小。

Color Over Life：颜色渐变对应着拖尾生命周期内它的颜色。

Stretch：延伸颜色/大小从拖尾的开始延伸到结束。

Use Forward Override：不使用摄像机的前向计算公告板，我们可以指定自己的向量。

Forward Override：重写向量。

Override Relative：如果启用这个选项，Forward Override的向量会被认为是本地向量然后转换到世界空间。

Constant Force：恒力，适用于所有点的拖尾。默认值是(0, 0.5, 0)给人的印象是冉冉升起的烟雾。

Random Force Scale：每个沿着拖尾的点开始给予一个随机的方向来产生烟的感觉。这个值用来控制效果的缩放。

Time Between Points：替代最小顶点距离，这种拖尾类型通常会添加新的点。这个值指定了到新点之间的时间。

Max Number Of Points：拖尾使用的最多的点数。任何新的点将会覆盖老的点。

Emit：是否发射。

Open preview：打开预览窗口进行预览。

4. Smooth Trail Component

通过Component>Pigeon Coop Toolkit>Effects>Smooth Trail添加平滑拖尾组件，如图2-36所示。

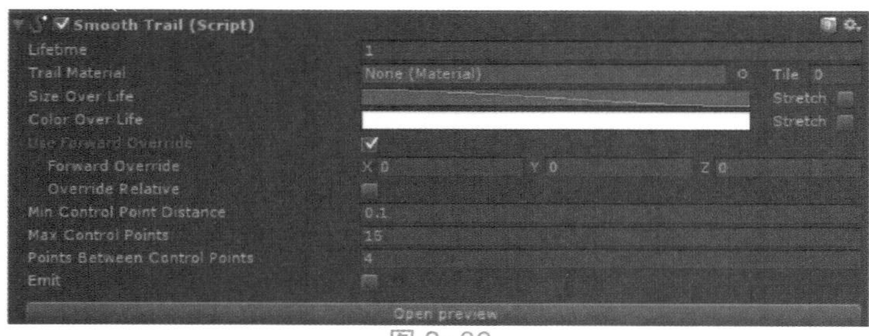

图 2-36

Lifetime：拖尾的生命周期，以秒为单位。

Trail Material：用于渲染拖尾的材质球。粒子着色器工作最佳的路径。

Tile：沿着拖尾调整材质纹理平铺的频率。如果设置为0，材质纹理将会从拖尾的开始延伸到结束。

Color Over Life：颜色渐变对应着拖尾生命周期内它的颜色。

Stretch：延伸颜色/大小从拖尾的开始延伸到结束。

Use Forward Override：不使用摄像机的前向计算公告板，我们可以指定自己的向量。

Forward Override：重写向量。

Override Relative：如果启用这个选项，Forward Override的向量会被认为是本地向量然后转换到世界空间。

Min Control Point Distance：拖尾锚点之间最小的距离。

Max Control Points：拖尾使用的最多的点数。任何新的点将会覆盖老的点。

Points Between Control Points：影响拖尾的平滑度。这个值告诉我们在我们控制的点之间有多少片段。中间的分段数越高越平滑。但是这会增加拖尾的复杂性。开始时尝试使用小值，根据需要增加。

Emit：是否发射。

Open preview：打开预览窗口进行预览。

> **注意：**拖尾默认情况下会使用主摄像机广告版方向或使用指定的广告版方向。

5. Preview Utility

打开任何拖尾组件监视面板上的Open Preview可以预览，如图2-37所示。

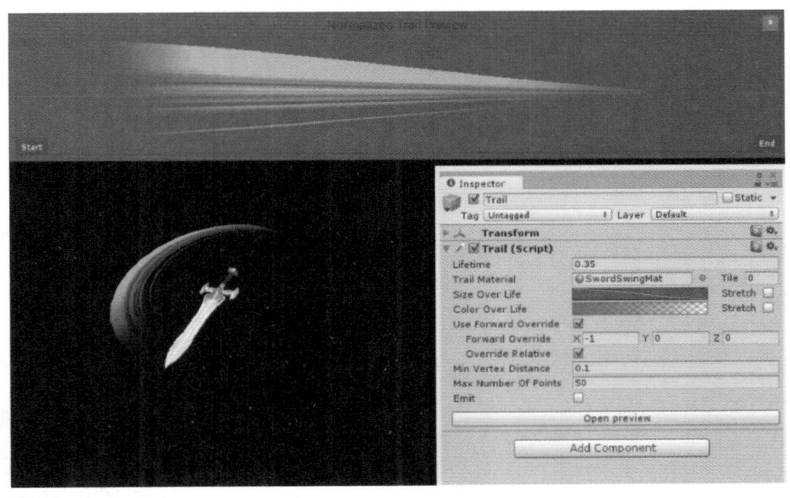

图 2-37

预览工具旨在为用户提供拖尾的一些反馈。显示根据监视面板生成的拖尾效果。

6. 共享 API 描述

void CreateTrail(Vector3 from, Vector3 to, float distanceBetweenPoints)：添加一个拖尾到

渲染器。

void ClearSystem(bool emitState)：清除所有粒子，设置新的发射状态。

void Translate(Vector3 t)：根据t来移动整个活动轨迹。

int NumSegments()：返回当前渲染器激活的拖尾片段的数量。这个函数可以检查片段的数量，清除一次性的拖尾。如果不为0，意味着拖尾一直在淡出。在销毁拖尾之前要等返回片段数为0。

2.9 LineWaves 插件讲解

2.9.1 简述

在游戏或VR开发中，我们经常需要实现线性拖尾效果，或者是其他线性波效果。有一个漂亮的线性效果会给应用增加不少分数。通过LineWaves可以让我们快速创建自动或手动的丰富多彩的线性效果。

2.9.2 功能

LineWaves提供了简单快速呈现的线性渲染波形。它提供了如下特性：

- 2D osciloscope 光谱形式
- 3D螺旋/隧道形式
- 弯曲（波形开始/结束的弯曲）
- 反向变形弯曲（波形开始/结束）
- 随机波形（使用弯曲模式）
- 自动和手动的运动参数
- 可选原始波（侧面、集中、结、波峰）
- 基本的频率和振幅参数
- 目标跟随启用
- 不需要线性渲染的调整
- 运行时碰撞生成器（盒子和球形碰撞器）
- 紧密和可调整的碰撞器

2.9.3 操作流程

新建一个空的工程，把LineWaves插件导入我们新建的工程中，LineWaves结构如图2-38所示。

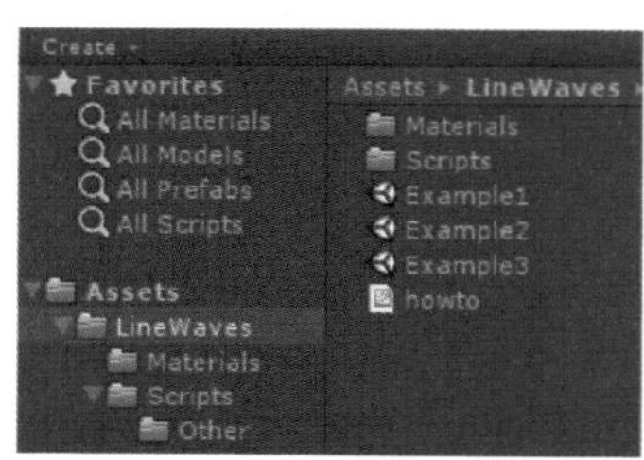

图 2-38

Line Waves：此目录里包括了演示场景，材质和脚本文件。

Materials：此目录里存放了演示样例使用的材质球和纹理。

Scripts：此文件存放了Line Waves插件的核心代码和演示

样例用到的脚本。

我们可以先预览一下插件自带的几个例子，然后看一下效果。

先简单介绍一下如何使用Line Waves，首先讲解一下Line Wave脚本。LineWave脚本组件截图如图2-39所示。

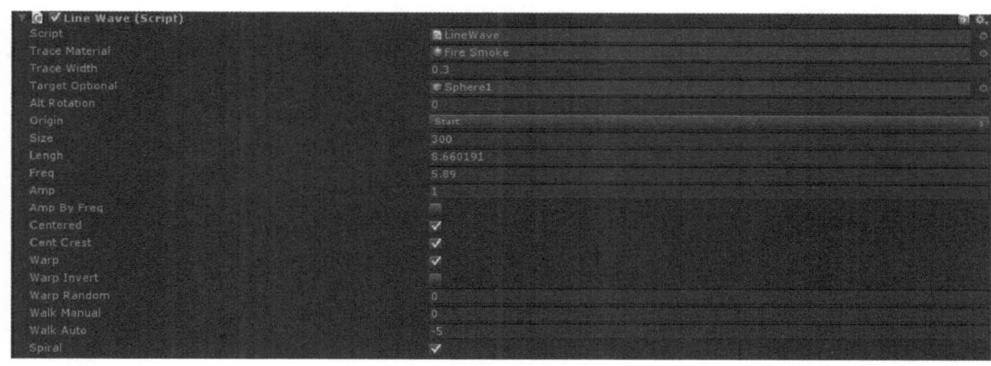

图 2-39

组件参数说明如下。

Trace Material：渲染器痕迹使用的材质球。

Trace Width：痕迹的宽度。

Target Optional：目标选项。

Alt Rotation：旋转角度。

Origin：线的起始状态，分为Start和Middle。

Size：线的大小。

Length：线的长度。

Freq：线的频率。

Amp：线频率放大器。

Amp By Freq：是否根据频率使用。

Centered：是否使用居中。

Cent Crest：是否使用分波峰。

Warp：是否使用弯曲。

Warp Invert：是否使用反向弯曲。

Warp Random：随机弯曲。

Walk Manual：手动运动速度。

Walk Auto：自动运动速度。

Spiral：是否使用螺旋模式。

注意： 这个脚本可以作为一个免费的组件应用到我们项目中的任何游戏对象上。

现在介绍一下使用LineWave效果的基本流程。

Step 1　创建一个空游戏对象。

Step 2 添加LineWave脚本组件。

Step 3 指定合适的材质球。

Step 4 在Inspector面板上调整组件的参数，查看结果直到满意为止。

2.10 GO Ocean Toolkit 插件讲解

2.10.1 简述

在游戏或VR开发中我们可能需要制作海洋的效果。GO Ocean Toolkit 就是这样一个工具可以方便我们创建自己喜欢的海洋效果。它可以通过Unity游戏引擎实现真实无限海洋渲染的项目。

2.10.2 功能

GO Ocean Toolkit有下面的几个特性：

- 真实的无限海洋渲染
- 自定义波浪函数用于水面偏移
- 小规模的细节实现使用法线贴图的滚动
- GO Ocean Toolkit 易于使用且不需要任何编码
- 使用屏幕追踪或传统的反射探测器来进行反射
- 干净的外观使用大多数项目
- 海岸线流动和海底腐蚀
- 折射和水下光的吸收来准确传递深度
- 4个样例场景展示不同的预设和用例
- GO Ocean Toolkit 易于使用且不需要任何编码

2.10.3 操作流程

新建一个空的工程，把GO Ocean Toolkit 插件导入我们新建的工程中，GO Ocean Toolkit 结构如图2-40所示。

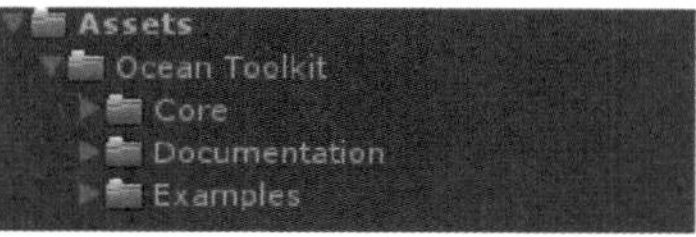

图 2-40

Core：这里存放的是插件的核心资产。包括插件的核心脚本、着色器、纹理等。

Documentation：此文件存放的是插件的帮助文档。

Examples：此目录存放的是插件的演示场景。

这里先简单的介绍一下Examples里面的几个场景。

Basic场景：演示了简单的场景展示了海洋的预设。

Murky场景：演示了场景中使用污水和平静波功能。

Ocean Mask场景：演示了平静的日落场景没有波功能。

Island场景：详细地展示了一个热带岛屿的海洋。

BTIntegration包里面的场景演示了与Buoyancy Toolkit Integration交换的一个例子。

我们可以先运行插件里面的演示案例来查看运行后的海洋效果。

下面介绍一下插件里的组件。

1. Oceancomponent

Ocean组件控制着水模拟的所有参数并且确保海洋可以被正确的渲染，其参数如图2-41所示。在处理Ocean预设时我们仅需要改变Ocean组件的属性就可以，因为它会更新相应的组件。

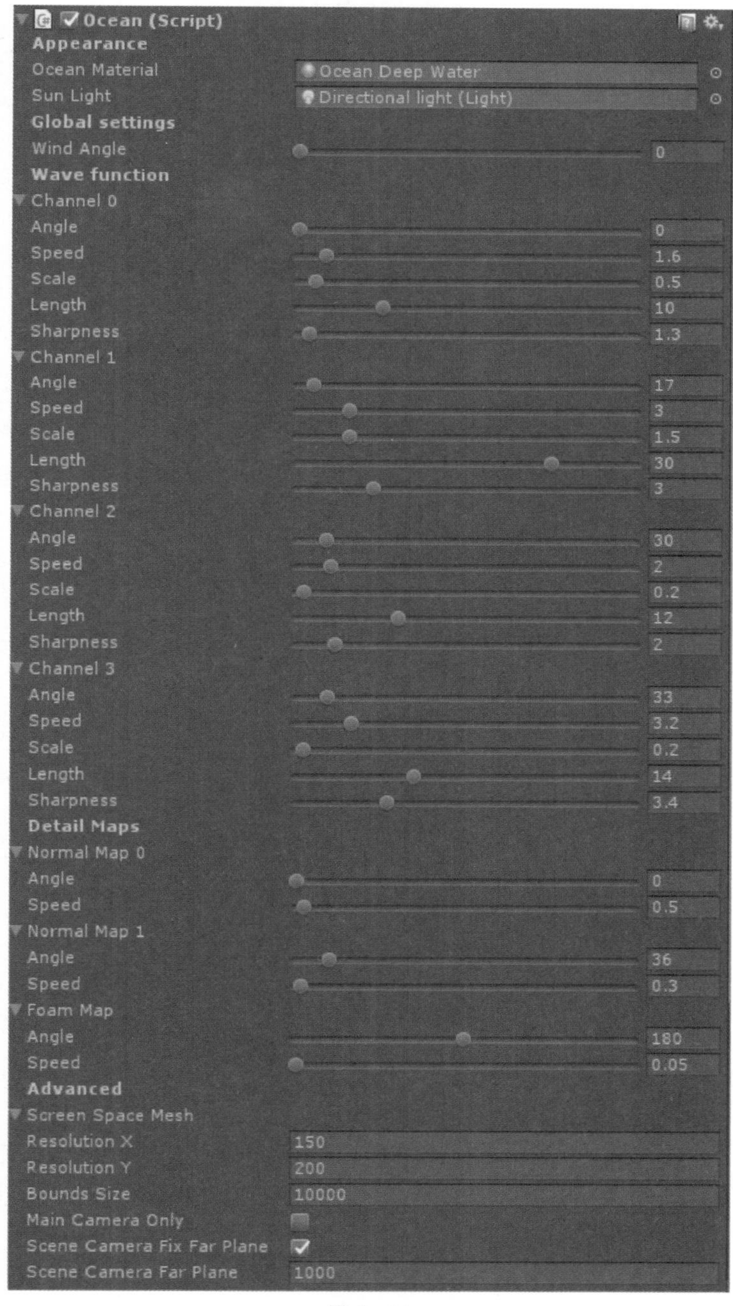

图 2-41

Ocean Material：用于渲染的材质。仅有用“Ocean Toolkit/Ocean Shader”的材质才可以用。在Core/Presets下有一组预设。

SunLight：灯光组件用来表示太阳。如果设置为None，假设太阳在最高点。

Wind Angle [degrees]：全局设置用来控制所有角度参数的起始点。

Channel 0–3：一组波浪通道的设置，从0 ~ 3。每组控制一个波浪平铺整个海洋。

Channel 0–3 → Angle [degrees]：波浪在XZ平面上的方向。

Channel 0–3 → Speed [units/s]：波浪的速度。

Channel 0–3 → Scale [units]：波浪的最大高度。

Channel 0–3 → Length [units]：两个波浪的波峰之间的距离。

Channel 0–3 → Sharpness：用来控制波峰尖锐程度的值。

Normal Map 0–1：一组用于法线贴图0 ~ 1的设置。每一组控制一个法线贴图滚动穿过整个海洋。

Normal Map 0–1 → Angle [degrees]：法线贴图在XZ平面上移动的方向。

Normal Map 0–1 → Speed [units/s]：法线贴图的速度。

Foam Map → Angle [degrees]：泡沫流动地图在XZ平面移动的方向。

Foam Map → Speed [units/s]：泡沫流动地图的速度。

Screen Space Mesh：一组用来设置投影到水面和用于渲染的屏幕空间网格。整个投射网格确保用于海洋渲染的三角形均匀地分布到屏幕空间的视口中。网格是一个矩形方块。

Screen Space Mesh → Resolution X：方块的水平顶点分辨率。

Screen Space Mesh → Resolution Y：方块的垂直顶点分辨率。

Screen Space Mesh → Bounds Size：网格在世界空间的边界。这个值应该很大。

Main Camera Only：如果启用，仅有标签为“MainCamera”的摄像机渲染海洋。仅用于测试的目的。

Scene Camera Fix Far Plane：如果启用，场景视图的远平面会修改为摄像机的远平面。

Scene Camera Far Plane：如果启用“Scene Camera Fix Far Plane”，场景视图的远平面的值在渲染之前必须进行设置。

2. Ocean material

海洋材质球控制着海洋的外表，如图2–42所示。任何使用了海洋着色器的材质球都可被海洋组件使用。有很多海洋材质球例子在Core/Presets/目录下可以用来参考。

Reflection [Off, Sky Only, Screen Space Raytracing]：确定反射的质量。Off是没有反射；Sky Only是反射探测采样一次；Screen Space Raytracing（SSR）是在屏幕空间中跟踪反射光线，以找到与环境的精确相交点。当使用SSR时，为了提高性能不是每个像素都沿着射线追踪，因为水面通常不是平的所以这个效果看起来还是合理的。

Refraction [Off, Color, Normal Offset]：确定反射的质量。Off是没有反射；Color是“Refraction Color”属性将会决定水下几何的颜色；Normal Offset是水下的颜色将会通过水面每个位置的法线偏移点采样。

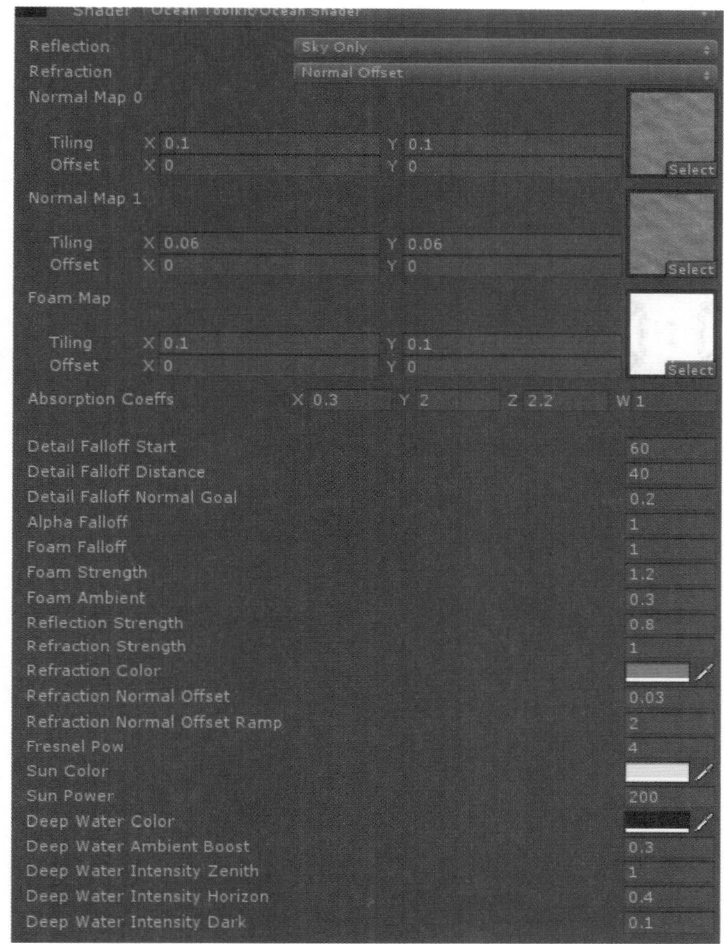

图 2-42

Normal Map 0：第一个法线贴图用于小波浪的细节。

Normal Map 1：第二个法线贴图用于小波浪的细节。

Foam Map：这个纹理将用于给泡沫流动提供细节，仅使用纹理的alpha通道。

Absorption Coeffs：这个属性决定了海洋的颜色。每个值表示在多远灯光（特殊颜色）穿越水被完全吸收。向量的X，Y和Z分别对应着红、绿和蓝通道。（W组件是被忽略的）如果X设置为0.3，例如，海底的红色分量将会消失在深度为0.3的单位。海底的红色色调会很快沿着海岸淡入水中。

Detail Falloff Start [world space units]：距离摄像机多远波浪开始淡出。

Detail Falloff Distance [world space units]：从“Detail Falloff Start”点开始需要多远距离波浪完全淡出。

Detail Falloff Normal Goal [0 to 1]：表明法线贴图影响的距离值(“Detail Falloff Start”+“Detail Falloff Distance”)。

Alpha Falloff [world space units]：当和世界几何体交互时海洋应该开始淡出的深度。

Foam Falloff [world space units]：当和世界几何体交互时海洋泡沫应该开始淡出的深度。

Foam Strength：表明泡沫浓度的值。

Foam Ambient [0 to 1]：表明泡沫在日落时的浓度值。

Reflection Strength：表明反射浓度的值。

Refraction Strength：表明折射浓度的值。

Refraction Color：当“Refraction”属性设置为“Color”时海底使用的颜色。

Refraction Normal Offset：当“Refraction”属性设置为“Normal Offset”时采样点沿着法线的偏移量。

Refraction Normal Offset Ramp [world space units]：当“Refraction”属性设置为“Normal Offset”时，法线偏移的斜坡上升为“Refraction Normal Offset”设置的值。平滑平面上面的几何体和平面下面的折射几何体之间的过渡。

Fresnel Pow：菲涅耳的平方/尖锐。菲涅耳决定在海洋给定的点上有多少灯光是用来反射的有多少灯光是用来折射的。

Sun Color：太阳反射的颜色。

Sun Power：太阳反射的力量/尖锐程度。

Deep Water Color：深水使用的颜色。这是完全吸收灯光的环境颜色。（参考“Absorption Coeffs”属性）

Deep Water Ambient Boost：用来提高深水环境光浓度的值。越高的值越增加波浪的环境光浓度。但是太高的值将会产生海底发光的效果。

Deep Water Intensity Zenith：决定了当太阳在最高点时深水的颜色浓度。

Deep Water Intensity Horizon：决定在日出时深水的颜色浓度。

Deep Water Intensity Dark：决定了当在太阳最高点的对立点时深水的颜色浓度（即直射光）。

3. Caustics Image Effect component

Caustics Image Effect组件为场景中任何附加了此脚本组件的摄像机部分添加水下腐蚀效果。这种效果常用于热带设置，即使在黑暗的条件下也可以产生有效的效果。Caustics Image Effect组件控制着腐蚀的渲染和动画。图2-43为Caustics Image Effect的开启与关闭效果。

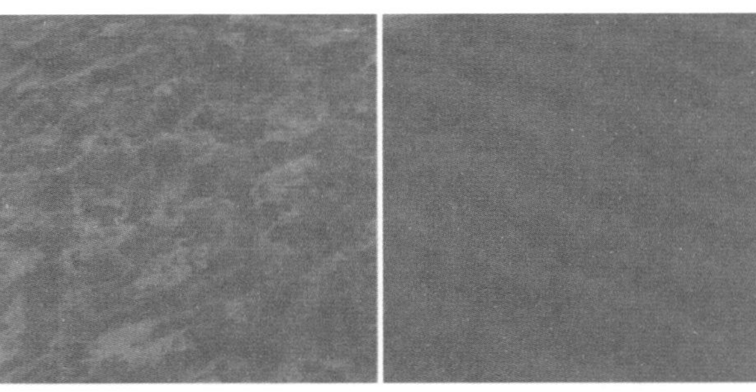

图 2-43

Caustics Image Effect的设置如图2-44所示。

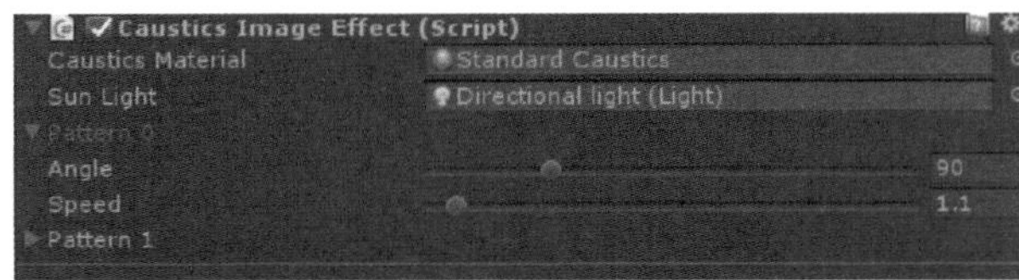

图 2-44

Caustics Material用于渲染的材质球。仅有使用“Ocean Toolkit/Caustics Shader”的材质球才可以用。可以参考一下位于Core/Presets目录下标准的腐蚀预设。

Sun Light：灯光组件用于代表待遇。如果设置为None，假设太阳在最高点。

Pattern 0–1：一组模式纹理0和1的设置。每一组控制着海洋模式的多少用来滚动。

Pattern 0–1 → Angle [degrees]：模式在XZ平面上移动的方向。

Pattern 0–1 → Speed [units/s]：模式的速度。

腐蚀材质球控制着腐蚀的外表和模式滚动的大小，如图2–45所示。

Pattern 0：第一个模式纹理。

Pattern 1：第二个模式纹理。

Strength：腐蚀的强度。

Start At Depth：开始出现腐蚀的深度。

Ramp Depth：达到全部腐蚀的距离。

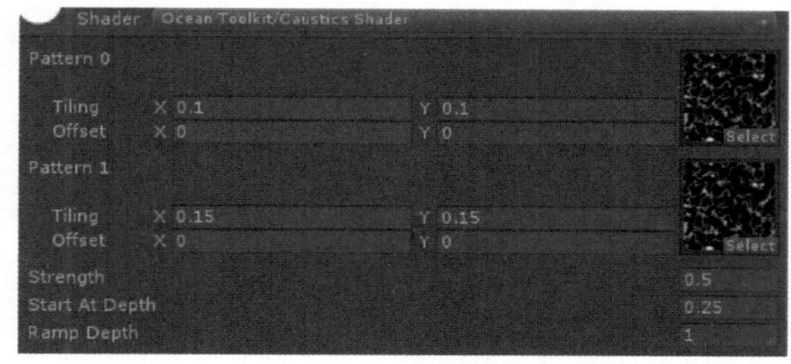

图 2–45

4. Ocean Mask material

海洋遮罩材质是用于阻止海洋呈现指定游戏对象。

5. 如何使用本插件

Step 1　打开工作的场景。

Step 2　拖动Ocean 预设（在Core目录中）到我们的场景中。

Step 3　拖动Ocean Camera预设（在Core目录中）到我们的场景中。

现在我们应该可以看到一个延伸的海洋地平线，再通过移动游戏对象改变平面位置来匹配我们的场景。

当编译场景时需要在编辑模式下添加一个Ocean 预设到场景中。首先通过改变Ocean材质球的参数来扭曲海洋外表适用于当前场景。海洋组件的波浪函数对于设置大规模波浪是可信的。在游戏运行期间具体的参数可以使用脚本的接口进行改变，以便随着时间或事件来改变海洋的外表。

使用提示：

1）当在D3D9平台启用了抗锯齿选项，海洋不能正确的融合属性。所有其他的平台组合，渲染路径和设置都已经测试过了，可以正常工作。

2）工具箱设置是每个场景有一个海洋组件。我们可以理论上在同一场景中设置不同的海洋。

3）当摄像机在水面之下时没有图像效果。

第 3 章
动画插件

本章介绍的是资源商店中的关于动画制作的插件，这些动画插件可运用在游戏片头与转场，虚拟现实与漫游类项目，部分插件包含了对角色动作的修改与动作套用。开发人员在了解这几个插件的具体用途后，就可以快速地在项目中掌握相机路径的制作与实时的修改，在带有动作的角色导入后也可以增加反向关节的设置与骨架的调整。

3.1 Camera Path Animator——相机路径专用插件

1. 简述

Camera Path Animator (以下简称CPA) 是一个不需要写任何代码即可让相机或是物体跟随路径，适用于游戏转场，建筑导览或是飞行穿越的镜头动作。

2. 功能

- 直接在Editor视图内预览动画效果
- 自定义的图形界面帮助我们创建相机或是物体的路径动画
- 对贝兹曲线进行强化，提供全功能的控制模式
- 适用于手机与2D游戏
- 整合C#事件系统
- 包含鼠标查看模式、目标追踪、循环与来回播放的多种动态模式

3. 使用说明

在安装CPA插件后，还需选择Camera Path3目录下的Examples资源包进行案例文件的导入，如图3-1所示。Camera Path3 Examples目录下提供了多种演示场景，通过运行这些场景即可了解CPA的实际用途。

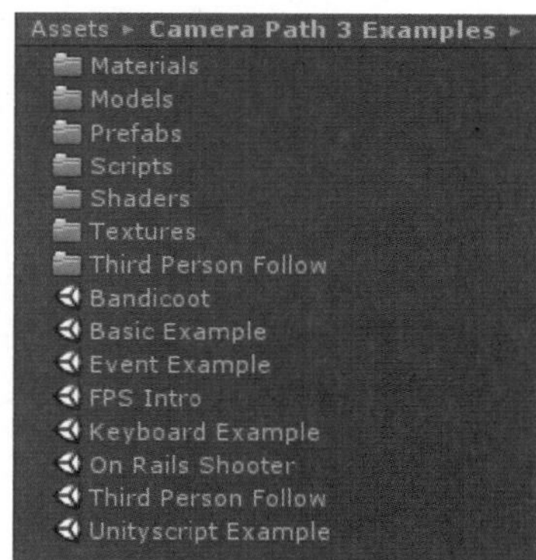

图 3-1

例如打开Camera Path 3 Examples目录下的FPS Intro场景，如图3-2所示。运行后可以看到相机沿着指定的路径运动，并将最后的位置停在玩家角色前方。选择Intro Camera Path物件，在视图里面会出现CPA的所有设置功能。

CAP的组件提供了非常直观的操作界面，通过选择不同的按钮对路径进行各种调整与设置，如图3-3所示。在理解这些按钮的功能后，我们就可以轻松地驾驭CPA插件。

图 3-2

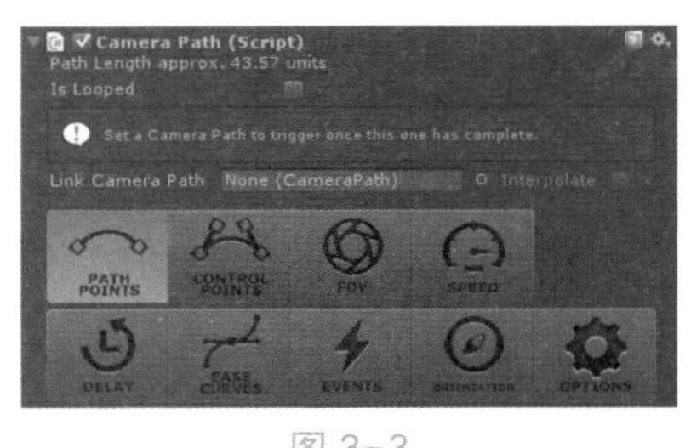

图 3-3

Camera Path界面功能的简要说明如下。

Path Points：用来调整路径上的控制点。

Control Points：使用点两侧的控制杆进行调整。

FOV：用来调整路径上相机的视野。

Speed：用来调整相机移动的速度。

Delay：用来设置相机的延迟动作。

EaseCurves：用来调整相机在某一个位置的加减速。

Orientation：用来调整相机的方位。

Options：用来调整更多的路径选项。

接下来我们将使用一组模型资源来设置CPA的相机路径，如图3-4所示，场景里面是一个展示空间与静止的赛车模型，要完成的任务是通过路径的摆放后，使场景内的相机跟随路径做成动态效果。

图 3-4

Step 1 首先需要产生一个默认的路径，选择Game Object>Create New Camera Path产生一个新的路径，路径上面已经具备调整位置的控制点，如图3-5所示。

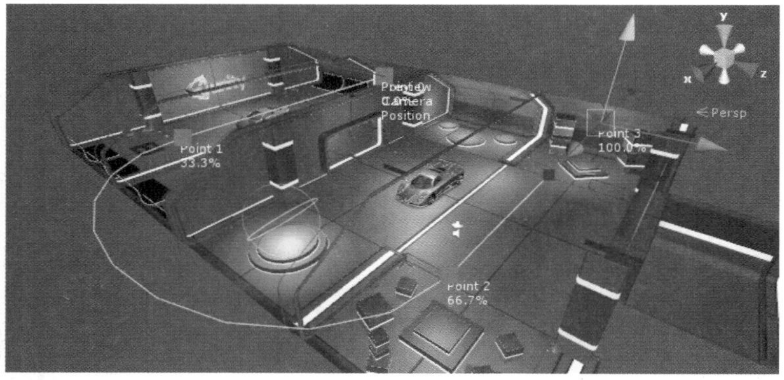

图 3-5

Step 2 选择控制点后调整路径上的高低位置，路径的调整方式可以直接选择控制点进行移动，或是调整点两边的控制杆来改变弧度，如图3-6所示。

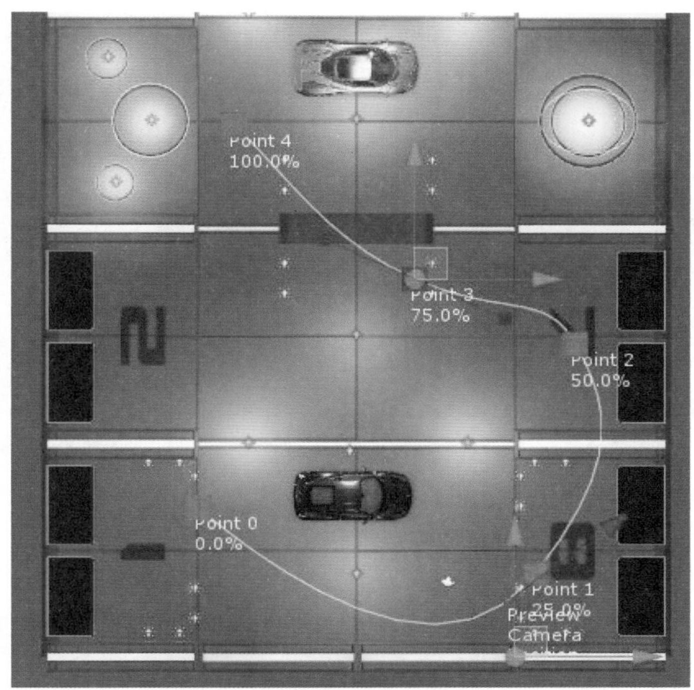

图 3-6

Step 3　调整的过程中可在路径上增加或是删除控制点，Path Points的设置里面提供了非常方便的功能，只要单击Insert New Point就可以新增一个控制点，如图3-7所示。如需要对该点进行删除，单击旁边的Delete按钮即可。

Step 4　调整好路径的位置后，在Animate Object的栏位选择场景内的相机，并确认Play on start为勾选的状态，Animation Mode为Once的设置表示相机在路径上只运行一次，Orientation Mode选择Follow path的作用是让相机的视角能跟着路径做转向，如图3-8所示。

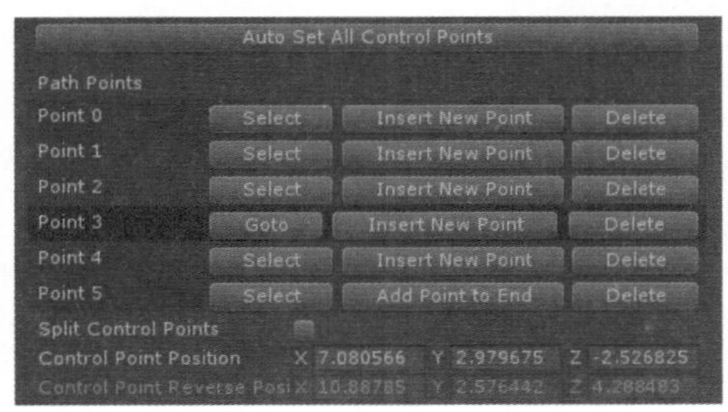

图 3-7

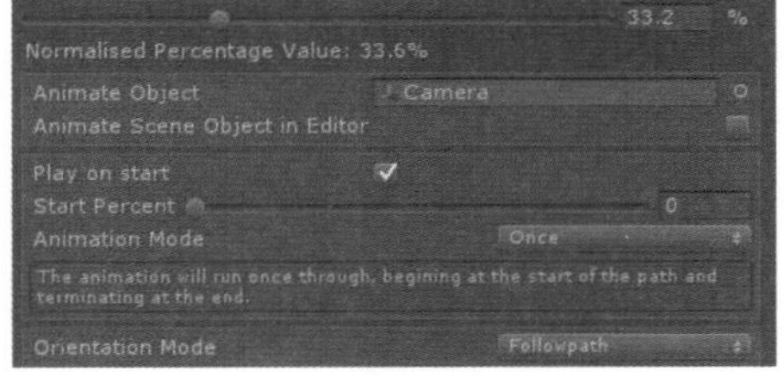

图 3-8

Step 5　设置完成相机的指定与播放模式后，还需要对路径的运动时间进行调整，Animation Speed可以设置每秒前进多少单位，Animation Time则是设置相机在路径上的运行时间，输入30的数值后运行测试，相机从第一个点到结束的位置即为30秒的时间，如图3-9所示。

Step 6　单击Tilt功能来旋转相机的视角，作用是让相机在路径运行过程中得到更具冲击力的视觉效果。操作的方法是在Tilt Points选择需要调整的位置，然后输入旋转的角度，在预览视图里面即可看到调整后的效果，如图3-10所示。

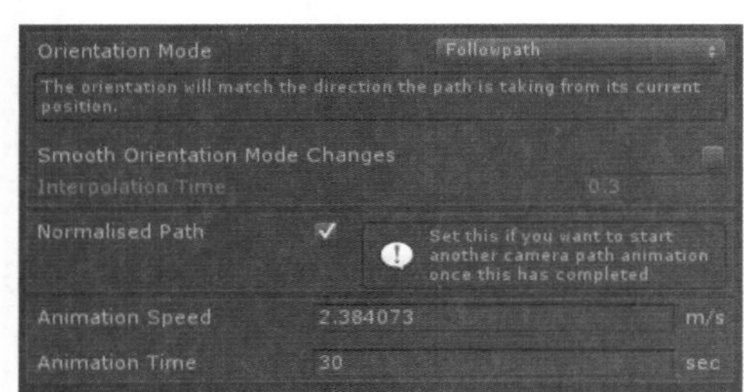

图 3-9

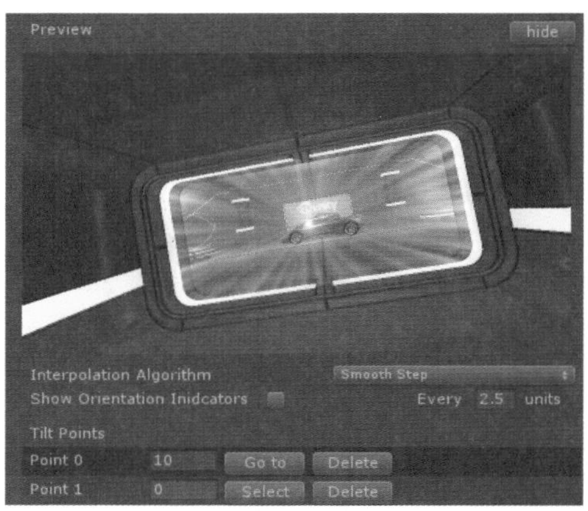

图 3-10

完成CPA的设置后运行游戏，相机就会沿着路径运动，并根据所设置的时间完成整个相机的动画结果，如图3-11所示。而此设置的方法也可以运用在一般的模型上面，只需把Animate Object换成指定的物件即可。

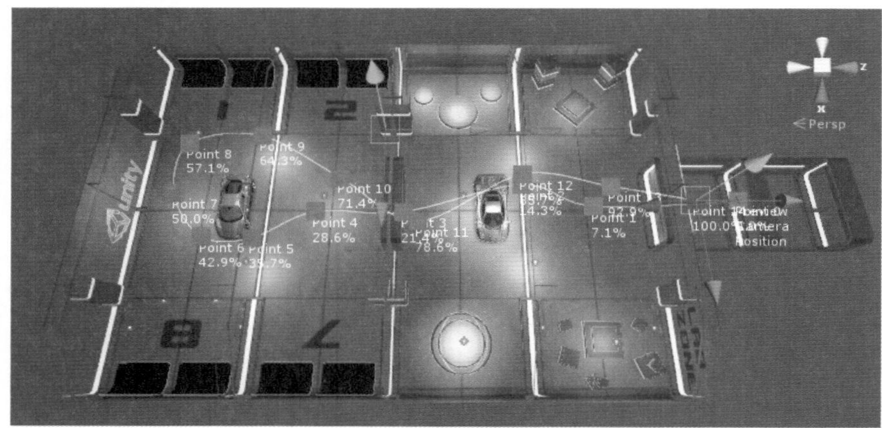

图 3-11

3.2 Final IK——逆向关节控制

1. 简述

游戏中的角色动作通常是在3D软件中制作完成后，再使用FBX格式导入到Unity使用，但在游戏中这种类型的角色动画不一定能满足需求，例如，角色需要向上丢掷一个东西，或是拾取地上的道具，如果使用传统的动画制作就无法适用在上述的需求。这时我们就需要使用逆向式关节插件来进行操作，Final IK即是一个有名的逆向关节插件。

2. 功能

- 不需使用Unity Pro版本
- 可以跟Mecanim搭配使用
- 可使用在单机、网页、iOS与安卓

- 包含源码
- 效能上做出最佳化
- 模组化的功能，可以自定义角色骨架
- 通过大多数的角色动作测试

3. 操作流程

在安装完成Final IK插件后，可以在RootMotion\FinalIK\Demos目录下查看不同类型的案例演示，从这些案例中可以对Final IK的功能有初步的认识。接下来我们就用一个简单的角色模型来说明Final IK插件中Full Body Biped IK的设置方法。

Step 1　场景中导入一个FBX模型，模型的来源可以使用Adobe Fuse CC生成或是模型插件，然后在模型上面添加Full Body Biped IK组件，如图3-12所示。

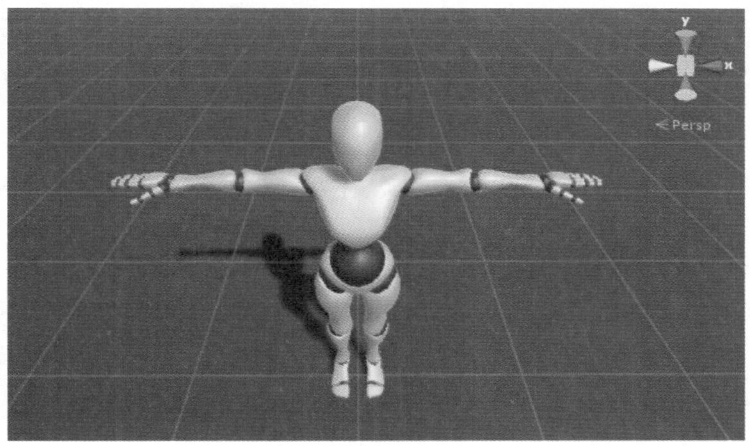

图 3-12

Step 2　在Root Node的设置里面会自动添加角色的Spine骨架，其余的设置保持默认值，如图3-13所示。

添加Full Body Biped IK的组件后，我们会看到模型上面增加了一些控制器，模型骨架位置正确就会以蓝色的小点呈现，如出现红色小点则表示骨架的位置需要进行修正，如图3-14所示。

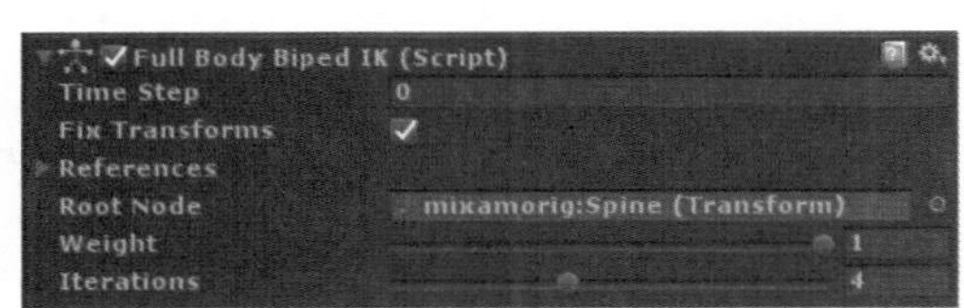

图 3-13

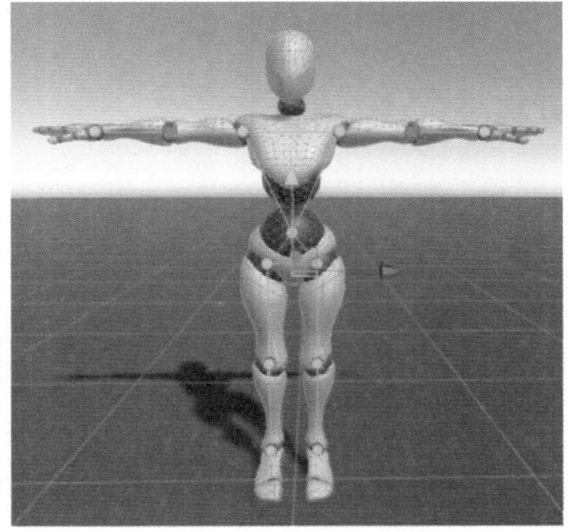

图 3-14

Step 3 修正红色点的方法是先找出相对的骨架位置，以Mixamo角色模型为例，左手红色小点对应的是LeftForeArm骨架位置，选择LeftForeArm物件后，使用旋转功能将手肘位置向外调整(Y轴)即可让红色小点转换为正确的蓝色小点，如图3-15所示。

如图3-16所示，左边的手肘经过旋转后已经呈现出蓝色点，使用同样的方法即可快速的解决右手臂的红色点的问题。

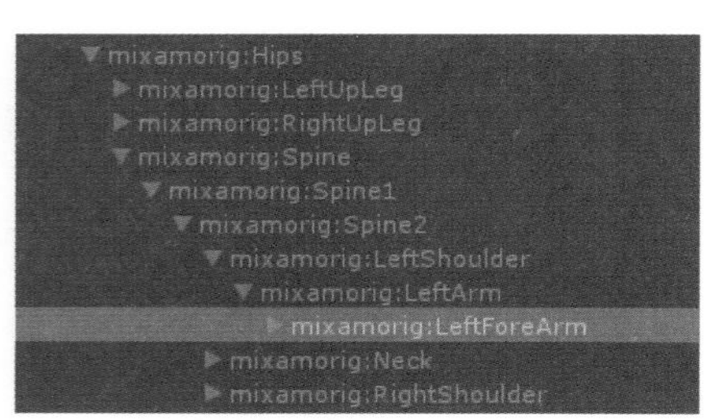

图 3-15

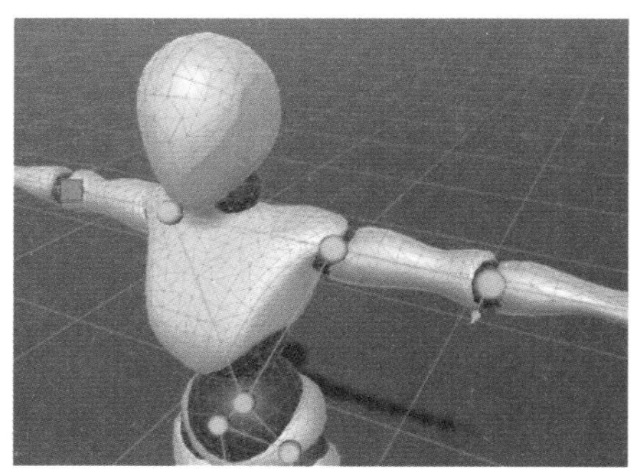

图 3-16

那么我们要如何测试Full Body Biped IK的动作呢？如果在Scene视图里面尝试去移动蓝色的控制点，会发现无论如何选择都没法进行动作测试，原因是Full Body Biped IK必须在运行模式下才能进行操作。

Step 4 单击Play，在Full Body Biped IK的设置里找到 Left Hand Effector，把Position Weight的数值从0改为1，如图3-17所示。在模型的左手位置会出现一个蓝色小方块，拖动小方块即可看到全身的骨架被一起带动。

图 3-17

使用相同的方式设置右手与双腿的控制器并进行测试，以此查看Full Body Biped IK的逆向关节联动功能，如图3-18所示。

了解Full Body Biped IK的基本设置与操作后，接下来我们将对Aim IK功能进行测试，Aim IK能够让角色产生非常稳健与自然的瞄准目标动作，因此用在武器瞄准系统上面有非常好的效果。

现在我们准备在模型上设置Aim IK的动作，准备一个带武器的角色模型，模型上面已设置一个行走并瞄准前方的动作，如图3-19所示。

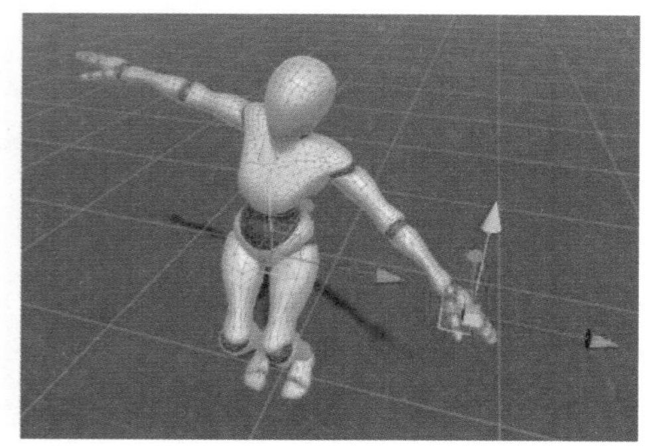

图 3-18

图 3-19

Step 1　在模型上面添加Aim IK组件，然后在模型使用的武器位置添加一个空的物件并将名称修改为AimTransform，如图3-20所示。

Step 2　把这个新增的物件移到武器的上方，并旋转角度使Y轴(绿色箭头)与武器的方向一致，如图3-21所示。

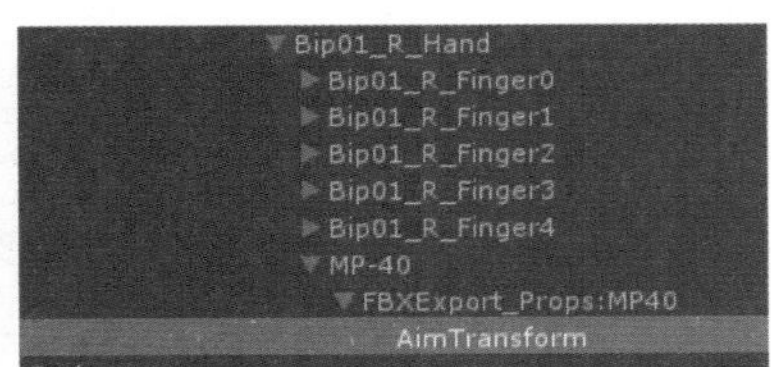

图 3-20

图 3-21

Step 3　在Aim IK的设置里面，把AimTransform物件添加到Aim Transform的栏位里，如图3-22所示。

Step 4　在Bones的骨架设置中单击+号增加4个栏位，并将模型上的Spine、Spine1、Spine2与Spine3分别添加进来，如图3-23所示。

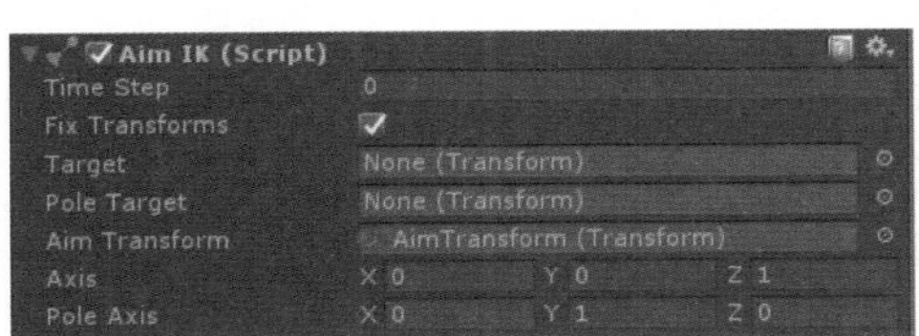

图 3-22

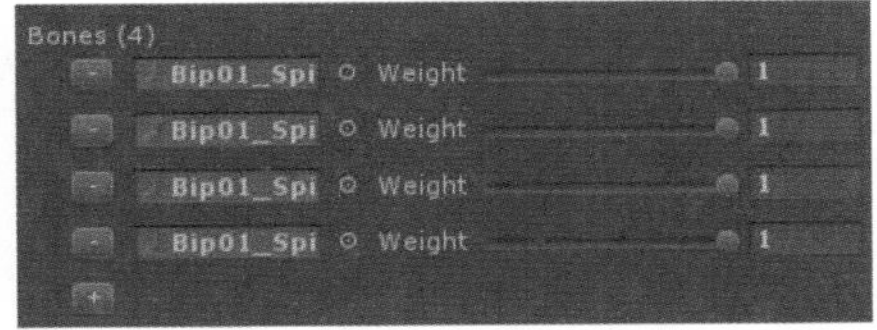

图 3-23

> **技巧：**如果模型上只有3个Spine骨架，Bones的设置里面添加数量为3即可。

如图3-24中的粉红色点即为Aim IK组件里的Bones设置后显示的结果，这部分的设置非常重要，也是Aim IK能正确启用的关键。

接着单击Play进行Aim IK效果测试，运行后在模型的前方会出现一个瞄准点，把瞄准点往上移动的同时，会看到模型一边行走一边把武器向上举起，当瞄准点移动的位置偏高时，就会发现模型身体的弯曲程度过大，而造成不太自然的现象，如图3-25所示。

图 3-24

图 3-25

Step 5 在Aim IK的设置里面把Weight的分配值设置为0.5，如图3-26所示。然后再运行场景测试调整后的结果。

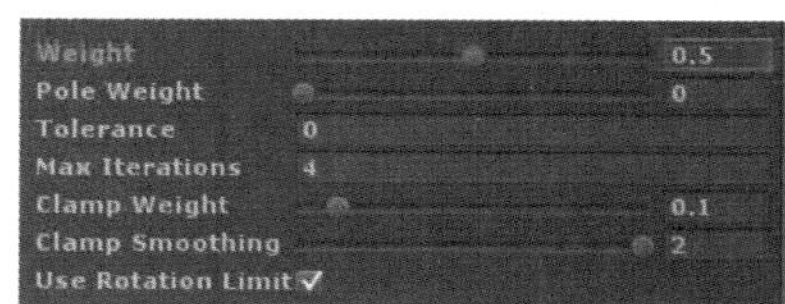

图 3-26

Weight数值为1时，可看到模型上身的弯曲呈现出不合理的现象，如图3-27所示。

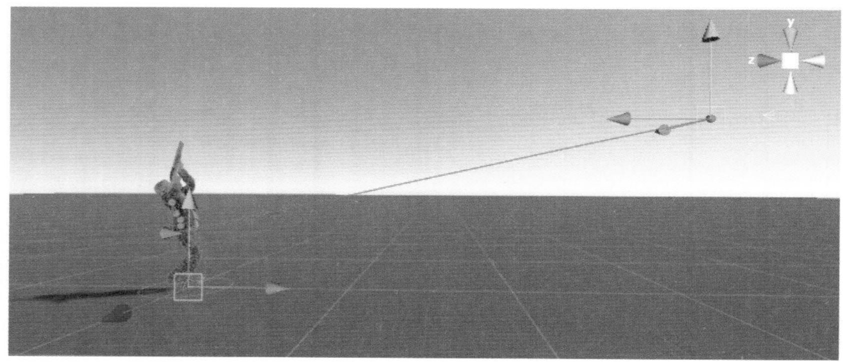

图 3-27

Weight数值为0.5时，模型上身的动作看起来就自然得多，也符合我们的制作需求，如图3-28所示。

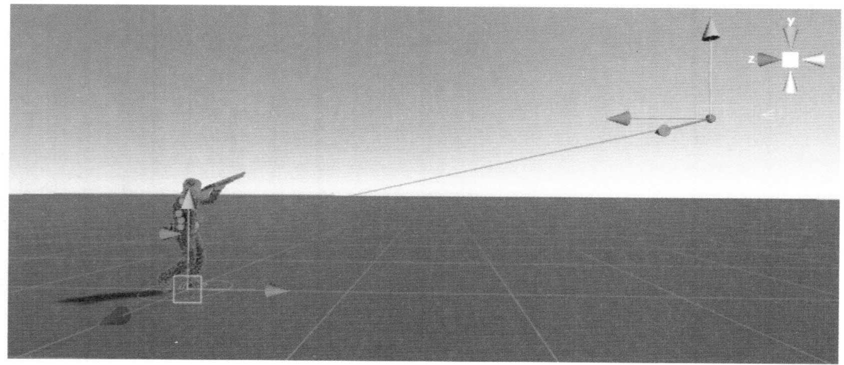

图 3-28

此外，在Aim IK里面可以再设置一个活动的目标进行瞄准，在Target栏位添加希望被瞄准的物体即可，如图3-29所示。

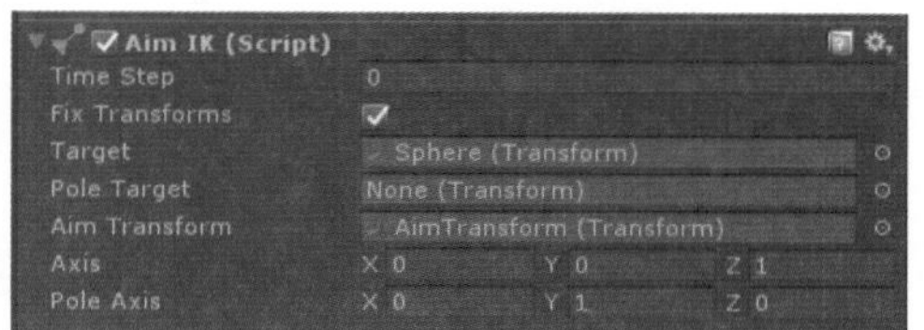

图 3-29

通过上面的几个步骤，我们很快就完成了Aim IK的基本设置功能，并使角色能自动对物体进行瞄准，如图3-30所示。Final IK提供的逆向关节功能可说是非常的全面，更多的案例学习可以在附带的场景里面查看并加以应用到项目工程。

图 3-30

3.3　Pegasus——快速制作相机动画与转场

1. 简介

Pegasus是一个在场景内快速创建相机飞行动画与转场的专用插件，其特点是操作简单，通过几个选择即可完成设置。

2. 功能

- 建立相机飞行动画与转场
- 可以在路径上设置相机、角色、车辆或是其他的物体
- 弹指间即可完成飞行动画与转场效果
- 可以改变场景的播放速度
- 可以改变相机在某一个位置的速度与添加注视的目标
- 可以控制飞行高度并自动避开地面碰撞的物体
- 可以调整整个飞行穿越的时间长度来匹配背景音乐
- 可以创建循环与非循环模式

3. 操作流程

Step 1　在场景里面添加Pegasus的管理组件，使用GameObject>Pegasus>Add Pegasus Manager功能进行添加。

Step 2 把场景内需要随路径移动的相机添加到Target Object，FlyThrough Type设置为Looped的类型，表示相机在路径上的播放设置为循环模式，如图3-31所示。

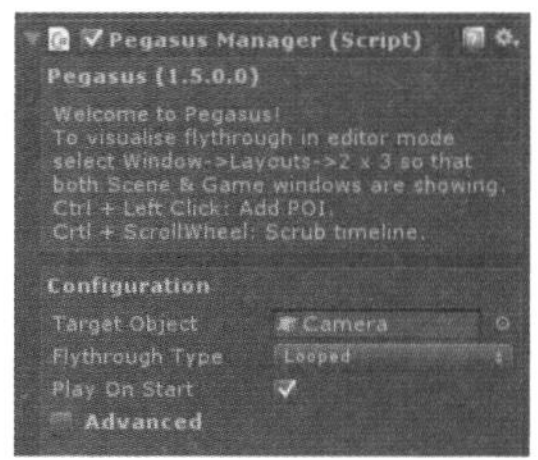

图 3-31

Step 3 在场景里面准备加入路径的控制点，在Hierarchy面板中选择 Pegasus Manager，然后按住Ctrl键在场景中单击创建一个路径，如图3-32所示。

图 3-32

创建出来的路径上已经分布了单击产生的控制点，如果要改变某一个控制点的高度，在选取该点后进行移动。

Step 4 调整好路径的位置后，单击Play进行效果测试，相机将自动沿着路径反复的播放，这也是在Pegasus Manager的默认选项。

Step 5 选择路径上的控制点，在Pegasus Manager底下是所有控制点的子物件，如图3-33所示。选取任意一个POI就可以对控制点进行修改。

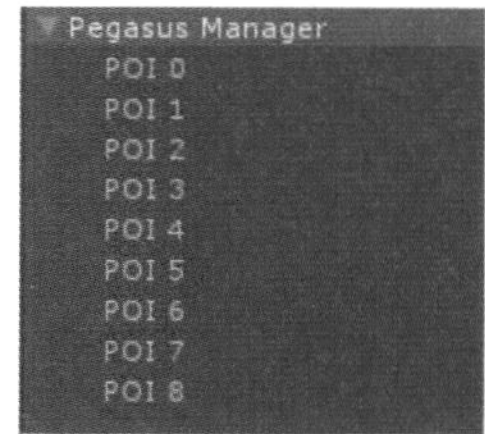

图 3-33

如果我们需要相机到达某个位置时能注视场景内的一个地方，这时就可以使用Target功能来完成这个效果。

Step 6 选择POI子物体，在Target Lookat的设置里面把Target模式更换为Target，如图3-34所示。然后到Scene视图里面调整Target的位置。Target Speed是用来设置相机在此POI位置的通过速度，默认为Medium的标准速度，Type里面可以选择多种预设的模式，或是使用Speed直接进行调整，数值越小，则相机在该点的通过速度越慢，反之则是加快相机的通过速度。

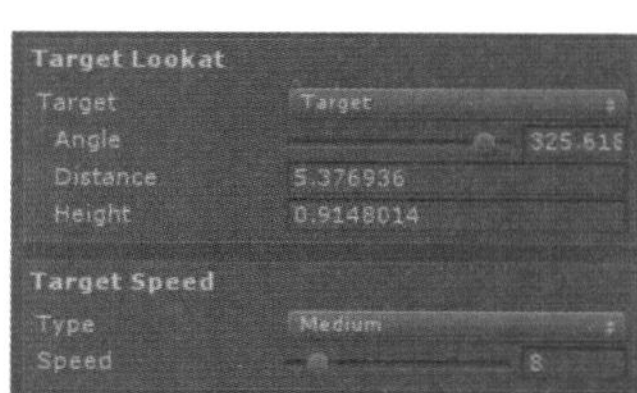

图 3-34

POI更换为Target类型后会出现一个新的Target控制点，调整好Target的位置后再进行播放，相机在这个控制点的位置时会朝向Target，然后运行到下一个POI时就会回到原来的跟随路径视角，如图3-35所示。

图 3-35

另外两个技巧是操作Pegasus过程中需要使用的，一个是在确认相机视角时可以使用Pegasus Manager里面的Visualisation功能来预览相机在路径上的视角，如图3-36所示。通过Scrubber滑动即可看到效果，或是单击Step Backward(反向)与Step Forward(正向)的功能来逐步确认相机位置是否符合需求。

在Statistics的栏位里面提供了路径的长度与相机运行的时间。Utilities可以单击Select First POI选出路径上的第一个控制点，再通过Select Previous POI与Select Next POI选出前后的控制点，或是单击Add POI Before与Add POI After在控制器前后新增一个POI，如图3-37所示。如果需要删除路径上的其中一个控制点，选取后按Delete键即可删除。

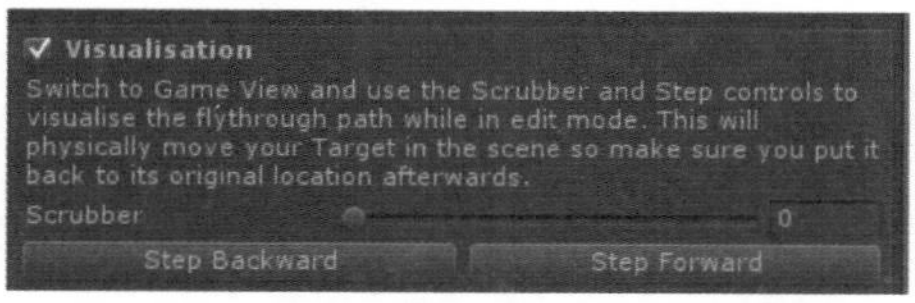

Visualisation
Switch to Game View and use the Scrubber and Step controls to visualise the flythrough path while in edit mode. This will physically move your Target in the scene so make sure you put it back to its original location afterwards.
Scrubber 0
Step Backward　Step Forward

图 3-36

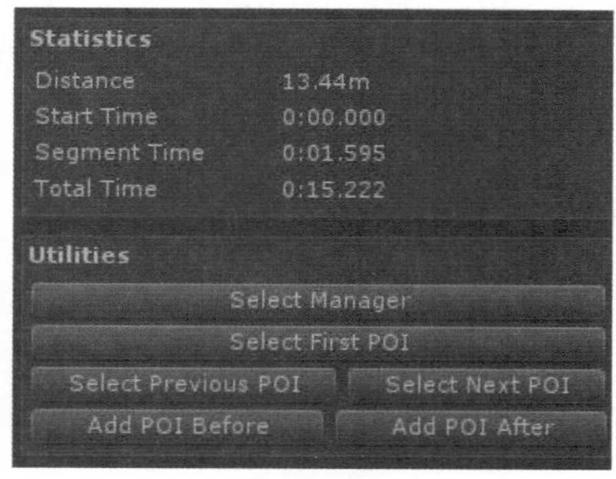

图 3-37

3.4　Third Person Controller–Melee Combat Template ——第三人称角色对战模式控制器

1. 简介

Third Person Controller–Melee Combat Template(以下简称MCT)，提供了玩家与敌人的对

战功能，可用在多种游戏类型的开发工作。MCT最大的优势就是让开发者在极短的时间内就能创建出第三人称的角色与敌人动作，内带丰富的演示场景与各种类型的预设文件，让开发者在弹指间就能制作出动作游戏的原型。

2. 功能

- 在10秒内即可完成第三人称角色的设置
- 强化敌人角色的人工智能
- 提供敌人与敌人对战，团队作战模式
- 提供寻路系统
- 自动锁定目标
- 支持Mecanim动画系统与Humanoid模式
- 第三人称相机系统与相机状态设置
- 可完美地运行在手机终端
- 可即时自动侦测输入形态
- 提供网格或地形表面的脚步音效
- 提供完整的C#代码
- 提供布偶娃娃的物理系统

3. 操作流程

Step 1 选择菜单中的3RD Person Controller >Create New Character打开创建角色窗口，如图3-38所示。Character Type设置为默认的Character Controller类型，Character Template设置为3RD Person Controller Template，FBX模型则是把Humanoid形态的角色模型添加进来，然后单击底部的Create完成角色创建。

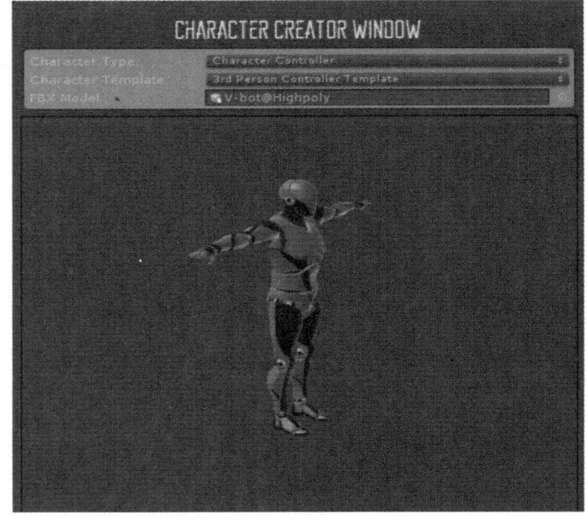

图 3-38

单击Play进行效果测试，除了WASD控制角色方向，其他的功能显示在视图右上角位置，左上方显示的是角色的生命值与冲刺所消耗的能量，如图3-39所示。

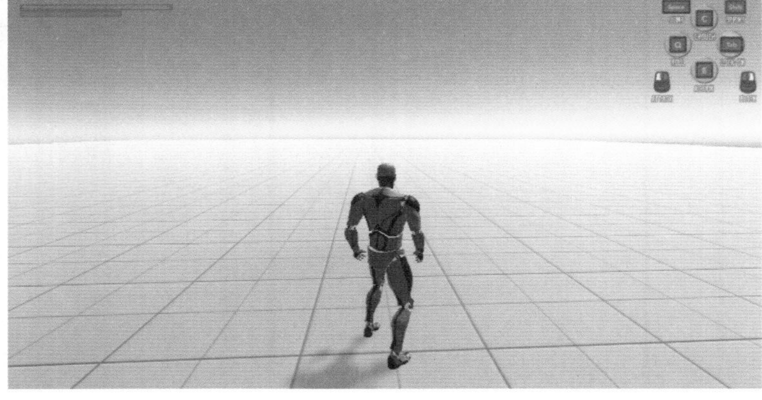

图 3-39

Step 2　选择3rd Person Controller>Component里面的Melee Equip Manager，如图3-40所示。这个功能主要用来指定角色在手部与腿部的攻击位置。

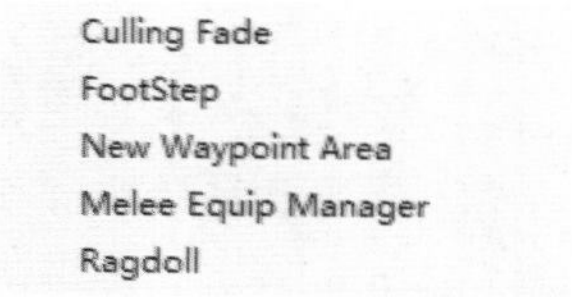

在角色上面显示的红黄绿即为攻击区域的Hitbox，如图3-41所示，也就是在角色没有拿到武器前，可以使用手部与腿部对敌人进行攻击的部位。

Culling Fade
FootStep
New Waypoint Area
Melee Equip Manager
Ragdoll

图 3-40

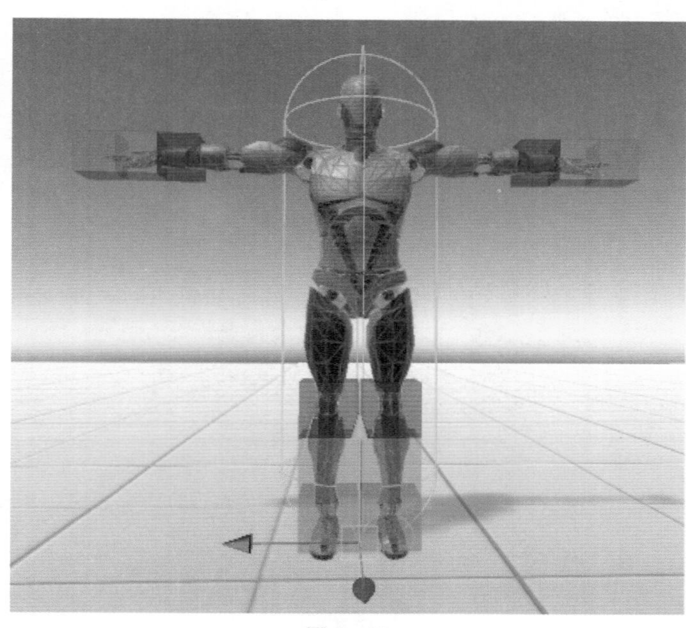

图 3-41

Step 3　在Hierarchy里面选择3rdPersonController，然后到Inspector中找到Default Hitbox的设置，勾选Use Default Hitbox使其打开默认的设置，如图3-42所示。

Step 4　Hitbox一共有四个位置，单击任意一个按钮后(例如leftArmHitbox)即可调整Hitbox的大小。如图3-43所示，使用缩放功能将Hitbox的大小与角色手部进行匹配，其余的Hitbox也是相同的修改方式。

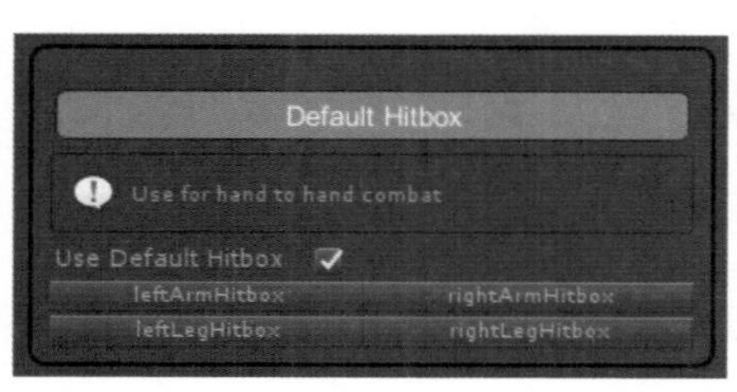

图 3-42

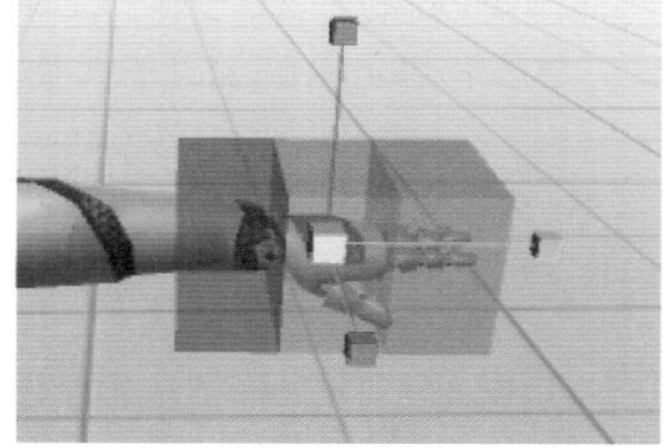

图 3-43

由于角色上面已经自动配置了动画控制器，在FullBody的动作层里面可以找到Default Attack的动作设置，如图3-44所示。单击，进去后查看角色的三种攻击动作。

注意：如果角色需要其他的动作来进行替换，可以登录https://www.mixamo.com网站上传角色并选取需要的动作。下载回来的FBX动作文件需要将Animation Type更换为Humanoid模式，Avatar则是需要选择原来上传角色的骨架，如图3-45所示。

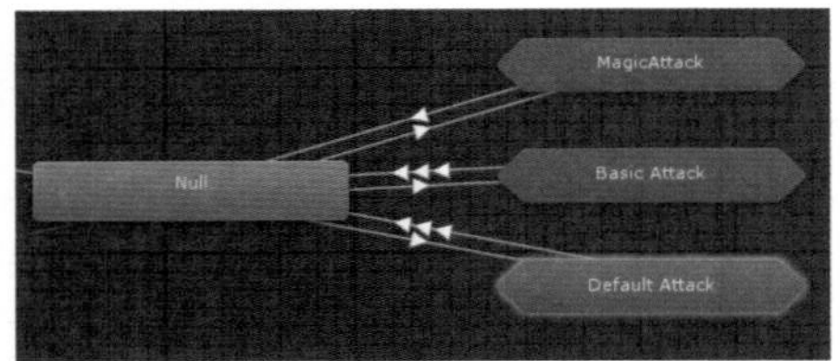

图 3-44

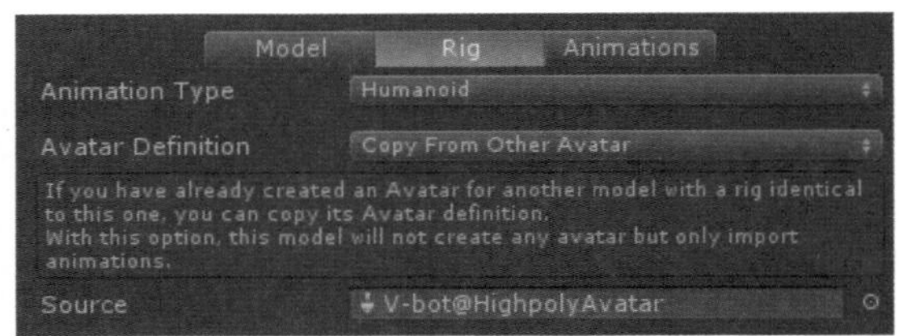

图 3-45

把下载的动作文件分别添加到Default Attack的Attack ABC栏位里，然后就可以再次运行游戏来查看角色的攻击动作，如图3-46所示。

图 3-46

Step 5 接下来的工作是让角色增加攻击用的武器，选择3rd Person Controller>Create New Melee Weapon打开武器创建的窗口，在FBX Model的栏位把武器模型添加进来(不可选择Prefabs)，然后单击Create建立新的武器装备，如图3-47所示。

注意：Melee Type里面可以选择攻击还是防御用的武器形态，默认是该武器具备Attack与Defense两种类型。

现在场景里面除了角色模型，武器也已经添加进来，如图3-48所示。在武器模型上已经添加了专用的组件，接下来我们还需要对武器进行一些设置。

Step 6 选择武器模型，在Message的位置输入武器被拾取前的提示信息(可用中文)，如图3-49所示。Handler记录武器的绑定名称，注意此名称需要与角色模型使用的绑定位置相同(参照步骤9)。

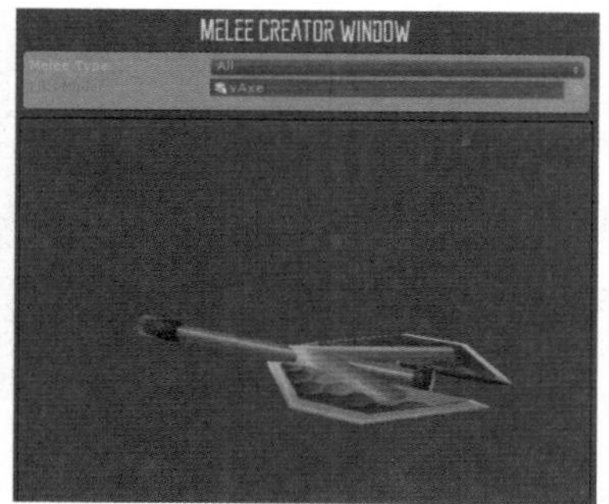

图 3-47

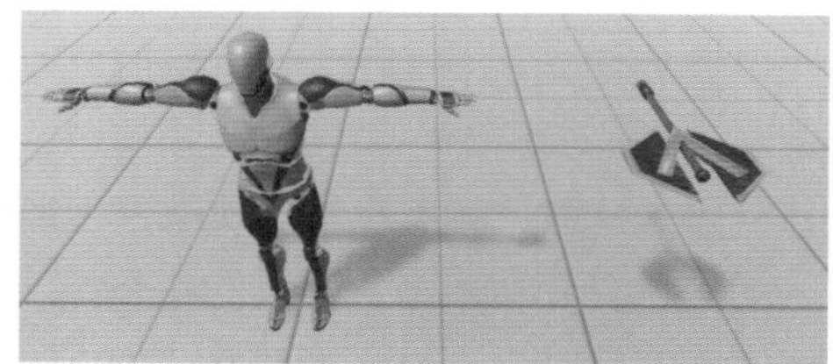

图 3-48

Step 7　选择武器新增的子物件——HitBox，在Inspector设置中勾选Hitbox Settings里面的Show Hitboxes，再使用旋转与缩放方式将Hitbox的外形调整到与武器的外形接近，如图3-50所示。

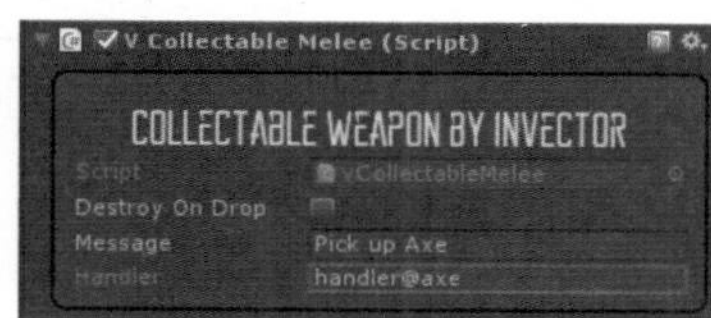

图 3-49

图 3-50

> 技巧：在HitBox底部的三个子物体可单独的选取并调整大小，这样就能快速地调整HitBox的整体外观。

Step 8　武器里面还提供了音效的设置，在Sound FX里面需对Hit Sounds, Recoil Sounds与Recoil Particles进行音效与粒子的选择。Hit Sounds分别选择了资源内带的BloodHit_A～C，Recoil Sounds里面选择了Knife Hit Wall 1～3, Recoil Particle里面选择了recoilMetal的粒子特效，如图3-51所示。

Step 9　在Melee Weapon Handles的设置里面，单击Right Hand左边的加号添加武器绑定的位置，如图3-52所示。

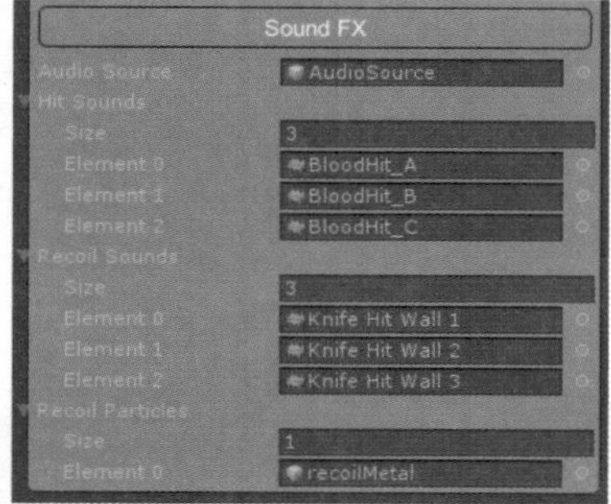

图 3-51

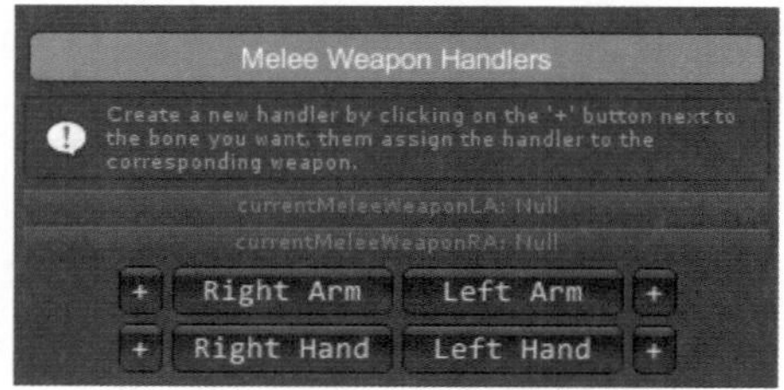

图 3-52

Step 10 把新增的子物体名称更换为handler@axe，如图3-53所示，这个名称必须与第六个步骤所设置的名称完全相同，才能使角色顺利地进行武器的拾取。

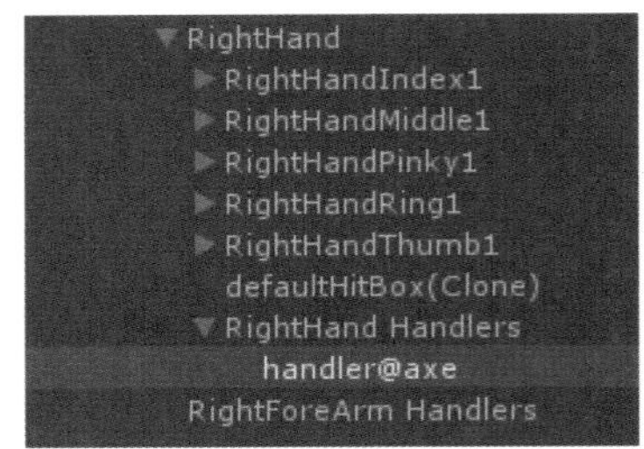

图 3-53

设置完成后进行测试，角色在碰到武器时会出现Pick up Axe(可更换为中文提示)的信息，单击右方向键进行武器的拾取，如果再按一次就是丢掉已经拾取的武器，图3-54所示为拾取武器前的状态。

使用方向键即可拾取场景内的武器，图3-55所示为拾取武器后的状态。

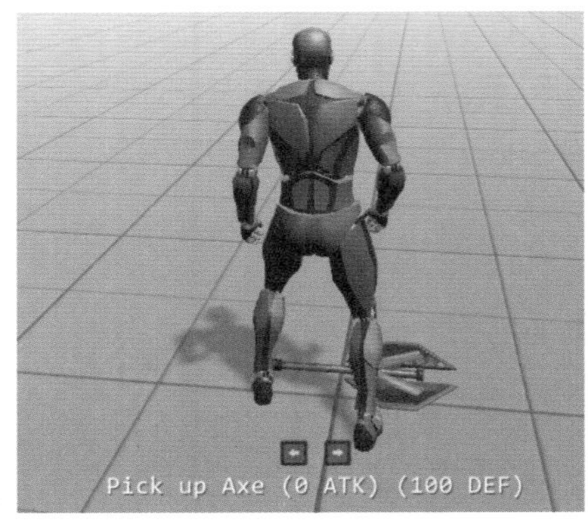

图 3-54

通过上面的步骤已经完成了角色动作与武器的设置，看起来效果是相当的不错。既然有了玩家的角色，那么敌人的设置是不是也采用相同的方式呢？ 我们接着就来进行敌人角色的制作。

Step 11 选择3rd Person Controller>Create New Character打开创建角色窗口，在Character Type的模式里面选择Enemy AI，如图3-56所示。然后把敌人模型添加到FBX Model栏位，单击Create建立附带AI功能的敌人角色。

如图3-57所示，创建出来的敌人角色上面具备了基本的碰撞器组件，并附加了Nav Mesh Agent，所以我们必须记得对地形或是地面物体进行Navigation的网格烘焙，才能让敌人角色正确地执行动作。

Step 12 在敌人角色的设置里面找到Tags To Detect，这个功能表示敌人会根据Tag定义的名称来进行侦测，如图3-58所示。这里我们设置的是让敌人根据Player名称来进行追踪，所以必须确认Element的名称设置为Player。

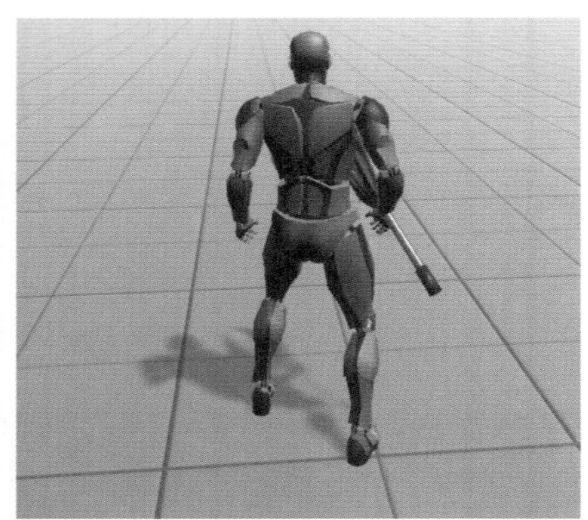

图 3-55

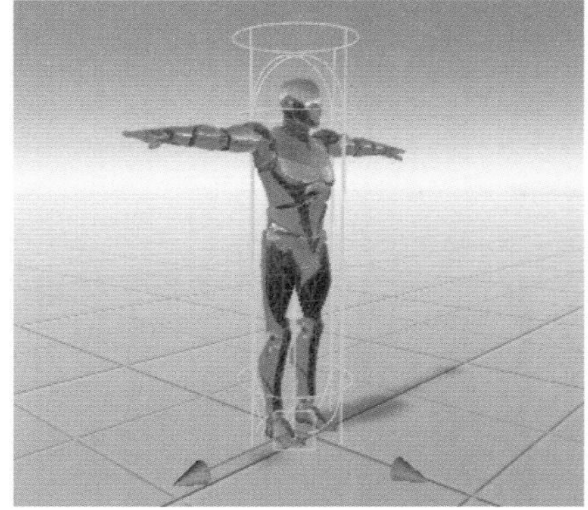

图 3-57

图 3-56

图 3-58

运行游戏来检查敌人角色的动作，我们看到敌人会开始追踪玩家并进行闪躲，如图3-59所示。敌人受到玩家攻击的时候也会有动作，但是敌人似乎没法对玩家采取任何的攻击，这是为什么呢？

Step 13　选择3rd Person Controller>Component>Melee Equip Manager功能，这个部分的操作与前面步骤3玩家角色的设置是相同的，如图3-60所示。

图 3-59

图 3-60

Step 14　在敌人角色的设置里面找到Hit Damage Tags设置，把目标物改为Player，如图3-61所示。这样就可以让敌人自动对玩家进行攻击，或是设定多个攻击的目标。

接着进行敌人的攻击效果测试，现在玩家在进入敌人的侦测范围后就会开始对玩家进行攻击，但是敌人现在没有任何武器，如图3-62所示。并且在攻击的时候并没有减低玩家的生命值，所以接下来的步骤还需要增加敌人使用的武器。

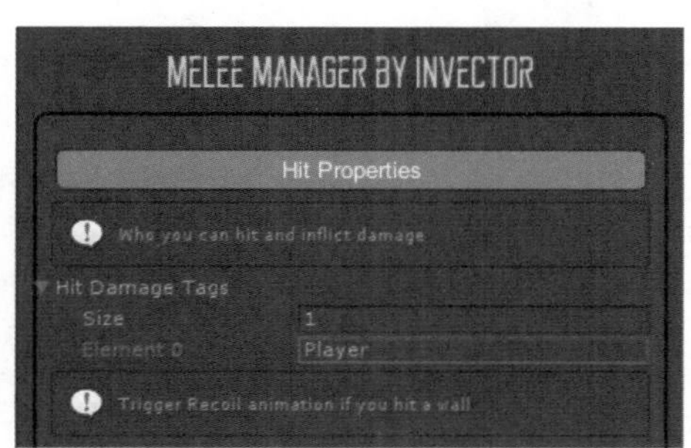

图 3-61

图 3-62

Step 15　重复步骤5的部分新增一个武器设置，或是复制玩家目前使用的武器，然后与步骤9的方式相同，在敌人的右手增加一个handler@axe物件，把武器拖动到handler@axe下成为子物件，再进行武器位置的调整。特别注意的是，调整武器位置是移动handler@axe，而武器的Position皆为零的数值，如图3-63所示。

增加敌人武器与调整好位置后再进行测试，现在敌人已经可以使用武器对玩家进行对抗与攻击，如图3-64所示。

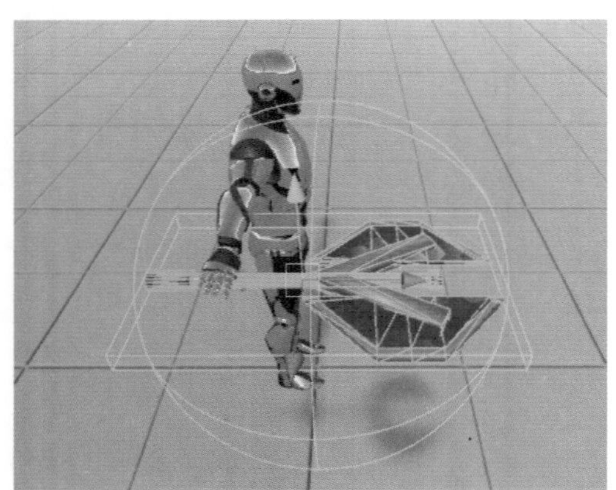

图 3-63

图 3-64

玩家与敌人模型设置完成后，还有几个小地方可以再强化效果，一个是在角色上面增加V Hit Damage Particles的组件，如图3-65所示。然后在Default Hit Effect添加粒子(可选用资源内的bloodSplash)系统，作用是让角色受到攻击时产生指定的粒子特效。

敌人的血条也提供了默认的样式，在3rdPersonController\Prefabs\AI目录下找到enemyHealthUI组件，然后把这个组件添加到玩家角色的Head物件下，如图3-66所示。

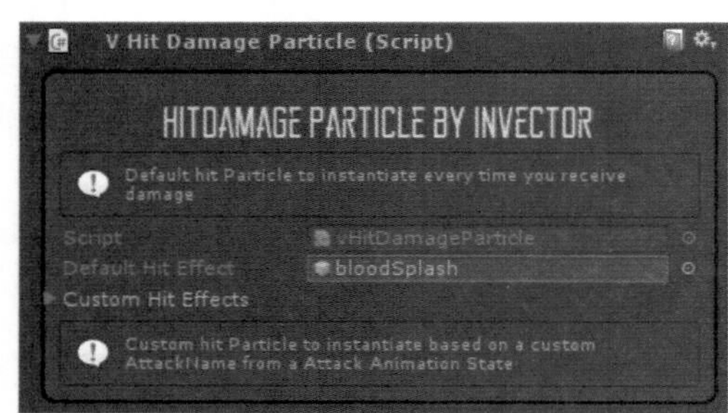

图 3-65

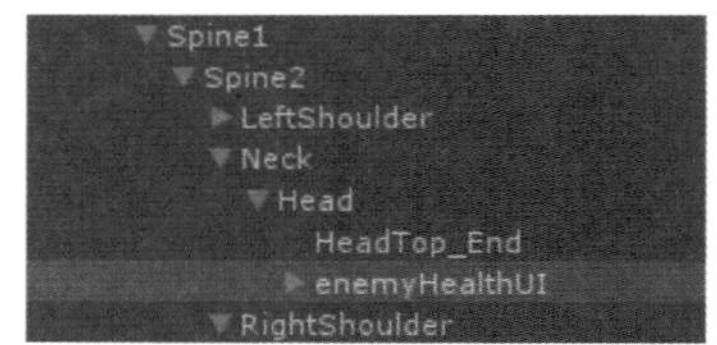

图 3-66

此外还需要在武器的hitBox设置里面增加Damage的数值，Total Damage为此武器的伤害值，Top Hitbox与Center Hitbox分别设置武器的前端与中间位置的伤害值，如图3-67所示。

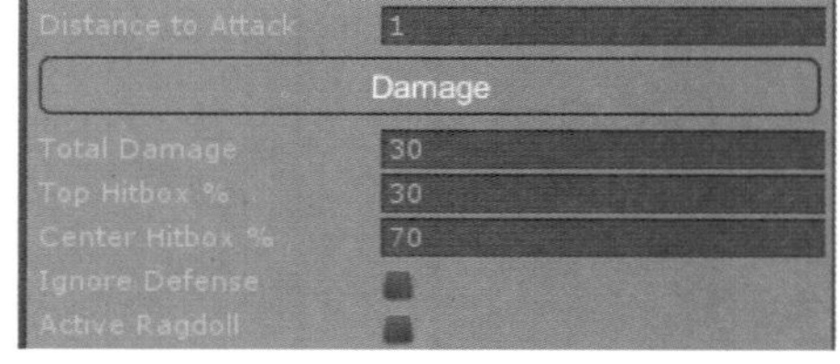

图 3-67

设置完成后进行效果测试，现在敌人头上已经出现了血条与数值，而玩家的生命值则是被显示在视图的左上方位置，如图3-68所示。

MCT也提供了快速设置敌人巡逻模式的组件，选择3rd Person Controller>Component>New Waypoint Area创建一个新的WaypointArea物件，在Inspector面板单击Enter Edit Mode进入编辑模式，按住Shift在Scene视图里面直接单击就能创建出Waypoint路径，如图3-69所示。

图 3-68

图 3-69

建立Waypoint之后，单击X符号可删除多余的Waypoint，设置完成后再单击Exit Edit Mode退出编辑模式即可，如图3-70所示。

接着在Path Area的栏位里面添加设置完成的WaypointArea，并将Tags To Detect底部的Current State模式更换为Patrol Waypoints，如图3-71所示。运行游戏测试，现在敌人就会根据我们指定的Waypoints来作为巡逻路径，待玩家进入侦测范围后立即展开攻击。

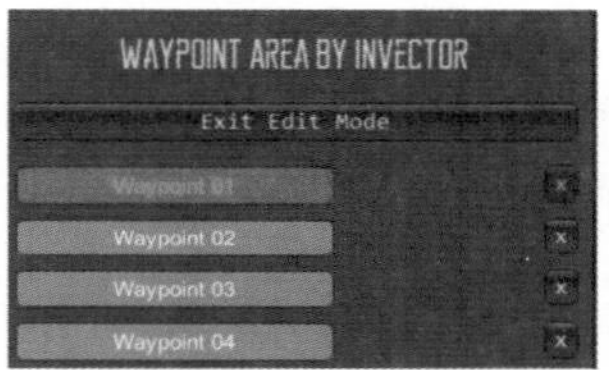

图 3-70

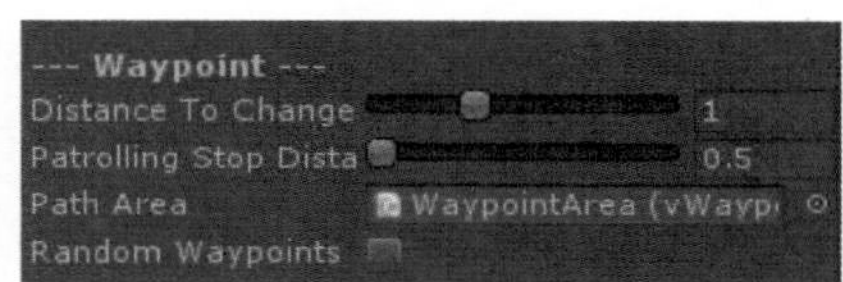

图 3-71

3.5　LipSync——表情制作插件

1. 简介

LipSync是一个创建高质量的角色脸部表情动画专用插件，并可以与多个动画插件结合使用，制作出更为惊人的游戏效果。

2. 功能

- 易于操作的片段编辑器可与对话内容同步
- 采用自定义的动作编辑器界面
- 包含情绪与姿势的标注，可以创造出更自然的动画效果
- 预制保存功能可以把设置完成的角色表情套用到其他的角色
- BlendSystem允许LipSync与其他的动画系统协同工作
- 提供免费的眼球控制脚本，让角色表情更为生动

3. 使用说明

使用LipSync插件之前必须先确认模型的相容性，首先是模型上面需要有SkinnedMesh Renderer的组件与Blend Shapes的变形通道，两者皆确认后才能开始启用LipSync的功能。

4. 操作流程

在安装LipSync插件后，打开Examples目录里面的Example_01_Lincoln的场景，里面演示了角色表情动画的效果。图3-72所示为LipSync的目录结构。

单击Start Talking即可看到人物角色开始说话，并看到角色表情的变化与眼球的自然转动，再单击Stop Talking后立即停止播放，如图3-73所示。

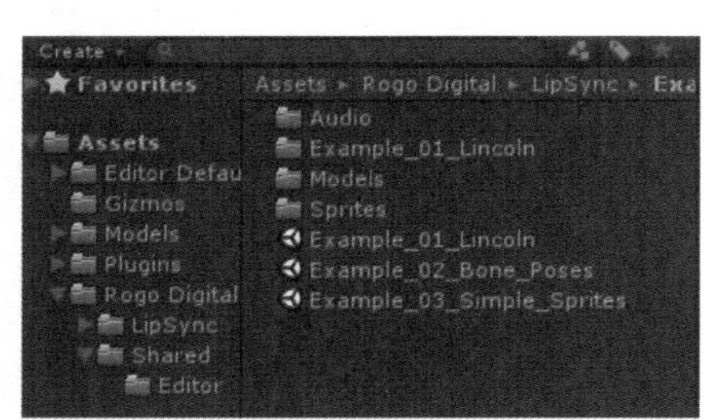

图 3-72

图 3-73

接下来我们将演示角色表情的制作流程，模型的来源使用的是Mixamo提供的人物，具体的操作过程如下。

Step 1 首先到https：//www.mixamo.com网站注册一个免费的账户，登入后在左上方的位置单击Characters进入角色选单，如图中我们选择一个戴帽子的人物，然后再单击右边的Find Animations找寻角色的动作，如图3-74所示。

图 3-74

Step 2 找到角色适合的动作后，可以对这个动作进行调整，调整完成后再单击Add To Pack把此动作添加到角色上面，如图3-75所示。

Step 3 选择好角色的动作后就可以开始下载模型文件，在Download Settings里面可以选择模型的格式、动作的帧数、角色的原始动作以及是否需要对关键帧进行优化，确认后单击QUEUE DOWNLOAD即可下载文件，如图3-76所示。

图 3-75

把下载完成的FBX模型置放到场景内，角色模型可以使用Animator功能把Mixamo下载的动作添加进来，如图3-77所示。

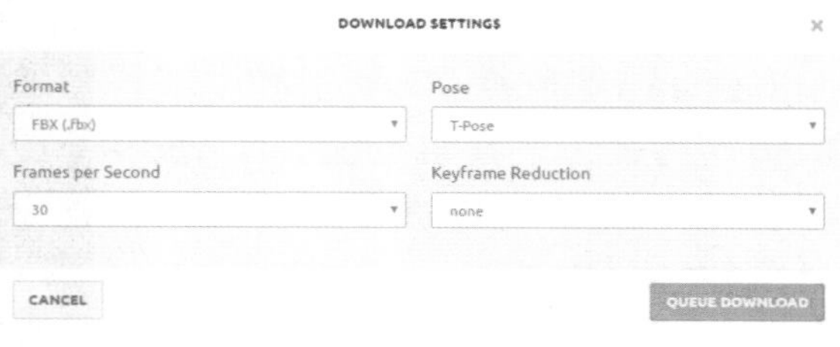

图 3-76

Step 4　选择模型，然后添加LipSync的组件，在Character Mesh栏位内添加带有Skinned Mesh Renderer的网格物体。在模型里添加一个空物件后添加Audio Source组件，然后把这个物件添加到LipSync的Audio Source栏位，如图3-78所示。

图 3-77

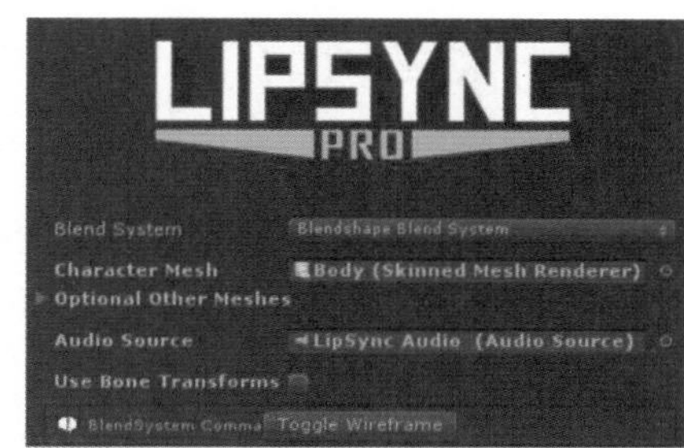

图 3-78

Step 5　接下来是对角色的口型进行调整，在Phonemes的设置里面提供了基本的口型设置，单击Add Blend Shape按钮新增一个变形通道，如图3-79所示。然后选择模型上面所对应的表情，这个部分可以参考Example_01_Lincoln模型的设置。

另外一种方法是用LipSync提供的默认通道进行调整，单击Gesture旁边的按钮选择Adobe(Mixamo)Fuse提供的两组基本口型，接着再进行细部的调整，如图3-80所示。

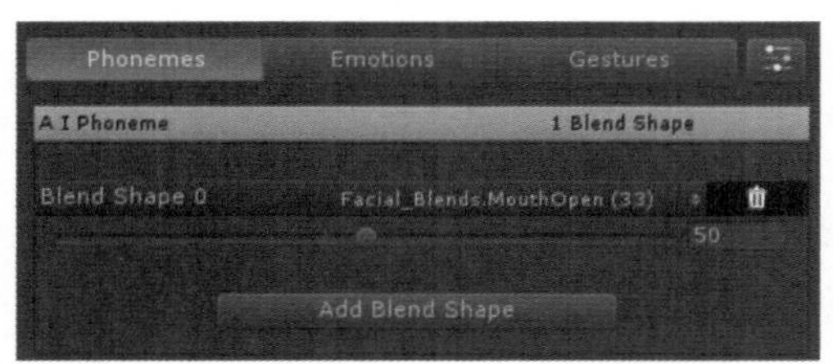

图 3-79

图 3-80

Step 6　设置完成口型的部分后，LipSync还提供了配合眼球转动的Eye Controller脚本。Blend System选择默认的Blendshape Blend System，Character Mesh同样选择带有Skinned Mesh Renderer的物体，如果角色带有睫毛的话可以添加到Option Other Meshes的设置里面，

如图3-81所示。另外一种重要的设置是可以让眼球一直盯着场景内的物体，设置的方法是在Look At Target里面选择场景内的物体或是其他的角色。

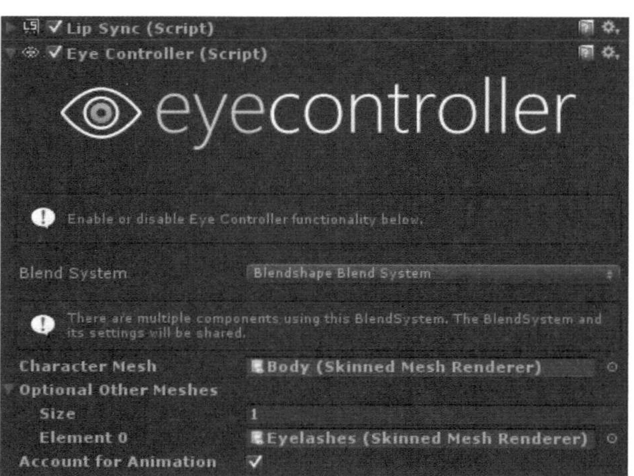

图 3-81

通过上述的步骤已经完成了模型的表情设置，接下来在场景里面设置两个uGUI按钮，一个是播放表情动画，另一个是停止。在按钮的设置里面添加角色模式，然后选择LipSync.Play的播放函数，选择LipSync转换过的语音文件。另一个函数使用的是EyeController.SetLookAtAmount，数值为1表示让眼球能注视物体。另一个按钮则是使用LipSync.Stop的函数，EyeController.SetLookAtAmount = 0的设置，作用是停止LipSync的动画播放与关闭眼球的注视，如图3-82所示。

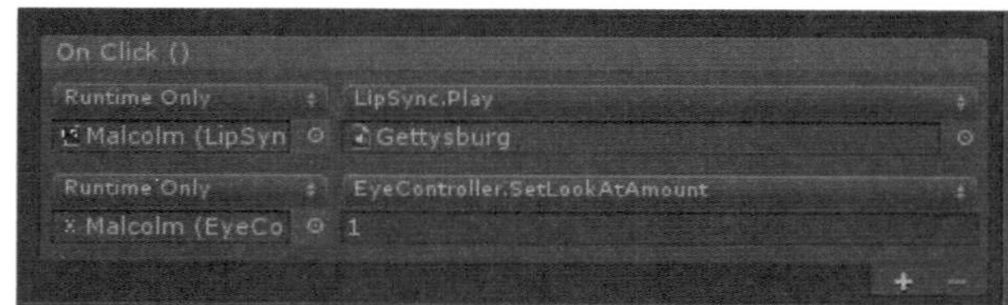

图 3-82

设置完成后单击Play进行角色表情测试，完成！我们导入的Mixamo模式已经能跟着语音内容作出自然的表情动作，如图3-83所示。

图 3-83

第 4 章

编辑器插件

Unity提供了操作简单而功能强大的场景编辑器功能，并且在Windows与Mac系统中都保持了相同的操作界面，这使得开发人员可以根据项目的需求来定制专属的编辑器。而编辑器类型的插件在游戏开发中提供了非常好的拓展功能，包含菜单栏，工具栏与相关的视图都能通过这些插件的功能而得到功能更为完整的拓展与效率的提升。

4.1 Advanced PlayerPrefs Window——游戏设置专用插件

1. 简述

在游戏开发中，我们经常会需要进行游戏设置。进行设置的方式有很多种，例如：json、xml、记事本等处理方式。但是对于少量的游戏设置，使用Unity提供的玩家偏好将会很方便。对于玩家偏好Unity并没有提供直观的方式来查看存储的值。不过商店里有针对玩家偏好的插件。本节我们就讲解一下Advanced PlayerPrefs Window。

2. 功能

Advanced PlayerPrefs Window是一个在编辑器中可视化编辑玩家偏好的插件。它可以读取所有的玩家偏好，同时我们也可以创建、删除、改变保存它。我们也可以通过它来导出、导入玩家偏好，还可以在编辑器和运行时改变玩家偏好的值。它同时支持Mac和Windows系统，也支持Untiy 3.x、Unity 4.x和Unity 5.x。

3. 操作流程

新建一个空的工程，把Advanced PlayerPrefs Window插件导入我们新建的工程中，Advanced PlayerPrefs Window结构如图4-1所示。

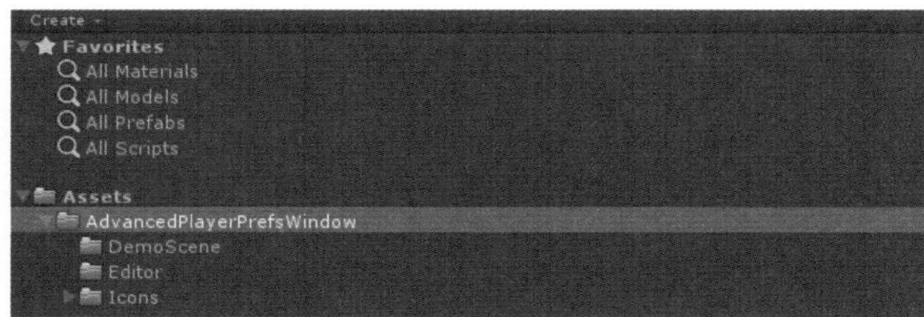

图 4-1

DemoScene是插件提供的演示demo。

Editor存放的是插件的核心代码。

Icons存放的是插件中使用到的图片Icon。

通过Window>Advanced PlayerPrefs Window打开插件的预览编辑窗口，如图4-2所示。

图 4-2

我们可以通过单击窗口的菜单来进行相关操作，接下来讲解Advanced PlayerPrefs Window插件的使用方法。

（1）如何添加新条目

通过打开“Options”菜单选择“New Entry”来添加新条目。在窗口工具栏的下方会出现一个盒子，在这里我们可以添加玩家偏好的键值对。这个和在代码中使用PlayerPrefs.SetString/Int/Float 一样。只需要输入一键，输入值然后选择一个类型，再单击后边的“+”按钮就添加了一个新条目。它将会离开出现在“All Entries”列表中。

（2）如何编辑条目

一旦我们有一个或多个条目，将会在每个条目后面出现一些选项，包括保存、恢复和删除。

1）当编辑条目时，我们可以在输入框中改变文本/数字。当值是int或float时，我们可以使用Unity内置的拖动到下一个文本输入框来改变值。

2）一旦我们做出了改变，整行将会被选中，保存和恢复按钮被激活。

3）保存意味着我们的游戏将会读取保存后的值。

4）恢复将会撤销我们的改变然后返回到上一个值。

5）删除将会从列表中删除条目。

（3）如何删除所有&删除选中条目

如果我们想删除全部或大多数条目，可通过“Options”菜单中的两个菜单项完成。单击工具栏“Optons”菜单，然后选择“Delete All Entries”或“Delete Selected Entries”，将会出现删除提示。

（4）如何导入、导出选中条目&导出所有条目

我们都知道玩家偏好是保存在本地的，当团队编辑时这就非常不方便。现在不同了，插件中可以导入、导出我们的玩家偏好，方便团队之间协作使用。

请记住，使用相同的key将会被重写。

（5）如何搜索过滤器

如果有一个很大的题目列表，我们想要编辑指定的条目，可以使用工具栏中的搜索过滤器。输入一个搜索的类型关键词，它将会根据搜索类型的关键词进行匹配。这个字段是敏感的所以我们不需要担心它。如果我们想通过键或值来过滤，也可以单击放大镜图标来选择想要搜索的类型。当我们完成搜索，单击搜索输入框后边的x，它将会重置搜索。也可以移除搜索关键字。

（6）如何刷新玩家偏好

当我们在编辑器运行游戏时，游戏可能会修改玩家偏好。每当我们想检查所有玩家偏好的最新状态时，可通过单击“refresh”ann。它将会读取玩家偏好引用更新条目列表。

Windows用户：在工具栏上将会有一个“Atuo Refresh”按钮。这个按钮每个100ms将会刷新一下条目列表。

Mac用户：每隔几秒我们可能会看一个异步加载。这是由于Unity使用不同的方法来保存玩家的偏好。

（7）如何对玩家偏好排序

在工具栏的左上方拐角处有一个“Sort”按钮。默认情况下所有的玩家偏好是升序排序，当单击后，它将会切换到条目的降序排序。再次单击它将会回到升序排序。

我们打开DemoScene目录下的Main场景，然后运行程序。会发现玩家偏好的值已经刷新到打开的玩家偏好预览编辑操作窗口中，如图4-3所示。

到这里，我们就可以根据上面的操作说明来进行插件的修改测试。

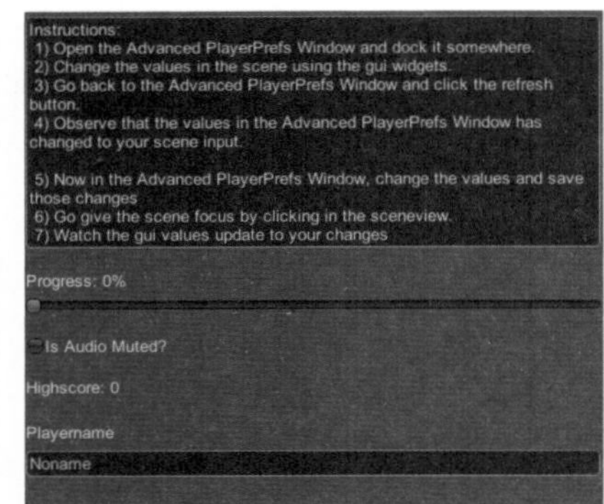

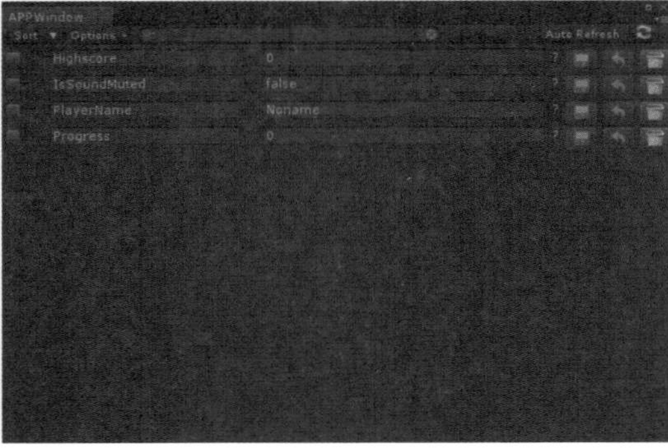

图 4-3

4.2 Build Report Tool——查看资源占用的插件

1. 简述

想要让我们的游戏创建后小于50 MB吗？那就快使用Build Report Tool插件来查看是哪些资源浪费了空间!Build Report Tool不仅可在前端用于查看Unity编译信息，同时又显示了编译时包括的每个资源占用的存储空间。

2. 功能

DLL列表：查看有什么Mono DLLs被编译到项目中，并且显示每个DLL占用的空间。

未使用资产列表：使用未使用资产列表可用来查看有什么资源在编译时没有使用。

保存到XML：保存编译报告到XML文件。可以存储多个编译报告提供参考或者发送给团队的其他人。

项目设置：查看编译时项目的项目设置。当自动编译时可以检查设置。适用于个人版和移动版。

3. 操作流程

新建一个空的工程文件，把Build Report Tool插件导入新建的工程中。Build Report Tool结构如图4-4所示。

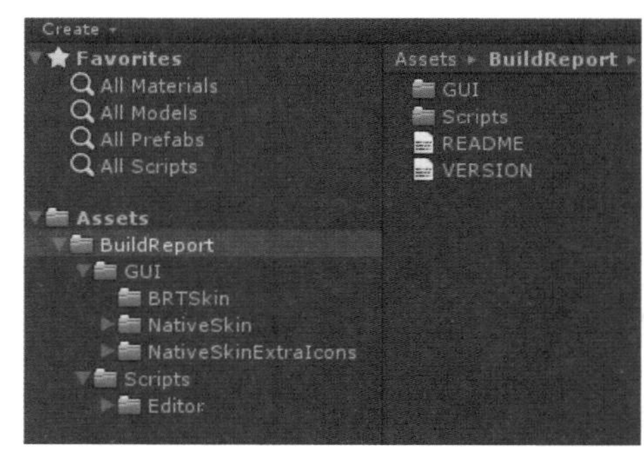

图 4-4

GUI：此目录里存放的是插件里面使用的UI纹理、皮肤等资源。

Scripts：此目录存放的是插件的核心代码。

通过Window>Show Build Report打开编译报告窗口，如图4-5所示。如果Build Report Tool窗口没有显示出来，可能需要重新启动Unity编辑器布局，可以选择Window>Layouts>Default的布局，然后重新打开Build Report Window。

GetLog：通过此按钮可以获得编译的日志报告。

Open：可以打开编译过的日志报告。

Save：保存编译的日志报告。

Options：选项的设置如图4-6所示。

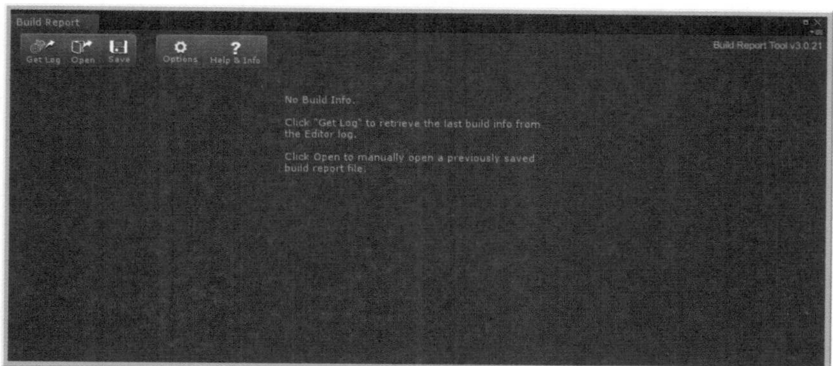

图 4-5

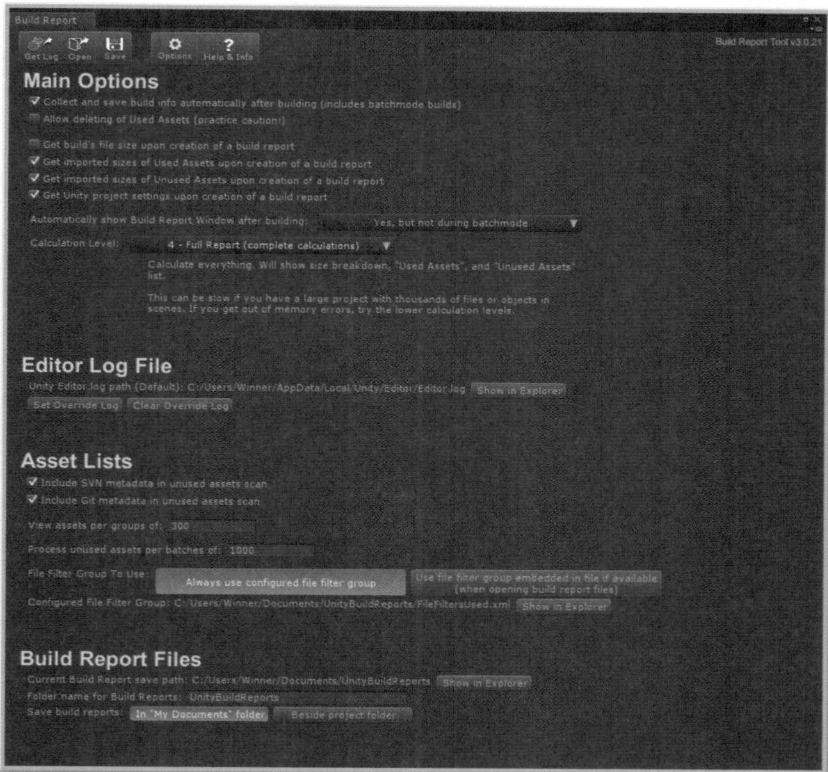

图 4-6

Main Options：

自上而下进行说明。

1）在编译之后自动收集和保存编译信息，包括批处理模式的编译。

2）允许删除使用的资产，慎用！

3）根据创建的编译报告获得编译的文件大小。

4）根据创建的编译报告获得导入使用资产的大小。

5）根据创建的编译报告获得导入未使用资产的大小。

6）根据编译报告获得Unity的项目设置。

7）Automatically show Build Report Window after building：这是枚举状态，包括Yes，but not during batchmode（使用，但是不在批处理模式下）、Never（从不）、Alawys（总是）。

Calculation level：这是枚举状态，包括1-Overview only (minimum calculations)（只显示概述数据，这是最快的，但是也是显示最少的信息）；2-Do not calculate unused assets（只显示概述数据和未使用的资产列表。它不确定哪些资产是未使用的。在使用的资产列表中不会显示StreamingAssets目录下的文件）；3-Do not calculate unused prefabs（将会计算所有的东西，除了不确定预设是否为未使用的。它仍然会显示其他未使用的资产。如果我们在场景中使用了成千上万个预设时，当产生编译报告时可能会产生内存错误，尝试设置这个选项）；4-Full Report (complete calculations)（计算所有东西，会显示大小分类，使用的资产和未使用的资产列表。如果在一个大项目中，场景中有成千上万个文件，会减慢速度，如果产生内存错误，尝试设置为较低的级别）。

Editor Log File

Show in Explorer：会打开编辑器的日志文件所在的地址。

Set Override Log：重写打开的日志。

Clear Override Log：清除重写的日志。

Asset Lists

自上而下进行说明。

1）在未使用的扫描资产中包括SVN元数据。

2）在未使用的扫描资产中包括Git元数据。

View assets per groups of：每组显示多少资产。

Process unused assets per batches of：每次批处理处理的未使用的资产数。

File Filter Group To Use：Always use configured file filter group（总是使用配置的文件过滤器分组）、Use file filter group embedded in file if available\n(when opening build report files（使用嵌入文件的过滤器进行分组）。

Configured File Filter Group：显示分组使用的文件过滤器。

Build Report Files

Current Build Report save path：当前编译报告保存的文件路径。

Folder name for Build Reports：编译报告的目录名称。

Save build reports：保存编译的报告。In “My Documents” folder（保存在我的文档中）、Beside project folder（基于项目目录）。

Help&Info

Help（README）：打开此选项显示的是插件的说明文件。

Version Changelog：打开此选项显示插件版本更新的日志。

注意：如果我们升级项目工程中的 Build Report Tool时，首先在导入新版本时删除当前的BuildReport目录。这将消除任何潜在的元数据与老版本的冲突。

如何使用Build Report Tool?

首先确保我们已经编译过项目。如果没有，Build Report Tool 没有办法获得数据将不会工作。

然而，我们不用担心我们上次编译的项目和当前打开的项目不是同一个项目。所以，最好的建议是在编译项目之前，查看一下Build Report 窗口。我们也可以保存编译报告为XML文件，或打开之前保存的XML文件。无论何时我们编译项目时，Build Report 将会自动产生一个报告文件并且保存它。如果不想Build Report Tool自动构建报告，可以在Options中禁用掉它。

这里我们打开Unity5.x里面自带的工程案例看一下效果。导入Buil Report Tool，通过Window>Show Build Report打开Build Report Window，并且切换到了Android平台。

编译之后如图4-7所示。

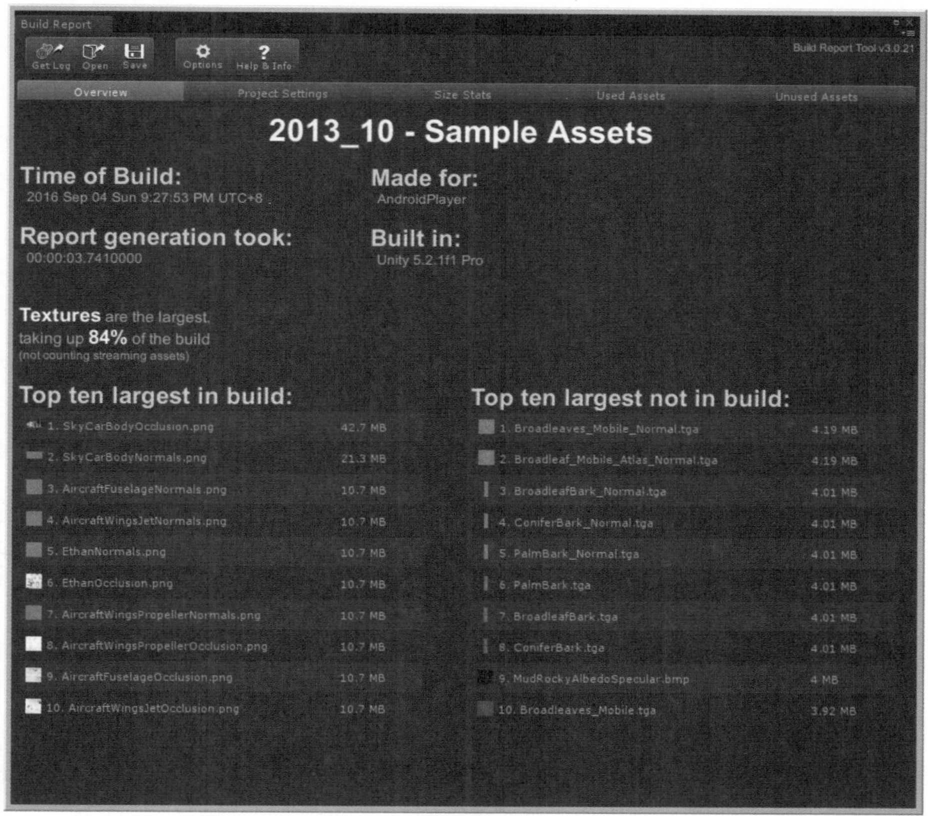

图 4-7

构建报告分为下面五大类。

1）Overview：报告总结。

2）Project Settings：显示项目编译时使用的项目设置。

3）Size Stats：显示编译文件的大小，和一个资源的分解表来表示资产的占用空间。

4）Used Assets：显示编译时使用的所有资产，还有多少空间。

5）Unused Assets：显示编译时没有使用的资产列表。这用于找到不在使用的资产，可能想要删除来节省空间。

我们可以自行打开Project Setings、Size States、Used Assets、Unused Assets选项来查看不同选项标签下对应的内容。

为什么编译的大小大于Windows资源管理器显示的大小?

我们可能发现Build Report Tool编译报告显示的大小不同于硬盘上显示的大小，原因是当游戏从网上被下载时，需要传输的读取大小是Build Report Tool里显示的大小，而不是从硬盘中读取的大小。注意：在Build Report窗口中读取的大小使用2位近似。

什么会被计算进编译报告中?

编译报告只会考虑资产的大小加上托管的DLLs。真实编译的最终大小会根据平台变大或变小。在桌面和移动编译时，编译的大小反应了产生的sharedassets0.assets, sharedassets1.assets（等等）的大小。也计算了“Managed”目录（Mono DLLS、脚本编译的DLL加上项目中其他的托管DLLs)。所有其他的文件不会计入总编译的大小。甚至包括原声的插件。但是请注意，原声插件竟会显示在资产列表中，只是它们的大小不会计入“Total Used Assets Size”。

在StreamingAssets目录的文件不会包括在“Used Assets Size Breakdown”表中。但是，它们全部的大小仍然会显示，并且这些文件仍然会包括在“Used Assets”列表中。在桌面编译时，我们可能会发现一个“Unity Default Resources”文件。在它的内部包括的都是默认的资产。例如：默认的GUI Skin，GUI默认使用的姿态，默认着色器，内置基础模型等。这个文件也不会进入到编译报告中。

在Windows中，产生的.exe文件也不会计入编译报告而是作为引用资源。.exe中的内容是使用Unity编译的标准的Windows程序，稍微有些改变。

在Web编译时，Untiy3d文件是我们所有使用资产压缩的一个文档，Unity场景文件，脚本生成的托管DLLs，和任何编译必须使用的Mono标准库的托管DLLs，加上任何显示包含的任何托管DLLs。注意有几种Mono库由于浏览器安全的问题不能包括在web中。

在IOS编译中，全部编译的大小仅表示游戏在Xcode编译打包成一个.app文件前的大小。这个大小可能比打包成一个.ipa文件要小。注意：托管的DLLs意味着编译成.NET/Mono代码包含DLL文件。原声的DLLs意味着不是有.NET/Mono（通常是C/C++）编译成的DLLs。

场景中的预设实例：

如果在场景中有一个预设实例，它们实际上不会计入编辑器的log日志信息中。对于Unity而言，它们都只是游戏对象。实例化实际上只是复制/克隆一个存在的游戏对象（无论是场景中或是在资产目录中的预设)。(注意：我们可以实例化复制一个游戏对象，即使它不是游戏对象)。因此，在运行时预设连接丢失了。一旦运行游戏，预设实例被认为是正常的游戏对象。

两个例外：

1）如果预设在Resources目录中，它会包括在编译中。

2）如果预设通过脚本变量/字段来引用，它们也会包括在编译中。

基本上这意味着通过代码方式创建需要在运行时实例化预设（无论场景中是否已经存在了)，然后Unity别无选择，只能包括在编译中。

所以会在“Used Assets”部分发现一些预设文件，但是没有显示读取的大小。这些预设是场景中使用的，不是Resources目录中的，也不是变量引用的。

4.3 Game Updater——资源的热更新专用插件

1. 简述

在游戏中我们经常需要对资源进行热更新，同时还要对我们的资源进行加密来增加保护性。在Unity中我们经常使用的资源更新方式一般是分为Resouces和AssetBundle两种方式。但随着加载资源方式的多样性，还产生了其他的第三方方式，例如直接加载obj，或者是fbx等。但是我们在手游开发中经常使用的资源热更新的方式还是使用AssetBundle。

2. 功能

GameUpdater是一套适用于网络游戏动态资源管理的完整解决方案。它具备AssetBundle打包、压缩、加密、版本管理、动态更新、加载调用等功能。而我们所需要做的就是按几下鼠标然后把资源传到服务器上。GameUpdater具有如下的特性。

- 无缝对接Unity5.0的新AssetBundle管理机制，通过Unity5.0创建Assetbundle，通过GameUpdater进行后续工作。
- Assetbundle一键打包：支持PC、IOS、安卓等跨平台开发。支持多平台分发不产生冲突。
- Assetbundle压缩：采用LZMA压缩以保证最大压缩比来降低资源尺寸。
- Assetbundle内容保护：采用密钥机制对我们的Assetbundle进行加密，防止被它人破解。
- 更新事件支持：提供详细的状态变化事件，如加载文件数量、加载字节数等，方便我们制作进度条。
- 同步加载已更新的Assetbundle：方便开发者组织代码，不需要WWW和协程。
- Assetbundle缓存：每一个Assetbundle从磁盘加载后会在内存中保存一个副本，来提高重复创建的效率。
- 不产生任何磁盘缓存文件。
- 支持离线单机游戏。
- 提供完整源代码，方便我们在项目中调试和调整。

3. 操作流程

新建一个空的工程，把Game Updater插件导入新建的工程中，Game Updater结构如图4-8所示。

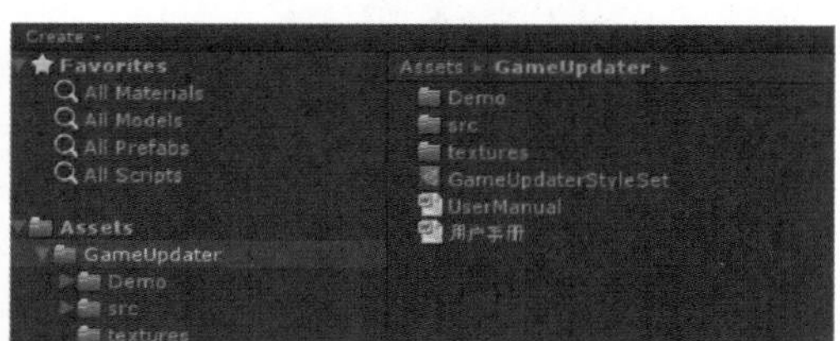

图 4-8

Demo：此目录里面存放的是GameUpdater插件提供的演示场景。

src：此目录里面存放的是GameUpdater插件的核心代码。它里面又包括了7zip、Editor、LitJson和XXTEA四个目录。7zip，此目录里面存放的是LZMA压缩相关的核心类；Editor，此目录里面存放的是Game Updater窗口及AssetBundle相关的核心类；LitJson，此目录里存放的是开源的Json相关的核心类；XXTEA，此目录存放的是XXTEA加密算法相关的核心类。

textures：此目录存放的是插件使用到的纹理图片。

打开Window>GameUpdater面板，如图4-9所示。

Game Updater的功能如图4-10所示。

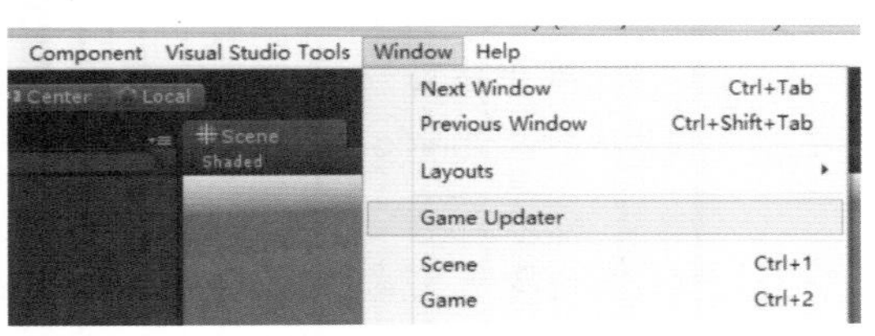

图 4-9

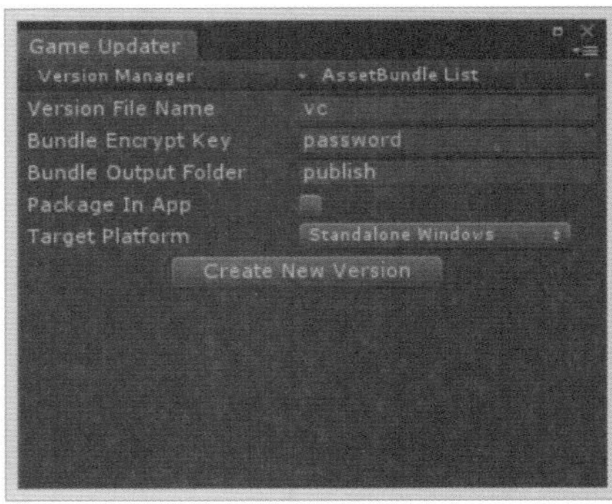

图 4-10

Version File Name：版本说明文件，通过这个文件来实现线上和本地的资源对比。可以随意命名。该文件会和AssetBundle保存在同一个目录中。

Bundle Encrypt Key：AssetBundle加密的密钥，没有此密钥是无法加载AssetBundle的。此密钥会在程序更新资源时要求提供。请设置好以后不要变更，否则可能导致本地里用旧密钥加密的文件无法加载。

Target Platform：AssetBundle的打包目标平台。

BundleOutput Folder：将我们的AssetBundle打包到/{project_path}/AssetBundles/{Target_Platform}/{Bundle_Output_Folder}。

Package In App：将AssetBundle打包到Resources目录。如果选择此项则AssetBundle会打包到我们的应用中与其一起发布。

Create New Version：开始打包AssetBundle以及生成版本说明文件。

单击GameUpdater面板上的AssetBundle List按钮，会出现如图4-11所示的界面。

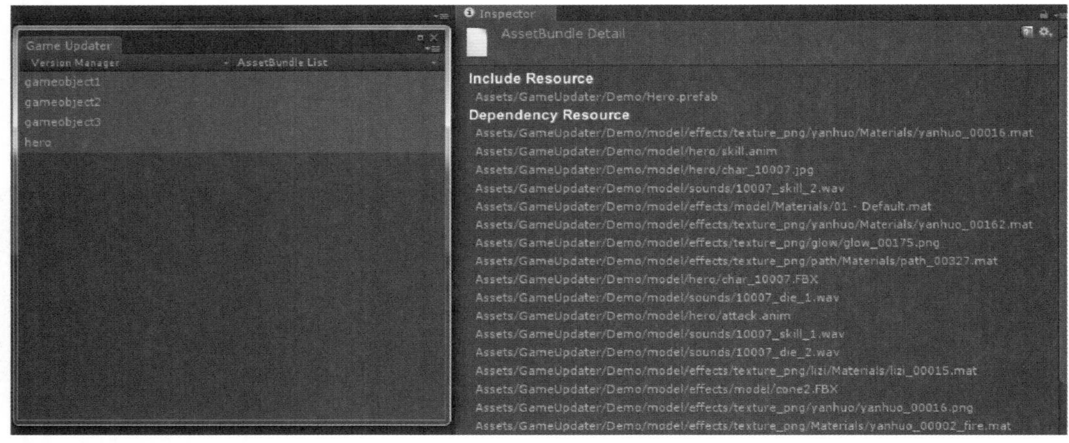

图 4-11

下面会显示打包的AssetBundle列表（这个是插件打包后的几个AssetBundle）。单击每个AssetBundle在Inspector面板上会出现对应AssetBundle包括的资源及它需要的依赖资源。

打开Demo目录下面的Demo场景。如果直接运行会产生错误。我们首先需要根据上面的

GameUpdater面板所示，打包产生AssetBundle，这样运行场景才可以看到对应的效果，如图4-12所示。

图 4-12

Game Updater插件的具体操作流程：

Step 1　首先把我们需要打包的资源设置成AssetBundle，具体步骤见http：//docs.unity3d.com/Manual/BuildingAssetBundles5x.html。

Step 2　设置好AssetBundle后，打开GameUpdater面板，选中Package In App，然后单击Create New Version按钮，这时AssetBundle就会打包进我们的应用，以便于提交到应用商店的首个ipa或者apk中包含必要的资源。

Step 3　在项目中编写更新资源代码（请参考Demo.cs）。

当我们的应用上线运营后，如果需要更新资源的话，打开GameUpdater面板，确定没有选中Package In App，然后单击Create New Version按钮。等待打包完成后，将/{project_path}/AssetBundles/{Target_Platform}/中的所有文件上传到我们的cdn服务器即可。

在5.x里面我们需要对资源进行AssetBundle指定之后才可以进行打包。如果资源少无所谓，我们直接手动指定一下就可以了，但是在实际开发中，我们需要的资源量很多且来回更新替换这样手动操作会非常麻烦。这里笔者简单写了一个编辑器脚本来批量设置资源对应的AssetBundle名称。代码如下所示：

```
using UnityEngine;
using UnityEngine;
using System.Collections;
//
using UnityEditor;
using System.IO;

public class VolumeSetAssetsForAssetBundleName : AssetPostprocessor
{
    [MenuItem("Assets/Asset AB For Name")]
static void SetAssetBundleNames()
    {
```

```
    Excute(true);
        }

        [MenuItem("Assets/Asset AB For Null")]
    static void ClearAssetBundleNames()
        {
    Excute(false);
        }

    public static void Excute(bool isAssetBundleName)
        {
    Object[] obj = Selection.GetFiltered(typeof(Object), SelectionMode.
DeepAssets);
    for (int i = 0; i < obj.Length; i++)
            {
    string path = AssetDatabase.GetAssetPath(obj[i]);
                AssetImporter atPath = AssetImporter.GetAtPath(path);
    if (atPath != null)
                {
    if (isAssetBundleName && Path.GetExtension(path).Equals(".prefab"))
                    {
                        atPath.assetBundleName = obj[i].name;
                    }
    else if(Path.GetExtension(path).Equals(".prefab"))
                    {
                        atPath.assetBundleName = "";
                    }
                }
            }
        }

    public static void OnPostprocessAssetbundleNameChanged(string assetPath,
string previousAssetBundleName, string newAssetBundleName)
        {
    Debug.Log("Asset " + assetPath + " has been moved from assetBundle " +
previousAssetBundleName + " to assetBundle " + newAssetBundleName + ".");
        }
    }
```

提示：读者可以根据自己的需要针对上面的批量设置脚本进行修改来适应自己的项目。

4.4 Prefab Painter——超高效率的模型笔刷

1. 简述

在游戏或虚拟现实开发中我们经常需要来搭建可运行的游戏或虚拟现实场景，在场景资源很少时简单地拖动一下Prefab就可以，如果量很大，我们再一一放置就会比较慢，也比较烦琐。Prefab Painter正是一个可以让我们在任意网格模型上刷Prefab的专用插件。

2. 功能

- 绘制/擦除
- 精确放置
- 绘制贴花
- 对齐表面
- 对齐画笔
- 随机缩放
- 随机旋转
- 选择层进行绘制
- 分组
- 撤销/重做
- 测试样例资源

3. 操作流程

新建一个空的工程，把Prefab Painter插件导入新建的工程中，Prefab Painter结构如图4-13所示。

nTools目录里面存放的是Prefab painter插件里面所包含的所有资源。

Examples：此目录里面包括了一个由Prefab painter绘制好的样例场景。还有一个可以用来进行练习的空场景。

Resources：此目录里面存放了插件使用的纹理。

Scripts：此目录里面存放的是插件的核心代码。

Settings：此目录里面存放的是插件设置相关的资产。

通过Window>nTools>PrefabPainter打开Prefab Painter窗口，图4-14所示为Paint功能设置。

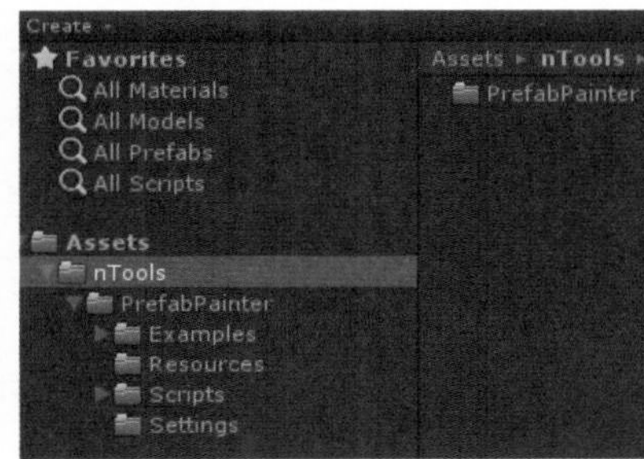

图 4-13

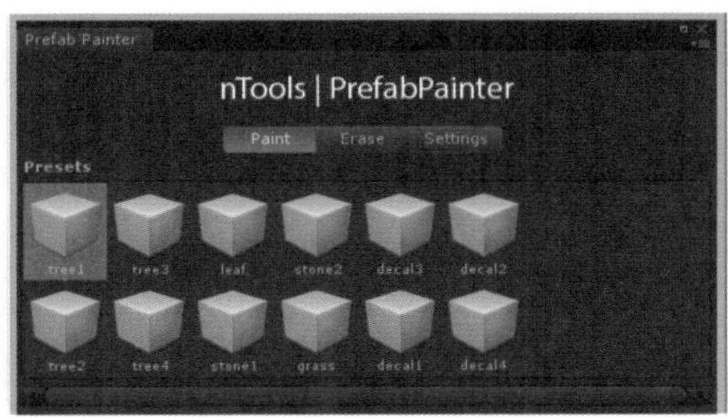

图 4-14

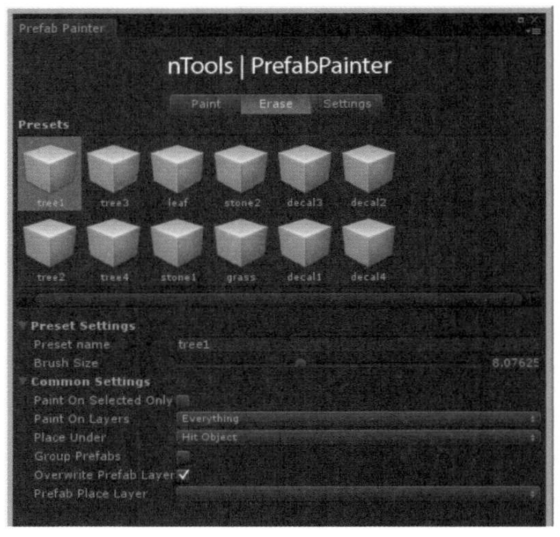

图 4-15

下面我们对上面的截图的参数进行简单说明。

工具按钮说明。

Paint：放置对象工具。拖动进行绘制，Shift+拖动来进行精确放置。按住Ctrl键来捕捉角度。

Erase：擦除对象工具。

Setting：设置面板。

Presets

拖动预设到这里或者用Shift+拖动来重新连接预设。

Preset Settings

Preset Name：预设的名称。也可以使用对象分组。

Brush Size：对象放置半径。

Brush Spacing：放置密度。

Position

Surface Offset：从表面的偏移。

Orientation

Transform：枚举状态。包括Relative（相对变换）和Absolute（绝对变换）。

Direction：枚举状态。包括None（无）、Along Surface Normal（沿着表面法线）、Along Brush Stroke（沿着画笔方向）、X（沿着X方向）、Y（沿着Y方向）、Z（沿着Z方向）。

Flip Direction：开启此选项来反转方向。

Aux Rotation：旋转方向。

Randomize X %：x轴的随机旋转。

Randomize Y %：y轴的随机旋转。

Randomize Z %：z轴的随机旋转。

Scale

Transform：枚举状态。包括Relative（相对变换）和Absolute（绝对变换）。

Mode：枚举状态。包括Uniform（x、y、z轴统一的缩放）和Per Axis（按照每个轴进行缩放）。

Min：在Uniform模式下统一缩放的最小值。在Per Axis每个轴向缩放的最小值。

Max：在Uniform模式下统一缩放的最大值。在Per Axis每个轴向缩放的最大值。

Common Settings

Paint On Selected Only：启用该选项。限制使用选择的对象进行绘制。

Paint On Layers：限制使用选择的层进行绘制。

Place Under：枚举状态。对象放置的地方。World（放置在世界对象下，即无父对象）、Hit Object（放置在单击的对象下）、Custom Object（放置在自定义的对象下）。

Group Prefabs：根据名字分组放置的对象。

Overwrite Prefab Layer：指定自定义层设置来放置对象。

Settings

Max Brush Size：最大的画刷大小。

Max Brush Spacing：最大的画刷间隙。

> **注意：**可以在插件提供的样例场景CleanScene中练习本插件的使用。

4.5　Terrain Quality Manager——地形纹理设置与管理

1. 简述

在游戏或虚拟现实开发中我们经常需要来搭建场景，有时用到地形系统来充当场景元素，为了使地形更符合场景需求，我们经常需要变更地形的纹理设置！如果有一个工具可以无缝不丢失数据地进行纹理设置切换是多么开心的一件事。

2. 功能

地形质量管理允许我们无缝不丢失数据地改变高度图、细节纹理、透明纹理和基础纹理。如果我们想提升地形的质量或优化地形获得更好的性能使用这个工具可以帮助到我们。

特性：

- 允许我们无缝不丢失数据地改变高度图、细节纹理、透明纹理和基础纹理
- 用于单个地形、场景地形和工程里的所有地形
- 允许我们扩展和缩减地形纹理
- 当处理多个地形时的无缝结果
- 非常简单易用

3. 操作流程

新建一个空的工程，把Terrain Quality Manager插件导入新建的工程中，Terrain Quality Manager结构如图4-16所示。

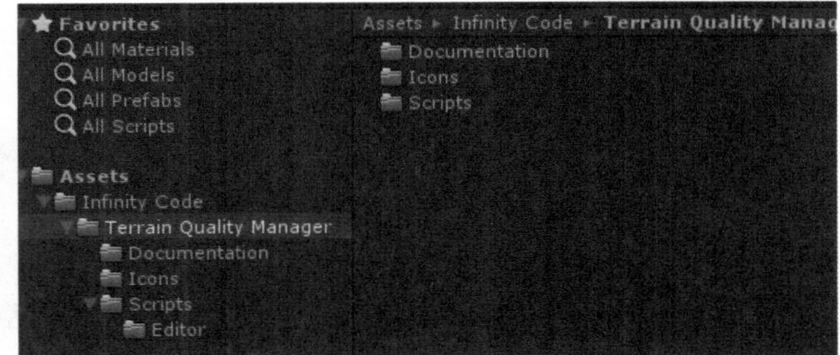

图 4-16

Documentation：此目录里存放的是插件的说明文档。

Icons：此目录是插件中使用的图标文件。

Scripts：此目录里存放的是插件的核心代码。

选择菜单按钮Window>Infinity Code>Terrain Quality Manager>Open Manager打开地形质量管理的窗口，如图4-17所示。

默认情况下为Single Terrain模式。

Terrain：指定单个地形对象，指定对象后如图4-18所示。

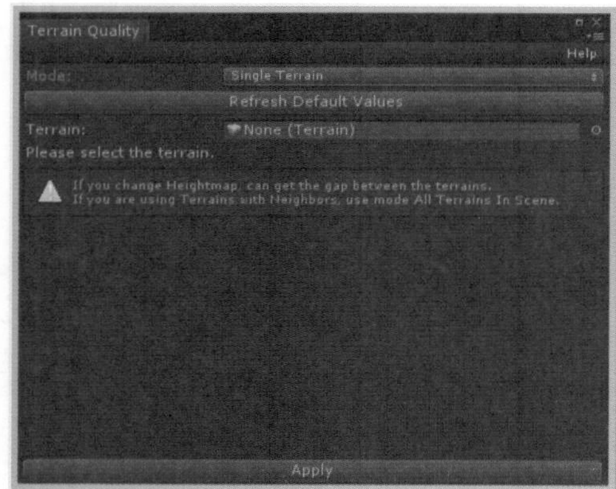

图 4-17

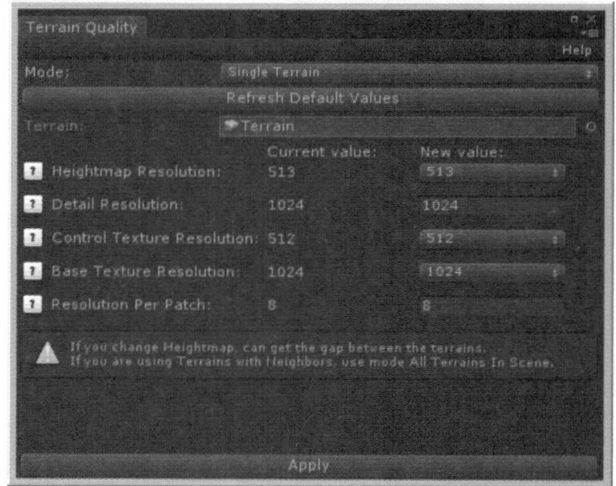

图 4-18

模式All Terrains In Scene的设置如图4-19所示。

模式All Terrains In Project的设置如图4-20所示。

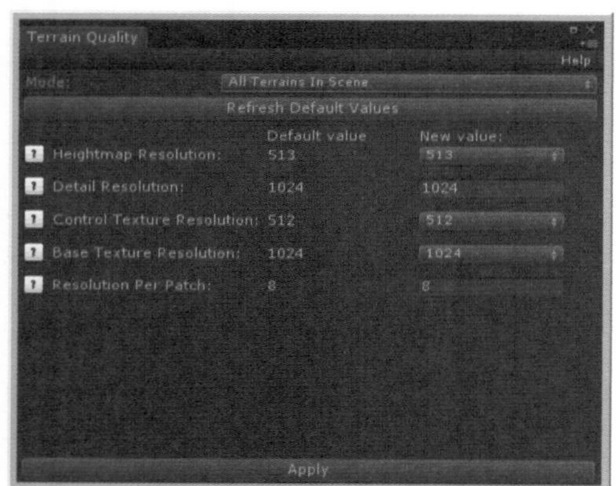

图 4-19

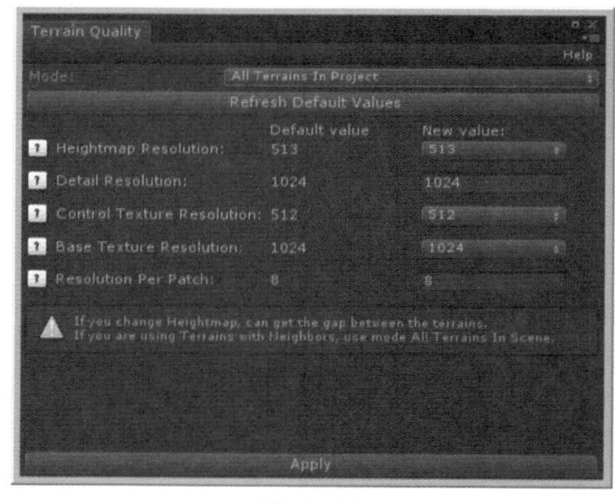

图 4-20

Refresh Default Values：刷新默认值。

Current value/Default value列是当前纹理的分辨率。

New Value列是指定需要的纹理的分辨率。

想要改变的纹理将会使用绿色高亮。只改变了会出现X按钮，单击X按钮取消设置的值。

在指定所需要的值后单击Apply按钮进行处理，如图4-21所示。

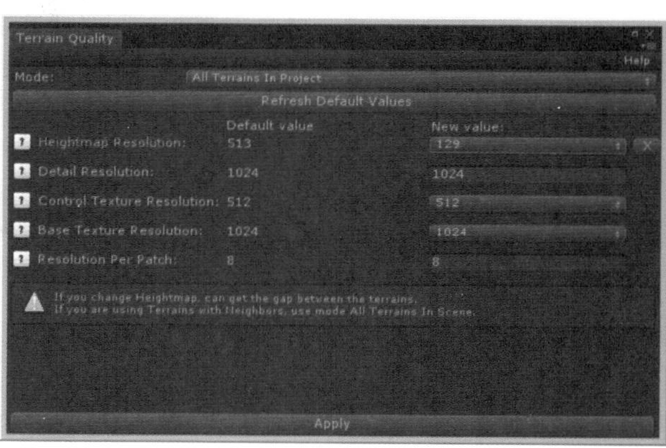

图 4-21

重要提醒：如果有相邻地形，在

Single和All Terrains In project模式下相邻的地形可能会出现洞。为了防止这种情况，使用All Terrains In Scene模式。当移动到纹理的问号标记的时候单击，会打开Unity地形引擎的帮助文档。地形质量管理支持撤销操作。如果我们想恢复旧的地形，选择Editor>Undo进行恢复操作。

版本更新

选择Window>Infinity Code>Terrain Quality Manager>Check Updates打开窗口来进行更新，如图4-22所示。

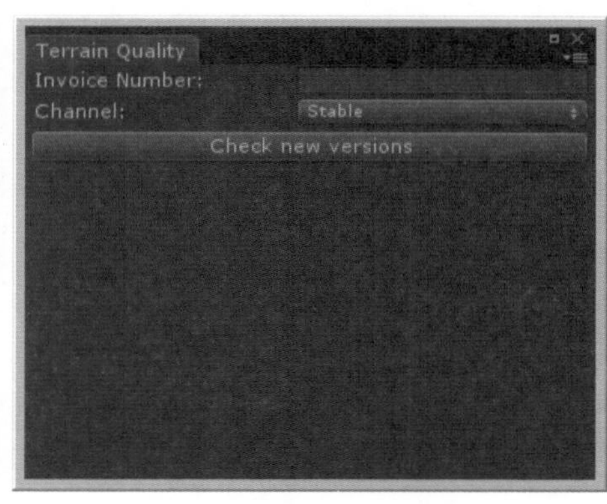

图 4-22

在Unity Asset Store中，插件作者只发送稳定版本。几个月更新一次。地形质量管理内置了更新系统，使用它可以获得更早的所有版本和更新。输入发票号码，选择一个更新频道然后单击Check New Version。如果有可用的更新，可以阅读更新列表和下载更新。

4.6　DLL Builder 插件讲解

1. 简述

在游戏或VR开发中，我们经常需要写很多代码，再加上第三方开源或者收费插件的源文件，使整个工程看起来代码奇多不太好管理，同时也会出现不小心修改了第三方的源文件而出现奇葩的问题。通过使用DLL Builder我们可以很方便地产生Dll文件，防止意外修改第三方的源文件，同时减少源文件数量。

2. 功能简介

DLL Builder是C#编译和产生DLL的工具，它使用Unity内置的Mono类库来兼容Unity项目。DLL Builder有下面的几个新特性：

- 支持源文件的拖动
- 项目视图菜单的交互
- 快速编译
- 历史记录加载
- 性能提升
- 在Unity工程中编译
- 编译一个或多个C#脚本文件到一个DLL
- 脚本过滤面板
- 自动产生文档（xml）
- 兼容OSX
- 简单易于设置

3. 操作流程

新建一个空的工程，把DLL Builder插件导入新建的工程中，DLL Builder结构如图4-23

所示。

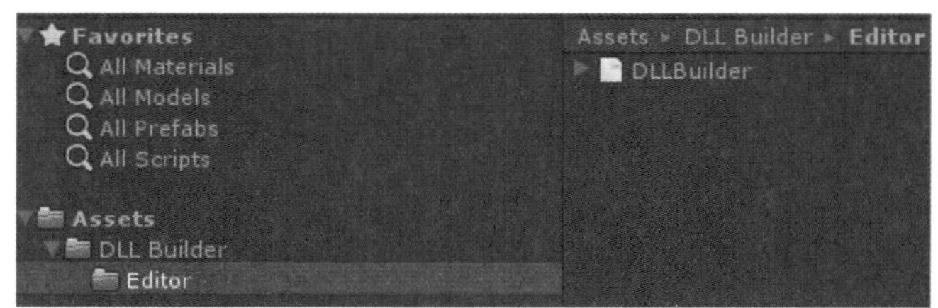

图 4-23

本插件只有一个核心的DLL文件，存放在了Editor目录下面。通过单击Window>DLL Builder打开DLL Builder窗口，如图4-24所示。

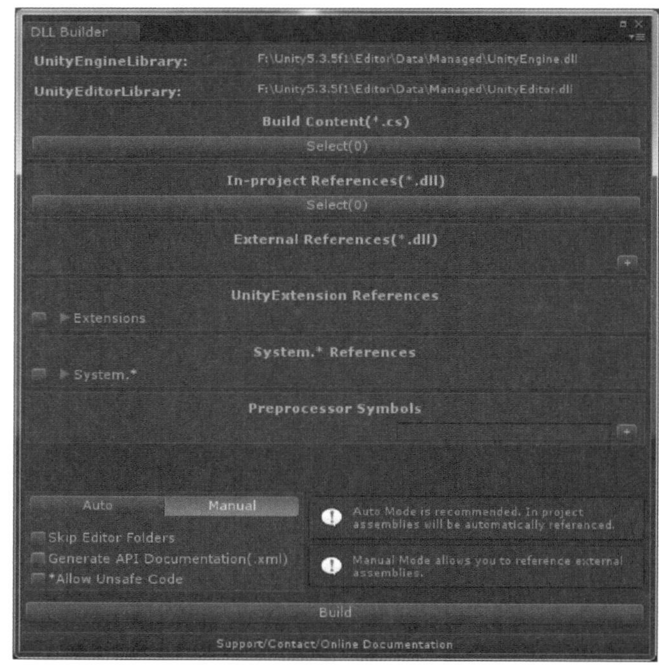

图 4-24

下面我们对窗口里面的参数进行简单介绍。

UnityEngineLibrary：这里显示了当前打开的Unity版本的安装路径下的UnityEngine.dll。

UnityEditorLibrary：这里显示了当前打开的Unity版本的安装路径下的UnityEditor.dll。

Build Content(“*.cs”) Select：单击此按钮会弹出窗口，在窗口中可选择需要编译成DLL的脚本源文件。

In-project References(“*.dll”) Select：单击此按钮会弹出窗口，在窗口中可以选择引用的DLL。

External References(“*.dll”) +：单击此组里的+号可以打开新窗口，选择引用外部的.dll文件。

Unity Extension References Extensions：单击Extentions复选框会全选此Unity版本对应的Unity Extentions下的dll。也可以展开Extentions根据需要单击对应dll签的复选框。

System.* References：单击Systems.*复选框会全选此Unity版本对应的Mono下的dll。也可以展开Extentions根据需要单击对应dll签的复选框。

Preprocessor Symbols：通过下面的输入框可以写DLL里面的预处理标签，然后单击后边的+号进行添加。也可以通过预处理标签后面的X号移除此预处理标签。

Manual：手动模式允许有更多的操作可选性。

1）Sikp Editor Folders：勾选此选项会跳过编辑器目录。

2）Generate API Documentation(xml)：勾选此选项会产生DLL注释。

3）*Allow Unsafe Code：勾选此选项允许不安全代码。

上面是Manual模式下的界面窗口。

Auto：自动编译模式。

将会自动引用项目中的程序集，切换到自动模式下窗口界面如图4-25所示。

上面简单介绍了DLL Builder的相关参数说明，我们可以在工程中新建两个测试脚本，然后根据上面的介绍进行测试。

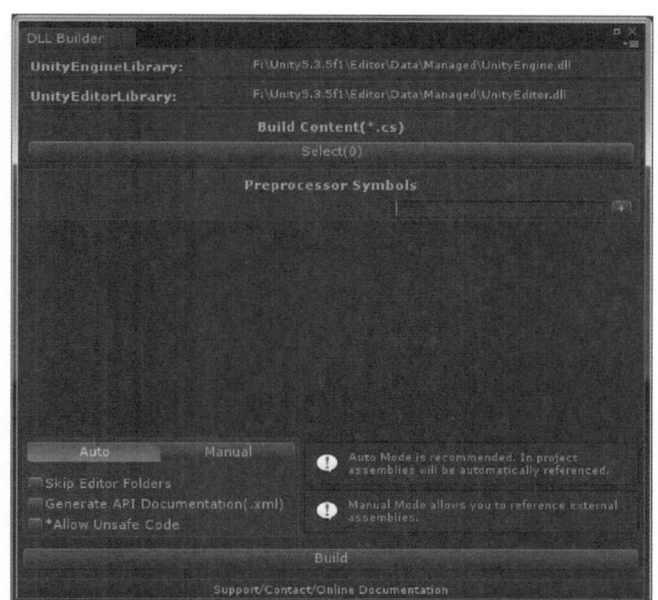

图 4-25

4.7　Easy Decal 插件讲解

1. 简述

在游戏或者VR开发中，我们经常需要为场景添加无限多的细节，传统方式的工作流程比较烦琐。Easy Decal插件提供了简单的工作流用来放置贴花到游戏场景。Easy Decal插件支持所有类型的着色器和材质球从视差遮挡到透明。通过无处不在地添加细节来升级我们的游戏环境到一个新高度。

2. 功能

Easy Decal不仅支持漫反射纹理和法线映射，还支持所有类型的着色器和材质球。使用Easy Decal这个工具，可以在适合任何使用贴花的地方。Easy Decal主要功能与特性如下：

- 全部的编辑器集成
- 自定义材质球和着色器
- 包含现成的预设
- 包括了80+不同的贴花
- 3D投影
- 动态几何结构
- 纹理图集编辑器
- 贴花动画
- 边缘渗出
- 网格贴花
- 静态网格
- 支持Oculus Rift
- 支持蒙皮网格投影

3. 使用说明

新建一个空的工程，把Easy Decal插件导入新建的工程中，Easy Decal结构如图4-26所示。

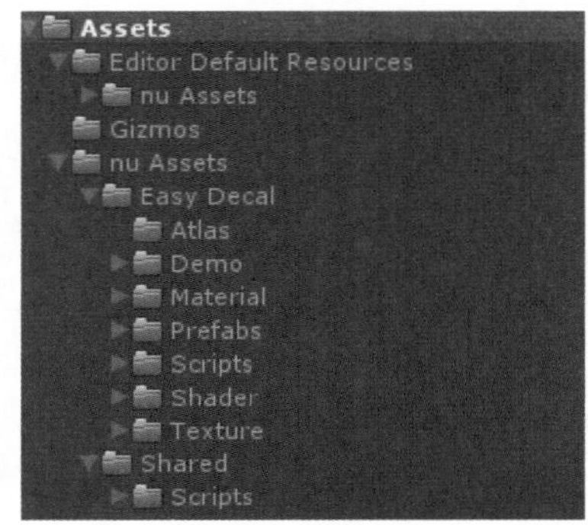

图 4-26

Editor Default Resources：此目录里面包含的是编辑器默认使用的资产。

Gizmos：此目录里包含的是Easy Decal使用的图标。

Easy Decal：此文件里面存放的是Easy Decal的资产，包括演示用例使用的资产，部分Easy Decal的代码等。

Shared：此文件里面存放的是Easy Decal共享的脚本资产。

我们可以打开Easy Decal>Demo>Scenes目录下的演示场景进行效果预览。

4. Easy Decal 投影介绍

（1）平面

平面投射器使用射线投射器投射一个使用预定义的分辨率平面网格到接收器上。这个平面技术应用于简单的表面，如图4-27所示。

图 4-27

Performance affected by（性能影响）：分辨率属性。

Best for（综合表现）：简单表面、复杂表面。

Drawbacks（缺点）：在复杂表面可能创建不需要的几何结构；总是需要碰撞器；不一定适合接收器几何结构。

专用设置

Projection Mode：投射的模式，如图4-28所示。（Surface Normal：表面法线。从接收器获得的距离，由接收器朝向的法线向量决定。Projection Normal：从接收器获得距离，由投射射线的方向向量决定）。

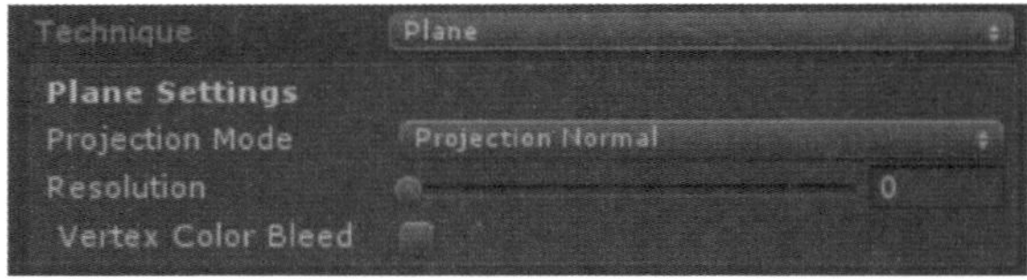

图 4-28

Resolution：动态几何结构的分辨率。当使用不均匀或崎岖不平的接收器时增加这个值。注意：小心这个值，每一步双倍几何结构。太高的值可能会产生性能影响。

Vertex Color Bleed：启用贴花边界渐变效果。这个效果仅适用于平面投射并且着色器支持顶点颜色。

> **注意：**小心分辨率的设置。这些可能影响性能，除非需要才可以增加此值。对于一个平面表面的值0就足够了。

（2）盒子

盒子投射器削减所有几何相交指定的边界框。盒子技术应用于复杂的表面，如图4-29所示。

Performance affected by（性能影响）：贴图世界空间的大小；接收器几何结构的复杂性。

Best for（综合表现）：复杂表面。

Drawbacks（缺点）：在平面表面上可能会创建不必要的几何结构；性能依赖于尺度大小。

图 4-29

（3）延迟

延迟贴花投影器渲染贴花使用屏幕空间。不同的纹理映射只是在灯光片段之前写入各自的g-buffer，如图4-30所示。

Performance affected by（性能影响）：贴花的屏幕空间大小。

Best for（综合表现）：复杂表面；透明贴花需要适当的阴影接收器。

Drawbacks（缺点）：不能进行批处理；仅工作与延迟渲染路径；仅工作与投射摄像机；约束选项受限。

（4）屏幕空间

投射器使用屏幕空间渲染贴花。当前，仅有多融合模式是可用的，如图4-31所示。

图 4-30

图 4-31

Performance affected by（性能影响）：贴花的屏幕空间大小。

Best for（综合表现）：复杂表面；屏幕空间贴花使用前向渲染路径。

Drawbacks（缺点）：不能进行批处理；仅工作与延迟渲染路径；仅工作与投射摄像机（OpenGL）；没有约束选项。

5. 贴花管理器介绍

贴花管理器窗口可以用来显示和管理当前场景呈现的所有贴花，合并贴花共享同一图集来绘制调用组（减少draw call），如图4-32所示。

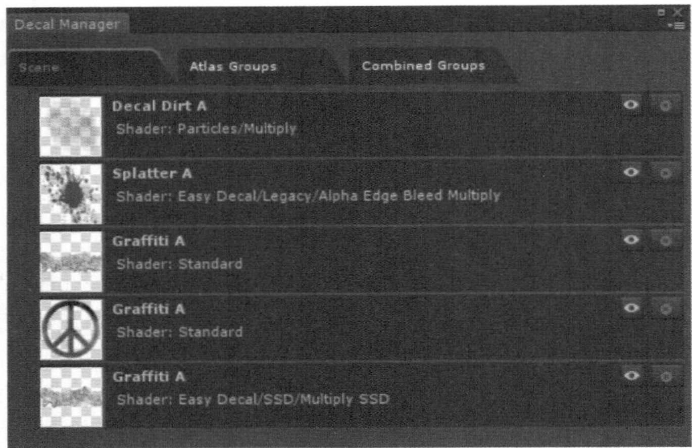

图 4-32

合并图集组：

1）从主菜单选项Window>Easy Decal打开贴花管理器窗口。

2）选择Atlas Groups选项卡，然后单击我们想合并的按钮组。在图集组中所有的原始贴花会自动禁用失效。合并组现在共享集合结构和材质球并且作为场景中[Decal Root]游戏对象的子物体。

3）分离合并的图集图，选择Combined Groups选项卡，然后单击我们想分离的分离按钮。

6. 纹理图集介绍

纹理图集使用的界面如图4-33所示。其主要功能如下。

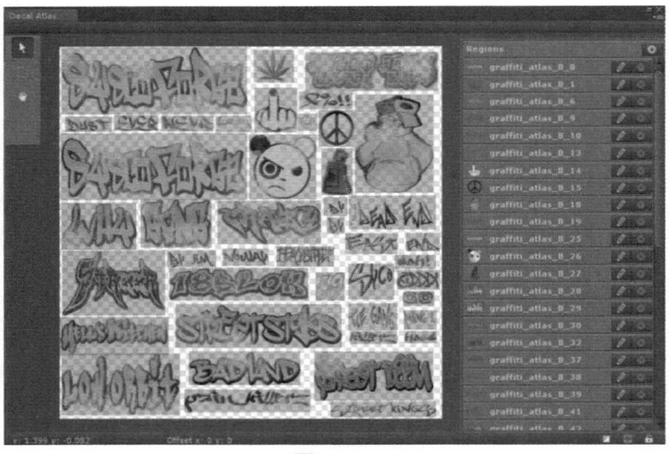

图 4-33

1）在设计时合并放置的贴花，只花费一个draw call。

2）加载一个大图集比加载多个小图集速度快。

3）贴花可以共享一个材质球。

4）减少设备级别的纹理交换。

创建一个新纹理图集：

请遵循以下步骤从头开始创建一个新的纹理图集。

Step 1 导航到我们想创建图集的目录。

Step 2 通过右键打开内容选项。

Step 3 选择Create>Easy Decal>Texture Altas。

Step 4 在项目视图中选择创建的图集对象。

Step 5 指定一个材质球。

Step 6 打开图集编辑器创建或改变图集的不同区域。

Step 7 通过单击绿色添加按钮创建我们需要的尽可能多的区域。另外，连续的区域可以通过按住Ctrl键使用框选工具选择。

Step 8 在现有的区域可以通过单击编辑器按钮或直接在画布上进行选择编辑。

Step 9 一个激活的区域可以使用箭头工具移动或缩放。也可以通过使用框选工具定义一个新的选择进行覆盖。

Step 10 更改一个区域可以通过单击画布上的空位置，通过单击Apply按钮或仅通过按Enter键。

7. 智能放置介绍

智能放置系统可以帮助我们不需要麻烦的转换处理就可以在3D空间放置贴花。

Ctrl+Alt+LMB [Drag]：在表面移动贴花。

Ctrl+Alt+MMB [Drag ↕]：缩放贴花时保持其长宽比。

Ctrl+Alt+RMB [Drag ↕]：沿着投射方向旋转贴花。

Ctrl+Alt+Wheel [Spin]：改变图集索引。

Ctrl+Alt+LMB [Click]：以顺时针90度沿着投射方向旋转贴花。

Ctrl+Alt+MMB [Click]：选择随机图集索引。

Ctrl+LMB [Drag ↕]：在水平方向上缩放贴花。

Ctrl+MMB [Drag ↕]：盒子投影沿着本地Z轴缩放贴花。

Ctrl+RMB [Drag ↕]：垂直缩放贴花。

Ctrl+Wheel [Spin]：平面投影下逐步提高贴花网格的质量。

8. 接口介绍

常规设置功能如图4-34所示。

图 4-34

Mask：贴花系统使用的遮罩。

Technique：产生贴花的投射器技术。详细信息可以参考投射器部分。

Projection Mode：投射的模式。(Surface Normal：表面法线。从接收器获得的距离，由接收器朝向的法线向量决定。Projection Normal：从接收器获得距离，由投射射线的方向向量决定)。

Quality：动态几何结构的质量。当使用不均匀或崎岖不平的接收器时增加此值。注意：该值每一步都是双几何结构。太高的值可能会影响性能。

Vertex Color Bleed：启用贴花边界渐变效果。这个效果仅适用于平面投射并且着色器支持顶点颜色。

Distance：到目标接收器投射区域的距离。如果我们想使用低质量级别放置在崎岖不平的目标上增加此值。

Decal Material：渲染贴花使用的材质球。

Geometry功能的设置如图4-35所示。

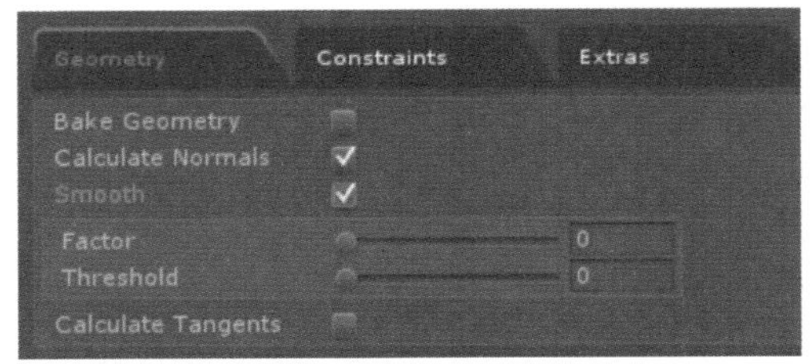

图 4-35

Bake Geometry ：启用这个选项来烘焙几何结构。一旦贴花的几何结构烘焙，贴花将会跳过动态更新处理。烘焙贴花会在编辑器中花费很少的CPU计算时间。

Calculate Normals ：在动态网格系统中启用法线计算。如果接收器没有任何法线信息或我们想重新计算法线启用这个选项。

Smooth：启用法线平滑。

Smooth – Factor：平滑的强度[0…1]。0意味着一点也没有平滑，1意味着完整平滑。

Smooth – Threshold：这个阈值从斜面平滑开始，来平滑尖锐边。

Calculate Tangents ：在动态网格系统中启用切线计算。如果我们想使用的着色器需要切线信息可以正常的工作启用这个选项。

Double Sided ：已经启用此选项。使用双面着色器来达到同样的目标。

Constraints的功能如图4-36所示。

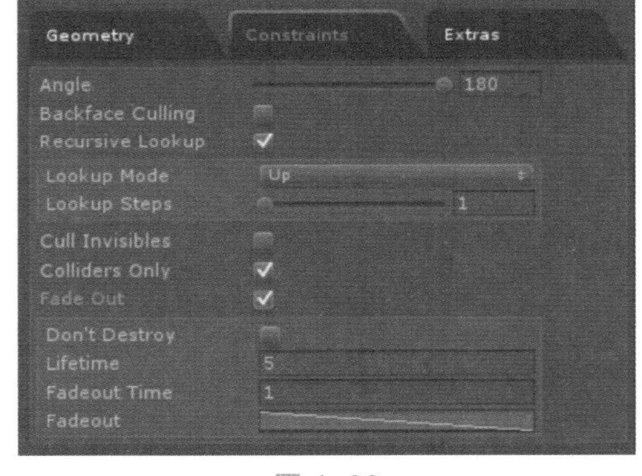

图 4-36

Max Distance：从贴花的原始/轴获得顶点投影测量的最大距离。

Angle：限制每个多边形的表面法线和投射方向的夹角。所有没有意义的朝向都会被忽略。

Backface Culling：限制了投影器朝向可见投影。

Combined Mesh：允许投影器投射贴花到多个网格/对象。注意：这可能对移动的对象或有第二个接收器影响的对象产生不切实际的几何重叠。这个作用根据最大距离的约束进行衰减。

Colliders Only：只启用被投影器作用的附加了碰撞器的对象。当启用此选项时，在寻找被投影器作用的对象时很快。

Recursive Lookup：允许投影器可以递归搜索游戏对象层次面板里可能的目标网格。当碰撞器和网格过滤器不在同一对象或层级时启用这个选项。

Lookup Steps：确定递归查找执行的步数。

Fade Out：启用或禁用贴花渐变。注意：当着色器支持顶点颜色时贴花的渐变可视化才能工作。

Don’t Destroy：启用或禁用贴花经过指定时间后自动销毁。

Lifetime：贴花的生命周期，以秒为单位。

Fadeout Time：贴花完全淡出时使用的时间，以秒为单位。

Fadeout：描述随着时间淡出的规范化曲线。

Extra的功能如图4-37所示。

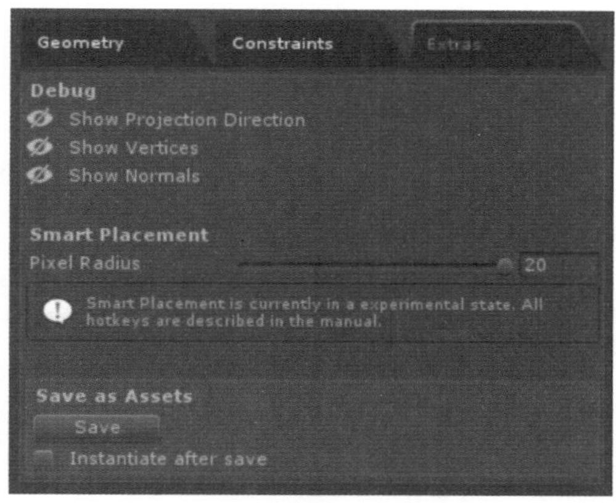

图 4-37

Show Projection Direction：在场景视图中显示投影器的方向。

Show Vertices：在场景视图中显示投射几何结构的顶点数。

Show Normals：在场景视图中显示投射几何结构的法线数。

SP Pixel Radius：智能放置系统中使用的像素半径用来计算贴花的方向。值越大，方向改变越柔和。

Save as Assets：保存选择的贴花作为一个资产。贴花的几何形状转换为网格。贴花自身不会发生改变，仅保存底层网格。当Instantiate after save选项启用时，在成功保存后，资产预设会被实例化。

（1）操作流程

从头开始创建一个新贴花，请遵循下面的步骤。

Step 1　创建一个空的游戏对象。选择Create>Create Empty或者GameObject>Create Empty为对象起一个有意义的名称。例如，污垢贴花。

Step 2　添加EasyDecal脚本到刚创建的游戏对象。选择Component>Add>EasyDecal或通过单击监视面板的添加组件按钮添加EasyDecal脚本或通过拖动EasyDecal脚本到刚创建的对象。

Step 3　创建一个新的材质球使用我们喜欢的着色器，然后指定贴图纹理。

在工程中通过右键菜单Create>Material创建材质球。

指定刚才创建的材质球到EasyDecal接口的材质球卡遭中。

Step 4　在3D空间中放置贴花，可以使用监视面板上的变换组件或直接在Unity场景视图中像其他游戏对象一样可以移动、旋转和缩放贴图对象，如图4-38所示。

图 4-38

（2）复制一个贴花

有四种不同的方法来复制一个贴花。

1）标准复制：标准的复制是浅拷贝贴花对象。几何体获得实例间的共享。这种复制模式适用于相似表面的贴花（例如平坦的墙或地板）。保留原来的贴花。快捷键：Windows（Ctrl+D）；Mac(Cmd+D)。

2）预设复制：如果贴花是一个预设的实例，新实例被实例化，否则系统会创建当前贴花对象的深度复制。这个复制模式适合预设贴花。保持原来的贴图。快捷键：Windows（Shift+D）；Mac(Shift +D)。

3）深度复制：可生成贴花对象的深度复制。几何结构获得克隆实例之间不进行共享。深度复制模式适合贴花需要相同的属性，但需要放置在不同的表面之上。保留原始的贴花。快捷键：Windows（Alt+D）；Mac（Alt+D）。

4）转换为网格：转换选择的贴花为网格，然后放置在场景的根下。保留原始的贴花。快捷键：Windows（Alt+C）；Mac（Alt+C）。

9. 运行时实例化

例子1：弹孔

以下代码片段在鼠标作用位置实例化一个弹孔预设。EasyDecal.ProjectAt方法也在接收器的本地空间实例化贴花，父对象作为贴花的接收器。

```
using UnityEngine;
using ch.sycoforge.Decal;

public EasyDecal DecalPrefab;

void Update()
{
if (Input.GetMouseButtonUp(0))
        {
            Ray ray = Camera.main.ScreenPointToRay(Input.mousePosition);
            RaycastHit hit;

if (Physics.Raycast(ray, out hit, 200))
            {
EasyDecal.ProjectAt(DecalPrefab.gameObject,
            hit.collider.gameObject, hit.point, hit.normal);
            }
  }
}
```

例子2：简单实例化

以下代码片段在游戏世界指定的位置实例化贴花预设。EasyDecal.Project方法使用给定的旋转和位置实例化贴花预设。

```
using UnityEngine;
using ch.sycoforge.Decal;

public EasyDecal DecalPrefab;
public GameObject Target;
```

```
void Start()
{
EasyDecal.Project(DecalPrefab.gameObject,

        Target, Vector3.zero, Quaternion.identity);
}
```

4.8 Archimatix——节点式建模插件

4.8.1 简介

Archimatix是一个用来制作参数化模型的插件，可以通过节点的关联快速地制作出丰富的模型与场景道具。Archimatix的建模流程与Houdini三维软件的节点操作非常相似，我们只要通过不同节点的连接与开关进行调整，就可以在场景视图里面得到模型的结果。Archimatix对于创建游戏原型或是复杂的曲面模型都非常快速，加上整合了Inspector与材质的设置内容，更使得这个建模插件的实用性大为提升。

4.8.2 功能

- 直观的节点式图形编辑器
- 参数式的基本图形与物体
- 制作的模型可以通过邮件发送
- 在场景视图内以交互式的控制杆进行编辑
- 提供超快速的大型物体修改能力
- 提供网格锁点模式
- 嵌入式节点的群组化
- 2D图形的合并，位移与圆角功能
- 可使用数学表达式的关联
- 任意形状的曲线编辑功能
- 使用脚本创建自定义参数的造型
- 贴图缩放与位移来对齐重复的贴图与图集
- 自动设置UV贴图模式与UV2的贴图拆分
- 支持Substance材质
- 碰撞器与个体的控制
- 对每一个节点设置静态标示
- 对每一个材质自动进行网格合并
- 细节层级的控制
- 可创建预制组件

4.8.3 使用说明

安装Archimatix插件后会弹出一个介绍面板，包含了User Guide（使用手册）与Tutorial Video（视频教程），底下的三个图框分别是3D模型库、2D图形与编辑器，如图4-39所示。

单击3D Library进入Archimatix提供的基本模型库，如图4-40所示。这些模型都具备了参数化的调整功能，单击任一个模型即可在场景里面进行查看。

图 4-39

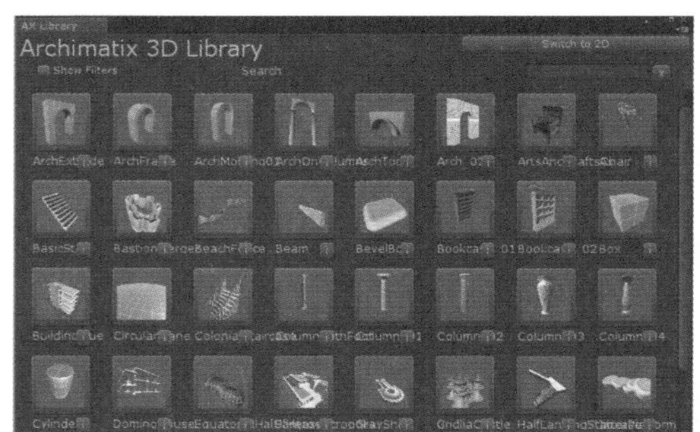

图 4-40

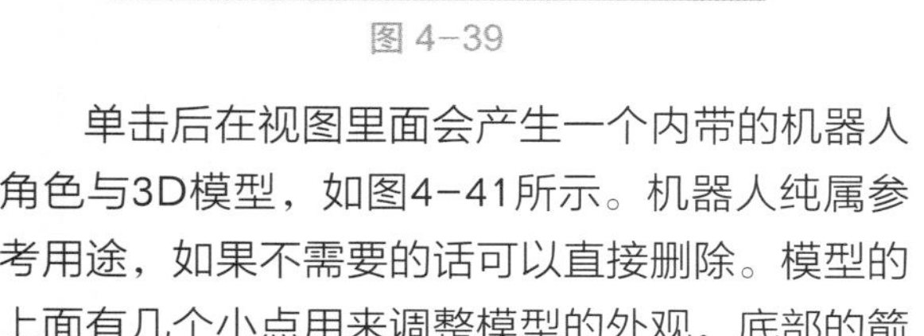

单击后在视图里面会产生一个内带的机器人角色与3D模型，如图4-41所示。机器人纯属参考用途，如果不需要的话可以直接删除。模型的上面有几个小点用来调整模型的外观，底部的箭头则是调整模型的位置。

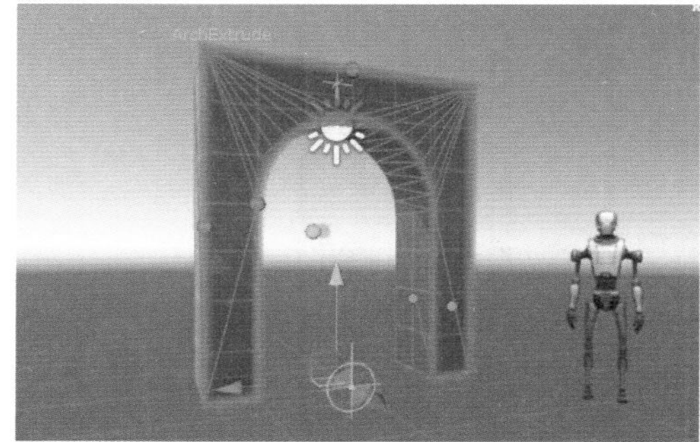

图 4-41

4.8.4 操作流程

接下来我们将练习使用一个2D图形来创建3D模型，在这个流程中就可以感受到Archimatix所带来的建模便利性。

Step 1 首先选择Window>Archimatix>Graph Editor打开图形编辑器，单击左上方的圆形按钮创建一个基本的2D圆形，如图4-42所示。

Step 2 视图中的2D圆形上有两个控制小点，蓝色的小点用来改变圆形的线段数量，圆形上面的点用来改变圆形的大小，如图4-43所示。而这两个调整的数值在Inspector里面也可以进行修改。

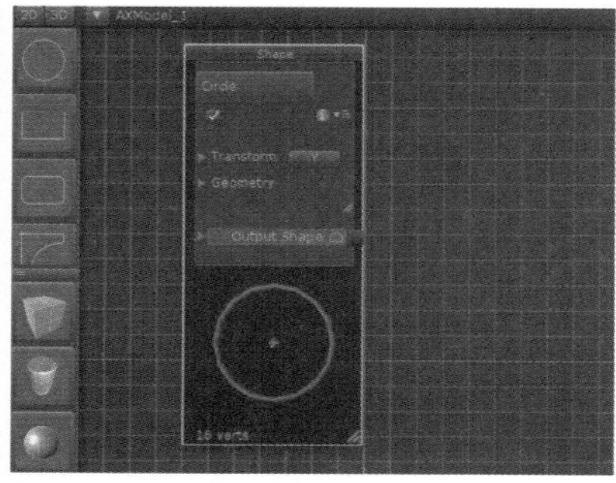

图 4-42

图 4-43

Step 3　接下来需要做的是在圆形上面增加厚度的延伸，我们推荐一种比较快的操作方式是单击Output Shape右边的小方块，然后把连接线拖到Extrude的图框上就可以直接让圆形产生出厚度，如图4−44所示。

Step 4　回到视图中，拖动生成圆柱最上面的圆点就能改变延伸的高度，修改底部粉红色圆形上的小点仍然可以改变圆形的大小与线段数量，如图4−45所示。

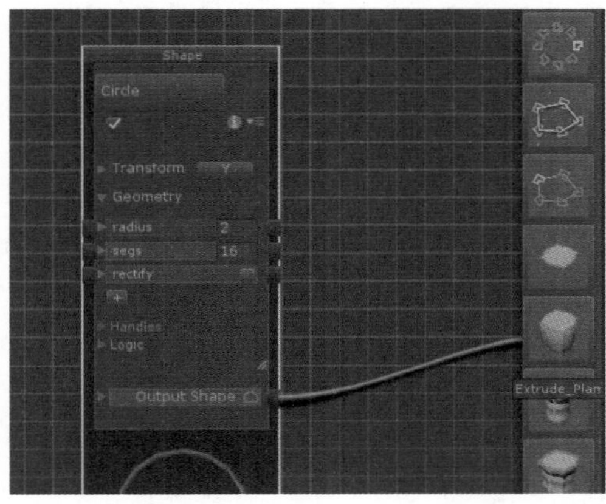

图 4−44

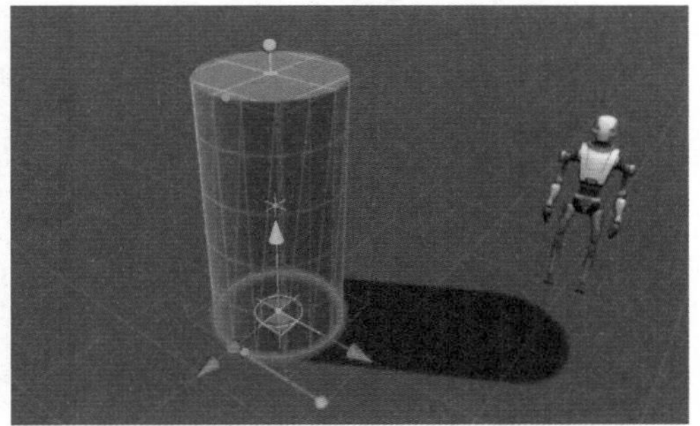

图 4−45

提示：如果移动圆柱最上层周围的小点将会改变圆柱成为一个椎体效果，或是在Inspector里面调整Taper的数值也能达到相同的结果，如图4−46所示。

Step 5　调整圆柱的造型后，在Extrude的节点设置里面提供了模型顶部（Top Cap）、底部（Bottom Cap）与主体（Material）的分类材质，单击Material左边的小方块即可进行材质的设定，如图4−47所示。

Step 6　单击Material左边小方块后出现了主体的材质设定，然后在材质框里面可以先选择Archimatix提供的材质库进行替换，或是在Inspector里面也可以对材质进行设置，如图4−48所示。

Step 7　单击Extrude的节点，在Inspector里面可以对延伸出的厚度进行斜角的设定，勾选Bevels Unified的作用是让上下产生相同的斜角，如图4−49所示，在Bevel Top与Bevel Bottom分别输入数值即可查看斜角生成的结果。

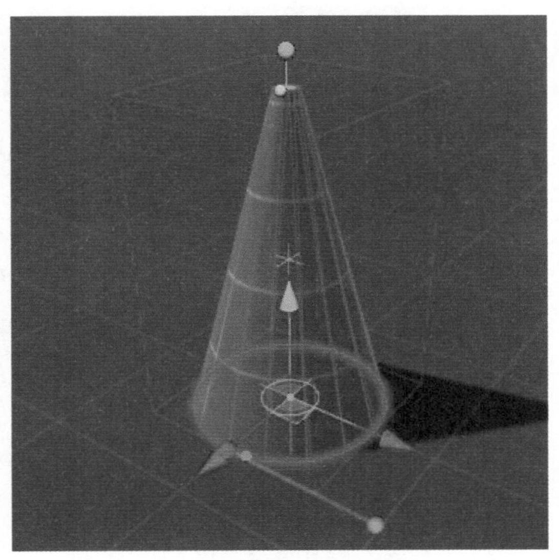

图 4-46

提示：斜角生成后，可以增加Bevel Segs的数量来改变斜角的效果，如图4−50所示。

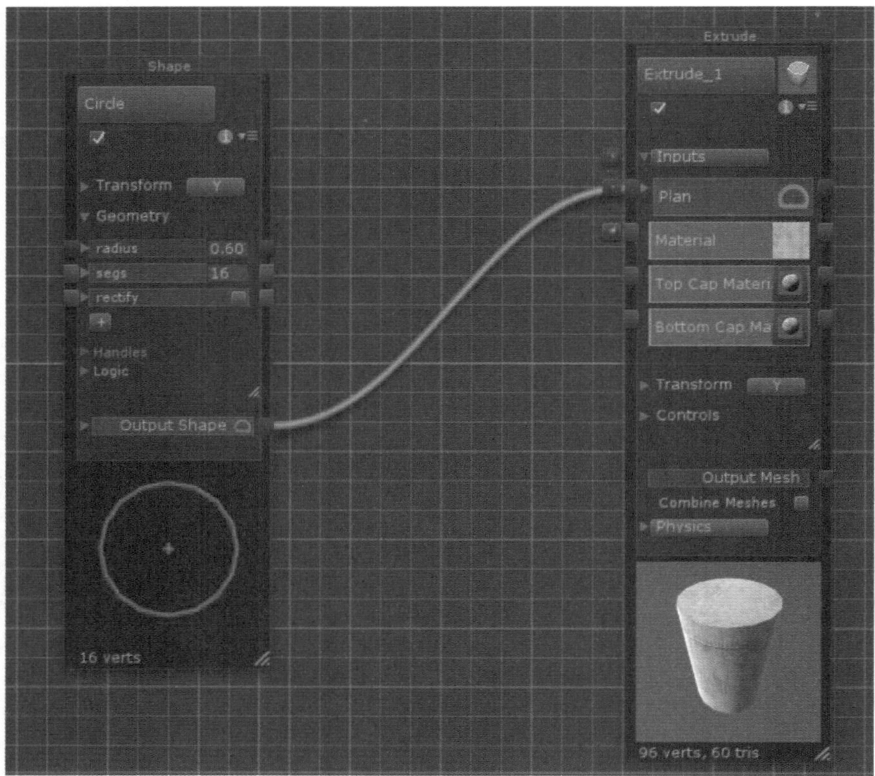
Shape
Circle
Transform
Geometry
radius 0.60
segs 16
rectify
Handles
Logic
Output Shape
16 verts
Extrude
Extrude_1
Inputs
Plan
Material
Top Cap Materi
Bottom Cap Ma
Transform
Controls
Output Mesh
Combine Meshes
Physics
96 verts, 60 tris

图 4-47

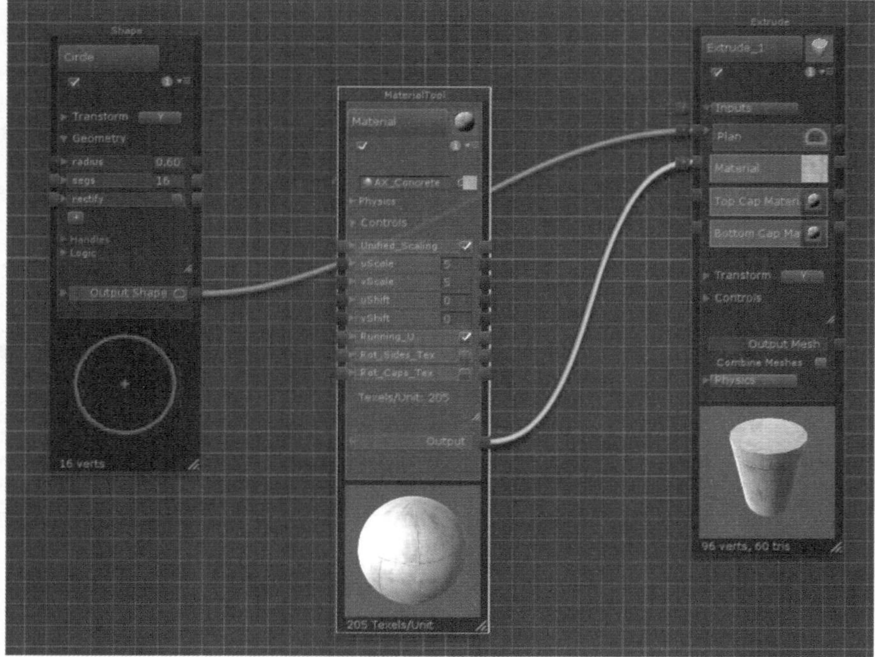

图 4-48

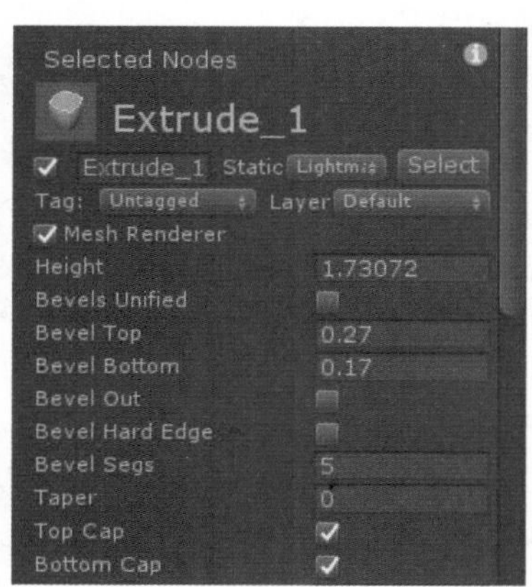

图 4-49

图 4-50

接下来我们要制作的是一个使用线段加上布尔运算后，再加上延伸功能所产生的模型。打开Scenes目录下的Bastion Merge场景文件，里面是几个不同形状的模型结构，看起来似乎有点复杂，如图4-51所示。接下来介绍一下这种模型的制作流程。

Step 1 单击Free Curve产生一个新的自由形态线段，如图4-52所示，在Graph Editor里面出现了FreeCurve的节点后，需要回到Scene视图进行线段的绘制。

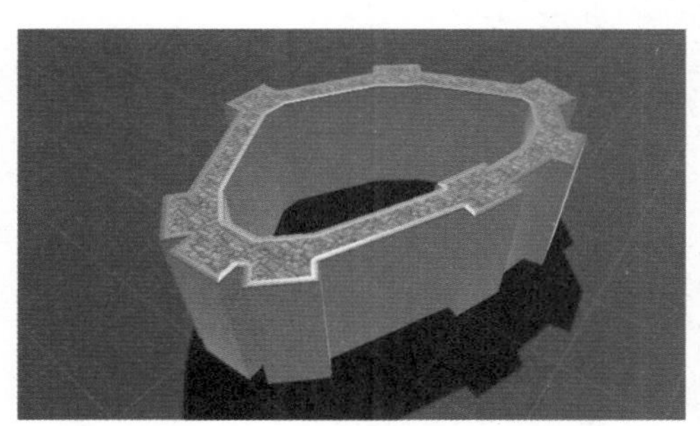

图 4-51

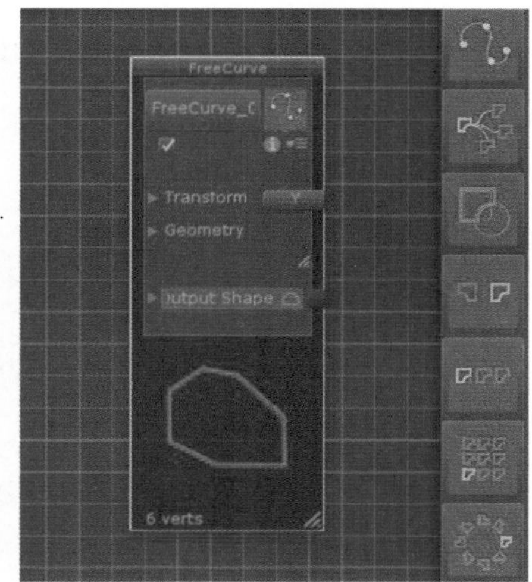

图 4-52

Step 2 在场景中点击绘制出一个新的封闭线段，如图4-53所示。如果需要增加新的点，直接选择蓝色点并拖动就会自动添加新的控制点，选择任一个点再按Delete键即为控制点的删除。

Step 3 单击ShapeMerge产生一个新的布尔运算节点，单击FreeCurve左边的小方块展开设置内容，在Thinkness的栏位输入2.5的数值，作用是让这个2D线段往周围延伸，如图4-54所示。

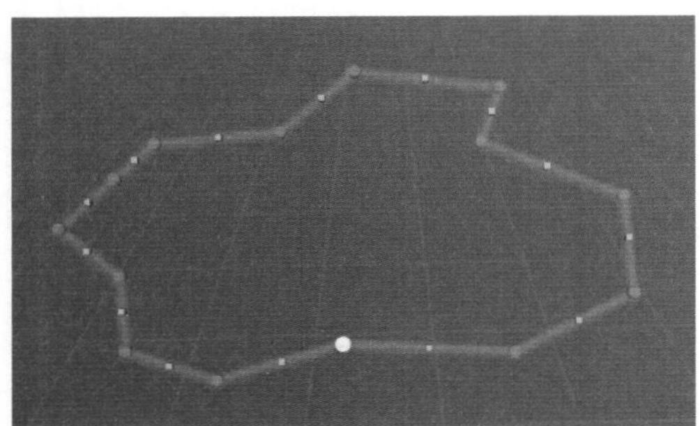

图 4-53

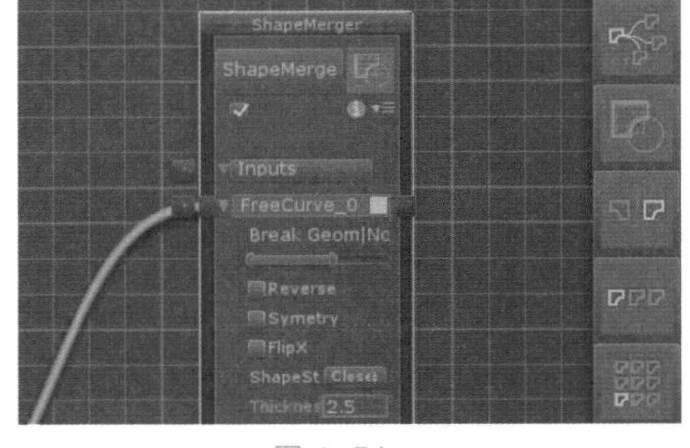

图 4-54

图4-55中所呈现的蓝色线段为使用Thickness延伸出的效果，中间的粉红色为原来的线段。

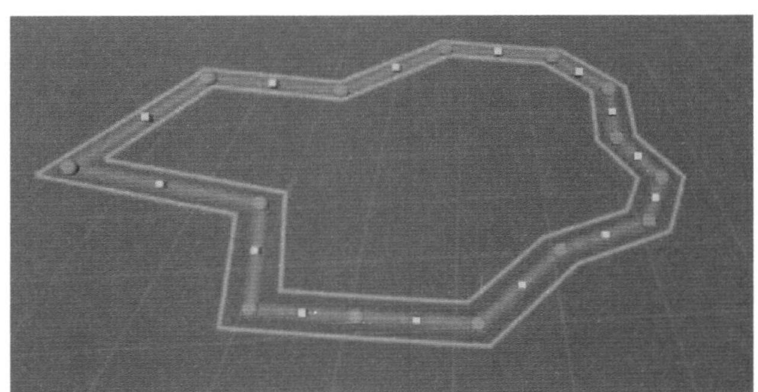

图 4-55

Step 4　新增一个Rectangle节点，再增加一个PlanRepeater2D的节点，把FreeCurve连接到PlanRepeater2D的Plan节点，Rectangle连接到Corner Shape的位置，如图4-56所示。在底部的图形框里面就能看到方块被复制出来的结果。

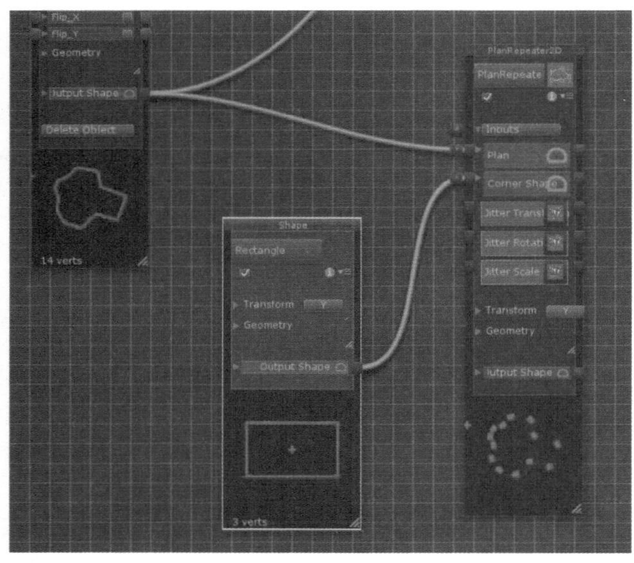

图 4-56

Step 5　继续新增一个ShapeMerger，把前面生成的ShapeMerger连接到第一个Input Shape位置，PlanRepeater2D连接到第二个Input Shape，并单击Input Shape右边的小方块为填满黄色的状态。新增一个Extrude的节点，然后把Difference连接到Extrude使其产生厚度，如图4-57所示。

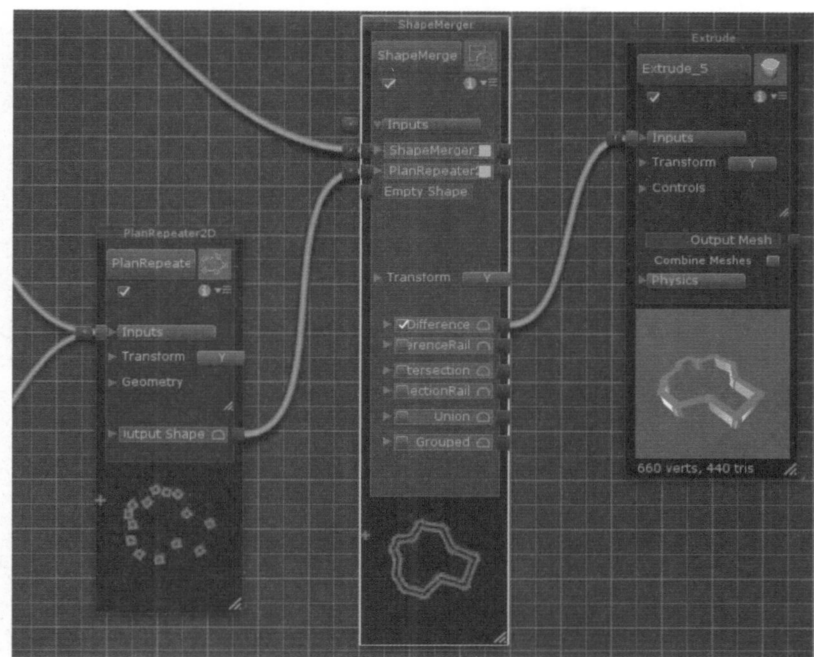

图 4-57

在节点设置完成后，回到Scene视图里面就能看到3D模型的生成，并可以对模型的结构进行调整，如图4-58所示。

Step 6　在Extrude的设置里面对模型的边缘进行调整，把Bevel Top设置为0.25，Bevel Segs设置为2，如图4-59所示。Lip Top与Lip Bottom的作用是让模型上面的斜角再向内延伸，调整的时候在Scene视图即可看到效果。

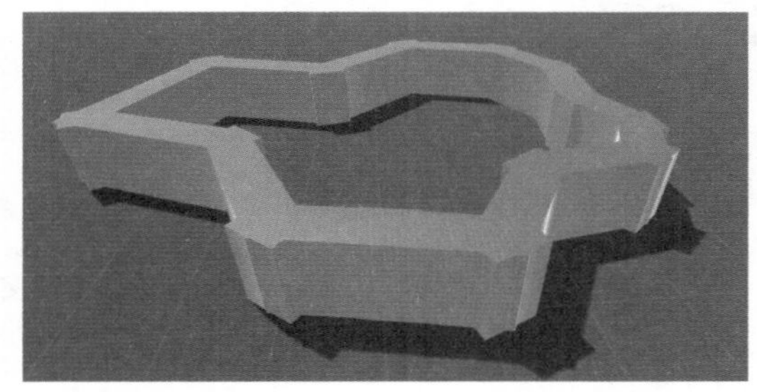

图 4-58

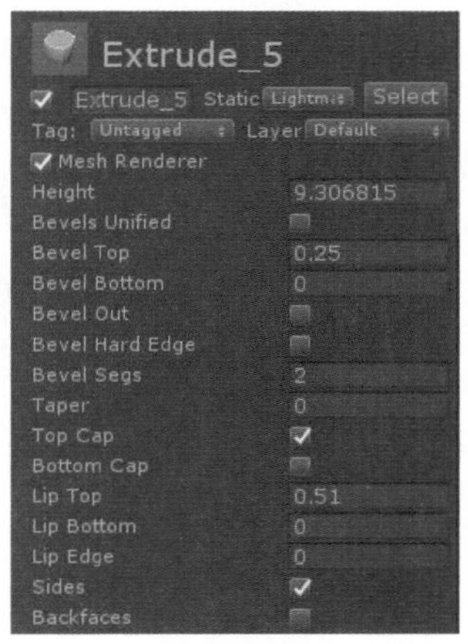

图 4-59

Step 7　在Extrude的设置里面单击Material与Top Cap Material右边的材质球即可弹出材质的节点，分别选择出主体与顶部的材质纹理来区分模型表面，如图4-60所示。

设置好Material与Top Cap Material的材质后，回到Extrude的设置里面修改Lip Top与Lip Edge的数值来获得顶部结构的调整结果，如图4-61所示。

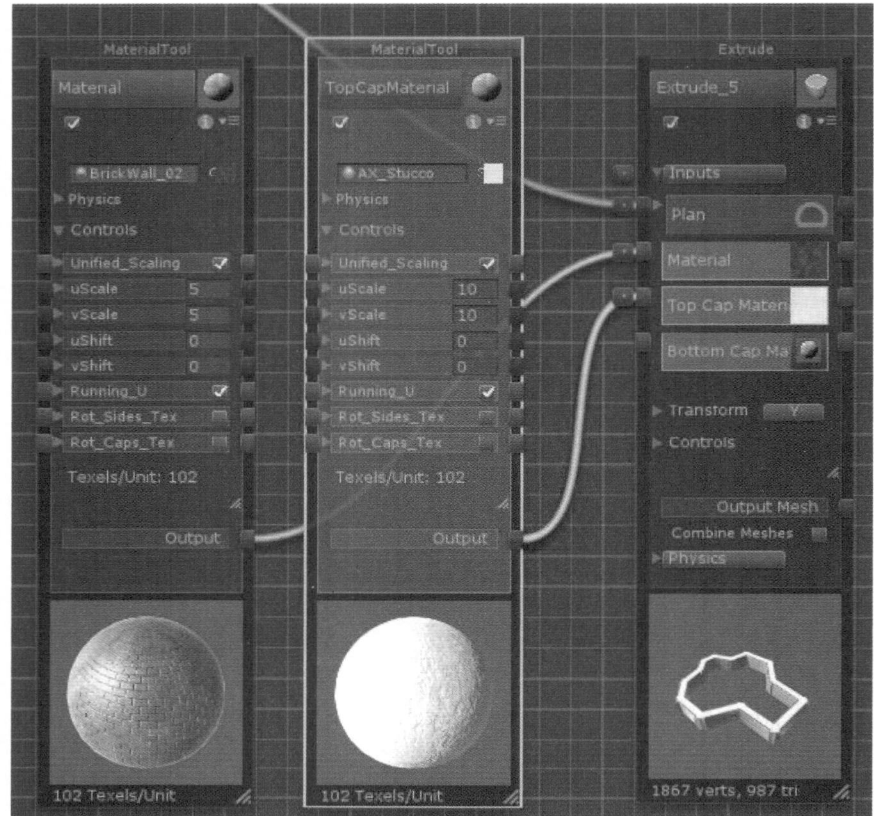

图 4-60

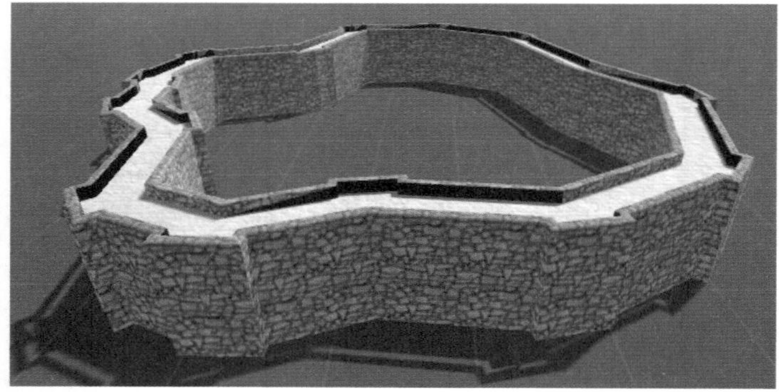

图 4-61

4.9 AdditiveSceneManager 插件讲解

4.9.1 简述

在VR中我们经常会用到不同场景的管理操作，AdditiveSceneManager插件恰好为我们提供了这一方便的操作。

4.9.2　功能

本插件提供了一组函数用来简化一部加载和卸载附加场景。包括一个自定义的监视面板用来显示正在加载和已经加载过的场景，方便我们理解Untiy的场景管理发生了什么和加载的阶段是哪个场景。

场景控制器类可以做到：

- 在游戏启动时加载场景
- 添加持久场景，不会被场景控制器的卸载函数卸载
- 可以通过Unity的场景管理器类添加所有场景
- 可以查看每个场景的加载阶段
- 通过复选框设置是否允许场景激活
- 在编辑器中加载或运行时加载新场景
- 通过 Lightmapping.BakeMultipleScenes函数同时烘焙多个函数
- 不用写代码就可以运用到我们的项目中
- 方便VR摄像机的设置和场景加载

4.9.3　操作流程

新建一个空的工程，把AdditiveSceneManager插件导入我们新建的工程中，AdditiveSceneManager结构如图4-62所示。

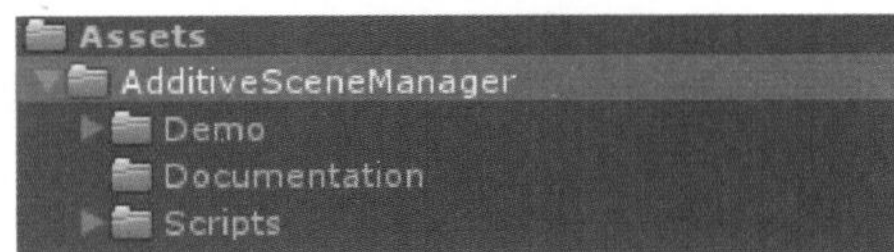

图 4-62

Demo：本目录存放的是插件的演示资产。

Document：本目录存放的是插件的说明文档。

Scripts：本目录存放的是插件的核心脚本。

下面我们说一下如何使用本插件。

Step 1　创建一个空物体，然后命名为GameController，并且设置它的Tag为GameController。

Step 2　SceneController.cs脚本包函函数用来加载和卸载场景。添加此脚本到GameController上。

Step 3　对SceneController组件进行简单说明，组件如图4-63所示。

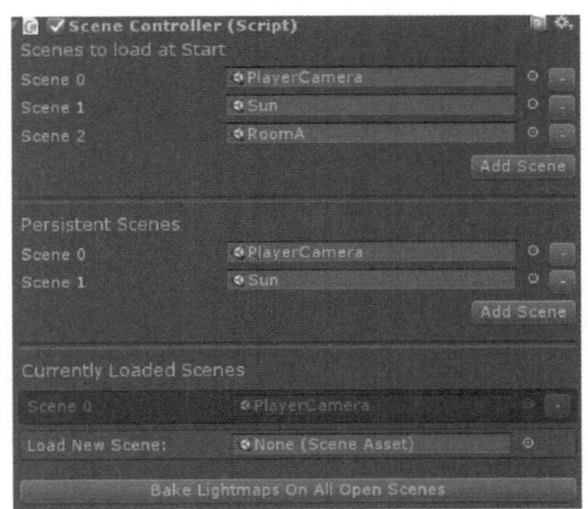

图 4-63

Scenes to load at Start：如果在游戏启动后需要加载场景，我们可以通多Add Scene按钮进行场景的添加。

Persistent Scenes：当调用场景卸载函数时不会进行销毁的持久化场景。

Currently Loaded Scenes：当前加载的所有场景的列表。

Load New Scene：在编辑器中或运行时打开一个场景。

Bake Lightmaps On All Open Scenes：可以同时烘焙多个打开的场景。

使用Unity的脚本API。Lightmapping.BakeMultipleScenes：

https：//docs.unity3d.com/ScriptReference/Lightmapping.BakeMultipleScenes.html。

> **注意：** 在层次窗口打开我们希望烘焙的所有场景，然后单击Bake Lightmaps On All Open Scenes进行场景烘焙。此时Unity会有些卡顿。目前这个操作不可能运行附加的像普通光照烘焙那样。所以，插件开启了一个特性请求，这样Unity编辑器才可以同时进行多场景烘焙。

现在Unity提供了BakeMultipleScenes Async()函数，这样可以进行多场景异步烘焙。

接着我们对Addtive SceneTrigger组件进行说明，如图4-64所示。

图 4-64

这个脚本使用SceneController功能，可以不用写一行代码获得项目中工作的场景。AdditiveSceneTrigger需要一个Unity触发器，可以添加一个碰撞器然后设置Is Trigger为TRUE。

VisibleScenes：来自触发器可见的场景列表集合。在这里设置任何玩家进入触发器需要添加的附加场景。除了持久的场景外其他所有的场景都可以卸载。Tag标签必须制定为Player/main Camera对象。

下面我们继续对SceneController.cs组件脚本API进行说明：

```
public bool SceneExists( string name)
```

检查Unity项目中是否存在指定的场景。

```
public void LoadLevel( string sceneName )
```

异步加载附加场景。allowSceneActivation将会设置为TRUE。

```
public void LoadLevel( string sceneName, bool allowSceneActivation )
```

异步加载附加场景。allowSceneActivation将会根据参数进行设置。

```
public void UnloadLevels()
```

卸载所有场景。持久化场景不会被卸载。

```
public void UnloadLevels( string exception )
```

卸载除了指定的场景外的所有场景。持久化场景不会被卸载。

```
public void UnloadLevels( string[] exceptions )
```

卸载除了指定的场景集合外的所有场景。持久化场景不会被卸载。

（预留给未来其他的函数）

第5章

脚本类插件

假设我们已经熟悉了Unity的基础知识，例如资源导入、场景编排、灯光烘焙与C#脚本，那么对于如何应用脚本来实现更复杂的目的，包括调试、人工智能、定制渲染、编辑器扩展等方面将是更大的一个课题。

使用资源商店里面提供的脚本类插件将有助于提升开发人员的思维模式，每一个脚本类插件都可以看成是一个特定的例子，通过这些插件的植入并在工程中重新部署以满足项目需求。简而言之，脚本类插件的扩充不仅与我们的开发项目有关，而且能让项目快速得到完整的解决方案。

5.1 JSON. NET For Unity

5.1.1 简述

在游戏开发中我们经常要和数据打交道，使用的大多数数据类型为XML、JSON、Txt、Protobuf等常见的数据存储格式。目前已经有很多可以使用的JSON解析库，比如我们常用的LitJson、SimpleJSON、MimiJson等。这些常用的JSON解析库，在不同程度下都有各种问题存在。例如LitJson在iOS上有时候数据会失效。不过它们都可以根据自己的需要进行修改。现在我们将推荐一款不错的插件，方便同时运行在Unity支持的多个平台，那就是JSON.NET For Unity。

5.1.2 功能

JSON.NET带来了强大的JSON和BSON序列化支持。它支持Unity 3.5及以上的版本，包括Unity 5的免费和专业版支持。这个插件已经修改并且进行了测试完全兼容Unity。它甚至可以工作在iOS上兼容AOT。

- 本插件没有DLL，插件中包含所有的源代码文件
- 运行在IOS平台上没有AOT的错误
- 支持JSON和BSON二进制序列化
- 支持iOS和Android平台的字节编码级别
- 支持Android上的Micro Mscorlib，由于iOS平台的限制不支持iOS
- JSON.NET保留了原来的Newtonsof Json.Net库的结构

5.1.3 操作流程

新建一个空的工程，将插件完全导入之后，可以看到JSON NET For Unity的目录结构如图5-1所示。

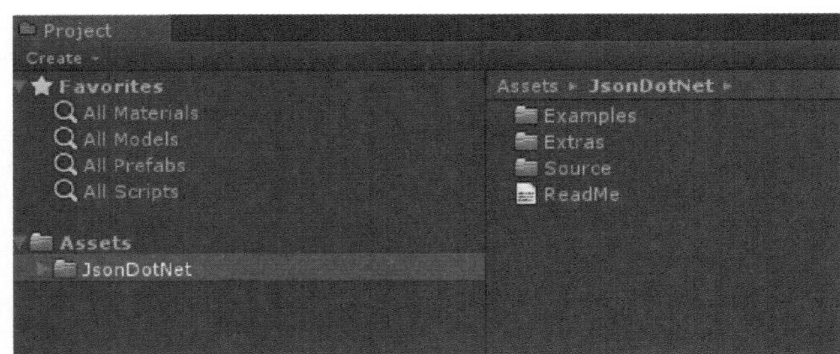

图 5-1

Examples：该目录里面存放的是JSON NET For Unity的演示例子。

Extras：该目录里存放的是对Vector2向量、Vector3向量、Vector4向量和Matrix4X4矩阵写

入JSON文件中。

Source：该目录里面存放的是JSOIN NET For Untiy插件的源代码文件。

ReadMe：本文件是作者对插件的说明，还提供了作者提供技术支持的邮箱。

下面介绍该插件的具体使用方法。

Step 1　首先，我们手动创建一个Excel的配置文件。简单的数据结构及内容如图5-2所示。

Step 2　在Assets下面新创建一个Plugins目录，来存放我们解析Excel数据使用到的DLL库。把下载的DLL放到刚创建的Plugins目录下，然后再利用右键菜单新创建一个ConfigDatas目录来存放Step1中创建的Excel表格。再创建一个Editor目录来存放解析Excel到JSON文件的脚本文件，完成后如图所5-3所示。

	A	B	C	D	E	F	G	H	I	J
1	备注	ID	名称	怪物描述	职业	模型ID	星级	等级模式	怪物等级	
2	字段类型	int	string	string	int	int	int	int	int	
3		ID	name	descr	occur	model	star	leveltype	level	
4	野猪怪	1	野小猪	比较温顺	1	1	1	2	12	
5		2	小野猪	比较矫小	1	2	2	2	6	
6		3	大野猪	比较强悍	1	3	3	2	24	
7		4	野猪boss	最猛烈	1	4	4	2	48	

图 5-2

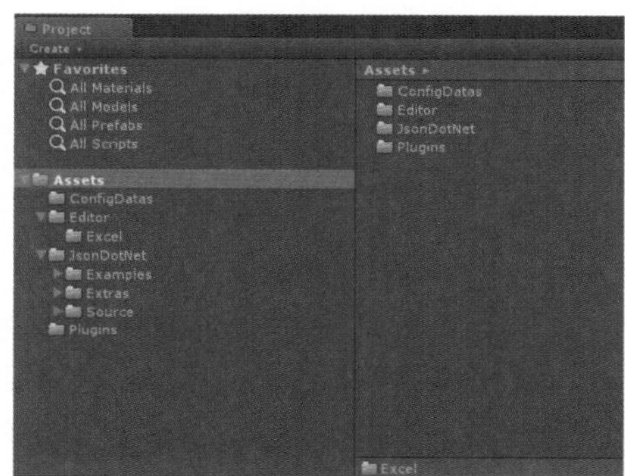

图 5-3

Step 3　选中CongfigDatas文件下的野猪NPC表，单击右键然后选择Auto Wrap To Json，如图5-4所示。

在执行完毕之后会产生对应的目录，如图5-5所示。

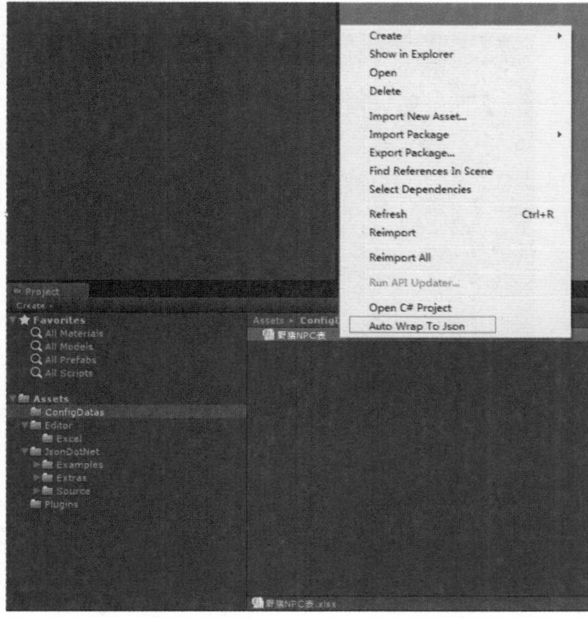

图 5-4

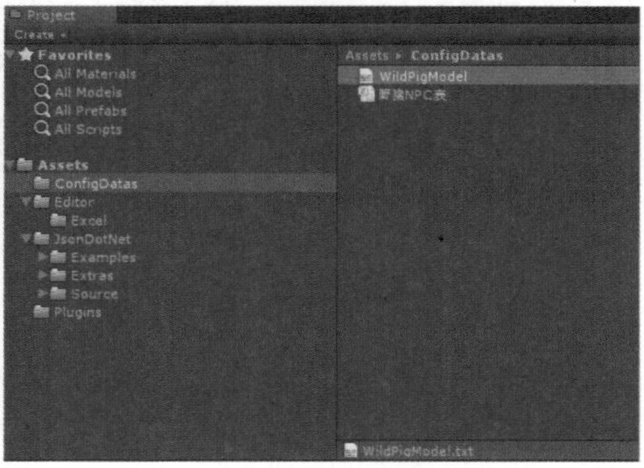

图 5-5

Step 4 打开我们的另一工具，JSON结构自动映射到C#类文件。打开上一步产生的JSON文件，然后复制全部的JSON文件到工具内，结构如图5-6所示。

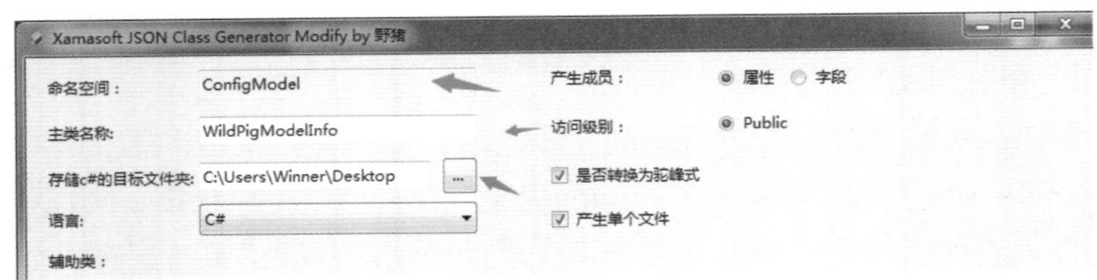

图 5-6

上面的命名空间为只读，主类名称为我们进行反序列化使用的类。可以根据自己的需要对里面的各种设置进行修改。

Step 5 选择产生C#类按钮，会在设置的C#目标目录中产生JSON结构对应的C#类文件。

C#类文件如图5-7所示。

WildPigModel为JSON类对应的结构信息，WildPigModelInfo为我们进行反序列化的类，是一个存储WildPigModel类的集合。

最后，我们到了解析JSON文件展示数据的时候。

Step 6 单击右键在Assets下创建Scripts目录用来存放解析JSON文件的脚本。再利用右键菜单创建一个Resourcs目录，用来存放我们上面步骤产生的JSON文件。最后再创建一个Scenes目录来存放我们的演示场景。把上面步骤产生的JSON文件和WildPigModelInfo.cs文件拖到对应的目录内。最后的结构如图5-8所示。

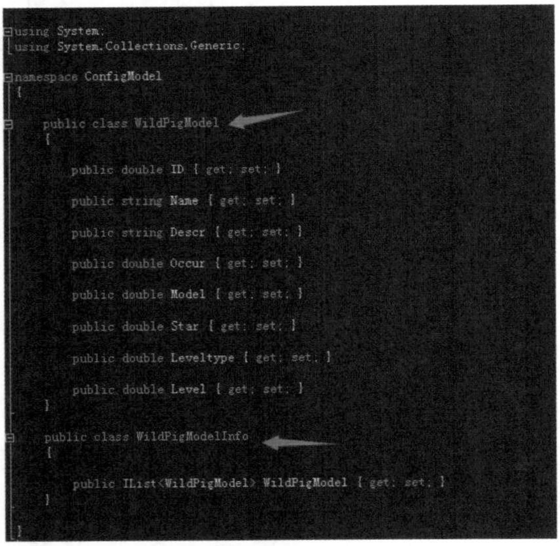

```
using System;
using System.Collections.Generic;

namespace ConfigModel
{

    public class WildPigModel
    {

        public double ID { get; set; }

        public string Name { get; set; }

        public string Descr { get; set; }

        public double Occur { get; set; }

        public double Model { get; set; }

        public double Star { get; set; }

        public double Leveltype { get; set; }

        public double Level { get; set; }
    }

    public class WildPigModelInfo
    {

        public IList<WildPigModel> WildPigModel { get; set; }
    }
}
```

图 5-7

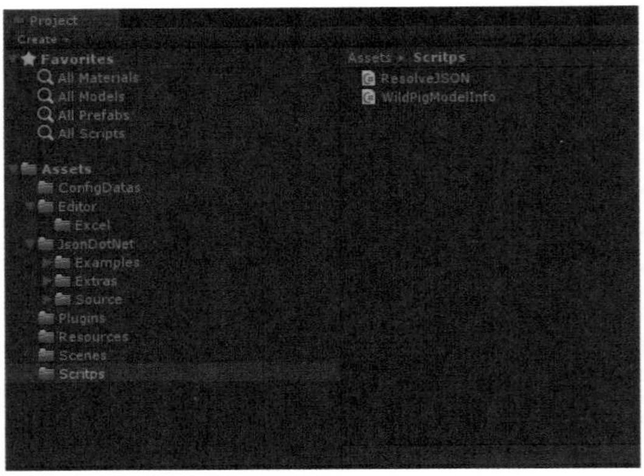

图 5-8

Step 7 新创建一个脚本ResolveJson.cs，代码如下：

```
using UnityEngine;
using System.Collections;
//引入配置文件和解析 JSON 的命名空间
```

```
using ConfigModel;
using Newtonsoft.Json;
public class ResolveJSON : MonoBehaviour
{
    /// <summary>
    /// 存储 JSON 内容
    /// </summary>
private TextAsset testAsset;

    /// <summary>
    /// 信息表内容集合
    /// </summary>
private WildPigModelInfo wpmi;
private void Start()
    {
LoadJSON();
    }

    /// <summary>
    /// 加载 JSON 文件
    /// </summary>
public void LoadJSON()
    {
testAsset = Resources.Load<TextAsset>("WildPigModel");
    }

private void OnGUI()
    {
if (GUILayout.Button("LoadJson"))
        {
wpmi = JsonConvert.DeserializeObject<WildPigModelInfo>(testAsset.text);
ShowMeg(wpmi);
        }
    }

    /// <summary>
    /// 显示 WildPigModel.txt 里面的数据
    /// </summary>
    /// <param name="wpmi">信息表内容集合</param>
private void ShowMeg(WildPigModelInfo wpmi)
    {
for (int i = 0; i < wpmi.WildPigModel.Count; i++)
        {
```

```
                Debug.Log(string.Format("ID={0},name={1},descr={2},occur={3}
,model={4},start={5},leveltype={6},level={7}",
                    wpmi.WildPigModel[i].ID, wpmi.WildPigModel[i].Name,
wpmi.WildPigModel[i].Descr, wpmi.WildPigModel[i].Occur,
                    wpmi.WildPigModel[i].Model, wpmi.WildPigModel[i].Star,
wpmi.WildPigModel[i].Leveltype, wpmi.WildPigModel[i].Leveltype));
            }
        }
    }
```

Step 8 新建一个名称为Demo的场景，然后保存场景到Scenes目录下。在新建的场景中创建一个空游戏对象，命名为Scripts，然后把ResolveJson.cs脚本文件附加到新创建的Scripts对象上。单击Play运行程序，可以看到屏幕上出现了一个LoadJson的按钮，单击该按钮，可以看到在控制台上输出了我们在Excel里面填写的数据，如图5-9所示。

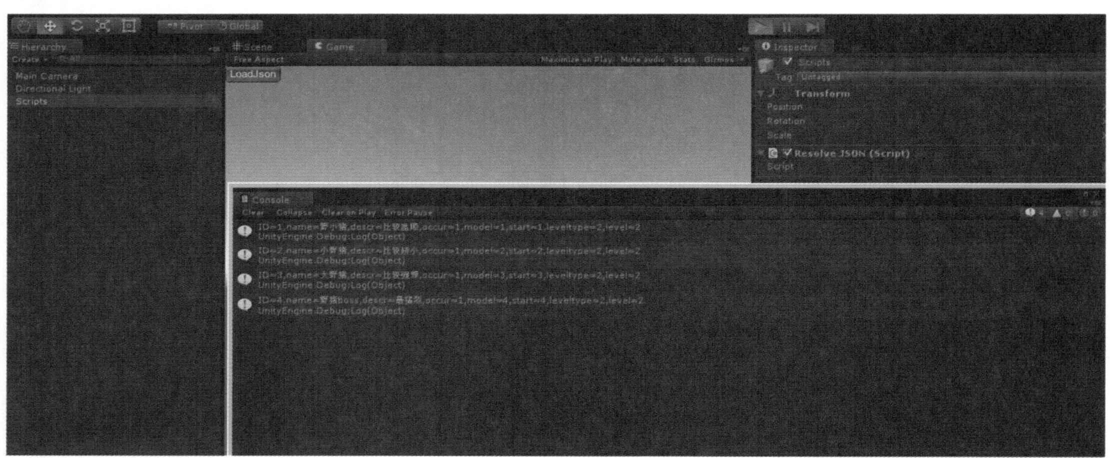

图 5-9

Excel里面的第一列为备注，第一行为字段描述，第二行为字段的类型描述。选择执行的为Excel里面的第一个Sheet页。产生的JSON文件名为第一个Sheet页的名字。产生对应的C#数据实体结构类的名字也是第一个Sheet页的名字。

本工具目前使用的是这样的Excel表格式。如果不一样，会出现错误！如果我们不想使用这样的Excel表格式，可以到工程里面进行代码的修改。这个根据个人的需求进行适当修改。上面使用到的DLL也在工程文件里。可以根据需要自己复制。

如果产生的JSON文件和Excel文件不对，可以删除Excel里面多余的行或列，然后再重新生成。

5.2 SRDebugger Console & Tools On-Device

5.2.1 简述

在游戏或虚拟现实开发中我们经常会遇到调试问题，如何解决bug。在编辑器模式下我们遇到的问题一般都可以在控制台中解决，但是在部署的设备上我们很难去查看控制台来查找问题。现在有个工具可以让我们在运行时查看构建应用的控制台，查找bug的同时还能调优项目。

5.2.2　功能

SRDebugger可用来帮助追踪目标设备产生的错误。访问任何构建应用的Unity控制台来诊断问题，甚至是在没有部署调试的Unity编辑器也可以使用。

可选项标签可以帮助我们调整参数和调用方法，实现游戏特性的快速迭代。

- 在运行时查看控制台日志
- 使用可选项标签来进行游戏参数的快速迭代
- 内置性能热点分析
- 接受来自用户的详细错误报告
- 在可选项面板中调整属性，测试新参数而无需重新部署到我们的设备上
- 当播放时可以在游戏视图中停靠控制台和分析器
- 不用打开SRDebugger就可以调整游戏视图中的值
- 高性能，控制台支持数以百计的消息。关闭调试面板，监控封装是很小的
- 使用新的Unity UI系统
- 响应支持任何分辨率和方向
- 支持Unity个人版和Unity专业版
- 包括全部的C#代码
- 支持Playmaker状态机的控制台SRDebugger
- 支持Standalone、IOS、Android、Windows Store、WebGL和WebPlayer平台

5.2.3　操作流程

新建一个空的工程，把SRDebugger Console & Tools On-Device插件导入我们新建的工程中，会出现一个欢迎窗口，如图5-10所示。

SRDebugger Console & Tools On-Device结构如图5-11所示。

图 5-10

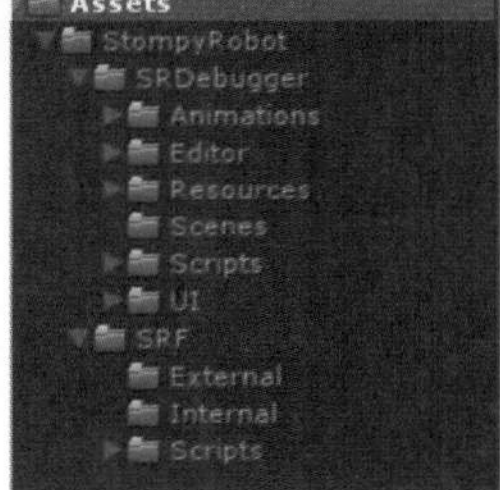

图 5-11

Animations：此目录存放的是插件UI使用的动画资源。

Editor：此目录存放的是插件使用的图标文件。

Resources：此目录存放的是插件UI里使用的预设。

Scene：此目录存放的是插件的演示场景。

Scripts：此目录存放的是插件的调试部分的核心代码。

UI：此目录存放的是插件UI使用的各种资源。例如样式、字体等。

SRF：此目录存放的是插件的核心代码。

打开Scene目录下的Sample演示场景，运行后的效果如图5-12所示。

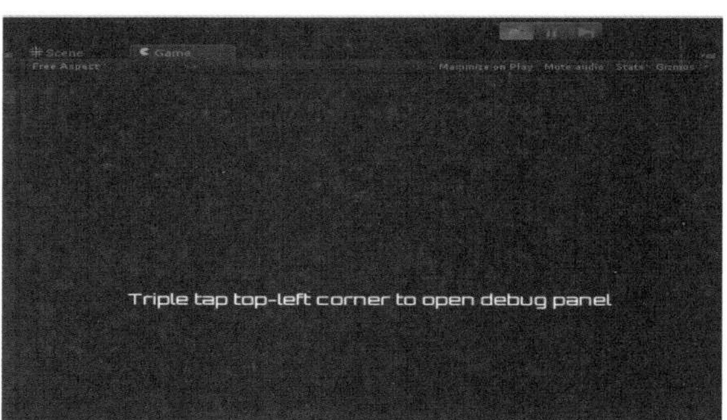

图 5-12

根据UI的操作提示，在左上方进行三连击出现如图5-13所示的效果。

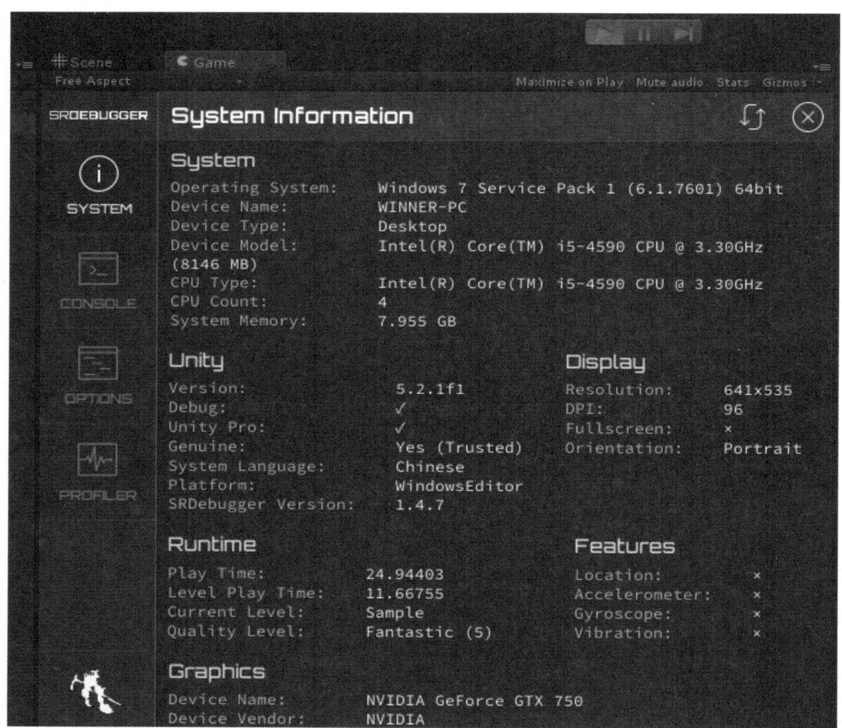

图 5-13

我们可以单击左侧的选项按钮，查看不同选项下的信息。接着我们对这几个主要选项进行说明：

System：此选项对应的显示了设备平台的系统信息、Unity的版本信息、运行信息和图形信息等，如图5-14所示。

Console：此选项显示了设备追踪的控制台信息。控制台钩子默认的Unity日志系统。这里将会显示Debug.Log，Debug.LogWaring, Debug.LogError。选择一个日志条目来查看全部的日志信息和堆栈跟踪（如果目标平台可用）。我们可以使用屏幕顶部的工具栏按钮来过滤可见的日志类型。单击垃圾图标来清除日志，单击大头针按钮用来在游戏视图中停靠控制台，再次单击按钮接着停靠，如图5-15所示。

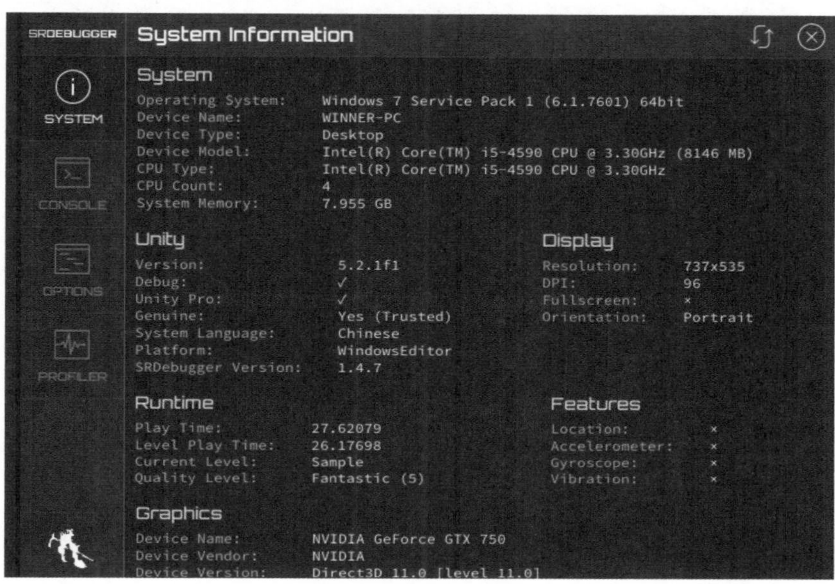

图 5-14

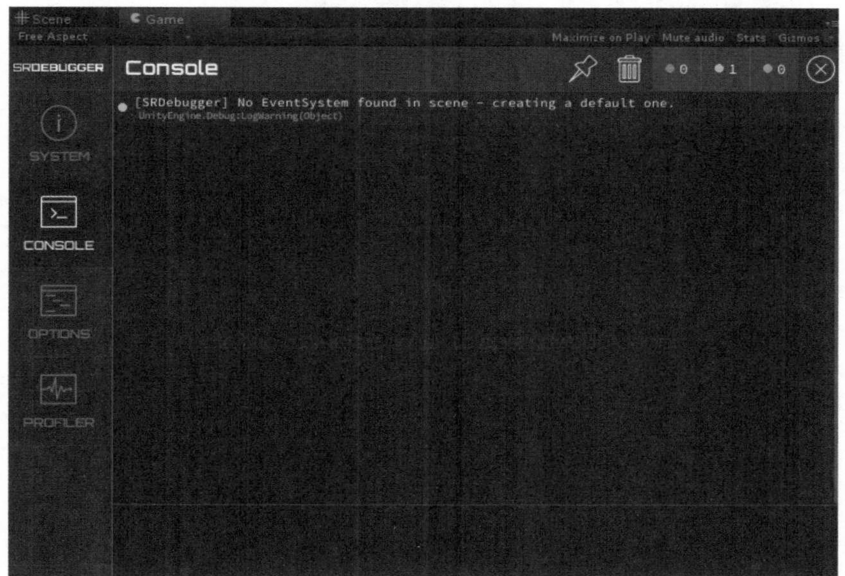

图 5-15

Options：此选项对应了一些可选项，令人难以置信的是可以在目标设备上修改应用的参数。启用这个选项标签，允许查找内置SROptions类的属性和方法。SROptions被声明为局部类，它允许类被分为多个文件，如图5-16所示。

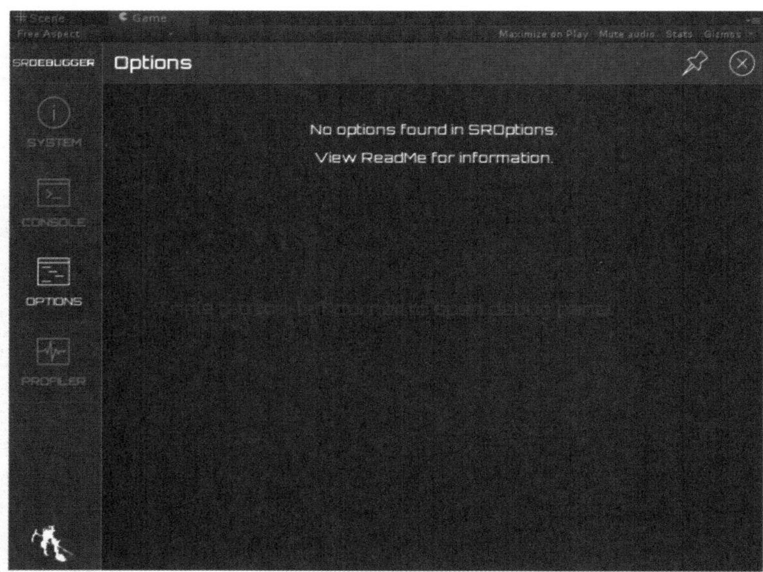

图 5-16

不过我们可以通过打开SROptions.Test脚本，然后修改//#define ENABLE_TEST_SROPTIONS为#define ENABLE_TEST_SROPTIONS。

重新打开Options选项会出现如图5-17所示的结果。

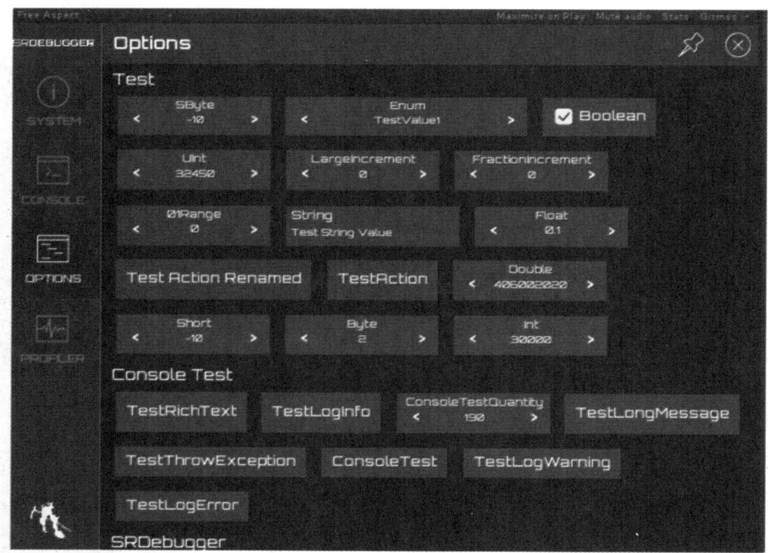

图 5-17

> **注意：**我们可以通过扩展Options分步类来满足自己项目中的需要。

Profiler：性能分析器提供了一个近似每帧执行需要的时间。注意，这是不准确的，不如Unity编辑器分析器的详细。只是为了确定游戏CPU或GPU的压力。分析器上的帧图选项可以停靠在游戏视图上。可以通过停靠工具栏上的图标按钮或通过API来进行停靠切换。也可以查看Untiy应用程序分配了多少内存在使用。我们可以从分析器标签中手动触发垃圾回收器和内存清理，如图5-18所示。

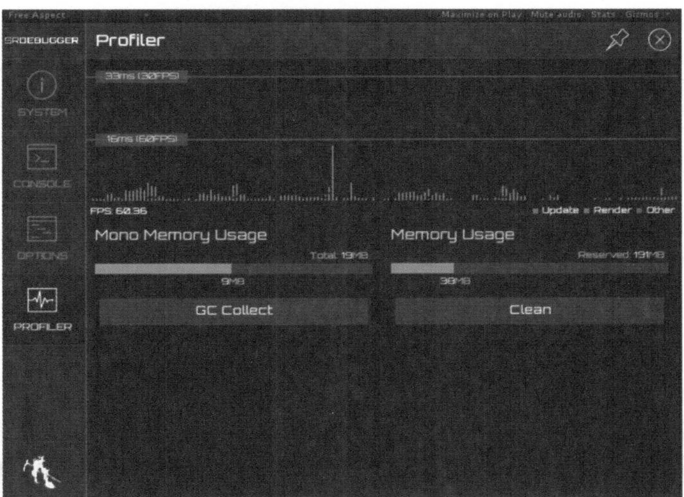

图 5-18

如何进行SRDebugger设置？可通过选择Window>SRDebugger>Settings Window打开设置窗口，如图5-19所示。

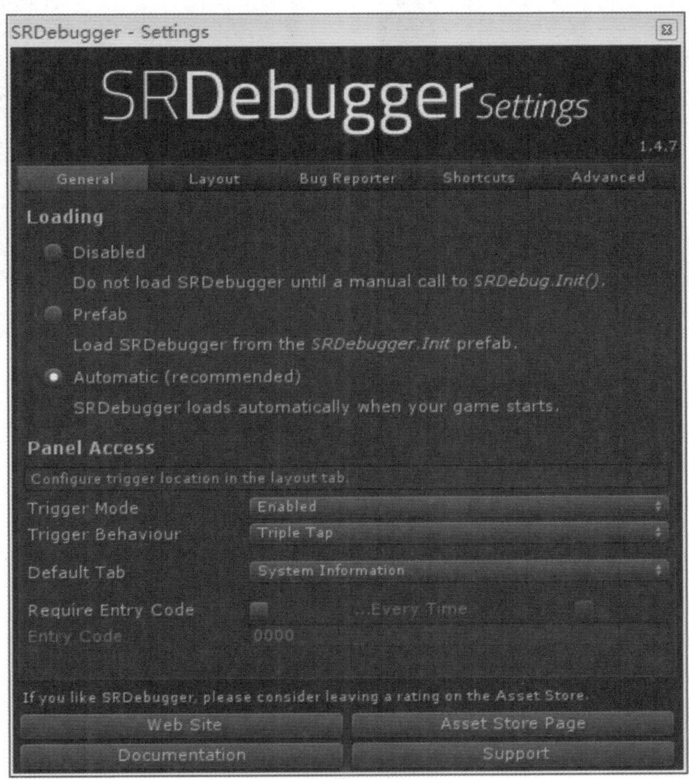

图 5-19

General的参数说明如下。

Disabled：SRDebugger直到调用了SRDebugger.Init()API方法后才会被加载。

Prefab：放置SRDebugger.Init预设到场景中加载SRDebugger。

Automatic：SRDebugger在游戏启动时自动加载。默认情况。

Trigger Mode：Always，总是会触发；Mobile Only，仅出现在移动平台时才触发；Off，触发永远不会出现。

Trigger Behaviour：选择如何激活触发器，三连击、单击按住和双击。

Default Tab：选择调试面板打开时默认选择的标签。

Require Entry Code：第一次通过代码访问调试面板时检查需要用户输入一个代码。（每次检查都需要开销）。

Layout功能如图5-20所示。Layout使用下拉菜单来重新布局停靠工具和触发器、优化器和选项的位置。

Bug Reporter功能如图5-21所示。

图 5-20

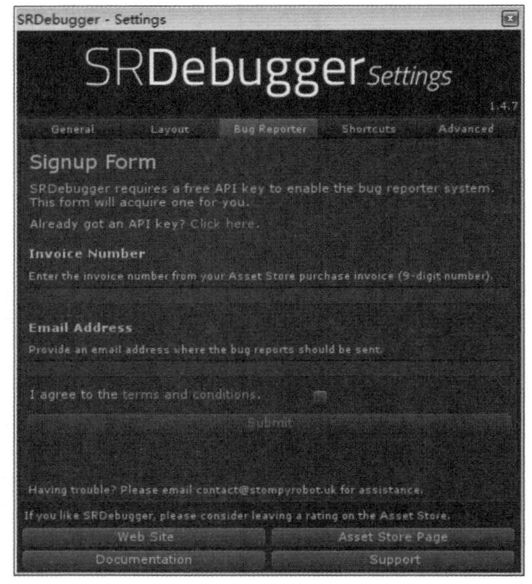

图 5-21

Bug报告是一个插件作者提供的web服务，免费提供给所有SRDebugger的所有者。使用Bug报告可以直接转发到您的电子邮件地址。错误报告包括控制台日志、系统信息和屏幕截图，可选项是用户的邮件和消息。一旦设置，错误报告将会在调试面板中可见。如果想使用错误报告但是不提供给用户的调试面板中，可以使用API来显示一个错误报告弹出表。

使用错误报告必须要获得一个免费的API密钥。在SRDebugger设置窗口切换到错误报告标签。表单将会获得一个API密钥。需要提供商店收据的发票号码和一个有效的邮件地址发送错误报告，需单击链接发送验证邮件地址才能收任何错误报告。

Shortcuts功能如图5-22所示，这里显示的是插件里面的快捷键设置，可根据需要进行修改、添加更新快捷键设置。

Advanced功能如图5-23所示。

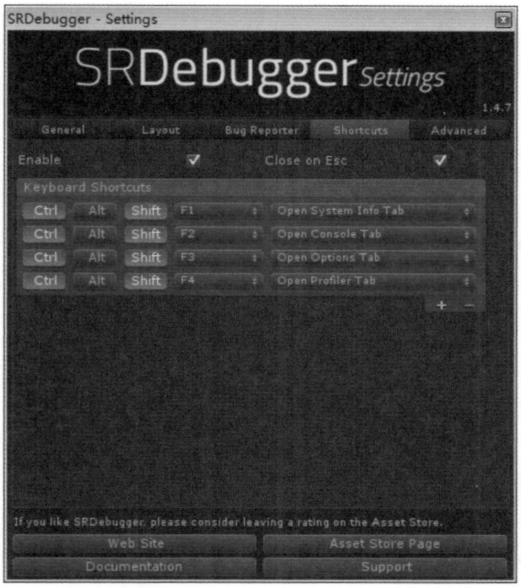

图 5-22

图 5-23

各参数说明如下。

Collapse Log Entries：复制日志条目在控制台的相同的行中，标记显示发生了多少次。类似于Unity编辑器控制台中的折叠模式。

Rich Text in Console：在控制台消息中启用富文本支持。

Background Transparency：如果启用了，调试面板的背景将会半透明。

Layer：选择层，应该放置在UI层。默认为内置的UI层。

Use Debug Camera：默认情况下，SRDebugger使用Overlay 渲染模式。如果选中这个选项，SRDebugger将会创建一个相机来提供深度。我们可以使用它来控制顶部SRDebugger UI的呈现。

Debug Camera Depth：用来测试摄像机深度。

Enabled Taps：通过勾选或取消复选框启用或禁用System linfomation、Options、Console、Profiler标签。

Migrations：运行迁移。

相关核心API说明：

通过SRDebugger.Instance静态属性来访问SRDebugger的API。

可用方法如下。

```
// 调试器使用的当前设置
Settings Settings { get; }
// 如果调试面板当前被显示出来，为 true
bool IsDebugPanelVisible { get; }
// 启用当前触发器时返回 true
bool IsTriggerEnabled { get; set; }
// 显示调试面板
```

```
void ShowDebugPanel(bool requireEntryCode = true);
// 显示调试面板，并且打开特定标签
void ShowDebugPanel(DefaultTabs tab, bool requireEntryCode = true);
// 隐藏调试面板
void HideDebugPanel();
//隐藏调试面板，然后从场景中移除它来节省内存
void DestroyDebugPanel();
//打开一个错误报告弹出窗口表
void ShowBugReportSheet(ActionCompleteCallback onComplete = null, bool
takeScreenshot = true, string descriptionContent = null);
// 当调试窗口打开或关闭时调用的事件
event VisibilityChangedDelegate PanelVisibilityChanged;
// 停靠 / 浮动控制台的方法
IDockConsoleService DockConsole { get; }
//如果分析器停靠返回true
bool IsProfilerDocked { get; set; }
```

下面举几个例子。

打开调试面板上的选项标签

```
SRDebug.Instance.ShowDebugPanel(DefaultTabs.Options);
```

隐藏调试面板

```
if(SRDebug.Instance.IsDebugPanelVisible)
    SRDebug.Instance.HideDebugPanel();
```

显示错误报表弹出窗口

```
SRDebug.Instance.ShowBugReportSheet();
```

显示错误报告弹出窗口的回调

```
SRDebug.Instance.ShowBugReportSheet(success =>Debug.Log("Bug Report
Complete, Success: " + success));
```

使用默认的描述显示错误报告弹出窗口

```
SRDebug.Instance.ShowBugReportSheet(descriptionContent: "This will be
placed in the description field.");
```

切换停靠控制台

```
    SRDebug.Instance.DockConsole.IsVisible = !SRDebug.Instance.DockConsole.
IsVisible;
```

切换停靠控制台折叠状态

```
    SRDebug.Instance.DockConsole.IsExpanded = !SRDebug.Instance.DockConsole.
IsExpanded;
```

切换分析器停靠状态

```
    SRDebug.Instance.IsProfilerDocked = !SRDebug.Instance.IsProfilerDocked;
```

自定义调试面板打开/关闭的行为

一些游戏的输入不适合调试面板的导航。例如（VR或第一人称射击游戏）。在这些情况下，我们可以订阅PanelVisibilityChanged事件来启用一个合适的输入法来显示调试面板。

```
    SRDebug.Instance.PanelVisibilityChanged += visible =>{
        // Handle panel visibility changing here.
    Debug.Log("IsVisible: " + visible);
    };
```

条目代码

我们可以使用相同的条目代码来访问。使SRDebugger用来控制访问应用的一部分。

```
    using SRDebugger.Services;
    using SRF.Service;
    using UnityEngine;
    public class PinSample : MonoBehaviour
    {
    void Start()
        {
            // Pin must be 4-digits, 0-9
            SRServiceManager.GetService<IPinEntryService>().ShowPinEntry(new
[] {3,0,5,6}, "Message to user here", OnComplete);
        }

    private void OnComplete(bool validPinEntered)
        {
    if (validPinEntered)
            {
                // User entered a valid code
            }
```

```
else
        {
            // User entered invalid code
        }
    }
}
```

5.3 Auto Quality Chooser——质量设置

5.3.1 简述

在游戏或虚拟现实开发中，我们希望游戏可以根据玩家用户的设备处理能力来呈现不同的游戏质量。设备性能高的可以呈现出最好的质量设置，设备性能偏低的可以设置成低一些的质量设置，随着游戏的运行，可以根据设备当前的处理能力动态地呈现出最好的质量设置。

5.3.2 功能

- 在启动时计算和设置渲染质量
- 在游戏或项目运行时追踪当前的帧速率动态改变质量
- 即使游戏或项目暂停时仍然有正确的FPS计数
- 动态阈值可以避免频繁改变质量
- 如果用户设置为手动可自动停止质量改变

5.3.3 操作流程

新建一个空的工程，把Auto Quality Chooser插件导入新建的工程中，Auto Quality Chooser结构如图5-24所示。

Code：目录里存放的是AutoQualityChooser的核心代码文件。

Example：里面存放的是AutoQuality Chooser插件的演示场景和演示中需要用到的脚本文件。

AutoQualityChooser：此脚本是重中之重，我们一般直接使用的就是这个继承MonoBehavior类的单利文件。

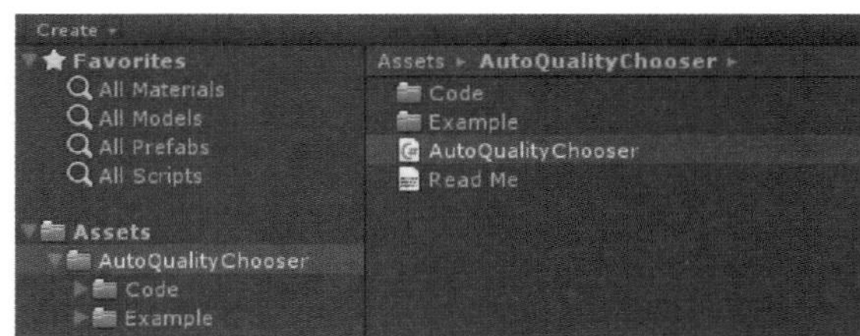

图 5-24

Read Me：插件的简单说明。

本插件的使用特别简单，只需要把AutoQualityChooser.cs附加到摄像机上就可以啦（或者其他任何我们感兴趣的游戏对象上）！这里我们直接打开Example的benchmark样例场景。找到附加了AutoQualityChooser.cs和Framerate Counter脚本组件的Main Camera对象。

这里对这两个重要的脚本组件的监视面板上的参数进行简单说明：

1. FramerateCounter.cs 组件

Show quality and framerate in game：启用它会在运行时显示当前的帧速率和图像质量设置。

2. AutoQualityChooser.cs 组件

打开Settings，我们可以看到如下参数。

Min.FPS：这里显示接受的最小帧速率。

Max low FPS time：可配置的时间阈值，当帧速率小于Min.FPS多少秒后降低质量。

Force best quality On Start：在运行时强制为最高质量。

Disabe After manual quality change：启用它，我们手动设置质量后，将不会进行动态改变质量。

On Quality Change：拖动附加脚本组件的游戏对象到“On Quality Change”字段。从下拉列表中选择要执行的函数或者我们也可以通过AutoQualityChooser.Instance.onQualityChange.AddListener(FunctionToTrigger)代码来实现同样的效果。

运行前我们可以看到参数设置如图5-25所示。

运行后的参数如图5-26所示。

通过上面的截图我们可以看到运行时FramerateCounter组件下面显示了实时FPS计数。

AutoQualityChooser组件下面显示了动态改变质量的阈值时间一直在改变，整个过程如图5-27所示。

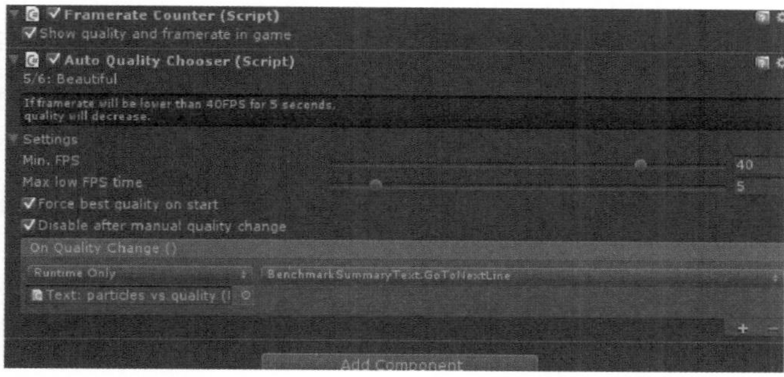

图 5-25

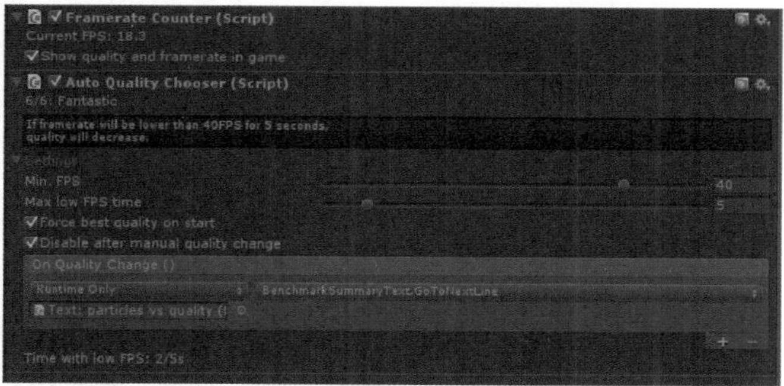

图 5-26

图 5-27

> **注意：**我们可以根据自己的项目对图像的设置和性能的要求，调整AutoQualityChooser组件上的参数来满足自己的需要。

5.4 Easy Movie Texture (Video Texture)

5.4.1 简述

在游戏或虚拟现实开发中我们经常需要为移动设备来播放视频，例如过场CG动画、简短的剧情视频等。Unity自带的视频纹理不足以满足我们的需要。这里的Easy Movie Texture (Video Texture)可以轻松解决这类问题。

5.4.2 功能

Easy Movie Texture (Video Texture)是一个移动视频解决方案,支持Android、IOS、AppleTV(tvOS)，以及编辑器模式下的PC平台。

- 简单易用
- 包含源代码
- 在部分设备支持4K视频
- 支持StreamingAssets、外部存储和流服务的视频播放
- 支持渲染视频到目标材质球

5.4.3 操作流程

新建一个空的工程，把Easy Movie Texture (Video Texture)插件导入我们新建的工程中，Easy Movie Texture (Video Texture)结构如图5-28所示。

图 5-28

先介绍一下EasyMovieTexture中的几个主要参数。

AndroidSource：此目录存放的是插件里Android部分的源代码。

Materials：此目录存放的是插件里用到的材质球。

Models：此目录存放的是模型资源。

Prefab：此目录存放的是预设资源。

Scene：此目录存放的是演示场景。

Scripts：此目录存放的插件的脚本信息。

Unity5_Patch_IOS：此目录存放的是5.x版本里IOS的补丁包。

Unity463_Patch_IOS：此目录存放的是4.x版本里IOS的补丁包。

Plugins：此目录里存放的是IOS、Android的原生插件。

StreamingAssets：此目录里是插件自带的2个演示视频文件。

打开Scene目录的一个演示场景Demo，运行后如图5-29所示。

在编辑器模式下，我们没有办法预览视频。只有发布到对应的版本中安装app之后可以预览视频效果。如果想在编辑器模式下也可以观看预览视频效果，我们需要另外导入一个名称为MovieExtra的资源包，下载这个附加包的位置在附加光盘\Assets\Free目录下。

导入MovieExtra资源包，目录结构如图5-30所示。

导入后多了一些目录及对应的文件，之后再运行场景的效果如图5-31所示。

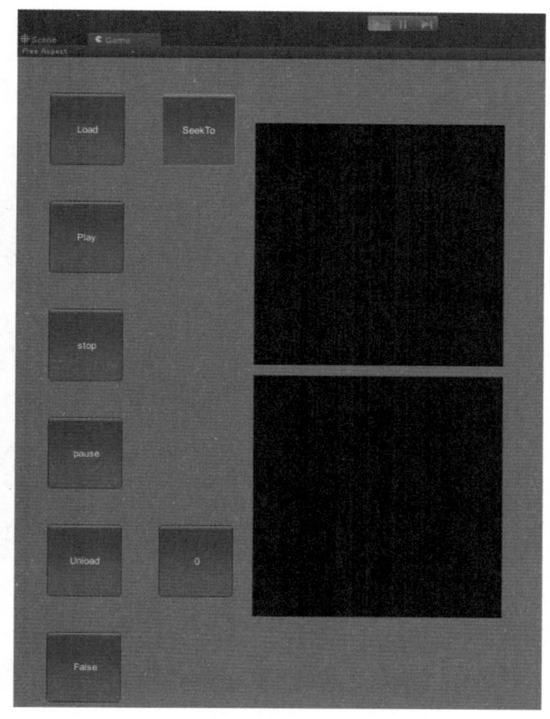

图 5-29

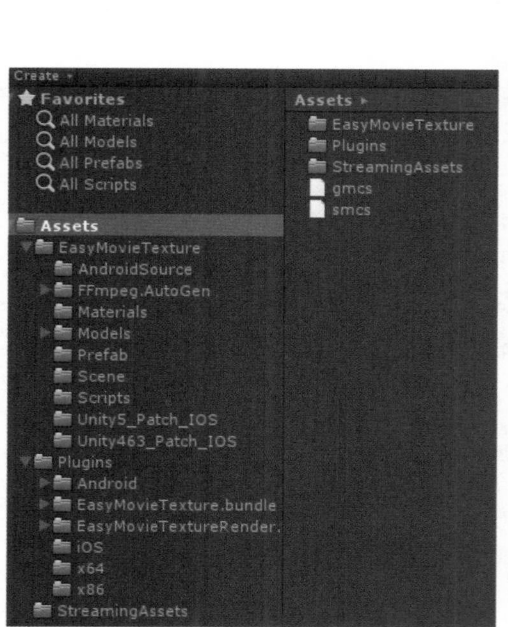

图 5-30

图 5-31

如何使用Easy Movie Texture？接下来的步骤是对于Easy Movie Texture 插件的操作说明。

选择Prefab目录下的VideoManager，拖动到层次面板中。选中VideoManager对象，如图5-32所示。

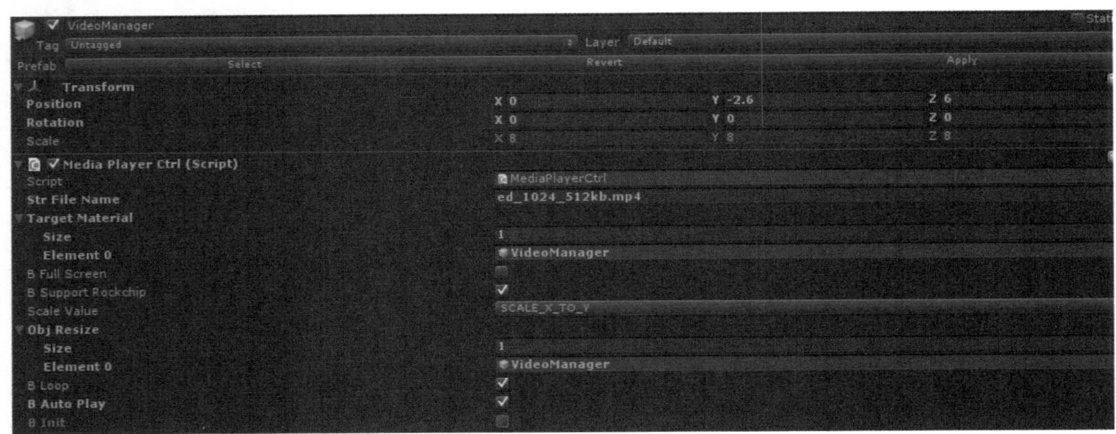

图 5-32

选项的参数如下。

StrFileName：输入播放流视频文件的名称。

输入StreamingAssets目录内流视频通用的文件名。

1）输入绝对路径，例如file：///sdcard/test.mp4，存储在SD卡中。

2）输入URL，例如http：//www.test.com/test.mp4，在流失视频中。

Target Material：连接的游戏对象被视频纹理所替代。（在这个例子中，连接VideoManager自身）。

BFull Screen：在播放全屏时使用此选项。（只有在FullScene Prefab时勾选此选项。在其他情况不要勾选此选项）。

BSupport Rockchip：在使用芯片组时，仅支持16位视频缓冲。同时在芯片组时，资产视频（在StreamingAssets目录）直接访问时不能正常播放。这个选项用于解决这些问题。（使用这个选项视频质量可能受轻微影响）

ScaleValue：决定使用哪个轴调整游戏对象大小。

ObjResize：决定游戏对象的大小。如果为null，不会采取任何行动。

BLoop：当游戏视频结束时是否自动回放视频。

BAutoPlay：当激活时是否自动播放游戏对象。

B Init：初始化。

在脚本中我们经常使用的核心API说明如下。

（1）void Load（string strFileName）

1）输入文件的名字或URL进行加载。

2）如果有一个正在播放的视频，这个函数卸载当前的视频，自动加载新的视频。

3）我们可以输入文件名或者URL如下所示。

输入StreamingAssets目录内流视频通用的文件名。

输入绝对路径，例如file：///sdcard/test.mp4，存储在SD卡中。

输入URL，例如 http：//www.test.com/test.mp4，在流失视频中。

（2）void Play()

播放视频。当停止、暂停或准备状态时播放视频。

（3）void Stop()

停止视频。通过调用Stop()停止视频，视频将会从头播放。

（4）void Pause()

暂停视频。通过调用Pause()暂停视频，可以再次播放，从暂停的地方开始播放。

（5）void UnLoad()

从内存中卸载当前视频。调用此函数不管在何种状态下。

（6）int GetDuration()

获取当前视频的总长度。长度以毫秒为单位。如果它是流视频，这个函数返回-1。在使用流视频的时候，我们应该使用GetCurrentSeekPercent()函数。

（7）int GetCurrentSeekPercent() 仅支持 Android 不支持 iOS

获取流视频的缓冲区。这个函数根据对应的MediaPlayer API进行执行：

通过HTTP下载接收的视频流缓冲区中获得更新状态。接收到的缓冲区显示缓存了多少播放了多少。

（8）int GetVideoWidth(), int GetVideoHeight ()

分别获取当前视频的宽度和高度。

（9）void SeekTo(int iSeek)

改变视频回放的位置，单位为毫秒。

（10）int GetSeekPosition()

获得当前回放的位置，单位为毫秒。

调整上面的参数设置，配合核心的API就可以满足我们项目的需求了。

如何设置Apple TV?

1）AppleTV（tvOS）从Unity 5.3开始支持。

2）请按照如图5-33所示进行设置。

注意：在iOS中，Unity 4.6.3或更高版本与Unity 5.0或更高版本需要不同的补丁。在EasyMovieTexture目录里有Unity463_Patch_IOS和Unity5_Patch_IOS。请根据版本选择补丁。

图 5-33

Easy Movie Texture需要Android 4.0及以上版本。需要iOS 6.0及以上版本。仅在Unity 5.x中支持多线程渲染选项。OS是一个测试版的软件，一直在开发中。iOS的版本是基于https：//github.com/unity3d-jp / iOS-VideoPlayerPlugin进行修改的，这个开源项目是Unity在日本的分公司开源的。Android使用Android的MediaPlayer类实现。它没有使用开源的代码，例如ffmpeg。在Unity 4.x中需要使用Unity Pro 为IOS，在Unity 5.x中不需要。

5.5 EZ Camera Shake——摄像机的震动效果

5.5.1 简述

在游戏或虚拟现实开发中我们经常需要实现摄像机的震动效果，拥有一个方便易用且免费的摄像机震动插件效果可以使我们的工作效率加倍。

5.5.2 功能

EZ Camera Shake系统提供了通用的摄像机震动动画的处理。它可以用于创建各种类型的摄像机效果，短暂的效果例如爆炸，持续的影响例如地震。使用EZ Camera Shake仅需要简单地修改一下相关的摄像机脚本就可以满足我们的需要。简单来说，本插件具有单次/持续震动、强度/幅度属性、运行时修改所有属性设置和包括独立的振动预设特性。

5.5.3 操作流程

新建一个空的工程，把EZ Camera Shake插件导入我们新建的工程中，EZ Camera Shake结构如图5-34所示。

图 5-34

Demo：本目录存放的是EZ Camera Shake插件的测试场景及相关的部分样例脚本。

Docs：本目录里面存放的是EZ Camera Shake插件的使用文档说明。

Scripts：本文件存放的是EZ Camera Shake的核心脚本文件。

下面我们对EZ Camera Shake插件进行讲解。打开工程Demo目录下面的CameraShake Demo测试场景，运行工程可以看到如图5-35所示的效果。

我们可以通过设置GUI上面的参数单击GUI上的按钮执行来预览一下摄像机震动效果。

注意：在Demo目录下面的Sample Scripts目录下面有3个样例脚本。ShakeByDistance：是根据距离来震动摄像机。ShakeOnKeyPress：根据键盘输入来震动摄像机。ShakeOn Trigger：根据触发器来震动摄像机。读者可以根据需要对相应的代码进行修改来满足自己的需要。

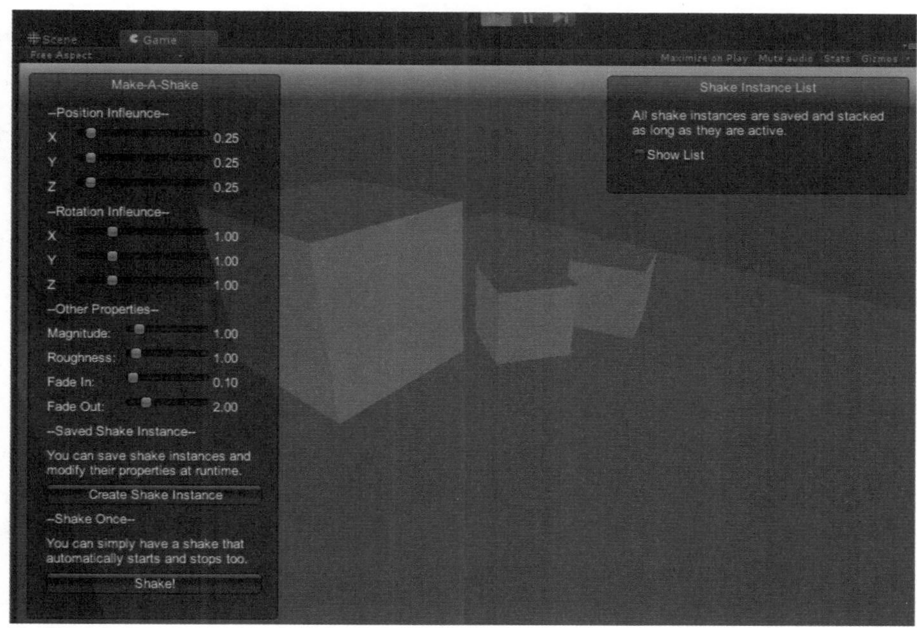

图 5-35

现在来让我们来看一下EZ Camera Shake的核心代码的部分相关说明。

在Scripts目录下面的Utilities目录里的CameraUtilites脚本里封装了摄像机使用通用功能API。

接着我们来讲解一下CameraShaker.cs和CameraShakeInstance.cs这两个重要脚本文件的API说明。

1. CameraShaker.cs

CameraShaker组件有两个字段，如图5-36所示。

图 5-36

Default Pos Influence：默认影响摄像机的位置。这个可以改变摄像机的每次振动的基础。

Default Rot Influence：默认影响振动的旋转。这个可以改变摄像机的每次振动的基础。

（1）Shake

使用给定的CameraShakeInstance来初始化一个振动

参数：

Preset（CameraShakeInstance）：CameraShakeInstance用来初始化。

返回：

创建振动（CameraShakeInstance）的引用。

（2）ShakeOnce（Overload1）

初始化一次振动。

参数：

Magnitude (Float)：振动的强度。

Roughness (Float)：振动的幅度。较低的值平滑和缓慢，较高的值快速和抖动。
FadeInTime (Float)：淡入的时间，以秒为单位。
FadeOutTime (Float)：淡出的时间，以秒为单位。
返回：
创建振动（CameraShakeInstance）的引用。
（3）ShakeOnce（Overload2）
初始化一次振动。
参数：
Magnitude (Float)：振动的强度。
Roughness (Float)：振动的幅度。较低的值平滑和缓慢，较高的值快速和抖动。
FadeInTime (Float)：淡入的时间，以秒为单位。
FadeOutTime (Float)：淡出的时间，以秒为单位。
PositionInfluence：影响摄像机振动的位置。这些值是给予摄像机本地轴向进行计算的。
RotationInfluence：影响摄像机的旋转。这些值是给予摄像机本地轴向进行计算的。
返回：
创建振动（CameraShakeInstance）的引用。
（4）StartShake（Overload1）
初始化持续振动。
参数：
Magnitude (Float)：振动的强度。
Roughness (Float)：振动的幅度。较低的值平滑和缓慢，较高的值快速和抖动。
FadeInTime (Float)：淡入的时间，以秒为单位。
返回：
创建振动（CameraShakeInstance）的引用。
（5）StartShake（Overload2）
初始化振动。
参数：
Magnitude (Float)：振动的强度。
Roughness (Float)：振动的幅度。较低的值平滑和缓慢，较高的值快速和抖动。
FadeInTime (Float)：淡入的时间，以秒为单位。
FadeOutTime (Float)：淡出的时间，以秒为单位。
PositionInfluence：影响摄像机振动的位置。这些值是给予摄像机本地轴向进行计算的。
RotationInfluence：影响摄像机的旋转。这些值是给予摄像机本地轴向进行计算的。
返回：
创建振动（CameraShakeInstance）的引用。
ShakeInstances (List<CameraShakeInstance>)
返回CameraShakeInstance列表。

为了让CameraShaker组件可以正常工作，必须遵循下面的两个规则：

1）主摄像机必须是一个游戏对象的子物体，并且它的局部坐标和旋转必须设置为（0, 0, 0）。

2）任何移动摄像机的脚本必须不能和CameraShaker脚本在同一个对象上。请使用摄像机的父对象代替。

2. CameraShakeInstance.cs

（1）CameraShakeInstance (Overload 1)

创建一个新的一次实例。在给定的秒数后淡出。

参数：

Magnitude (Float)：振动的强度。

Roughness (Float)：振动的幅度。较低的值平滑和缓慢，较高的值快速和抖动。

FadeInTime (Float)：淡入的时间，以秒为单位。

FadeOutTime (Float)：淡出的时间，以秒为单位。

（2）CameraShakeInstance (Overload 2)

创建一个持续化实例。

参数：

Magnitude (Float)：振动的强度。

Roughness (Float)：振动的幅度。较低的值平滑和缓慢，较高的值快速和抖动。

（3）StartFadeIn

使用给定的秒数淡入。

参数：

FadeInTime (Float)：淡入的时间，以秒为单位。

（4）StartFadeOut

使用给定的秒数淡出。

参数：

FadeOutTime (Float)：淡出的时间，以秒为单位。

（5）Scalemagnitude(Float)

缩放振动的大小，同时保留初始化的大小。

（6）ScaleRoughness (Float)

缩放振动的幅度，同时保留初始化的幅度。

（7）Magnitude (Float)

振动的强度。

（8）Roughness (Float)

振动的幅度。较低的值平滑和缓慢，较高的值快速和抖动

（9）PositionInfluence (Vector3)

影响摄像机振动的位置。这些值是给予摄像机本地轴向进行计算的。

（10）RotationInfluence (Vector3)

影响摄像机的旋转。这些值是给予摄像机本地轴向进行计算的。

（11）DeleteOnInactive (Boolean)

当状态为不激活时，是否删除CameraShaker组件脚本。

（12）NormalizedFadeTime (Float)

单位化的值（大约0-1），代表了当前振动的级别。

（13）CurrentState (CameraShakeState)

振动的当前状态。振动可以淡入、淡出、持续或不激活。

3. 如何管理摄像机

如果我们有多个摄像机，使用摄像机振动脚本需要管理不同的实例。如果在场景中仅有一个主摄像机附加了CameraShaker脚本，可以使用CameraShaker.Instance静态字段来访问主摄像机。如果场景中有多个摄像机，可以使用CameraShaker.GetInstance(name)静态方法来访问不同的实例。参数的名称对应着附加了CameraShaker脚本组件的游戏对象的名字。如果前面的两个选项不符合需求，可以自己实现管理器，所有需要的是存储CameraShaker组件的引用。

4. 摄像机的震动方法

有很多不同的方法可以用来初始化一个新的振动。所有的方法返回它们对应的CameraShakeInstance，可以在运行时更改振动属性。

下面为常用的三种方式。

（1）方式一：Shake

使用预定义的CameraShakeInstance来初始化一个摄像机振动。这个包包括一组预设，在CameraShakePresets类下使用这个方法，或者我们可以定义我们自己的预设然后使用它们。

（2）方式二：ShakeOnce

初始化一次淡入然后自动淡出的振动。这种振动最好用于爆炸、碰撞或其他短暂的振动。

（3）方式三：StartShake

开始一个持续的振动，直到使用了StartFadeout来停止振动。我们必须保存使用这个函数返回的CameraShakeInstance变量，以便可以停止振动或改变它的属性。

5.6 Lua Framework——绝佳的热更新方案

5.6.1 简述

在手游开发中我们希望可以通过热更新来修改bug，减少包更新带来的玩家流失问题，同时也方便运营发行更好地开展游戏活动。现在手游的热更新方案比较多，目前大家常用的都是第三方的Lua插件，例如：NLua、ULua、LuaInterface、UniLua、moonsharp等。在本节，讲解的是给予MonoSharp的Lua解决方案Lua Framework。

5.6.2 功能

Lua Framework是一套工具，允许我们简单且自动转换Lua脚本语言中定义的数据为.NET的对象，相反.NET对象也能转换为Lua脚本中的数据。它的操作和XML或JSON读取器类似，但不是标记语言，我们现在可以访问强大的程序语言来定义游戏或应用的逻辑。像很多畅销的游戏一样，选择Lua最重要的是可以简化游戏设计过程，允许容易地实现功能改装能力。

Lua Framework是建立在强大的MoonSharp上，它是Lua语言的现代的.NET实现。相对于以前的.NET到Lua的桥接，MoonSharp提供了一个快速的学习曲线，快速的性能，直观的用户体验，定期更新，很好的Unity支持，包括Unity和Unity Pro平台。支持最新的Lua5.2，支持iOS，完整的智能感知支持。

现在，Lua Framework有两个主要模块：LuaReader和LuaWriter。LuaReader自动映射Lua变量和表格为.NET对象。

LuaWriter创建Lua脚本表示.NET对象，目前支持的类型有下面几种。

- 内置类型：bool，int，float，double，string，byte，decimal
- Lua函数（闭包）
- 枚举
- Unity指定的结构：Color，Color32，Rect，Vector2，Vector3，Vector4
- 任何自定义类的公共属性
- 任何支持类型的一维或二维数组
- 任何支持类型的泛型集合或字典
- 任何可能的嵌套，例如：List<Dictionary<string, Vector3[]>>

5.6.3 操作流程

新建一个空的工程，把Lua Framework插件导入新建的工程中，Lua Framework结构如图5-37所示。

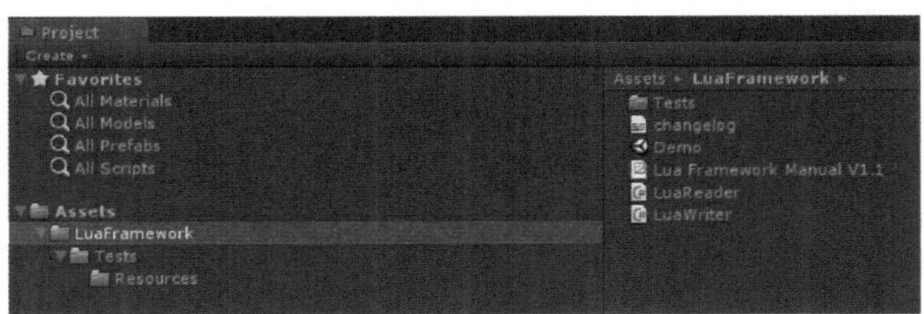

图 5-37

插件导入后，我们发现在控制面板中出现错误，如图5-38所示。

图 5-38

这个错误说明我们现在使用的这个插件缺少了MoonSharp库的引用。

打开http：//www.moonsharp.org/网址，从里面我们可以直接下载MoonSharp，连接会跳转到https：//github.com/xanathar/moonsharp/releases，我们就可以直接下载正式版或者源代码。这里建议使用它的源代码，这样方便我们查找错误和更深入地学习LuaFramework和MoonSharp库。

返回到Unity中，新建一个名为MoonSharp的目录，然后在把MoonSharp库的源代码拖动到这个目录下，如图5-39所示。

图 5-39

在MoonSharp库正确的拖入后，控制面板上的错误就解决了。

通过Lua Framework的结构图我们看到这个插件的脚本很少。它的核心就包括了LuaReader和LuaWriter两个脚本。

1. LuaReader 基础

在调用LuaReader类方法之前，必须导入Lua Framework和MoonSharp.Interpreter命名空间，用下面的指令进行添加：

```
using LuaFramework;
using MoonSharp.Interpreter;
```

（1）使用MoonSharp表示Lua的值

所有的LuaReader方法采用Table或DynValue参数，分别代表Lua变量的两个MoonSharp类型：

1）Table代表着一个Lua Table。

2）DynValue是一个任何Lua类型的容器，包括table，还有方法，数字，字符串或nil。

如果需要我们可以进行两者的转换：

```
Table table=someDynValue.Table;
DynValue dynValue=DynValue.NewTable(someTable);
```

更多的详情，我们可以参考MoonSharp.org的教程。

（2）使用MoonSharp执行Lua脚本

为了获得数据转换为两种类型的一种，必须在MoonSharp Lua脚本环境中执行一个包含Lua代码的字符串。首先需要创建一个Lua环境：

```
Script lua=new Script();
```

然后需执行包含Lua代码的字符串：

```
Lua.DoString(luaCode);
```

但是如何定义对象和查找脚本执行后的数据？有两种主要的方法，下面来介绍。

（3）使用Lua定义对象，选项1：使用变量

第一种选择是在Lua脚本中创建变量，然后在从执行代码后获得这些变量。当有一小部分

特定的对象定义时这是一个不错到的方法。典型的应用包括.ini文件或保存游戏。

例如：或者说我们想定义一个数组向量。为了定义它，我们需要有下面的Lua代码：

```
myVectors =
 {
    {0, 0, 45},
    {2, 0.5, 0},
    {5, 0, -2.5},
  }
```

在执行脚本之后，这个脚本现在会包含一个名为myVectors的全局变量，用来包含多个表格数量的一个表格，可以通过访问脚本的全局表获得它：

```
string s = @ “
myVectors = {
    {0, 0, 45},
    {2, 0.5, 0},
    {5, 0, -2.5},
  }” ;
  Script lua = new Script();
lua.DoString(s);
  DynValue myVectors = lua.Globals.Get( “myVectors” );
```

然后，我们可以简单地使用LuaReader.Read方法来转换Lua table到一个.NET Vector3数组：Vector3[] myVectorArray = LuaReader.Read<Vector3[]>(myVectors);

这个读取方法会自动映射Lua数据到.NET类型，只要这个数据是正确的格式。例如，我们想尝试转换一个字符串表格为float。可以像下面这样操作：

```
float f = LuaReader.Read<float>(myVectors);
```

表格不能转换为浮点值时，f将会默认为0.LuaReader可以处理这种情况不产生异常。有关读取函数的用法和语法的详细信息，参考下面的部分。

（4）使用Lua定义对象，选项2：使用函数

第二种方法是在Lua脚本中使用函数，在C#中调用函数用来处理定义工作，通常添加新定义的对象到一些排序的集合中。这种情况下，定义发生在Lua脚本之后。当我们需要定义大量对象，但事先不知道确切的数量时，这种方法是干净（在Lua状态中没有全局变量）的和最好的。典型的应用包括定义条目，例如敌人，npc对话框，甚至是地图或关卡。例如，我们想有一个Enemy 类，它有一个名字，健康和攻击力属性：

```
public class Enemy
{
public string name { get; set; }
```

```
public int health { get; set; }
public float attackPower { get; set; }
  }
```

定义敌人，我们最好使用下面的脚本：

```
defineEnemy
{
name = “Bandit”,
health = 50,
attackPower = 3.5,
}

defineEnemy
{
name = “Bandit Leader”,
health = 125,
attackPower = 5,
}
```

{}Lua语法允许函数调用使用一个变量有多个参数，会打包到单个表格中。为了处理上面的脚本，我们首先需要定义一个集合来保存我们定义的敌人，然后声明一个C#方法来处理由Lua函数发送的，添加到集合中：

```
public List<Enemy>enemyDefinitions = new List<Enemy>();

public void DefineEnemy(DynValue luaTable)
{
  Enemy enemy = LuaReader.Read<Enemy>(luaTable);
enemyDefinitions.Add(enemy);
}
```

正如我们看到的，读取方法自动映射Lua表格到我们自定义的Enemy类，我们不需要做其他的事情。我们需要做的最后一件事情就是注册.NET定义的DefineEnemy方法到Lua的全局环境中，这样就可以调用它了。通过它创建的是一个泛型委托，使用Action<T>类型，T是该方法接受的参数类型：

```
Script lua = new Script();
lua.Globals[“defineEnemy”] = (Action<DynValue>) DefineEnemy;
```

这样，我们不需要理解委托的工作原理，只需简单地复制上述语法就可以。它适用于所有使用{}变量语法的Lua函数调用。一旦上述完成后，就可以执行我们的Lua脚本，并且执行Lua脚本会调用两次DefineEnemy方法，结果有两个对象包添加到enemyDefinitions集合中。

lua.DoString(s); // Where s contains the above script.

对于使用标记语言的脚本就像XML的优点，它允许动态定义，比如下面的脚本：

```
baseBanditHealth = 50
baseBanditAttackPower = 3.5

defineEnemy
{
name = “Bandit”,
health = baseBanditHealth,
attackPower = baseBanditAttackPower,
}

defineEnemy
{
name = “Bandit Leader”,
health = baseBanditHealth * 2 + 25,
attackPower = baseBanditAttackPower + 1.5,
}

defineEnemy
{
name = “Bandit Lord”,
health = baseBanditHealth * 3 + 75,
attackPower = baseBanditAttackPower + 3,
}
```

使用这样的结构可以使全局调整更容易，而不是手动调整所有独立的敌人。例如，我们决定土匪作为一个整体应该是弱或更强。它允许程序进行定义。

2. LuaReader 引用

（1）LuaReader.Read

```
T LuaReader.Read<T>(DynValue luaValue)
T LuaReader.Read<T>(Table luaTable)
```

这是LuaReader主要的方法。读取Lua包含的使用了DynValue或Table类型的对象，转换它的内容为新的创建的.NET对应的类型。如果Lua提供的值不能转换为指定的类型，返回默认值。例如：

int[] intArray = LuaReader.Read<int[]>(luaTable);

支持的类型：

1）所有使用的内置类型。

```
bool = true/false
```

```
int = 1
float = 0.5
double = 0.5
string = "Hello World!"
byte = 128
decimal = 0.00005
```

2）对于枚举，Lua脚本必须提供一个字符串表示。例如，如果我们有一个叫做Direction的枚举，它的值是Left，Front&Right，我们在Lua中会这样来定义它directio=" Front"。

3）所有支持的Unity结构必须定义为Lua中的表格，下面的参数结构的构造函数使用标准的顺序。如果有一个参数丢失，LuaReader将会指定它的默认值为0，Color的默认值为1，Color32的alpha默认为255，允许我们定义仅有3个参数的，我们不需要透明度时，支持的类型：

```
color = {r, g, b, a}
color32 = {r, g, b, a}
rect = {x, y, width, height}
vector2 = {x, y}
vector3 = {x, y, z}
vector4 = {x, y, z, w}
```

4）数组和集合必须定义为Lua中的表格。支持一维和二维数组。例如：

```
intArray = {0, 1, 2, 3, 4, 5}
stringList = { "one" , "two" , "three" }
```

5）字典必须定义为Lua中有索引的表格，通常使用字符串作为Key。例如：

```
dictionary =
{
red = "A warm color" ,
blue = "A cold color" ,
}
```

6）自定义类必须定义为Lua中有索引的表格，使用字符串表示公共属性。例如：

```
public class Person
{
public string name { get; set; }
public int age { get; set; }
}

Lua:
```

```
person =
{
name = "John",
age = 26,
}
```

（2）LuaReader.ReadClassData

```
void LuaReader.ReadClassData<T>(T clrObject, DynValue luaValue)
void LuaReader.ReadClassData<T>(T clrObject, Table luaTable)
```

使用DynValue或Table类型来读取一个Lua表，并将其内容映射到一个现有的.NET对应的类型的对象中。选择使用DynValue参数提供了方便，但是它必须包含一个有效的Lua表格。使用Read读取的不同是从头开始创建对象，然而ReadClassData是从存在的类实例中加载属性。如果需要使用自定义结构来创建实例，或需要重用对象（对象池）很有用。在内部，读取在创建实例后调用ReadClassData。考虑到上述的Person类，下面的两个例子是等价的，但是在允许做某些东西在从Lua中加载属性之前。

Example 1：

```
Person person = LuaReader.Read<Person>(luaTable);
```

Example 2：

```
Person person = new Person();
LuaReader.ReadClassData(person, luaTable);
```

（3）LuaReader.ReadSingleProperty

```
void LuaReader.ReadSingleProperty<T>(T clrObject, string propertyName
DynValue
luaValue)
void LuaReader.ReadSingleProperty<T>(T clrObject, string propertyName Table
luaTable)
```

作为Lua表格包含DynValue或Table类型，映射单个属性到.NET存在的类型。和这个类型和ReadClassData函数类似，但是它仅加载一个属性。这个对于像手动一个一个加载属性，因为需要设置特定的顺序是很有用。因此，下面的两者是等价的：

Example 1：

```
Person person = new Person();
LuaReader.ReadClassData(person, luaTable);
```

Example 2：

```
Person person = new Person();
LuaReader.ReadSingleProperty(person, “name”, luaTable);
LuaReader.ReadSingleProperty(person, “age”, luaTable);
```

（4）LuaReader.AddCustomReader

```
void LuaReader.AddCustomReader(Type type, Func<DynValue, object>reader)
```

为指定的.NET类型添加一个自定义的读取器或重写默认读取器的行为。如果希望使用自定义方式格式化Lua数据或实现像表格语法的构造函数语法结构。例子1显示了一个标准的方式来定义Person使用上面提供的类：

Example 1：

```
person =
 {
name = “John”,
age = 26,
}
```

一个自定义的读取器就像例子2所示，如果有大量的对象来定义一个共同的模式。注意，AddCustomReader()给定的两个参数，第一个typeof识别类型，然后一个Lambda表达式，接受一个泛型DynValue参数表示进来的Lua值，然后输出为所需的.NET对象类型。也请注意，我们可以使用LuaReader类内自定义转换器转换为任何所需的值。

Example 2：

C#：

```
LuaReader.AddCustomReader(typeof(Person), dynValue =>
  {
var luaTable = dynValue.Table;
return new Person{
name = LuaReader.Read<string>(luaTable.Get(1)),
age = LuaReader.Read<int>(luaTable.Get(2))
      };
  });

Lua:

person = { “John”, 26}
person2 = { “Maria”, 31}
person3 = { “Paul”, 17}
```

（5）LuaReader.RemoveCustomReader

```
void LuaReader.RemoveCustomReader(Type type)
```

移除前面添加的自定义读取器。

3. LuaWriter 基础

在调用LuaWriter类方法之前，必须导入Lua Framework命名空间，但不需要导入MoonSharp因为LuaWriter是创建Lua代码字符串，不需要理解它们。LuaWriter来源于标准的C# StringWriter类。它的工作原理类似于HtmlTextWriter或XmlWriter类，但是提供了具体的方法来串号对象为一个Lua语法。它是一个流写入器，我们应该使用这个条款，以确保写入器可以正确地进行处理，最终转换其内容到声明的字符串块中：

```
string luaCode;
using (LuaWriter luaWriter = new LuaWriter())
{
  // Write instructions
luaCode = luaWriter.ToString();
}
```

（1）缩进

我们可以使用任何StringWriter支持的方法。唯一不同的是Write和WriteLine方法考虑了排版，LuaWriter支持通过AddTab和RemoveTab方法：

1）AddTab添加一个制表符到所有跟随行的开始出，直到调用了RemoveTab。AddTab可以调用多次进行累计。

2）RemoveTab移除AddTab添加的制表符。如果在缩进为0级别的时候调用了RemoveTab不进行任何改变。

（2）写C#类到流中

LuaWriter提供的主要方法是WriteObject来支持任何支持的类型转换为Lua表示。Booleans变为true或false，strings转换为字符表示，集合、数组和类转换为表格。例子如下：

```
Dictionary<string, Color32>colors = new Dictionary<string, Color32>();
colors[ “Red” ] = new Color32(255, 0, 0, 255);
colors[ “Green” ] = new Color32(0, 255, 0, 255);
colors[ “TransparentBlue” ] = new Color32(0, 0, 255, 128);

string luaCode;
using (LuaWriter luaWriter = new LuaWriter())
{
luaWriter.Write( “colors = ” );
luaWriter.WriteObject(colors);
luaCode = luaWriter.ToString();
}
```

如果想输出为Lua代码，我们可以使用下面的代码：

```
colors = {
    Red = {255, 0, 0, 255},
    Green = {0, 255, 0, 255},
    TransparentBlue = {0, 0, 255, 128},
}
```

4. LuaWriter 引用

（1）LuaWriter.Write

```
void LuaWriter.Write(string str);
```

写入一个字符串到当前流中，调用父方法StringWriter.Write，但是考虑到使用AddTab添加的缩进。

（2）LuaWriter.WriteLine

```
void LuaWriter.WriteLine(string str);
```

写入一个字符串到当前流中然后添加一个换行符，调用父方法StringWriter.WriteLine，但是考虑到使用AddTab添加的缩进。

（3）LuaWriter.AddTab

```
void LuaWriter.AddTab();
```

添加制表符在当前和所有将来行的开始处，直到调用了RemoveTab。AddTab可以调用多次并且是累计的。

（4）LuaWriter.RemoveTab

```
void LuaWriter.RemoveTab();
```

移除使用AddTab添加的制表符缩进。如果在缩进的0级别调用了RemoveTab，不会发生什么。

（5）LuaWriter.WriteObject

```
void LuaWriter.WriteObject<T>(T obj, [bool multiline = true], [bool trailingComma = false]);
```

这是LuaWriter主要的方法。写入提供的.NET对象到Lua表示的流中。有2个可选参数：

1）多行默认为true，并确定创建的表讲跨多个行，每一行一个元素或是在同一行。

```
string[] array = { “Spring”, “Summer”, “Autumn”, “Winter”};
using (LuaWriter luaWriter = new LuaWriter())
```

```
{
luaWriter.WriteObject(array);
luaWriter.WriteObject(array, false);
}
```

第一种写法：

```
{
   "Spring",
 "Summer",
 "Autumn",
 "Winter"
}
```

第二种写法

```
{ "Spring", "Summer", "Autumn", "Winter" }
```

2）trailingComma默认是false，并决定是否在创建元素后添加一个逗号，在对象写入到表中时有用。

支持类型：

1）Lua表示所有简单的内置类型。请注意，字符串被写为有一个带边框的字符。

```
bool ->true/false
int ->1
float ->0.5
double ->0.5
string -> "Hello World!"
byte ->128
decimal ->0.00005
```

2）对于枚举来说，LuaWriter创建字符串。例如有个叫做Direction的枚举，它有值Left、Front&Right，在Lua中将使用下面的方式：

```
Direction.Front -> "Front"
```

3）所有支持的Unity结构必须定义为Lua中的表格，下面的参数结构的构造函数使用标准的顺序。支持的类型：

```
color ->{r, g, b, a}
color32 ->{r, g, b, a}
rect ->{x, y, width, height}
vector2 ->{x, y}
```

```
vector3 ->{x, y, z}
vector4 ->{x, y, z, w}
```

4）数组和集合必须作为Lua的表格。例如：

```
intArray ->{0, 1, 2, 3, 4, 5}
stringList ->{ "one" , "two" , "three" }
```

5）字典必须定义为Lua中有索引的表格，仅支持string或int键。字符串在Lua中检测不是有效的键（因为空格）要检测正确的拼写。例如：

```
dictionary ->
{
red = "A warm color" ,
blue = "A cold color" ,
[ "light blue" ] = "A lighter blue" ,
}
```

6）自定义类在Lua中使用有索引的表格，使用字符串键表示公共属性。例如：

C#：

```
public class Person
{
public string name { get; set; }
public int age { get; set; }
}
```

Lua：

```
person ->{
name = "John" ,
age = 26,
}
```

（6）LuaWriter.WriteProperty

```
void LuaWriter.WriteProperty<T>(T obj, string propertyName, [bool multiline =
true], [bool trailingComma = false]);
void LuaWriter.WriteProperty<T>(T obj, PropertyInfo propertyInfo, [bool
multiline = true], [bool trailingComma = false]);
```

这个和WriteObject很相似，但是它用于仅写入类的一个公共属性。内部，WriteObject调用WriteProperty来写入给定类的每一个功能属性。当我们不想把整个对象转换为Lua时很有用，特别是在通过ICustomLuaSerializer接口来进行序列化时WriteProperty很有用。这种方法有2个版本，如果想使用反射时，我们可以提供任何公共的属性（或属性的属性信息描述）为一个字符串。所以，使用Person类可以：

```
Person person = new Person{name = "John", age = 35};
using (LuaWriter luaWriter = new LuaWriter())
{
  // Example 1
luaWriter.WriteObject(person);
  // Example 2
luaWriter.WriteProperty(person, "name");
luaWriter.WriteProperty(person, "age");
}

Example 1 outputs:
{
name = "John",
age = 35,
}

Example 2 outputs:
name = "John",
age = 35,
```

（7）LuaWriter.SetRequiredAttribute

void LuaWriter.SetRequiredAttribute(Type attributeType)

这种方法允许我们任意设置属性，公共属性需要被序列化。Lua Framework提供了LuaSerializable属性定义，我们可以使用我们喜欢的方式。如果它被设置了，仅公共属性标记的相应属性会由WriteObject进行正确的序列化。使用空来删除需求。例子：

```
public class Person
{
  [LuaSerializable]
public string name { get; set; }
public int age { get; set; }
}
Person person = new Person{name = "John", age = 35};
using (LuaWriter luaWriter = new LuaWriter())
{
luaWriter.SetRequiredAttribute(typeof(LuaSerializableAttribute));
luaWriter.WriteObject(person);
}
```

输出，仅有name被进行处理：

```
{
name = "John",
}
```

（8）ICustomLuaSerializer Interface

```
public interface ICustomLuaSerializer
{
void Serialize(LuaWriter luaWriter);
}
```

Lua Framework提供了这个接口允许对象的自定义序列化，代替自动。如果有一个类实现了这个接口，它将会由WriteObject进行处理，代替写Lua来扫描所有的公共属性，WriteObject将会调用接口的序列化方法，它提供了当前LuaWriter的实例。注意，WriteObject仍将打开和关闭Lua表括号内的对象。例如：

```
public class Person : ICustomLuaSerializer
{
public string name { get; set; }
public int age { get; set; }
public bool ageIsConfidential { get; set;}

public void Serialize(LuaWriter luaWriter)
  {
luaWriter.WriteProperty(this, "name", trailingComma: true);
if (!ageIsConfidential)
    {
luaWriter.WriteProperty(this, "age", trailingComma: true);
    }
else
{
luaWriter.WriteLine("-- Age is confidential!");
}
  }
}
  //

Person person = new Person{
name = "John",
age = 35,
ageIsConfidential = true};
using (LuaWriter luaWriter = new LuaWriter())
{
```

```
    luaWriter.WriteObject(person);
}
```

输出：

```
{
name =  "John" ,
  -- Age is confidential!
}
```

我们创建3个Lua测试脚本文件，这些源文件来自插件里面的tests.lua文件。我们这里进行了拆分来做测试，并且对Lua文件进行了部分修改。

UnityTypeTest.lua

——Unity类型测试

```
local i = 20

defineUnityTypesObject
{
    myColor = {0.1, 0.5, 0.3, 1},
    myColor32 = {255, 135, 178, 90},
    myRect = {50, 20, 80, 145},
    myVector2 = {23, 56.3},
    myVector3 = {2.5, 56.3, 0.032},
    myVector4 = {1, 50, 34, 2.6},
    myVector3Array =
    {
            {4, 3, i + 6},
            {0.4, 42, i + 7},
            {2, 6, i + 9},
            {45, 90}, -- Test vector3 defined by only 2 members
    },
    myColorList =
    {
            {0.4, 0.5, 1}, -- Test Color without specified alpha
            {0.3, 0.9, 2, 0.1},
            {0.5, 0.9, 0.4, 1},
    },
    myRectDictionary =
    {
            rect1 = {10, 10, 200, 200},
            rect2 = {30, 35, 150, 300},
    },
}
```

NestClassTest.lua
——嵌套类测试

```
defineEnemies
{
    bandit =
    {
        health = 30,
        attacks =
        {
            punch =
            {
                power = 5,
                cooldown = 3.2,
            },
            kick =
            {
                power = 9,
                cooldown = 4.2,
            },
        },
    },
    crow =
    {
        health = 12,
        flying = true,
        attacks =
        {
            claw =
            {
                power = 4,
                cooldown = 2.3,
            },
        },
    },
}
```

BuiltTypeTest.lua
——内置类型测试

```
defineBuiltInTypesObject
{
    myBool = true,
```

```
    myInt = -376,
    myFloat = 253.84023,
    myDouble = -89320.234234,
    myString = "Hello!",
    myByte = 123,
    myDecimal = 388402384.234789,
    myIntArray = {1, 2, 3, 4, 5},
    myDictionaryListArray =
    {
            string1 =
            {
                    {4, 3, 2},
                    {4, 5},
                    {9, 4, 24},
            },
            string2 =
            {
                    {5, 3, 18, 43, 2890, -34, 45},
                    {2},
                    {},
                    {90, 3, 4, 5},
            },
    },
}
```

提示：上面的Lua脚本文件，我们使用的是LuaStudio编辑器进行编辑的。可以通过http://www.luastudio.net/来获得LuaStudio编辑器。

返回到Unity中新建一个Resources目录，并且在它的目录下再建一个LuaTest目录，把上面的Lua文件拖入到此目录下，如图5-40所示。

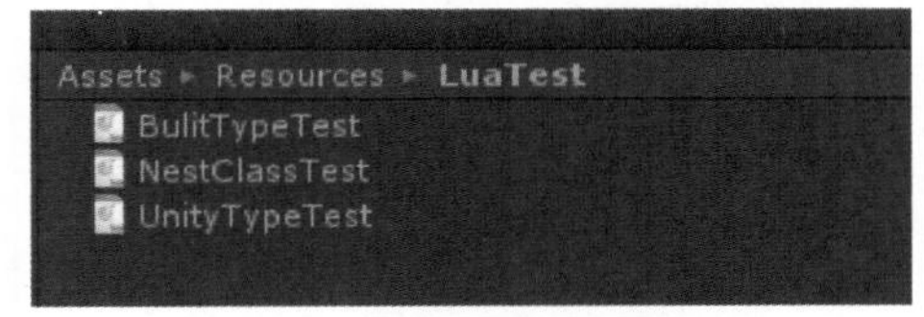

图 5-40

这里需要做一次处理，要不然没有办法使用。处理的方式很简单，在工程中新建Editor目录，然后新建一个文件LuaSetting脚本，代码如下：

```
public class LuaSetting
{
    [MenuItem("Assets/Lua/ 自动修改 Lua 后缀名 ")]
static void AutoSettingLuaExtention()
    {
```

```
    Object[] objs = Selection.GetFilteredtypeof(Object), SelectionMode.
DeepAssets);
    for (int i = 0; i < objs.Length; i++)
            {
    string objPath = AssetDatabase.GetAssetPath(objs[i]);
    if (Path.GetExtension(objPath).Equals(".lua"))
                {
    string newFileName = Path.ChangeExtension(objPath, ".lua.txt");
    FileUtil.ReplaceFile(objPath, newFileName);
    AssetDatabase.SaveAssets();
    FileUtil.DeleteFileOrDirectory(objPath);
                }
            }
    AssetDatabase.Refresh();
        }
    }
```

然后，我们选择Resources目录下的LuaTest目录，如图5-41所示进行操作。

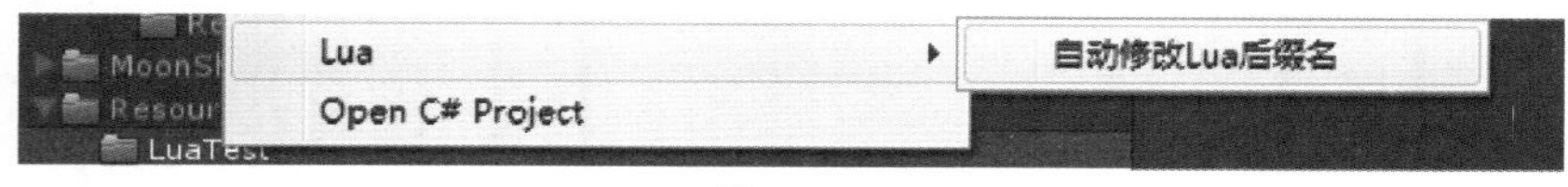

图 5-41

执行后，我们的LuaTest目录下的Lua文件变为如图5-42所示。

图 5-42

下面我们准备lua文件对应的CLR数据实体类。在工程中新建Scripts目录，并且在此目录中再建一个LuaModel目录，把Lua对应的CLR数据实体类放到此目录下。CLR数据实体代码如下：

```
BuiltTypesModel
//引入命名空间
using System.Collections.Generic;

/// <summary>
/// 内置类型实体

/// </summary>
public class BuiltTypesModel
{
public bool BuiltBool { get; set; }
public int BuiltInt{ get; set; }
public float BuiltFloat { get; set; }
public string BuiltString { get; set; }
```

```
public byte BuiltByte { get; set; }
public decimal BuiltDecimal { get; set; }
public int[] BuiltIntArray { get; set; }
public Dictionary<string, List<int[]>>DictionaryListArray { get; set; }
}
```

NestTypesModel

```
//引入命名空间
using System.Collections.Generic;

public class Attack
{
public float CoolDown { get; set; }
public int Power { get; set; }
}

public class Enemy
{
public int Health { get; set; }
public bool Flying { get; set; }
public Dictionary<string, Attack>Attacks { get; set; }
}
```

UnityTypesModel

```
//引入命名空间
using System.Collections.Generic;
```

```
/// <summary>
/// Unity类型实体
/// </summary>
public class UnityTypesModel
{
public Color UnityColor { get; set; }
public Color32 UnityColor32 { get; set; }
public Rect UnityRect { get; set; }
public Vector2 UnityVector2 { get; set; }
public Vector3 UnityVector3 { get; set; }
public Vector4 UnityVector4 { get; set; }
public Vector3[] UnityVector3Array { get; set; }
public List<Color>UnityColorList { get; set; }
public Dictionary<string, Rect>UnityRectDictionary { get; set; }
}
```

在Scripts目录创建一个打印日志的帮助脚本类MessagesLogger。代码如下：

```
//引入命名空间
using System.Text;
using System.Collections.Generic;

/// <summary>
/// 消息日志类
/// </summary>
public class MessagesLogger
{
public MessagesLogger() { }
    /// <summary>
    /// 显示内置类型信息
    /// </summary>
public string ShowBuiltTypesModelInfo(BuiltTypesModel btm)
    {
        StringBuilder sb = new StringBuilder();
        sb.Append("内置类型对象：");
sb.AppendLine("BuiltBool=" + btm.BuiltBool);
sb.AppendLine("BuiltByte=" + btm.BuiltByte);
sb.AppendLine("BuiltDecimal=" + btm.BuiltDecimal);
sb.AppendLine("BuiltFloat=" + btm.BuiltFloat);
sb.AppendLine("BuiltInt=" + btm.BuiltInt);
sb.AppendLine("BuiltIntArray=" + ShowArray(btm.BuiltIntArray));
if (btm.DictionaryListArray!=null)
        {
sb.AppendLine("DictionaryListArray=");
foreach (KeyValuePair<string, List<int[]>>item in btm.
DictionaryListArray)
            {
sb.AppendLine("key=" + item.Key);
sb.AppendLine("value=" + item.Value);
foreach (var intArray in item.Value)
                {
sb.AppendLine("Array=" + ShowArray(intArray));
                }
            }
        }
return sb.ToString();
    }
    /// <summary>
    /// 显示Unity类型信息
```

```
    /// </summary>
public string ShowUnityTypesModelInfo(UnityTypesModel utm)
    {
        StringBuilder sb = new StringBuilder();
        sb.AppendLine("Unity 内置类型：");
sb.AppendLine("UnityColor=" + utm.UnityColor);
sb.AppendLine("UnityColor32=" + utm.UnityColor32);
sb.AppendLine("UnityRect=" + utm.UnityRect);
sb.AppendLine("UnityVector2=" + utm.UnityVector2);
sb.AppendLine("UnityVector3=" + utm.UnityVector3);
sb.AppendLine("UnityVector4=" + utm.UnityVector4);
if (utm.UnityColorList!=null)
        {
sb.AppendLine("UnityColorList=");
for (int i = 0; i < utm.UnityColorList.Count; i++)
            {
sb.AppendLine("Color=" + utm.UnityColorList[i]);
            }
        }

if (utm.UnityVector3Array!=null)
        {
sb.AppendLine("UnityVector3Array=");
for (int i = 0; i < utm.UnityVector3Array.Length; i++)
            {
sb.AppendLine("vector3=" + utm.UnityVector3Array[i]);
            }
        }

if (utm.UnityRectDictionary!=null)
        {
sb.AppendLine("UnityRectDictionary=");
foreach (KeyValuePair<string,Rect>item in utm.UnityRectDictionary)
            {
sb.AppendLine("key=" + item.Key);
sb.AppendLine("value=" + item.Value);
            }
        }
return sb.ToString();
    }

    /// <summary>
```

```
    /// 显示Enemy信息
    /// </summary>
public string ShowEnemy(Enemy enemy)
    {
        StringBuilder sb = new StringBuilder();
sb.AppendLine("Health=" + enemy.Health);
sb.AppendLine("Flying=" + enemy.Flying);
if (enemy.Attacks!=null)
        {
sb.AppendLine("Attacks=");
foreach (KeyValuePair<string,Attack>item in enemy.Attacks)
            {
sb.AppendLine("key=" + item.Key);
sb.AppendLine("Value=" + item.Value);
            }
        }
return sb.ToString();
    }
    /// <summary>
    /// 显示Attack信息
    /// </summary>

public string ShowAttack(Attack attack)
    {
        StringBuilder sb = new StringBuilder();
sb.AppendLine("{");
sb.AppendLine("Power=" + attack.Power);
sb.AppendLine("CoolDown=" + attack.CoolDown);
sb.AppendLine("}");
return sb.ToString();
    }

    /// <summary>
    /// 显示数组信息
    /// </summary>
public string ShowArray(int[] array)
    {
        StringBuilder sb = new StringBuilder();
sb.Append("{");
for (int i = 0; i < array.Length; i++)
        {
sb.Append(array[i].ToString());
if (i<array.Length-1)
```

```
                {
sb.Append(",");
                }
            }
sb.Append("}");
return sb.ToString();
        }
}
```

在Scripts脚本目录下，新建一个Lua全局常量类LuaGlobalsIndexConst。代码如下：

```
/// <summary>
/// Lua 全局状态的索引常量
/// </summary>
public class LuaGlobalsIndexConst
{
public const string builtTypeModel = "DefineBuiltInTypesObject";
public const string unityTypeModel = "DefineUnityTypesObject";
public const string enemies = "DefineEnemies";
}
```

在Scripts目录下面新建一个LuaFrameworkTest脚本。代码如下：

```
//引入命名空间
using UnityEngine.UI;
using LuaFramework;
using MoonSharp.Interpreter;
using System.Collections.Generic;
using System;

/// <summary>
/// Lua 测试脚本
/// </summary>
public class LuaFrameworkTest : MonoBehaviour
{
private MessagesLogger ml;

    /// <summary>
    /// 存储内置类型数据实体集合
    /// </summary>
public List<BuiltTypesModel>builtTypesModels = new List<BuiltTypesModel>();
    /// <summary>
```

```
        /// 存放嵌套类字典集合
        /// </summary>
    public Dictionary<string, Enemy>enemies = new Dictionary<string,
Enemy>();

        /// <summary>
        /// 存放 Unity 类型数据实体集合
        /// </summary>
    public List<UnityTypesModel>unityTypesModels = new
List<UnityTypesModel>();

    void Start()
        {
    ml = new MessagesLogger();
            //创建 Lua 状态
    var lua = new Script();

            //在 Lua 状态中注册我们的函数
    lua.Globals[LuaGlobalsIndexConst.builtTypeModel] = (Action<DynValue>)
DefineBuiltTypesModel;
    lua.Globals[LuaGlobalsIndexConst.unityTypeModel] = (Action<DynValue>)
DefineUnityTypesModel;
    lua.Globals[LuaGlobalsIndexConst.enemies] = (Action<DynValue>)
DefineEnemies;

            //从 Resources 目录加载 Lua 文件，加载路径中要带有 Lua 后缀名
            TextAsset luaBuiltTypesModel = Resources.
Load<TextAsset>("LuaTest/BulitTypeTest.lua");
            TextAsset luaUnityTypesModel = Resources.
Load<TextAsset>("LuaTest/UnityTypeTest.lua");
            TextAsset luaNestTypesMode = Resources.Load<TextAsset>("LuaTest/
NestClassTest.lua");

            //执行 lua 文件
    lua.DoString(luaBuiltTypesModel.text);
    lua.DoString(luaUnityTypesModel.text);
    lua.DoString(luaNestTypesMode.text);
            //测试定义
    foreach (BuiltTypesModel item in builtTypesModels)
            {
    Debug.Log(ml.ShowBuiltTypesModelInfo(item));
            }
```

```
foreach (UnityTypesModel item in unityTypesModels)
        {
Debug.Log(ml.ShowUnityTypesModelInfo(item));
        }
foreach (KeyValuePair<string, Enemy>item in enemies)
        {
Debug.Log(string.Format("key={0},value={1}", item.Key, item.Value));
        }

string luaScript;
        //从 CLR 对象创建一个 Lua 脚本
using (LuaWriter luaWriter = new LuaWriter())
        {
luaWriter.Write("DefineEnemies");
luaWriter.WriteObject(enemies);
luaScript = luaWriter.ToString();
        }

        Debug.Log("产生关于 CLR 对象的 Lua 脚本 =\n" + luaScript);

        //清除集合
enemies = new Dictionary<string, Enemy>();
        //执行 Lua 脚本
lua.DoString(luaScript);
foreach (KeyValuePair<string, Enemy>item in enemies)
        {
Debug.Log(string.Format("key={0},value={1}", item.Key, item.Value));
        }

        //测试自定义读取器
LuaReader.AddCustomReader(typeof(Attack), value =>
        {
            Table table = value.Table;
return new Attack()
            {
                Power = LuaReader.Read<int>(table.Get(1)),
                CoolDown = LuaReader.Read<float>(table.Get(2))

            };
        });
        //执行 Lua 脚本
lua.DoString("Attacks={5,3.2}");
        Attack attack = LuaReader.Read<Attack>(lua.Globals.Get("Attacks"));
        Debug.Log(string.Format("自定义读取器产生的CLR对象: \n Attacks={0},\n
```

```
Result={1}","{5,3.2}", ml.ShowAttack(attack)));
        }

        /// <summary>
        /// 填充内置类型实体集合
        /// </summary>
    public void DefineBuiltTypesModel(DynValue luaTable)
        {
            BuiltTypesModel builtInTypesModel = LuaReader.Read<BuiltTypesMod
el>(luaTable);
    builtTypesModels.Add(builtInTypesModel);
        }

        /// <summary>
        /// 填充 Unity 类型实体集合
        /// </summary>
    public void DefineUnityTypesModel(DynValue luaTable)
        {
            UnityTypesModel unityTypesModel = LuaReader.Read<UnityTypesModel
>(luaTable);
    unityTypesModels.Add(unityTypesModel);
        }

        /// <summary>
        /// 填充嵌套类类型实体集合
        /// </summary>
    public void DefineEnemies(DynValue luaTable)
        {
    enemies = LuaReader.Read<Dictionary<string, Enemy>>(luaTable);
        }
    }
```

在工程中新建存放场景的目录Scenes，然后新建一个场景并命名为LuaFrameworkTest，存放到刚刚创建的Scenes目录下。在新创建的场景中创建一个空物体并命名为LuaFrameworkTest。把LuaFrameworkTest拖到刚创建的LuaFrameworkTest空物体上，然后运行工程，在控制台中查看输出的Log日志。

5.7 Generic Move Camera——虚拟现实中的相机控制

5.7.1 简述

在虚拟现实开发中我们经常需要用键盘来控制摄像机的移动、旋转、缩放等相关操作，

Generic Move Camera为我们节省了很多时间来满足这一需求。

5.7.2　功能

- 保持摄像机的级别
- 可以关闭、打开摄像机的移动。例如，在文本输入时阻止摄像机运动
- 能够使用不同的方法向前移动或向后移动
- 能够向左或向右移动
- 能够向上或向下移动
- 能够使用鼠标旋转摄像机
- 能够解决摄像机在另一个对象上，并且制定缩放的范围
- 当锁定在另一个对象上时可以指定缩放的范围
- 能够冻结移动
- 能够锁定摄像机的X、Y、Z在任何点或给定的范围内
- 在停止之前使用阻尼来减缓移动，或者设置为0立即停止
- 能够根据场景大小指定不同的移动灵敏度可以快速或缓慢移动
- 使用默认的键盘和鼠标映射
- 完全定制化。可以改变键盘和鼠标映射为我们想要使用的输入方式

5.7.3　操作流程

新建一个空的工程，把Generic Move Camera插件导入新建的工程中，Generic Move Camera结构如图5-43所示。

图 5-43

Generic Move Camera插件内容很简单，它只有两个脚本文件，还有一个说明文档。

安装提示：本插件导入后，可能会有错误，我们只需要打开GenericMoveCamera.cs脚本文件，注释//using Assets.Code.Extensions和//using Assets.Code.Utility这两个命名空间，同时把GenericMoveCamera.cs脚本里面的Update方法里的“if (_Velocity.Between(-0.001f, 0.001f))”脚本代码修改为“if (_Velocity>-0.001f&&_Velocity< 0.001f)”就可以解决了！

新建一个存放测试场景的Scenes目录，再新建一个场景并命名为Generic Move Camera Test保存到刚才创建的Scenes目录下，然后再创建几个简单的游戏对象组成一个临时的测试场景，如图5-44所示。

把Elenesski Generic Move Camera目录下的GenericMoveCamera.cs和GenericMoveCameraInputs.cs脚本附加到主摄像机上。这里我们简单地写了一个默认功能操作

描述的脚本GenericMoveCameraDes.cs存放在工程的Scripts目录下，也一并附加到主摄像机上。

脚本默认的设置参数如图5-45所示。

图 5-44

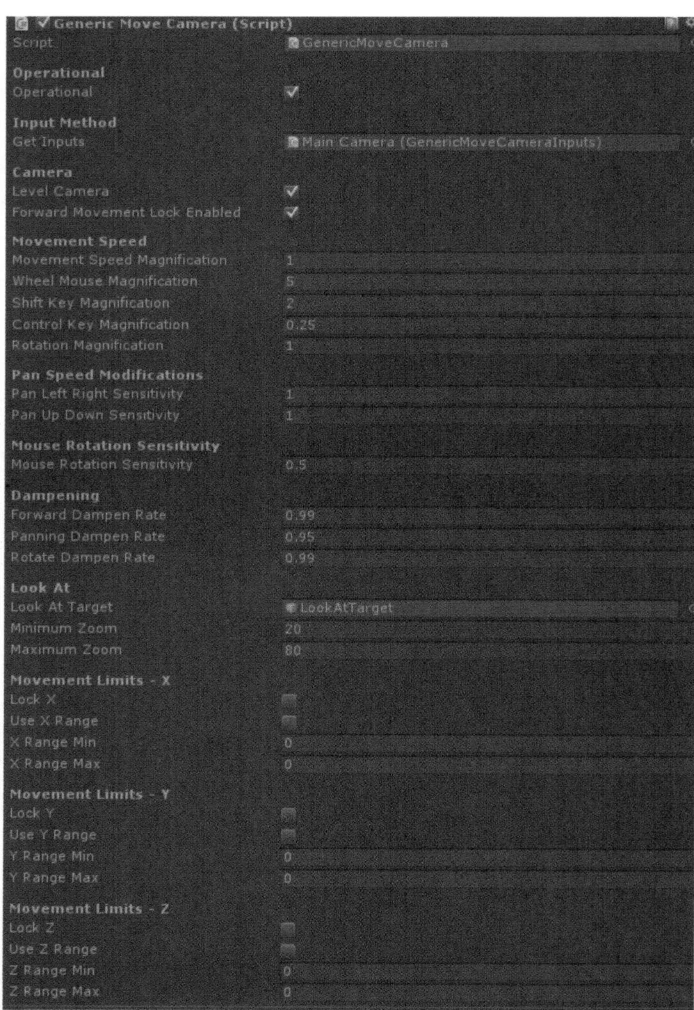

图 5-45

我们可以根据自己的需要进行相关参数的设置，这里并没有做其他任何参数的限定，只是把GetInputs和LookAtTarget进行了赋值操作。

注意： Movement Limits-X/Y/Z的Lock会锁定对应轴向的移动。如果启用Use X/Y/Z Range，可以设置对应轴向的范围限制。如果设定了对应轴向的限制，那么即使启用了范围限制也不会起作用。

等这些操作完成后就可以运行工程来查看效果，如图5-46所示。

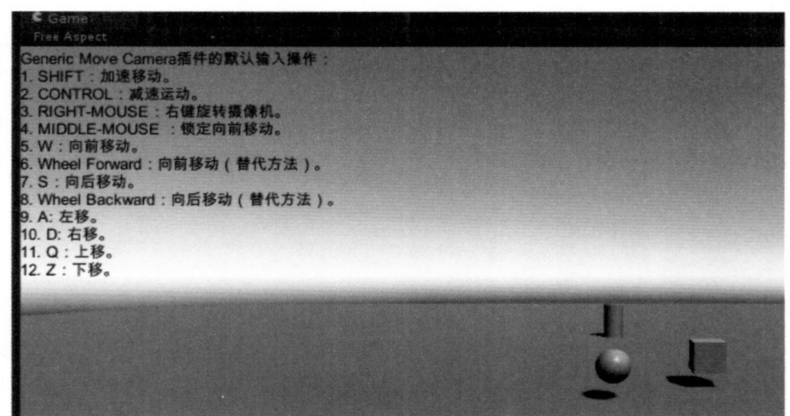

图 5-46

根据GUI上的操作说明进行操作预览，同时还会发现主摄像机上GenericMoveCameraInputs.cs组件中的bool变量会根据对应的输入操作进行启用显示。

Generic Move Camera插件中的输入方式是它自身默认进行设置的。我们可以根据自己的需要来替换插件默认的输入方式。如果想修改默认的操作方式，可以通过下面的两种方式来进行操作。

1）通过修改“Generic Move Camera Inputs”脚本来修改想触发的键。

2）重写这个类指定它的“GetInputs”字段。这个是MonoBehavior。如果想在分屏中用不同的控制方式来控制摄像机就必须这样做。

在这两种情况下，只需要维护输入系统的这些属性就可以：

```
    public bool isSlowModifier;          // Slows the movement down by a factor
    public bool isFastModifier;          // Speeds the movement up by a factor
    public bool isRotateAction;           // Indicates that the camera is rotating.
    public Vector2 RotateActionStart;     // The X,Y position where the right mouse
was clicked
    public bool isLockForwardMovement;    // Turns of forward dampening while on
    public bool ResetMovement;            // Stops all movement
    public bool isPanLeft;                // Tells the system to pan left
    public bool isPanRight;               // Tells the system to pan right
    public bool isPanUp;                  // Tells the system to pan up
```

```
public bool isPanDown;              // Tells the system to pan down
public bool isMoveForward;          // Moves the camera forward
public bool isMoveBackward;         // Moves the camera backward
public bool isMoveForwardAlt;       // Moves the camera forward (alternate)
public bool isMoveBackwardAlt;      // Moves the camera backward (alternate)
```

5.8 Panoramic Framework——全景应用制作

5.8.1 简述

VR是目前比较火的一个行业。利用Unity制作全景应用也是VR里面比较常见的事情。那么有没有好的工具可以快速制作全景应用呢？ 我们将在这一节介绍一个快速制作全景应用的VR插件。

5.8.2 功能

Panoramic Framework对Unity来说是一个比较不错的全景框架，只需要简单地单击几个按钮就可以拖动查看全景。同时Panoramic Framework插件中也包括了一个球形全景转换器可以转换全景为插件使用的格式。

- 支持键盘、鼠标、触摸和UI控制四种模式
- 支持平移、缩放和对场景的交互
- 限制全景相机的旋转
- 支持关闭缩放或者限制缩放
- 支持动态改变缩放的级别
- 支持全景热点操作
- 提供框架的全部源代码
- 支持所有的平台

5.8.3 操作流程

Step 1 创建新工程后导入Panoramic Framework插件。在解压之后出现Panoramic Framework的工程目录结构，如图5-47所示。

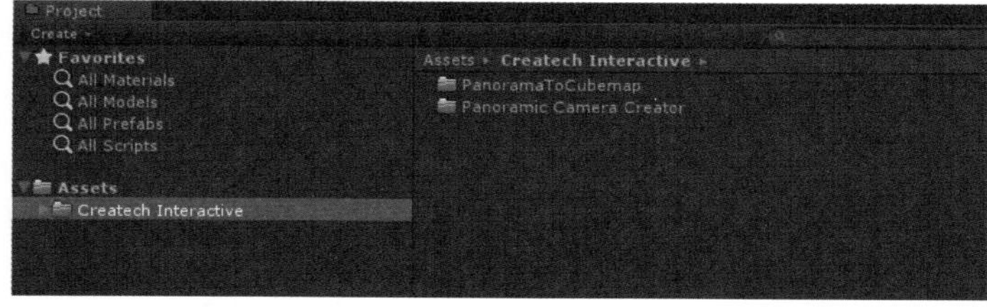

图 5-47

PanoramaToCubemap：本目录存放的是创建Cubemap相关的脚本文件例子和说明。

Pannoramic Camera Creator：本放目录存放的是Panoramic Framework全景框架的相关脚本、文档、例子等。

> **提示**：如果想看Panoramic Framework插件的原理可以自行研究Panoramic Camera Creator目录里面的源文件。当然也可以根据自己的特殊需要进行修改。如果想研究PanoramaToCubemap工具的原理可以自行研究PanoramaToCubemap文件里面的源文件。

Step 2　选择Windows>Createch Interactive>Panorama To Cubemap命令，如图5-48所示。

Step 3　在单击了Panorama To Cubemap菜单项之后，会出现如图5-49所示的窗口界面。

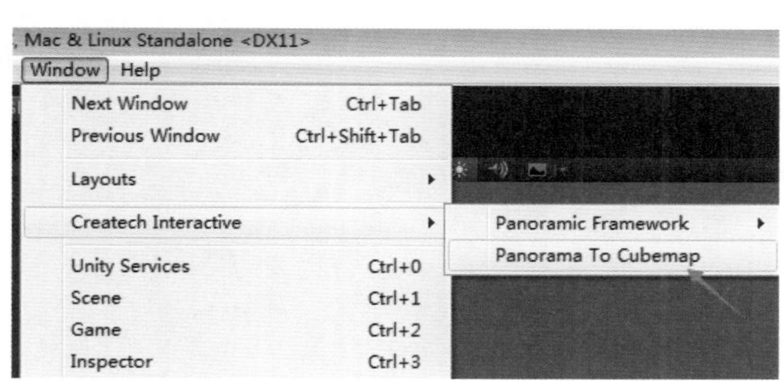

图 5-48

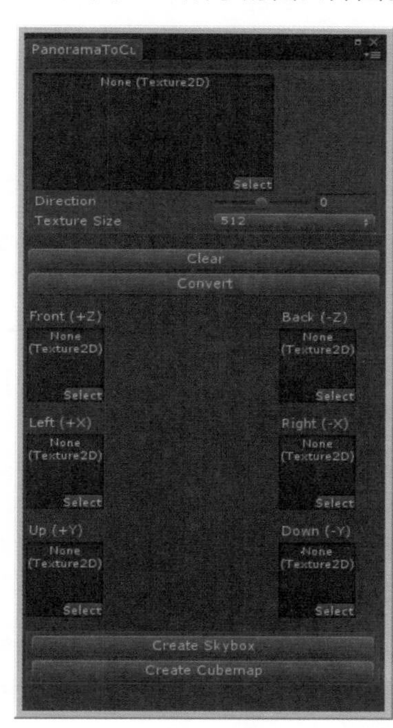

图 5-49

下面介绍一下主要参数。

纹理选择框：这里可以选择产生天空盒或立方贴图要使用的源图。

Direction：这个表示要开始裁取的方向位置。

Texture Size：这个是要创建的天空盒或立方贴图要使用的图片的单个图片大小。它支持的纹理大小为64、128、256、512、1024这5个预先设定好的纹理大小。

Clear：单击该按钮是清除窗口里面的属性设置，恢复到窗口默认参数设置状态。

Convert：单击该按钮是根据源纹理产生要使用的6个单图纹理。

Create Skybox：单击按钮会使用产生的6个纹理产生一个天空盒。

Create Cubemap：单击按钮会使用产生的6个纹理产生一个立方贴图。

窗口里面的Texture Size决定了我们要产生的单个纹理的大小，它的值越大，图片会相对越清晰。我们可以根据自己的要求选择相应的纹理大小设置。如果默认的最大值1024也满足不了需求，那么可以手动修改PanoramaToCubemap.cs这个编辑器脚本文件。

操作方式如下：打开PanoramaToCubemap.cs编辑器脚本。找到privatestring[] m_textureSize = { "64", "128", "256", "512", "1024" }；这行脚本，在它的字符串数组里面添加我们想使用的纹理大小。由于Unity 5.x里面目前支持的纹理大小最大为8192，所以我们这里只能添加到8192。修改后的代码如下：

```
private string[] m_textureSize = { "64", "128", "256", "512", "1024" ,
"2048","4096","8192"};
```

现在我们只是修改了可选择的纹理大小，但是要产生相对应的纹理大小图片，我们还需要再做一个小步骤，那就是要修改m_GetCubemapTextureSize()这个方法里面的枚举状态。原方法为：

```
private int m_GetCubemapTextureSize()
    {
int size = 512;
switch (m_textureSizeIndex)
        {
case 0:
size = 64;
break;
case 1:
size = 128;
break;
case 2:
size = 256;
break;
case 3:
size = 512;
break;
case 4:
size = 1024;
break;
        }
return size;
}
```

修改后的方法为：

```
private int m_GetCubemapTextureSize()
    {
int size = 512;
```

```
switch (m_textureSizeIndex)
        {
case 0:
size = 64;
break;
case 1:
size = 128;
break;
case 2:
size = 256;
break;
case 3:
size = 512;
break;
case 4:
size = 1024;
break;
case 5:
size = 2048;
break;
case 6:
size = 4096;
break;
case 7:
size = 8192;
break;

        }
return size;
    }
```

Step 4　回到Unity工程重新打开PanoramaToCu-bemap面板，如图5-50所示。

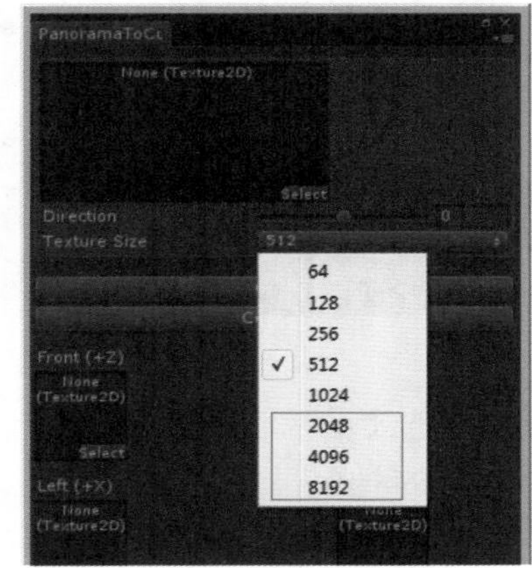

图 5-50

Step 5　现在我们把准备好的要使用的源文件house纹理拖到工程里。然后打开PanoramaToCubemap面板，把刚拖到工程里面的house纹理拖到窗口对应的源文件槽里，然后根据需要选择方向和纹理大小。在确定之后单击Convert按钮就会产生相应的纹理图片存放到output_images目录下，如图5-51所示。

Step 6　接着根据个人需要选择创建天空盒或者立方贴图。如果选择创建立方贴图它会在output_images目录下创建一个立方贴图，如果是选择创建天空盒它会在output_ materials目录创建一个天空盒材质球。这里我们使用的是天空盒，所以单击Create Skybox。

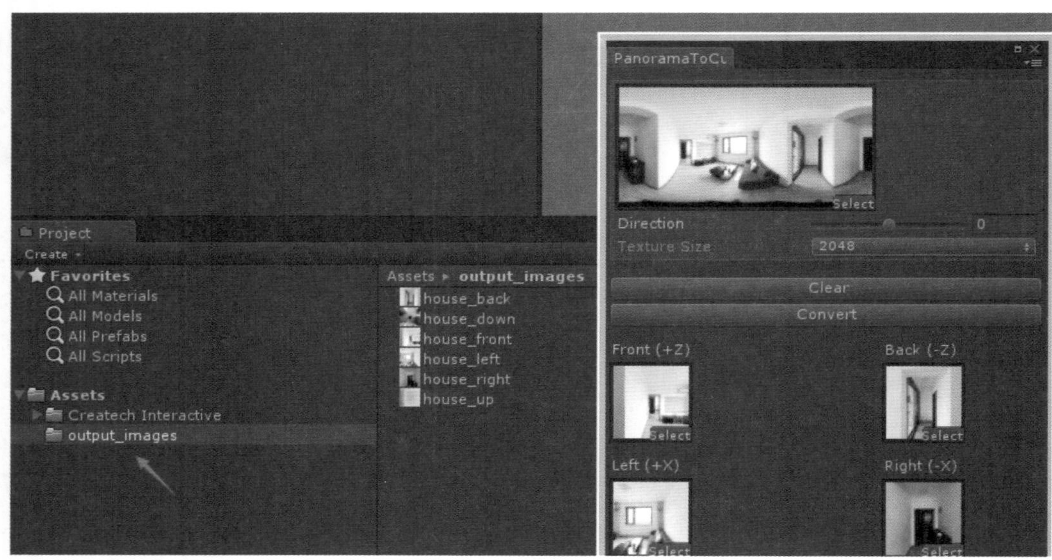

图 5-51

Step 7　操作完成后，我们在工程中新创建一个Scenes目录，然后再新创建一个Demo场景保存到刚创建的Scenes目录下。选择Window>Lighting命令，把默认的Skybox(Default-Skybox)改为我们上面创建的天空盒。替换后如图5-52所示。

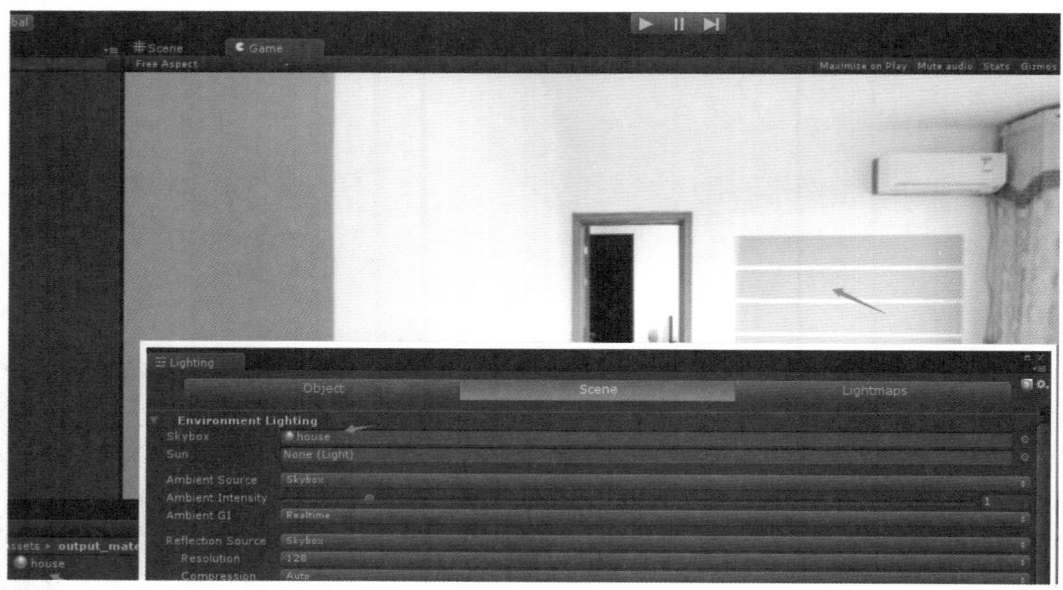

图 5-52

通过上图我们发现，天空盒已经变为我们创建的house天空盒了。不过目前我们还不能进行全景的浏览操作。下面将继续操作，来完成可以浏览的全景house。

Step 8　如图5-53所示打开创建全景摄像机窗口。

创建全景摄像机的窗口如图5-54所示。

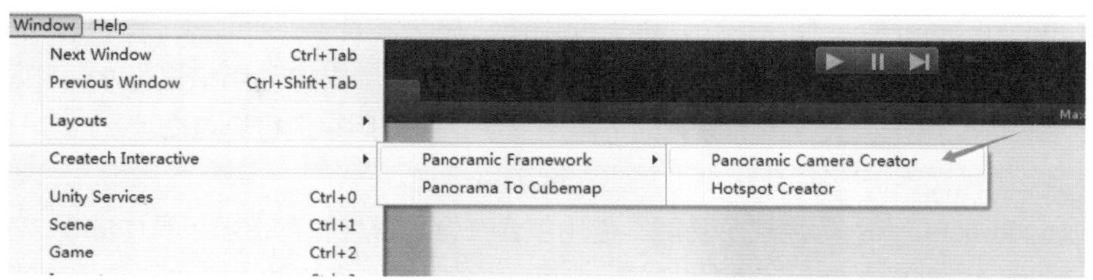

图 5-53

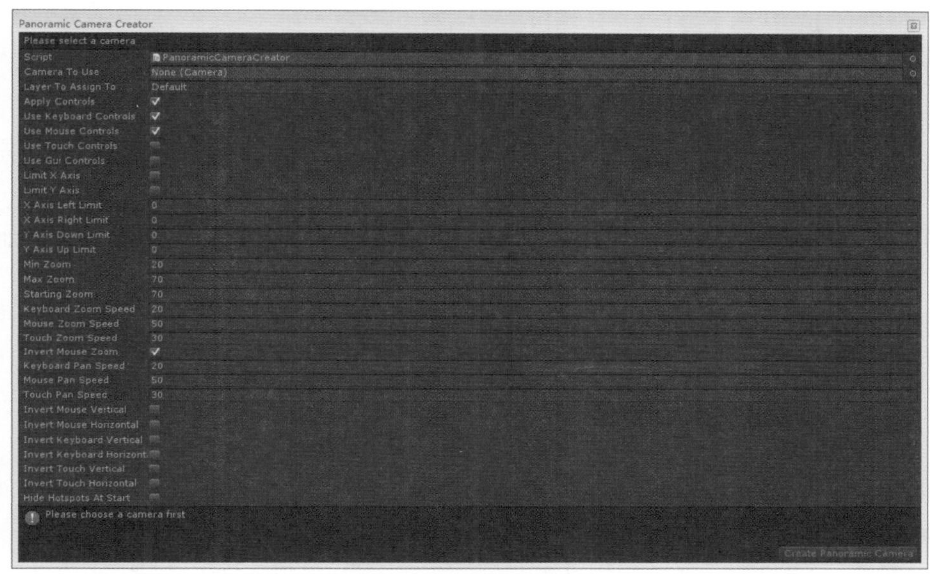

图 5-54

下面介绍一下主要参数。

Camera to use：这个是场景里要转换成全景摄像机的摄像机。可以通过单击字段后面的圆形按钮选择我们要使用的摄像机。或者是直接拖动场景里的摄像机到摄像机字段。为了使Unity和外部应用（如3ds Max）保持一致，请确保摄像机的位置设置为（0,0,0）。

Layer to assign to：这是一个可选功能允许指定新创建的全景绑定到指定的层上。要使用的层必须首先在项目层的设置中进行定义。我们可以在Unity的标签管理中创建新的层，然后进行标签和项目设置。一旦定义好了层，我们可以在层Layer to assign to字段中填写定义过的层名称。如果没有找到层就会显示警告。

Apply controls：启用这个功能应用现成的控制到全景绑定中，或者我们可以自己进行控制，就禁用这个设置。支持的控制模式包括键盘控制、鼠标控制和触摸控制。

控制模式可以同时使用，或者依赖我们的项目和平台需要一次使用一种。如果鼠标和触摸控制启用，触摸控制就会覆盖鼠标控制，这个在使用Unity远程测试时很有用。

为了使用后续的任何控制字段这个功能必须启用。

Use Keyboard controls：启用这个功能，使用包含在全景摄像机创造器工具中的现成的键盘控制方式。键盘的控制模式使用下面的键进行交互：箭头键用来水平或垂直进行平移；加键用来放大；减键用来缩小。要激活热点，同时也要激活鼠标控制。

Use mouse controls：启用这个功能，使用包含在全景摄像机创造器工具中的现成的键盘控制方式。鼠标的控制模式使用下面的键进行交互：右键单击拖动用来进行水平和垂直的平移；鼠标滚轮向上用来放大；鼠标滚轮向下用来缩小；左键用来进行热点交互。

为了激活热点，用户必须在热点上单击左键来执行它。

Use touch controls：启用这个功能，使用包含在全景摄像机创造器工具中的现成的键盘控制方式。触摸的控制模式使用下面的键进行交互：1个手指触摸拖动进行水平和垂直的平移；2个手指捏住向外拖进行放大；2个手指捏住向内进行缩小；1个手指敲击进行热点交互。为了激活热点，用户必须在热点上使用1个手指进行敲击来执行它。

Limit X axis：启用这个功能将激活限制所有模式只能在水平方向平移。这对于不是360°全景并且想限制它的视角时很有用。这个功能需要进行左、右设置。

Limit Y axis：启用这个功能将激活限制所有模式只能在垂直方向平移。这对于不是360°全景并且想限制它的视角时很有用。这个功能需要进行上、下设置。

X axis left limt：这个用来设置限制水平最左侧的欧拉角。这个限制通常小于0，例如−60° 。这个功能需要启用“Limi X axis”选项。

X axis right limit：这个用来设置限制水平最右侧的欧拉角。这个限制通常大于0，例如60° 。这个功能需要启用“Limi X axis”选项。

Y axis down limit：这个用来设置限制垂直向下的欧拉角。这个限制通常小于0，例如−30° 。这个功能需要启用“Limi Y axis”选项。

Y axis up limit：这个用来设置限制垂直向上的欧拉角。这个限制通常小于0，例如30° 。这个功能需要启用“Limi Y axis”选项。

Min zoom：这个来设置全景摄相机最小的缩放值，建议此值大于0，例如20。

Max zoom：这个设置全景摄像机最大的缩放值。建议此值大于0并且大于最小缩放值，例如70。

Starting zoom：创建摄像机时初始化的缩放级别。建议级别是在缩放级别的最小和最大边界之间，例如，如果最小缩放级别设置为20，最大级别设置为70，那么开始缩放应该设置在20～70之间，不能低于20或高于70。

Keyboard zoom speed：键盘控制模式下进行缩放的速度。建议它的值大于0，例如20。如果不希望用户通过键盘进行缩放，设置为0。

Mouse zoom speed：鼠标控制模式下进行缩放的速度。建议它的值总是大于0，例如50。如果我们不想用户使用鼠标进行缩放，设置为0。

Touch zoom speed：触摸控制模式下进行缩放的速度。建议它的值大于0，例如30。如果我们不想用户使用触摸设备来进行缩放，设置为0。

Keyboard pan speed：键盘控制模式下水平和垂直进行平移的速度。建议值总是大于0，例如20。

Mouse pan speed：鼠标控制模式下水平和垂直进行平移的速度。建议值总是大于0，例如50。

Touch pan speed：触摸控制模式下水平和垂直进行平移的速度。建议值总是大于0，例如30。

Invert mouse vertical：启用这个选项，反转鼠标的-Y轴用于平移。

Invert mouse horizontal：启用这个选项，反转鼠标的-X轴用于平移。

Invert keyboard vertical：启用这个选项，反转键盘的-Y轴用于平移。

Invert touch vertical：启用这个选项，反转触摸控制的-Y轴用于平移。

Invert touch horizontal：启用这个选项，反转触摸控制的-X轴用于平移。

Hide Hotspots at start：启用此选项，在播放模式下或者开始运行时当前场景中所有的热点都被隐藏。

Create panoramic camera：一旦我们满意了所有的设置及所有必要的输入都已经被指定，创建全景按钮就可用了。单击这按钮创建新的全景摄像机绑定。

Step 9　把层次面板中要使用的摄像机添加到摄像机卡槽，然后单击Create panoramic camera按钮，现在全景摄像机就创建完成了，如图5-55所示。

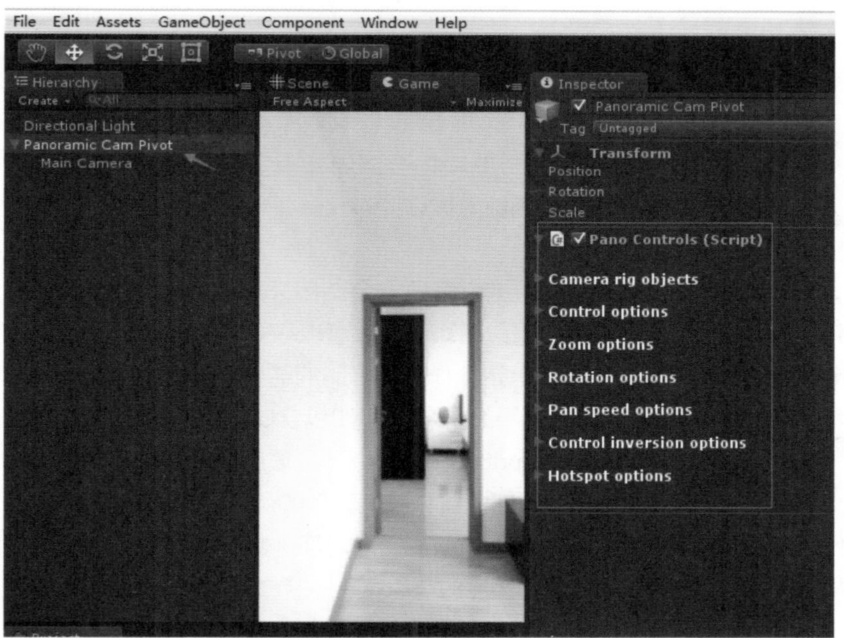

图 5-55

如果想通过UI来控制全景操作，可以把Panoramic Camera Creator脚本文件夹里面的GuiControls.cs脚本附加到场景中的Panoramic Cam Pivot对象上。然后单击运行按钮就可以通过UI来控制了。

> **提示：**全景摄像机创造器负责创建场景中的全景摄像机设置。它唯一的要求是应用场景中有一个摄像机。

接下来我们要为全景应用添加热点交互，这样就可以和环境进行交互。通过如图5-56所示方式打开热点创建窗口。

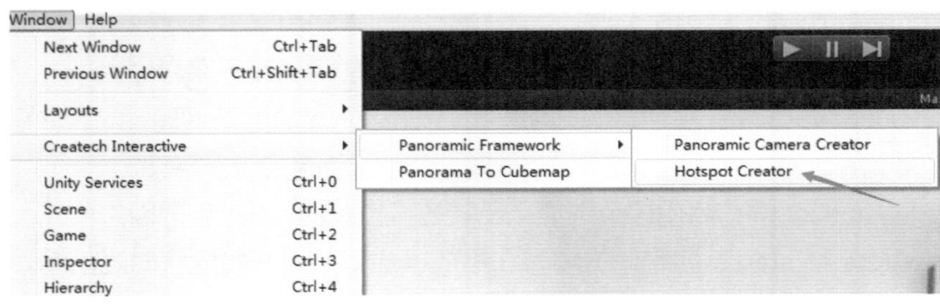

图 5-56

下面介绍一下主要参数。

Hotspot object：这是场景中需要转换成热点的对象。通过单击Hotspot object字段后边的圆形按钮选择对象，或者是拖动场景对象到热点字段中。请确保这个对象包含一个碰撞器，否则你将无法选择它。在选择对象之前，我们要为对象添加一个碰撞器，例如盒子碰撞器。如果我们选定的对象没有有效的碰撞器将会显示警告。

Hotspot ID：这是热点的编号，我们可以给它任意编号，但是建议给它唯一表示，例如DoorHotspot01。

Run external function：启用这个选项将会调用外部函数，例如包含Unity对象的网页（Web平台），运行时选择热点。这个函数应该在“external function name”字段中进行指定，作为运行时的结果。

Send hotspot ID external：启用这个选项将会调用外部函数，例如包含Unity对象的网页（Web平台），运行时选择热点，在选择热点时可以获得热点的编号。这个函数应该在“external function name”字段中进行指定，作为运行时的结果。

External function name：外部调用的函数，例如包含Unity对象的网页（Web平台），在“run external function”或“send hotspot ID external”选项启用后热点选择时进行调用。建议只对一个外包选项进行启用。请确保外部函数和我们输入的函数匹配。

Send hotspot ID internal：启用这个选项会调用内部函数，例如场景中游戏对象包含的脚本，当选择热点时进行调用，同时选择热点时可以接受选择热点的编号。这个方法是在“name of receiving method”字段进行指定的作为结果运行。该选项也需要对象包含指定的方法。这个对象必须在“object to send ID to”字段中进行指定。还可以通过启用或禁用“requires receiver”选项来指定是否需要一个接受方法。

Object to send ID to：在这里（使用“send hotspot ID internal”选项）场景中包含要发送热点编号的脚本的对象。

通过单击字段后边的圆形按钮选择要使用的对象，或者通过拖动场景对象到“object to send id to”字段中。

Name of receiving method：为了使用“object to send id to”选项。指定接收选择热点时接收编号的方法名称。这个方法会因此被调用。请确保该方法和我们输入的方法名称相匹配。

Requires receiver：启用这选项，当发送热点编号到对象内部时强制有一个接收器。如果没有找到接收器，会在控制台上打印一个错误。

Debug ID to console：仅用于测试目的。启用这个选项时将会把选择的热点编号打印到控制台。在检测热点工作和设置是否正确时很有用。

Loads new scene：选择热点时是否加载新场景。

Scene name：选择热点时需要加载的新场景的名称。为了可以加载场景，我们需要把要加载的场景添加到编译设置窗口里。

Loads new pano：选择热点时是否添加新的全景。

Pano material to load：选择热点时加载的全景材质。如果没有对此字段进行赋值。将会有警告出现在控制台。

Play sound：选择热点时是否播放声音。

Sound to play：选择热点时播放的声音。

Create a hotspot：一旦我们满意了所有的设置及所有必要的输入都已经被指定，创建热点按钮就可用了。单击这按钮创建新的热点。

Step 10　在层次面板中创建一个Cube对象，命名为AirCondition。修改它的位置到贴合空调的位置，然后设置热点创造器，设置参数如图5-57所示。

Step 11　单击Create a hotspot按钮创建一个新的热点交互对象，然后运行Unity，单击空调的热点位置就可以听懂播放的声音同时在控制面板输出热点编号的信息。

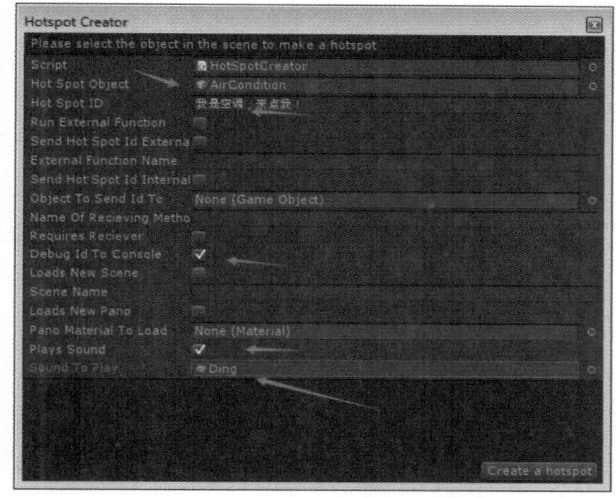

图 5-57

> **提示：**热点创造器用来负责创建场景中进行交互的热点。其唯一的要求是从场景中提供一个包含碰撞器的游戏对象，然后还有选择热点后执行的动作。

5.9 Mundo Sound Audio Manager——音效管理器

5.9.1 简述

在游戏或虚拟现实开发中我们经常需要来控制播放游戏音效或者控制音效的淡入淡出效果。一个良好的音效播放工具类在开发中会比较方便，可以加快开发进程。

5.9.2 功能

Mundo Sound Audio Manager使用一行代码来控制音效的播放。本插件中使用MundoSound.cs类来快速播放任何音效，并且自动回收播放的音效，减少内存和CPU使用。它的特性就是简单、快速、易用和健壮。

5.9.3 操作流程

新建一个空的工程，把Mundo Sound Audio Manager插件导入我们新建的工程中，Mundo Sound Audio Manager目录结构如图5-58所示。

图 5-58

MoundoSound：里面存放的是插件里面的资源，包括测试音效及核心代码。

Plugins：是插件的核心代码文件。

FreeSamplesFrom_www.mundosound.com：里面存放的是插件使用的测试音效文件。

在Assets目录下，新创建保存测试场景的目录Scenes及存放测试脚本文件的Scripts目录。新创建一个测试场景并命名为MundoSoundAudioManagerTest，并将其保存到我们刚创建的Scenes目录中，然后在新创建的场景中创建一个空游戏对象并命名为MundoSoundTest，并且为新建的空游戏对象MundoSoundTest附加Audio Source组件。并且把Plugins目录下的脚本组件MSAudioVolume附加到MundoSoundTest空游戏对象上。

现在新创建一个命名为MundoSoundsTest的测试脚本文件，并且把此脚本附加到MundoSoundTest空游戏对象上。MundoSoundTest测试脚本文件的测试代码如下：

```
using UnityEngine;
using System.Collections;

/// <summary>
/// MundoSounds 测试类，用来测试 MundoSound 的 api
/// </summary>
public class MundoSoundsTest : MonoBehaviour
{
    /// <summary>
    /// 音频剪辑
    /// </summary>
private AudioClip clip;

    /// <summary>
    /// 音频源
    /// </summary>
private AudioSource source;
    /// <summary>
    /// 动画曲线
    /// </summary>
public AnimationCurve curve;
```

```
    void Start()
        {
    source = GetComponent<AudioSource>();
    clip = source.clip;
        }

    void OnGUI()
        {
            if (GUILayout.Button("1. 使用指定的音频剪辑、音量、位置、是否循环、延迟、
容器对象播放音频"))
            {
    MundoSound.Play(clip, 0.5f, Vector3.zero, false, 1f, null);
            }

            if (GUILayout.Button("2. 使用指定的音频剪辑、音量、位置、是否循环播放音频"))
            {
    MundoSound.Play(clip, 0.5f, Vector3.zero, false);
            }

            if (GUILayout.Button("3. 使用指定的音频剪辑、音量、是否循环播放音频"))
            {
    MundoSound.Play(clip, 0.9f, false);
            }

            if (GUILayout.Button("4. 使用指定的音频剪辑、音量、位置播放音频"))
            {
    MundoSound.Play(clip, 0.5f, Vector3.zero);
            }

            if (GUILayout.Button("5. 使用指定的音频剪辑、是否循环播放音频"))
            {
    MundoSound.Play(clip, false);
            }
            if (GUILayout.Button("6. 使用指定的音频剪辑、音量播放音频"))
            {
    MundoSound.Play(clip, 0.5f);
            }
            if (GUILayout.Button("7. 使用指定的音频剪辑播放音频"))
            {
    MundoSound.Play(clip);
            }
```

```
        if (GUILayout.Button("8. 使用指定的音频剪辑、音量、音频容器对象播放音频"))
        {
MundoSound.Play(clip, 0.5f, null);
        }

        if (GUILayout.Button("9. 使用指定的音频剪辑、容器对象播放音频 "))
        {
MundoSound.Play(clip, null);
        }

        if (GUILayout.Button("10. 使用指定的音频剪辑、位置、容器对象播放音频 "))
        {
MundoSound.Play(clip, Vector3.zero, null);
        }

        GUILayout.Label(" 音量淡入淡出测试
---------------------------------------------");
        if (GUILayout.Button("1. 音量的线性淡入 "))
        {
source.Play();
MundoSound.FadeVolumeIn(source, 1.5f);
        }

        if (GUILayout.Button("2. 音量的线性淡出 "))
        {
source.Play();
MundoSound.FadeVolumeOut(source, 1.5f);
        }

        if (GUILayout.Button("3. 音量的线性淡入到目标值 "))
        {
source.Play();
MundoSound.FadeVolume(source, 0.2f, 1f);
        }
        if (GUILayout.Button("4. 使用动画曲线淡入音量 "))
        {
source.Play();
MundoSound.FadeVolume(source, 1, curve);

        }
    }
}
```

现在单击运行按钮就可以测试上面的功能！

> **注意：** 如果想使用音效的淡入淡出，必须把MSAudioVolume组件附加到游戏组件上。

上面简单地介绍了一下Mundo Sound Audio Manager插件的使用，我们可以根据的自己需要进行适当修改扩展，例如新增播放暂停、播放启用等功能。

5.10　Fast Pool——加速对象池系统

5.10.1　简述

游戏开发中我们需要对反复实例化销毁的对象做一个对象池，来提升游戏的性能。对象池有很多种实现方式，不过每种方式的差异性并不是太大，本节将讲解其中的一种实现方式。

5.10.2　功能简介

FastPool是最快的对象池系统，它是一个简单的专业级的工具，可以通过回收频繁重用的游戏对象来提升性能。我们可以用这个对象池系统来缓存一大群敌人，子弹痕迹，贴花或任何想缓存的对象。FastPool不使用任何缓慢的函数，是整个商店里面最快的缓存池方案。我们可以放置场景中上千个对象仅需要几毫秒。

主要功能如下：

- 快速的闪存
- 对于移动设备友好
- 支持所有类型的对象
- 易于集成和直观的用户界面
- 简单的游戏对象和组件扩展
- OnFastInstantiate 和 OnFastDestroy事件来处理对象的重生
- 简单的拖动使用
- 自动销毁选项

5.10.3　操作流程

新建一个空的工程，把Fast Pool插件导入我们新建的工程中，Fast Pool结构如图5-59所示。

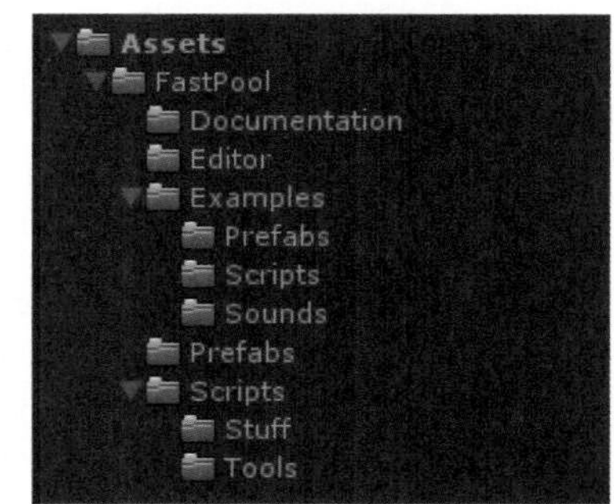

图 5-59

下面让我们来看看Fast Pool里面的脚本内容。

1. Fast Pool

（1）公有成员函数

```
FastPool.FastPool(GameObject prefab,
```

```
                Transform rootTransform = null,
bool warmOnLoad = true,
int preloadCount = 0,
int capacity = 0)
```

在FastPool中创建一个新的实例。

参数说明如下。

prefab：将要创建的实例源，也就是我们要操作的对象。

rootTransform：对象创建的父对象，如果没有父对象直接设置为Null。

warmOnLoad：当场景加载的时候是否加载预设到内存中。

preloadCount：开始缓存的数量。

capacity：容量（最大缓存的数量0～无限）。

```
FastPool.FastPool(int id,
                GameObject prefab,
                Transform rootTransform = null,
bool warmOnLoad = true,
int preloadCount = 0,
int capacity = 0)
```

在FastPool中创建一个新的实例。

参数说明如下。

id：这个池的自定义标识，默认情况下它等于预设源实例。

（2）成员函数

1）void ClearCache()

从内存中卸载所有缓存的对象。

```
void FastDestroy(GameObject sceneObject)
void FastDestroy<T>(T sceneObject)
```

禁用设置对象放在池中供以后使用。如果池规模达到容量限制的对象将被摧毁。

```
T FastInstantiate<T>(Transform parent = null)
T FastInstantiate<T>(Vector3 position,
                  Quaternion rotation,
                  Transform parent = null)
 GameObject FastInstantiate(Transform parent = null)
 GameObject FastInstantiate(Vector3 position,
                        Quaternion  rotation,
                        Transform parent = null)
```

快速从池子中实例化对象。

```
bool Init(Transform rootTransform)
```

初始化当前参数

2）成员数据文件

int Capacity：缓存容量。

PoolItemNotificationType NotificationType：通知类型。

bool ParentOnCache = false：把这个对象打开会使缓存对象稍慢一些。

PreloadCount：开始缓存的数量。

WarmOnLoad：是否在加载的时候开始缓存。

3）属性文件

Cached：缓存的数量。

ID：预设的ID。

Name：预设的名称。

IsValid：显示池是否已成功初始化。

2. FastPoolManager

（1）静态公共成员函数

```
static FastPool CreatePoolC<T>(T component,
bool warmOnLoad = true,
int preloadCount = 0,
int capacity = 0)
where T : Component
```

根据组件创建一个新的池。

```
static FastPool CreatePool(GameObject prefab,
bool warmOnLoad = true,
int preloadCount = 0,
int capacity = 0)
```

根据对象创建一个新的池。

```
static FastPool CreatePool(int id,
                     GameObject prefab,
bool warmOnLoad = true,
int preloadCount = 0,
int capacity = 0)
```

根据ID创建一个新的池。

```
static FastPool GetPool(GameObject prefab,
bool createIfNotExists = true)
```

通过指定的预设返回池。createIfNotExists表示如果不存在则创建一个新的池。

```
static FastPool GetPool(int id,
                   GameObject prefab,
bool createIfNotExists = true)
```

通过指定的ID返回池。

```
static FastPool GetPool(Component component,
bool createIfNotExists = true)
```

通过指定的组件返回池。

```
static void DestroyPool(FastPool pool)
```

销毁池和池中缓存的对象。

（2）属性

```
static FastPoolManager Instance
```

这个类的实例对象。

```
Dictionary<int, FastPool>Pools
```

管理运行库列表的字典集合。

关于这两个关键的脚本我们在这里已经详细介绍了一些它们中的参数和函数还有一些属性，接下来让我们看看怎么去创建一个简单的对象池。

创建一个新的场景，然后在场景中创建一个空的对象并命名为FastPoolManager，给这个FastPoolManager空对象加上FastPoolManager这个脚本，如图5-60所示。

我们来看一下这几个参数，之前已经说了，这里再简单说一下，当我们单击AddNewPool的时候就会出现AddNewPool下面的一些参数，也就是我们增加一个新的池，创建池的时候我们可以增加多个，这个自己在做的时候可以去测试一下，然后我们这里只创建一个池用来做讲解。

主要参数说明如下。

Source Prefab：就是我们准备在池中创建缓存的对象。

Capacity：这个是我们对象的缓存的容量大小。

Preload Count：是在场景加载的时候我们先加载出来的数量。

例如让Preload Count=10，然后生成场景看一下效果，如图5-61所示。

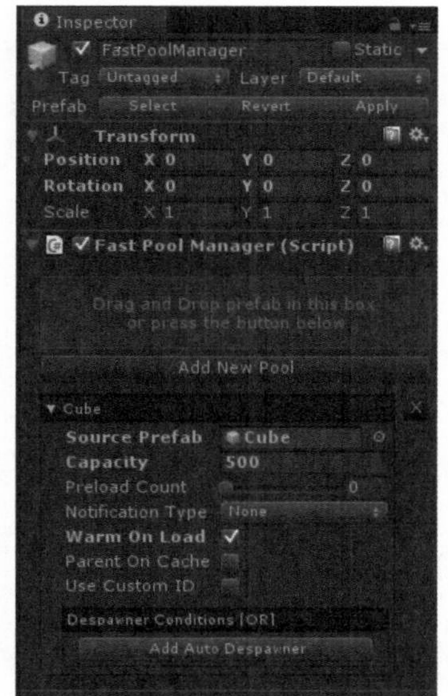

图 5-60

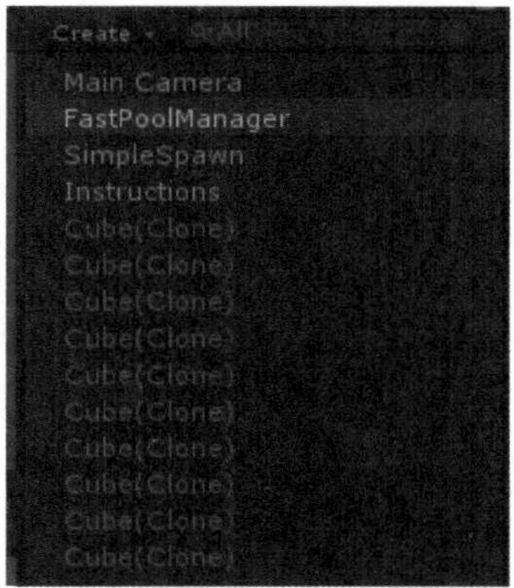

图 5-61

刚生成场景就会立即加载出来10个，这样我们就能大致理解其中的含义。

接着我们看一下怎么去做自己的应用，同样也创建一个新的对象SimpleSpawn，暂时就用我们例子中的东西，挂上SimpleSpawn.cs这个脚本，然后看一下里面具体的用法。

首先定义一个我们要操作的缓存对象：

```
public GameObject sampleGameObject;
```

定义一个缓存对象的数组：

```
GameObject[] hugeObjectsArray;
```

初始化数组缓存1000个：

```
hugeObjectsArray = new GameObject[1000];
```

生成我们缓存的对象并加入缓存数组中：

```
public void Spawn()
 {
缓存 1000 个
for (int i = 0; i < 1000; i++)
        {
            //获取我们要缓存对象的对象池如果不存在则创建它
            FastPool fastPool =  FastPoolManager.GetPool
            (sampleGameObject);
          //生成缓存对象并记录到数组中
```

```
            //如果对象池中存在缓存的对象则快速实例新的
hugeObjectsArray[i] = fastPool.FastInstantiate();
        }
}
//销毁对象（这里的销毁对象不是真正意义上的销毁而是隐藏起来）
public void DestroyObjects()
    {
     //销毁1000个
for (int i = 0; i < 1000; i++)
        {
            //从池中找到我们要销毁的缓存对象
            FastPool fastPool = FastPoolManager.GetPool
            (sampleGameObject);
fastPool.FastDestroy(hugeObjectsArray[i]);
        }
    }
```

这两个方法分别讲述了缓存对象和销毁对象，这样我们下次用的时候就直接可以从对象池中取出缓存过的对象，效率很快，节省很多实例化对象销毁对象造成的内存处理。

5.11 VxCursor3d——制作交互光标

5.11.1 简述

在游戏或虚拟现实开发中我们可能会需要用到3D光标来提升交互。

5.11.2 功能简介

VxCursor3d允许我们使用任何Unity的游戏对象作为3D光标。这个光标包括粒子效果、灯光、多对象、动画等。它使用最新的脚本来设计简单易用的3D光标。全部兼容任何使用标准Unity鼠标输入的脚本。

5.11.3 操作流程

新建一个空的工程，把VxCursor3d插件导入我们新建的工程中，VxCursor3d结构如图5-62所示。

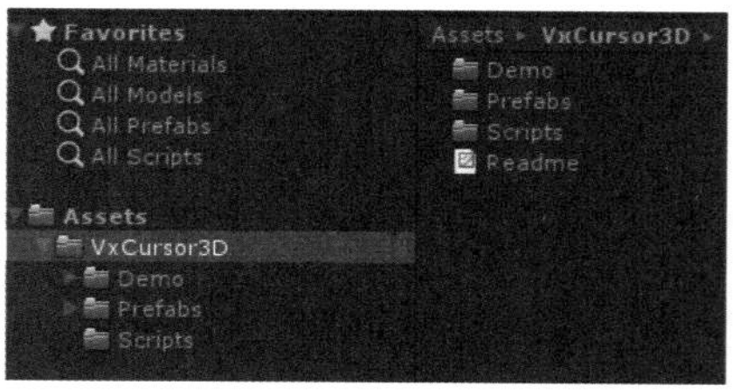

Demo：此目录存放的是插件样例使用到的资产。

Prefabs：此目录存放的是插件里面的预设资源。

Scripts：此目录存放的是插件的核心代码。

图 5-62

打开Demo目录下面的DemoScene演示场景，运行场景后出现如图5-63所示的效果，并通过调节UI上的参数进行预览。

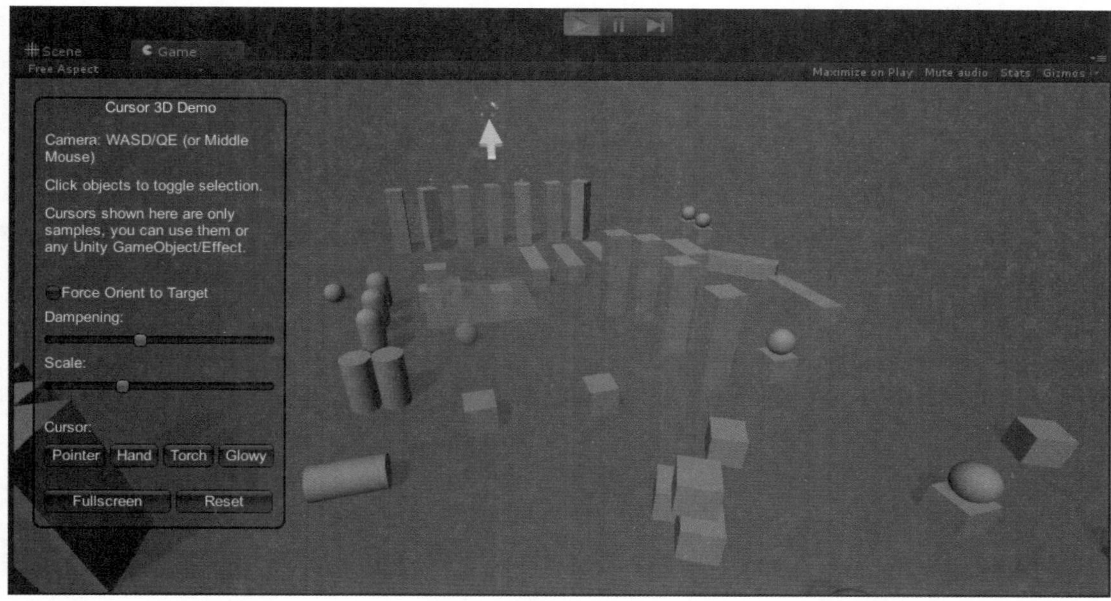

图 5-63

VxCursor3D资产导入到项目中，我们可以根据下面的步骤进行设置。

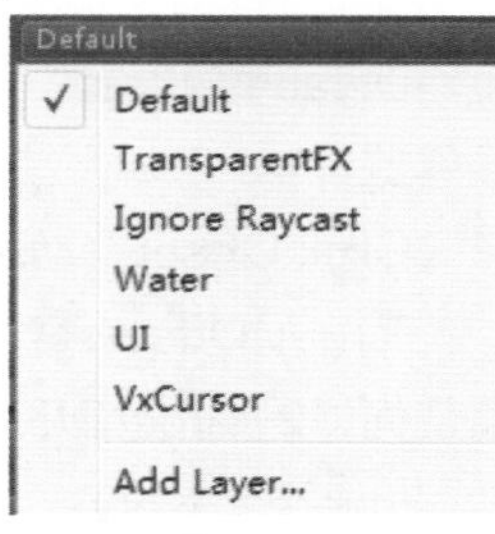

图 5-64

Step 1　首先在Unity编辑器中添加一个新层，我们建议像“VxCursor3d”这样来命名，如图5-64所示，每个光标游戏对象都将会属于这个层。

Step 2　添加光标到场景，拖动光标预设（建议使用提供的CursorPointer预设开始）到场景中。

确保这个层是上面第一步里设置的层，如图5-65所示。

图 5-65

Step 3　添加光标管理器脚本，选择主摄像机，然后手动添加VxCursor3d Manager脚本或者通过编辑器的菜单命令Components>VxCursor3D>Camera-CursorManager进行添加，然后拖动光标预设到检视面板的Cursor属性中，如图5-66所示。

Vx Cursor 3d Manager (Script)	
Script	VxCursor3dManager
Cursor	CursorPointer
Position Dampening	10
Rotation Dampening	10
Default Distance	10
Max Distance	100
Mouse Button	0
Default Offset	1
Click Offset	0.9
Target Offset	0.2
Target Click Offset	0.1
Ignore Layers	Nothing
Target Layers	Nothing
Target Tags	

图 5-66

VxCursor3dManager脚本应用于主

摄像机，如果我们有多个摄像机进行切换，每个上面都必须有VxCursor3dManager脚本，然后对每个摄像机上VxCursor3dManager脚本进行单独设置。不要应用VxCursor3dManager脚本到光标预设上。

下面对主要的脚本参数进行说明。

Cursor：这是一个很重要的设置。它定义初始化使用的光标。此外，要了解光标在初始化是可见的。如果我们想改变光标或光标的可见性，使用SetCursor、ShowCursor和HideCursor方法（不要在运行时通过设置属性进行改变，要使用方法）。

Position/Rotation Dampening：控制光标定位的平滑性。越小的值越慢，越大的值越快。注意，较小的值会滞后与鼠标移动到的位置。我们建议使用默认的值，除非我们有一个非常特别的效果。

Default Distance：当光标管理器找不到鼠标在哪里（例如，如果没有场景几何体在光标下面），它将会渲染从摄像机的默认距离单位。

Max Distance：决定管理器从摄像机投射多远距离，来确定当前光标下有什么场景几何体。我们应该尽可能保持这个值小。

Mouse Button：用于判断是否有用户点击或者单击鼠标按钮。如果我们不想使用这个，把它设置为-1。当用户点击后，光标将会使用ClickOffset或TargetClickOffset值来决定位置的偏移（参考下文）。

Default Offset：不管摄像机是否在一个目标场景几何体上，光标将会放置几何体的默认偏移单位。

Click Offset：当用户单击指定鼠标时使用的默认偏移。

Target Offset：当摄像机在目标上（根据目标层和目标层设置进行判断），光标将会放置远离几何体的TargetOffset单位。

Ingore Layers：当光标在任何忽略层的游戏对象上时，光标会忽略它。这个对于透明和其它用户无法进行互动的游戏对象很有帮助。

Target Layers：当光标在任何目标层的游戏对象上，光标会根据配置进行相应的行为（指向或者不指向目标）。这个经常和目标标签进行结合使用。

Target Tags：当光标在任何目标标签的游戏对象，光标将会根据配置进行相应的行为（指向或者不指向）。这个经常和目标层进行结合使用。

特别值得注意的是IgnoreLayers、TargetLayer和TargetTargs设置。离开盒子，光标管理器不知道场景中哪些对象是目标或场景集合。上面提到的设置是我们需要配置的，使光标的行为和有些对象不一样。

> **注意：**我们现在可以测试场景。它大部分是可以工作的，但是我们可能会看到光标裁剪了我们的几何体。现在，我们的主摄像机是渲染所有东西，包括光标。

Step 4　添加子光标摄像机，为了阻止光标裁剪场景集合，我们需要添加子摄像机来渲染光标（仅仅只用于渲染光标）。另外，我们将会配置主摄像机不渲染光标。

1）在Unity编辑器菜单中，选择GameObject>CreateOther>Camera命令。

2）像“Cursor Camera”（这取决于我们）这样子命名新创建的摄像机，然后让它作为主摄像机的子物体，如图5-67所示。

图 5-67

3）在主摄像机的监视面板设置Culling Mask为除了上边第一步创建的光标层外的所有层，如图5-68所示。

4）设置刚刚创建的光标摄像机。

a）设置位置和旋转都为0。这将使子摄像机在任何时候都匹配主摄像机的位置。缩放保持所有缩放。

b）设置Clear Flags为Depth Only。

c）设置Culling Mask 为光标层（仅仅是光标的层）。

d）设置Depth高于主摄像机的Depth。这将导致在其他场景之后渲染光标。

e）其余的摄像机设置和主摄像机一样。

f）移除子摄像机上的AudioListener，否则在运行场景时会产生警告。我们也可以删除GUILayer和Flare Layer组件。

g）如果我们想要光标的效果或着色，我们需要添加到子摄像机，如图5-69所示。

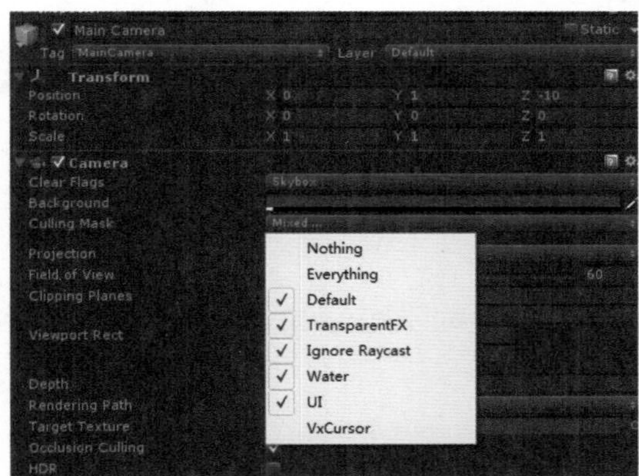

图 5-68

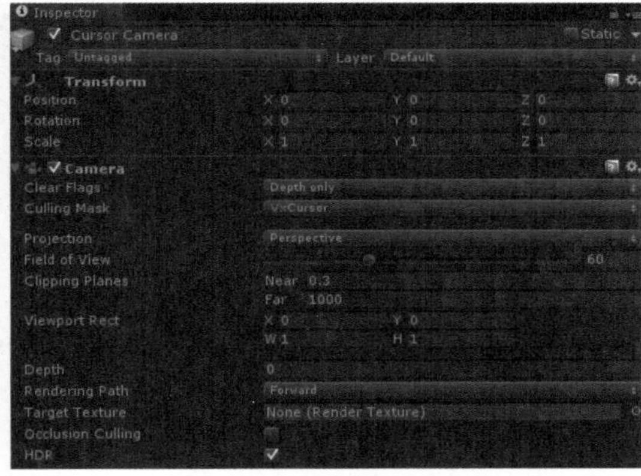

图 5-69

> **注意：** 如果主摄像机进行了改变，我们需要确保也能改变子摄像机。如果它们不匹配，光标渲染方式关闭，我们会看到一些非常奇怪的行为。另外，如果culling mask/flags/depth没有进行正确设置，我们会看到场景被渲染了两次。

如果遵循了上面的指令，现在可以运行项目使用3D光标，它不会再裁剪几何体。

Step 5　创建自定义光标。

一旦我们很满意了上面的工作，我们可能想创建自己的3D光标。任何Unity的游戏对象都可以作为3D光标。

> **注意：**因为我们使用Unity的物理系统，我们的光标不应该有碰撞器。如果光标有碰撞器，确保光标层包括在被忽略的层中。最简单的方法就是光标不存在碰撞器。如果光标有碰撞器，我们可能会看到一些奇怪的行为（如果没有配置正确它可能会自身产生碰撞）。

当创建光标时，我们建议添加模型和任何效果到一个空物体中。它将会允许我们在父对象内进行移动和旋转模型，以防万一我们的模型偏离了（0, 0, 0）。面对我们的模型相对于父游戏对象的原点（坐标0, 0, 0）移动对于光标有正确的行为是很重要的。我们的光标应该面向沿着z轴的正方向，如图5-70所示。

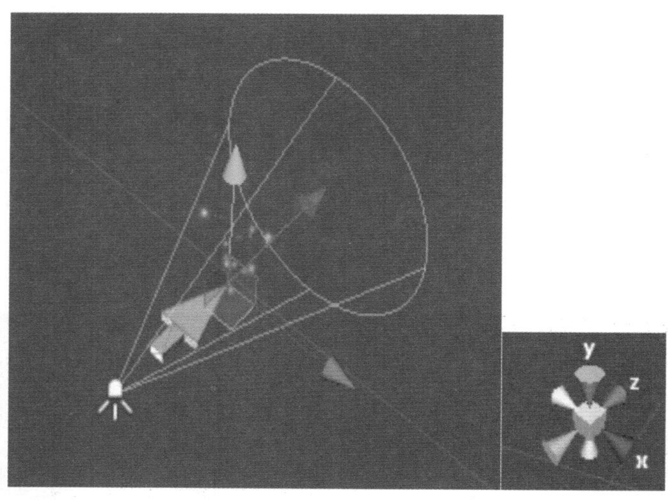

图 5-70

光标的热点的轴心点在游戏对象的局部坐标（0, 0, 0）。我们建议添加一个空游戏对象然后再给它添加模型和效果。

> **提示：**创建我们的光标，然后在父游戏对象位置（0, 0, 0）处添加一个缩放的小球（类似0.1, 0.1, 0.1）。这个允许我们在父游戏对象内移动模型和效果，看到热点在哪里。

注意上图中指针的提示是游戏对象的轴中心点。最后通过编辑器的Components>VxCursor 3D>Cursor Settings命令添加VxCursor3d设置脚本。

这个系统有2个核心脚本组成：

VxCursor3d.cs应用于我们的光标游戏对象。它是可选的，但是可以让我们改变默认的光标行为。如果游戏对象不包括VxCursor3d脚本，光标将会自动使用默认的行为。

VxCursor3dManager.cs是主要的脚本，应用于我们的主摄像机。它有3个方法让我们控制光标：SetCursor、ShowCursor和HideCursor。SetCursor用于改变光标（如果我们使用多个光标）。ShowCursor和HideCursor将会可能用来进行3D光标和默认的Unity 2D光标（例如用户接口或其他特殊情况）之间进行切换。

下面对核心API进行说明。

VxCursor3dManager：定义了3个方法用来控制光标模型和可见性。

我们可以使用任何Unity脚本机制访问VxCursor3dmanager脚本实例。它会根据我们的场景组织和脚本的工作进行恰当的工作。

以下应该可以在大多数情况下工作（例如，我们在这里设置光标，但同样适用于调用任何方法）。

```
    var cursorManager = FindObjectOfType<VxCursor3dManager>();
cursorManager.SetCursor(MyCursor);
```

SetCursor：在运行时修改光标，不要使用管理器脚本的光标属性，使用SetCursor方法。可以通过我们想使用的任何游戏对象进行传递。管理器脚本将会自动隐藏上一个光标和位置并显示新的模型。

ShowCursor/HideCursor：ShowCursor和HideCursor方法根据我们的需要进行显示和隐藏光标。

VxCursor3d脚本是一个可选项，被应用于3D光标游戏对象上。如果使用，它应该应用于顶层的游戏对象上（不要应用在任何子对象上）。Rotation Offset是从默认的中间旋转进行旋转。X，Y和Z值围绕各自的轴线进行旋转，完全像四元数（事实上它们就是）。如果选择Orient to Target，光标将会指向目标。目标是在VxCursor3dManager脚本中定义的层或标签。

5.12　Mobile VR Movement Pack 插件讲解

5.12.1　简述

在移动游戏VR或移动VR应用开发中，我们经常需要VR运动效果，通过头部、蓝牙等进行运动控制。通过Mobile VR Movement Pack可以让我们快速创建移动平台上的VR运动。

5.12.2　功能

这个是移动VR运动例子的集合。这个包里面包括了5个demo：节点系统、导航网格移动、蓝牙控制器移动、自动运动（点击开始、停止）和查看运动（向下看运动，向上停止）。

5.12.3　操作流程

新建一个空的工程，把Mobile VR Movement Pack插件导入我们新建的工程中，Mobile VR Movement Pack结构如图5-71所示。

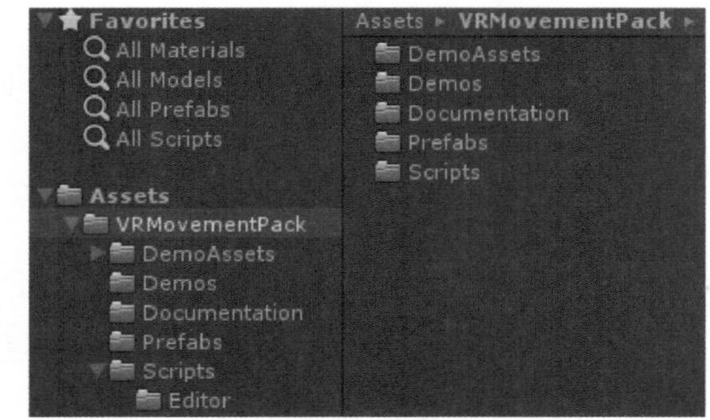

图 5-71

DemoAssets：此目录存放的是演示样例使用到的资产。

Demos：此目录存放的是演示样例。

Documentation：此目录存放的是帮助文档。

Prefabs：此目录存放的是VR运动使用的预设。

Scripts：此目录存放的是VR运动的核心脚本。

现在我们先对资源包里的几个例子进行简单说明。

1. Autowalk

单击按钮开始行走，单击按钮停止行走。

- 添加VRAutowalk&和CharacterController到玩家的根游戏对象上。
- 场景必须有一个EventSystem使用StandAloneInputModule的GazeInputModule。
- 使用VRAutowalk.cs脚本。

2. Lookwalk

- 向下看开始行走；回顾停止行走。
- 添加VRLookwalk&和CharacterController到玩家的根游戏对象上。
- 场景必须有一个EventSystem使用StandAloneInputModule的GazeInputModule。
- 使用VRLookwalk.cs脚本。

3. NavMesh Movement

如果玩家看着地形、地板或地面，然后单击输入按钮，移动到它们观看的地方。

它是如何工作的：

- 需要烘焙导航网格的所有对象必须标记为Navigation Static。参考Window>Navigation。可以行走的对象必须附加了VRWalkableSurface和碰撞器组件。
- 玩家根游戏对象必须有一个NavMeshAgent 组件。
- 主摄像机必须有一个Phyisics Raycaster组件。
- 场景必须有一个EventSystem使用StandAloneInputModule的GazeInputModule。
- 使用了VRWalkableSurface.cs。

4. Bluetooth Controller Movement

蓝牙控制器可以用来移动玩家。这不是一个全面的VR蓝牙控制器，它不会使每个蓝牙控制器都可以工作。它可以使用来自水平和垂直的输入。参考Editor>Project Settings>Input。

- 添加VRBluetoothController&和CharacterController到玩家的根游戏对象上。
- 场景必须有一个EventSystem使用GazeInputModule。
- 使用VRBluetoothController.cs脚本。

5. Waypoint System

路径节点有一个自定义编辑器可以很简单地创建节点路径。路径节点系统展开如图5-72所示。

Gaze Timer：在移动之前观看路径节点多久。

Player Speed：移动到路径节点时的速度。

Player Offset：玩家移动到的位置。如果偏移位置为0，会移动玩家到路径节点的中心。

Connected Waypoints：连接的路径节点集合。

New Waypoint Prefix：创建新的路径节点的前缀。

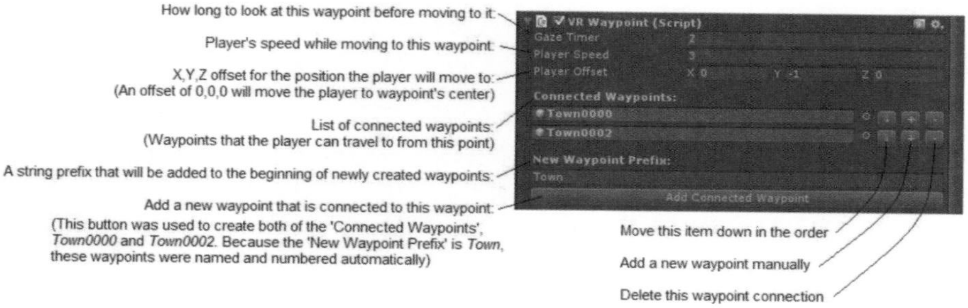

图 5-72

Add Connected Waypoint：添加新的连接的路径节点。

路径节点预设包括在VRMovementPack/Prefabs/ 目录里。路径节点需要下面的组件。

路径节点的标签必须为：Waypoint。

需要一个VRWaypoint.cs脚本。

- 一个碰撞器组件（最好使用球形碰撞器）。
- 一个可视化的组件（箭头），是路径节点的子游戏对象。
- 这个子对象有Animator组件，通过PointerEnter来开关动画，如图5-73所示。

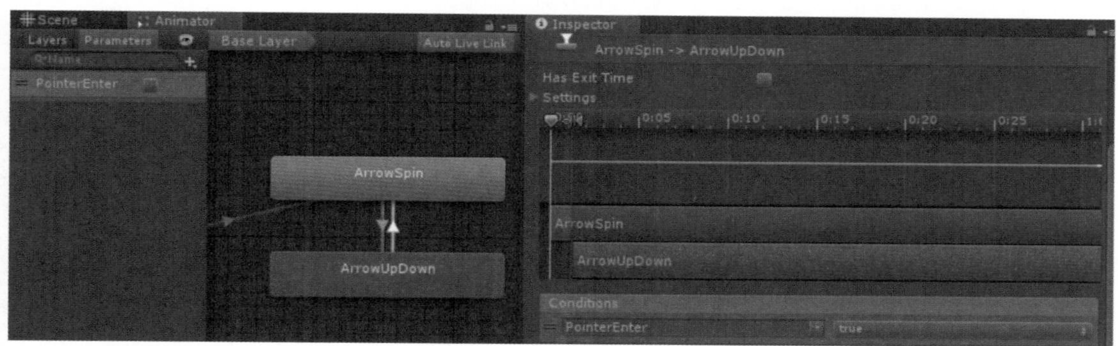

图 5-73

- 主摄像机必须有一个Physics Raycaster组件。
- 场景必须有一个EventSystem使用StandAloneInputModule的GazeInputModule。
- 使用了下面的脚本：

Scripts\VRWaypoint.cs

Scripts\Waypoint.cs

Scripts\Editor\VRWaypointEditor.cs

Scripts\Editor\WaypointDrawer.cs

Scripts\Editor\WaypointList.cs

6. 如何使用

每个摄像机预设包括一个叫做VRMouseLook的脚本。VRMouseLooks允许我们在Unity编辑器中旋转和平移（倾斜）摄像机。

- 按住Alt键进行头部旋转。
- 按住Ctrl键进行头部倾斜。

正确地指定摄像机和玩家的标签。在做自定义开发时请按照下面的标签进行设置。

– 主VR摄像机的标签为：Main Camera。

– VR玩家的标签为：Player。

在Untiy VR开发时不能直接移动摄像机。相反，摄像机必须作为一个游戏对象的子物体，然后改变位置必须应用父对象的变换，记住VR主摄像机必须是根游戏对象的子对象。

（1）Gear VR

这个包准备好了使用原生的Unity VR 平台，例如GearVR。在编译准备好时，在编译设置里简单地选择Virtual Reality Supported 选项。

– 更多详细消息参考：https：//docs.unity3d.com/Manual/VROverview.html。

– 对于GearVR，参考https：//developer.oculus.com/osig/。

（2）Google VR（Cardboard/Daydream）

GoogleVR很快也使用原声的Unity VR平台了，这个包会自动工作。但是现在，需要有几个额外的步骤来处理GoogleVR/Cardboard/Daydream。

第一步：下载Google VR 0.9 或当前版本

使用Google VR SDK 0.9，我们将会使用GVRViewerMain预设。

https：//developers.google.com/vr/unity/download

第二步：导入Google VR SDK

导入第一步中下载的GoogleVRForUnity.unitypackage包。

第三步：导入移动VR移动包

导入VR移动插件到工程中，选择它的所有文件。

第四步：打开Autowalk Demo Scene

导航到VRMovementPack/Demos/DemoAutoWalk.unity打开场景，我们可以看到Autowalk场景例子。

第五步：添加GVRViewMain预设到场景

导航到GoogleVR/Prefabs/GVRViewerMain.prefab然后拖动到场景中。

第六步：从主摄像机上移除VRMouseLook脚本

因为GoogleVR旋转和倾斜头部使用Alt键和Ctrl键，我们需要从主摄像机上移除VRMouseLook脚本。

第七步：添加GvrReticle预设到主摄像机

导航到GoogleVR/Prefabs/UI/GvrReticle.prefab然后拖动到主摄像机下。

第八步：移除VRGazeInputModule组件

这个例子使用VRGazeInputModule输入模块。选择EventSystem游戏对象，然后移除VRGazeInputModule。

第九步：添加Google VR的GazeInputModule

现在我们需要添加谷歌的输入模块。从添加组件按钮添加GazeInputModule（名称中不带有VR）。

第十步：移动GazeInputModule上移

选择gear图标在监视面板上的GazeInputModule类，然后选择Move Up（上移）。

5.13　NavMesh Extension——强化导航网格功能

5.13.1　简述

在制作AI的过程中，通常会选择使用Unity自带的导航网格来完成自动寻路功能，这就需要对可行走区域烘焙导航网格数据。一般来说都需要美术人员来制作可行走区域，但有时烘培出来的导航网格并不是太好，尤其是在频繁修改可行走区域的时候。

NavMesh Extension提供了自定义导航网格的创建，可以随时随地在Unity场景视图中进行编辑烘焙，可大幅节省时间并提升开发效率。

5.13.2　功能

NavMesh Extension提供了自定义导航网格的功能，并通过UI编辑来绘制网格，增加传送门关闭网格的智能搜索。NavMesh Extension有以下特性：

- 扩展了Unity的导航网格寻路系统
- 放置顶点产生导航网格
- 批量选择移动多个顶点
- 保存创建的网格作为资产和预设
- 放置传送门快速到目的地
- 查找传送门的最短路径

5.13.3　操作流程

新建一个空的工程，把NavMesh Extension插件导入新建的工程中，NavMesh Extension结构如图5-74所示。

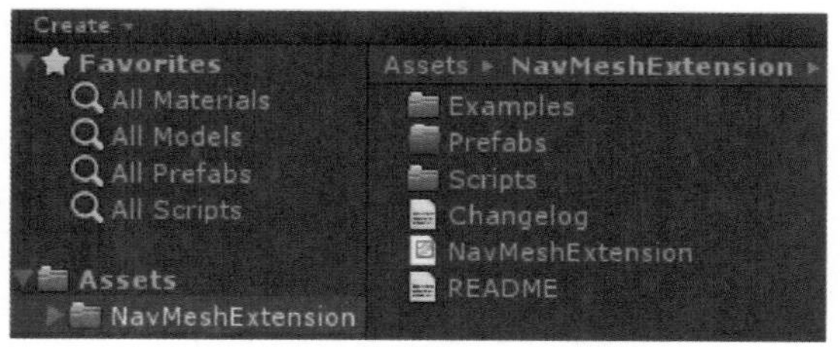

图 5-74

Examples：此目录存放的是演示样例使用的资产。

Prefabs：此目录存放产生的导航网格和预设。

Scripts：此目录存放的是NavMesh Extension的核心代码文件。

打开Examples文件里面的Example演示样例场景，然后预览运行的效果，会发现实例场景使用了2个管理对象还包含了导航代理可以行走到我们单击的任何烘焙的地方。它的导航网格是使用了导航网格内置的，代理可以使用PortalManager找到最短的路。

NavMesh Extension提供了2个管理对象，扩展了Unity内置的导航网格系统。

下面我们将要讨论NavMesh Extension提供的2个管理对象：NavMesh Manager和Portal Manager。

1. NavMesh Manager

导航网格管理器允许我们使用Unity的导航网格系统创建自定义可行走的区域。

我们可以通过Window>NavMesh Extension>NavMesh Manager命令添加一个导航网格管理对象到场景中。选择刚创建的NavMeshManager对象，组件监视面板如图5-75所示。

图 5-75

图 5-76

New NavMesh：通过单击New NavMesh创建一个新的导航网格区域。如果我们指定了Mesh Material，这个材质将应用于新创建的导航网格。

Toggle Renderers：该按钮将会显示或隐藏NavMesh Manager对象下面的所有导航网格区域的渲染器。

Bake NavMesh：调用Unity的NavMeshBuilder类来为代理烘焙新的导航网格，基于NavMesh Manager创建的区域进行烘焙。

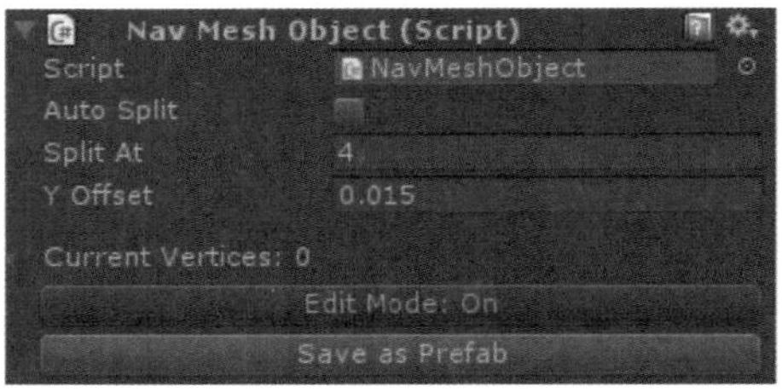

在单击New NavMesh之后，会在NavMesh Manager下创建一个附加了NavMesh Object组件的游戏对象。这个脚本管理着编辑模式下添加的顶点和三角形，在离开编辑模式时合并子网格为单一网格。NavMesh Object组件的监视面板如图5-75所示。

Auto Split：放置顶点是如果启用Auto Split选项，在超过数量之后就会自动断开连接。如果禁用Auto Split选项，我们可以放置每个子网格无限数量的顶点。

Split At：顶点分界点阈值。

Y Offset：当添加顶点到碰撞器时可选的高度值。

Edit Mode：On(Off)：这个是编辑模式的开关。

Save as Prefab：选择导出创建的网格资产和预设。这些文件将会导出到工程的NavMesh Extension>Prefabs路径下。我们可以通过NavMeshObjectEditor脚本来修改保存到的位置。

下面简单介绍一下导航网格编辑。

在导航网格对象上可以单击Edit Mode。这个按钮将会变成黄色，表面可以激活放置顶点。

现在我们可以在场景视图中通过单击碰撞器来放置顶点。

如果我们想创建一个新的子网格不和其他网格连接，可在场景视图中按住Ctrl键单击碰撞器。只要结合Ctrl键单击第一个顶点以后所有的顶点就会自动连接到这个子网格上。

当放置顶点在另一个网格的顶点上，两个顶点将会自动合并为一个顶点。

请注意：复杂的结构，例如孔或悬岩，不能有一个子网格创建。我们可以在一个位置上开始子网格，对于将来的顶点有意义，这样避免网格出现如图5-77所示错误的结果。正确的网格如图5-78所示。

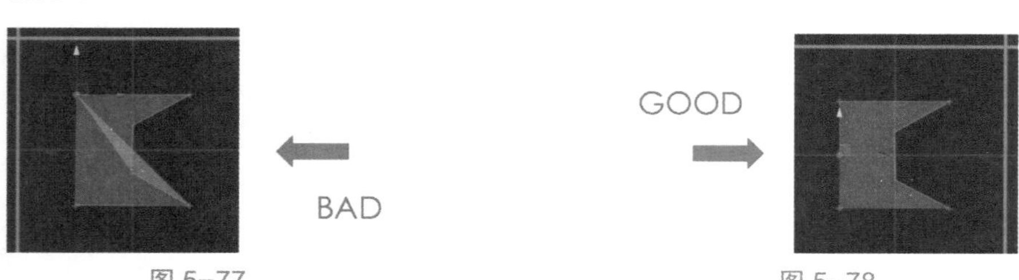

图 5-77　　图 5-78

离开编辑模式会合并所有子网格到一个网格，再单击编辑模式会在此进行。如果我们想移动顶点，在Edit Mode是Off时，使用鼠标左键进行选择，然后进行移动操作。选择要删除的顶点，然后单击backspace进行删除。单击选择顶点，双击或右击取消选择的顶点。

2. Portal Manager

传送门管理组件通过传送门连接烘焙的导航网格上的两个点，以便导航网格代理可以或不可以使用它们找到到目标点最短的路。通过Window>NavMesh Extension>Portal Manager命令来添加一个新的传送门管理器。PortalManager组件如图5-79所示。

New Portal：用来创建新的传送门。单击New Portal来添加传送门到场景中。单击之后将会创建一个传送门父游戏对象带有一个唯一的名称和两个子对象。

新创建的传送门子对象传送点对象组件如图5-80所示。

图 5-79

图 5-80

Color：指定自定义图标的颜色。

Distance：在场景视图中移动它们时，将会显示两个传送门之间的直线距离。

> **提示：** NavMesh Extension提供了一个简单的导航网格代理交互的例子，就是Agent Controller脚本。这个脚本控制样例场景里的导航网格代理和监听用户设置代理的目标点。

当设置目标点时，它调用PortalManager.GetPath开始或结束为止。传送门管理器组件会考虑所有传送门然后计算出一条路径。在计算之后，会返回一个Vector3位置数组，包括多个起始和结束点（例如，开始传送门为1，传送门1就是目标）。

NavMesh Extension使用步骤：

Step 1　创建新场景。

Step 2　根据场景区域设置编辑自定义导航网格区域。

Step 3　启用或禁用自定义的导航网格区域渲染器。

Step 4　烘焙场景。

Step 5　添加传送门。

5.14　AVPro Movie Capture 插件讲解

5.14.1　简述

在游戏或VR开发中我们可能会记录游戏，把游戏视频进行分享或记录操作时出现bug的流程用于测试。AVPro Movie Capture就是这样一个插件可以方便我们进行捕捉视频。

5.14.2　功能简介

- 高性能，简单易用。

- 使用任何想要的视频编码
- 实时捕捉和离线渲染
- 可以在编辑器和发布后工作
- 可以捕获透明通道创建透明的视频
- 直接从Unity或Windows设备记录音频
- 运动模糊渲染
- 支持线性和伽马色彩空间

5.14.3 使用说明

新建一个空的工程，把AVPro Movie Capture 插件导入我们新建的工程中，AVPro Movie Capture 结构如图5-81所示。

图 5-81

DemoScenes：这里存放的是插件的演示资产。包括演示场景、脚本等。

Resources：这里存放的是需要动态使用的着色器资产。

Scripts：这里存放的是插件的核心脚本。

Shaders：这里存放的是插件的着色器资产。

Plugins：这里存放的是插件的原生封装的DLL。

我们可以打开DemoScenes文件下的演示场景预览插件的演示效果。接着是对于AVPro Movie Capture 插件的使用进行说明。

使用AVPro Movie Capture 插件的系统要求：

1）Unity 4.x Pro或Unity 5.x以上的版本。

2）Windows（32位或64位）。

3）Windows XP SP3及更高。

4）需要记录视频格式的编码解码器。

下面简单介绍一下AVPro Movie Capture 组件。

AVProMovieCaptureFromCamera& AVProMovieCaptureFromScene

在Unity3.5+中AVProMovieCaptureFromScene直接访问图形API要比AVProMovieCaptureFromCamera快。对于旧版本的Unity AVProMovieCaptureFromCamera有更好的性能，但是它不能捕捉GUI。

（1）AVProMovieCaptureFromCamera组件

这个组件附加到一个摄像机来捕获3D输出。确保AVProMovieCaptureFromCamera组件是摄像机的最后一个组件，如图5-82所示。

Capture key：视频捕捉的快捷键。

Capture On Start：是否在开始进行视频捕捉

Start Paused：开始是否暂停。

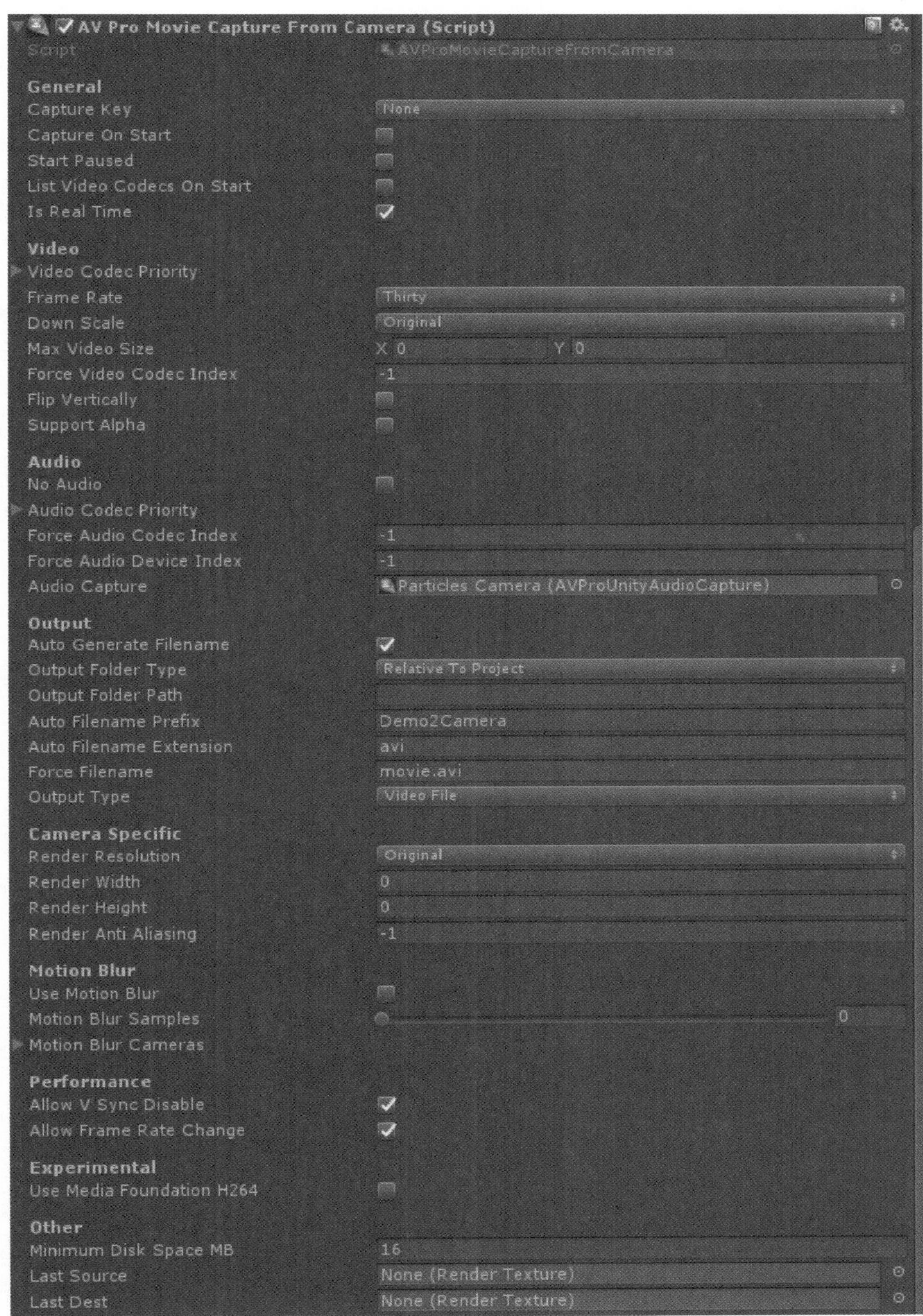

图 5-82

List Video Codecs on Start：开始是否显示视频编码解码器的列表。

Is Real Time：是否使用真实时间。

Video Codec Priority：这里显示视频编码解码器的优先级。

Frame Rate：选择捕捉的帧速率。

Down Scale：屏幕缩放比例。

Max Video Size：最大的音频大小。

Force Video Codec Index：强制视频编码解码器的优先级，会覆盖Video Codec Priority的优先级设置。

Flip Vertically：是否垂直翻转。

Support Alpha：是否支持透明。

No Audio：是否使用音频。

Audio Codec Priority：音频编码解码器的优先级。

Force Audio Codec Index：强制音频编码解码器的索引。

Force Audio Device Index：强制音频设置的索引。

Audio Capture：音频捕捉使用的摄像机。

Auto Generate Filename：音频产生的文件名称。

Output Folder Type：输出的音频目录类型。

Output Folder Path：输出的音频目录路径。

Auto Filename Prefix：输出音频文件的文件名前缀。

Auto Filename Extension：输出音频文件的后缀名。

Force Filename：强制使用的文件名称。

Output Type：输出的音频类型。

Render Resolution：渲染分辨率。

Render Width：渲染宽度。

Render Height：渲染的高度。

Render Anti Aliasing：渲染抗锯齿值。

Use Motion Blur：是否使用运动模糊。

Motion Blur Samples：运动模糊的采样值。

Motion Blur Cameras：运动模糊的摄像机列表。

Allow V Sync Disable：是否允许禁用垂直同步。

Allow Frame Rate Change：是否允许改变帧速率。

Use Media Foundation H264：是否使用H264编码。

Minimum Disk Space MB：最小的硬盘剩余空间。

Last Source：最近的渲染纹理源。

Last Dest：最近目的的渲染纹理源。

（2）AVProMovieCaptureFromScene组件

这是首选的组件用于捕获它绕过Unity直接从GPU缓冲区中进行捕获。不像AVProMovieCaptureFromCamera组件，它捕获全部场景包括GUI，同样，必须附加到场景中的摄像机对象上，如图5-83所示。

设置和AVProMovieCaptureFromCamera组件的选项基本一致，如图5-84所示，我们列出了两种不同组件的比较。

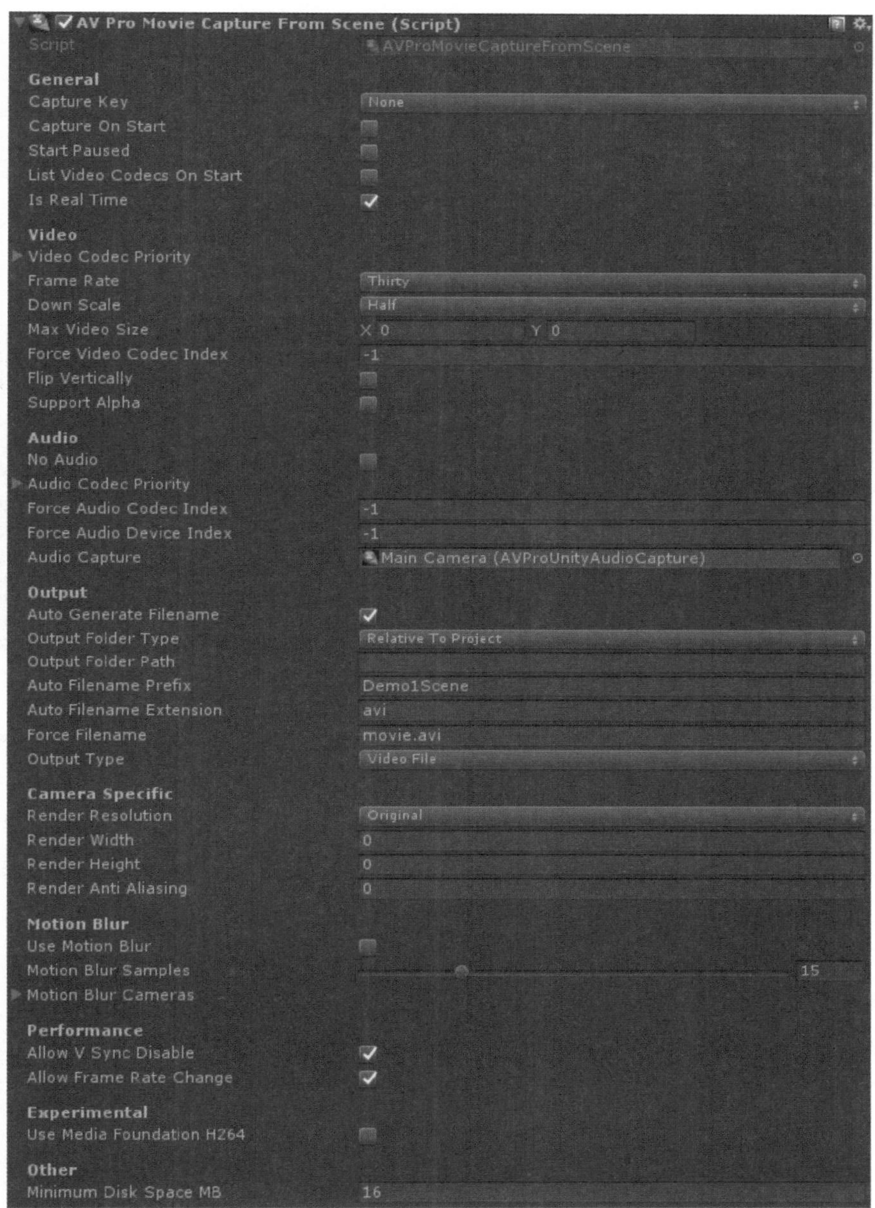

图 5-83

Component	Native	Unity GUI
AVProMovieCaptureFromScene	Yes	Yes
AVProMovieCaptureFromCamera	Yes	No

图 5-84

Native：支持原生GPU捕获而不是使用Unity的Texture2D.GetPixels32()，原生方法是最快的捕捉方法。

Unity GUI：捕捉是否包括Unity GUI。

1. 操作流程

Step 1 导入插件到项目中。

Step 2 移动DLL Plugin文件到合适的目录。

Step 3 在Untiy 4.x中移动Assets/AVProMovieCapture/Plugins 到Assets/Plugins目录下。在Unity 5.x以上的版本中可以直接使用。

Step 4 确保我们安装了需要记录的编码解码器。

2. 在编辑器模式下

编辑器组件允许我们快速简单地直接从编辑器内部捕捉视频不需要更改我们的场景。通过Window>AVPro Movie Capture命令打开视频捕捉窗口。我们可以现在添加UI面板到编辑器布局中允许硬件视频捕捉或根据我们的需要打开或关闭，如图5-85所示。

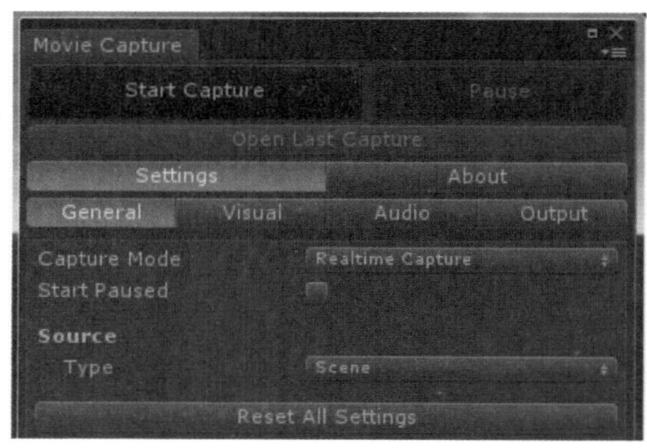

图 5-85

这个面板允许我们配置我们的记录选项和编码解码器。所有的设置在会话之间是存储的，所以我们只需配置一次就可以直接单击开始捕捉按钮进行捕捉视频。

警告：如果选择使用Unity作为音频源。在单击允许场景之前，我们需要手动添加AVPro UnityAudioCapture组件到主摄像机，主摄像机必须有音频监听器。

3. 在游戏内截图

我们可以添加AVProMovieCaptureFromScene /AVProMovieCaptureFromCamera其中的一个组件到我们的场景，直接从游戏中触发它们进行记录。它们可以同时在编辑器和standalone版本中工作。

4. 离线渲染

对于不需要实时捕捉的视觉效果（过程、程序动画、输入回放系统）我们可以使用离线/非实时模式进行记录。这个模式下允许我们捕捉动画的每一帧甚至是运行非常缓慢和任何目标帧速率的情况。

例如，我们可能有个序列运行在最高质量时以5fps运行。我们可以使用离线记录来呈现一个60fps质量的视频。我们也可以有一个动画，渲染在500fps，我们需要尽可能的视频。使用离线记录，它将会使用最快的方式记录压缩视频。

5. 如何自定义使用?

如果我们想超越组件可以直接访问AVProMovieCapture DLL，或根据需要编辑改变AVProMovieCaptureBase.cs脚本。

AVProMovieCapturePlugin.cs封装了DLL如下的功能。

```
bool Init()
```

插件的初始化。如果失败返回false。

```
void Deinit()
```

插件未初始化。

```
int GetNumAVIVideoCodecs()
```

返回系统中视频编码解码器的数量。

```
bool GetAVIVideoCodecName(int index, StringBuilder name)
```

如果成功返回true。系统编码索引作为一个stringbuilder返回。stringbuilder的大小应该创建为512。

```
nt CreateRecorderAVI(string filename, uint width, uint height, int
format, bool isTopDown, int videoCodecIndex, int audioInputDeviceIndex)
```

创建一个录音机实例产生AVI文件。这个返回一个独一无二的值。

```
void Start(int handle)
```

开始录音。处理记录实例的句柄。

```
void Pause(int handle)
```

暂停录制。

```
bool IsNewFrameDue(int handle)
```

让我们知道编码解码器是否为另一画面准备好。

```
bool EncodeFrame(int handle, System.IntPtr data)
```

发送画面到编码解码器。数据指向一个宽高的数组。

```
void Stop(int handle)
```

停止记录。处理记录实例的句柄。

```
void FreeRecorder(int handle)
```

释放记录实例。

注意：有很多编码解码器，每个都有它们自己的优点和缺点。有的编解码器有很好的实时编码，有些是无损的，有些是减少文件大小的，所以根据自己的需要选择合适的编解码器。

为了得到最好的效果，建议如下：

1）安装使用Lagarith视频编解码器。

2）如果需要换货视频编码使用VirtualDub或FFMPEG命令行。

3）安装使用X264 VFW视频编码解码器。它的速度快，产生的视频文件小，如果需要高分辨率我们需要非常快的CPU编码解码器。

4）如果无法找到指定的编码，生成一个警告和产生未压缩的视频。

5）为了最佳性能进行编译然后使用全屏模式进行捕捉。

6）捕捉的分辨率的宽度是16的倍数。它有最好的缓冲在内存复制期间适应SIMD指令。

5.15 Fast Downloader——资源下载管理插件

5.15.1 简述

在游戏或VR开发中我们经常要做资源管理，在资源管理中一般都会把资源放置在远程服务器上，一般小资源都直接通过WWW下载了，大的资源使用WWW下载就会出现各种奇怪的问题。尤其是在移动设备上，游戏启动下载资源，如何控制资源下载就是一个问题。使用WWW下载资源会保存在内存中，有时候我们只是做资源更新下载到本地而不是立即使用，而是在具体使用的时候才会进行加载。为了更好地控制大资源的更新下载，建议使用WebClient来替代WWW进行资源下载。Fast Downloader就是一个这样的帮助插件让我们可以很方便地使用WebClient下载大资源。

5.15.2 功能

Fast Downloader使用.Net WebClient来实现下载大资源文件，在任何平台加载大资源没有问题。WebClient在下载大资源时比使用WWW更好，因为它不需要保存在内存中，可以直接下载到设备上。本插件有下面几个特性：

- 显示下载的字节和文件全部的字节
- 方便使用
- 有下载、取消、完成和下载进度
- 不支持暂停和恢复下载

具体使用方法如下。

新建一个空的工程，把Fast Downloader插件导入我们新建的工程中，Fast Downloader结构如图5-86所示。

Help：是本插件脚本的说明文档截图。

Scene：是本插件的演示场景。

Scripts：是本插件的核心脚本。

Textures：是本插件使用的纹理。

本插件只有一个核心的脚本文件，我们可以根据需要自己进行修改整合到现有项目中。下面我们对这个脚本的参数进行简单说明，脚本监视面板参数如图5-87所示。

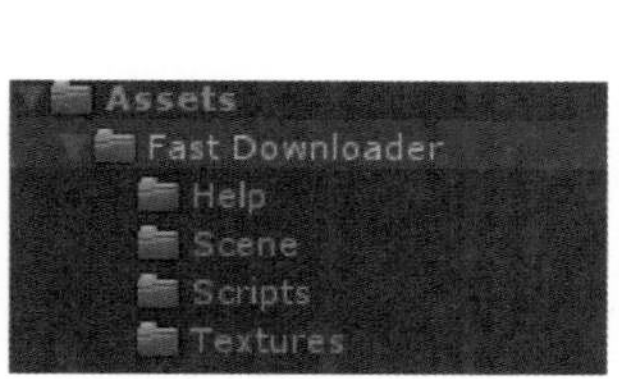

图 5-86

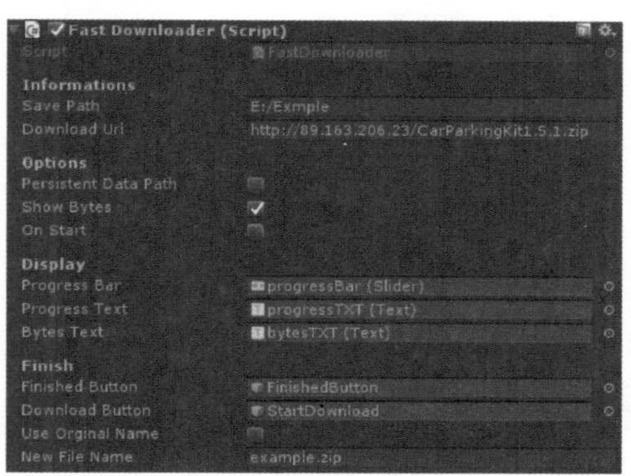

图 5-87

Save Path：保存文件存放的路径。

Download Url：直接下载文件存放的远程路径。

Persistent Data Path：保存文件到应用程序路径下。

Show Bytes：是否显示下载文件的大小和文件全部大小。

On Start：是否在开始下载文件。

Progress Bar：下载进度条。

Progress Text：下载百分比的进度。

Bytes Text：显示下载的字节。

Finished Button：下载完成激活的按钮。

Download Button：开始下载的按钮。

Use Orginal Name：是否使用原始的文件名来保存文件。

New FILE Name：保存下载的文件名名称。

了解Fast Downloader的下核心脚本的参数说明，接着就可以打开演示场景进行效果的测试。

5.16　7Zip, lzma, LZ4, fastLZ, zipgzip & brotli multiplatform plugins 插件讲解

5.16.1　简述

在游戏或VR开发中，我们经常需要压缩或者解压一部分资源，例如在做资源热更新时进行资源的解压缩，为了节省网络带宽时进行的消息解压缩等。

5.16.2　功能

利用7Zip, lzma, LZ4, fastLZ, zipgzip & brotli multiplatform plugins插件来完成多平台的压

缩和解压操作。它是一个共享的Android, iOS, WSA, Windows 10 Universal, OSX, Windows, Linux和webGL *来解压7z(7zip)文件，压缩/解压zip / gzip(. zip / . gz)，LZ4(. LZ4)，brotli(. br)，fastLZ文件和缓冲区。

1. 7 zip 部分

该库提供了快速解压7z文件和压缩/解压缩lzma文件和缓冲区。
该库是7z解压，而不是7z压缩。
支持lzma单独文件的压缩。
不支持密码。
它的速度比使用C#实现的7z减压要快2.5倍。
我们可以从7z档案中提取一个文件。
如果我们打算解压大文件，最好使用largeFiles标记。（消耗更少的内存）
可以提取7z文件的内容以保持其目录结构。
在7z档案中获取文件的文件名和文件大小的能力。
支持单独lzma格式的编码和解码。
能够在7z档案中解码一个特定的文件到一个字节缓冲。
支持单独lzam格式的编码解码到一个字节缓冲。

2. zip 编码

快速zip/gzip压缩和解压缩。
这个插件在压缩速度上比SharpZipLib快7倍，在解压速度上比SharpZipLib快3倍。
zlib/gzip流压缩/解压缩缓冲区。
递归目录压缩/解压缩。
压缩/解压单一文件。
附加文件到现有的zip档案。
压缩缓冲区，并将其附加到zip归档文件。
删除一个zip档案中的条目。
替换zip归档文件中的条目。
从zip档案中获取所有文件或特定文件的文件和大小信息。
从压缩档案中提取一个文件。
将zip归档文件的文件解压缩到一个字节缓冲区。
在压缩档案有多个文件时取得提取的进展。
不支持加密。

3. LZ4 部分

文件快速的LZ4格式的压缩/解压。
将文件压缩成LZ4文件格式。
解压LZ4文件。

将缓冲区压缩为LZ4格式。

将LZ4压缩缓冲区解压到缓冲区。

（该插件提供了一种解决方案，以存储在其页脚中压缩缓冲区的未压缩大小。）

4. fastLZ 部分

文件快速的fastLZ格式的压缩/解压。

将文件压缩为fastlz文件格式。

解压一个fastlz文件。

将缓冲区压缩为fastlz格式。

将一个fastlz压缩缓冲区解压到缓冲区中。

5. brotli 部分

文件的快速brotli格式的压缩/解压。

将文件压缩成brotli文件格式。

解压一个brotli文件。

将缓冲区压缩为brotli格式。

解压一个brotli压缩缓冲区。

（该插件提供了一种解决方案，以存储在其页脚中压缩缓冲区的未压缩大小。）

注意：Linux，iOS，Android，MacOSX可以把缓冲区当作文件。由于一些兼容性原因，lzma WSA插件的一些功能被禁用（这些是：压缩缓冲和编码/解码lzma文件）。brotli支持所有平台，除了watchOS。ios和OSX库被编译为通用。这意味着它们将支持32和64位构建。为x86和x86_64构建模式编译Windows和Linux库。Android lib是为armeabi、armeabi-v7a、x86和x86_64编译的。

5.16.3　操作流程

新建一个空的工程，把7Zip, lzma, LZ4, fastLZ, zipgzip & brotli multiplatform plugins插件导入新建的工程中，7Zip, lzma, LZ4, fastLZ, zipgzip & brotli multiplatform plugins结构如图5-88所示。

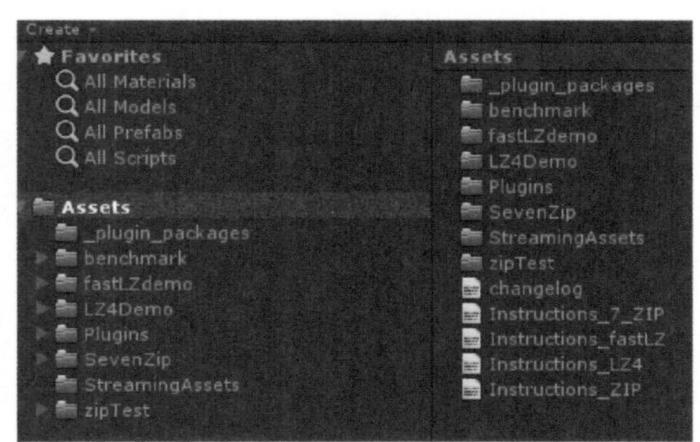

图 5-88

_plugin_packages：本文件里存放的是对应解压缩格式的插件包。

benchmark：本目录存放的基准的测试场景。

fastLZdemo：本目录存放的是fastLZ格式的测试场景。

LZ4Demo：本目录存放的是LZ4格式的测试场景。

Plugins：本目录存放的是插件的核心代码和封装的通用库。

ServenZip：本目录存放的是7z格式的测试场景。

StreamingAssets：这里是插件测试用的流资产。

zipTest：本目录存放的是zip格式的测试场景。

Instructions_（7_ZIP, fastLZ, LZ4, ZIP）：这几个是对应格式的介绍说明。

本插件的使用非常简单，这里我们先做一个有关图片解压缩和消息解压缩的简单测试。有关具体的细节可以参考各自格式的演示场景和Plugins里面的核心脚本。首先准备一张名字为test的jpg格式的图片用来进行测试，如图5-89所示。

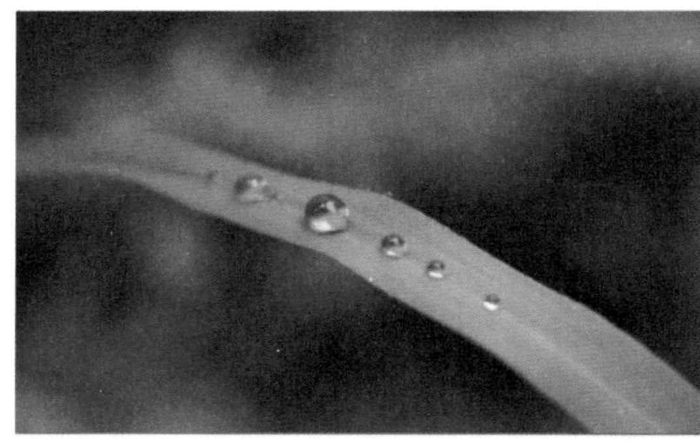

图 5-89

接着我们新创建一个场景保存为DemoTest，再创建一个DemoTest目录，然后再创建一个脚本并命名为UnZipTest，脚本里面的代码如下：

```
using System.Collections;
using System.Collections.Generic;
using UnityEngine;
//
using System.IO;
using System;
using System.Text;

/// <summary>
/// zip 解压测试
/// </summary>
public class UnZipTest : MonoBehaviour
{

private string texturePath = string.Empty;

private string unzipPath = string.Empty;
void Start()
    {
texturePath = Application.dataPath + "/test.jpg";
unzipPath = Application.dataPath + "/DemoTest/";
    }

void OnGUI()
    {
```

```
            if (GUILayout.Button("测试压缩zip"))
            {
    CompressZip();

            }

            if (GUILayout.Button("测试解压zip"))
            {
    DeCompressZip();
            }

            if (GUILayout.Button("测试解压缩message buffer"))
            {
    CompressAndDeCompressMessageBuffer();
            }
        }
    private int zres = 0;

    private int[] process= new int[1];
        /// <summary>
        /// 压缩图片
        /// </summary>
    void CompressZip()
        {
    Debug.Log(string.Format("p1={0},p2={1}", texturePath.Replace(".jpg",
".zip"),texturePath));
    zres = lzip.compress_File(9, unzipPath+"test.zip", texturePath);
        }

        /// <summary>
        /// 解压图片
        /// </summary>
    void DeCompressZip()
        {
    Debug.Log(string.Format("p1={0},p2={1}", texturePath.Replace(".jpg",
".zip"), texturePath));
    zres = lzip.decompress_File(unzipPath + "test.zip", unzipPath, process);
        }


    private string testString = "aaaaaaaaaaaaaaaaaaaaaaaaaaaaaaaaaaaaaaaaa
aaaaaaaaaaaaaaaaaaaaaaaaaaaaaaaaaaaaaaaaaa";

        /// <summary>
```

```
        /// 消息的解压缩
        /// </summary>
    void CompressAndDeCompressMessageBuffer()
        {
            Debug.Log("原始字符串=" + testString);
    byte[] bytes = Encoding.UTF8.GetBytes(testString);
            Debug.Log("原始字节长度="+bytes.Length);
    byte[] compressBytes = lzip.compressBuffer(bytes, 9);
            Debug.Log("压缩字节长度=" + compressBytes.Length);
    byte[] deCompressBytes = lzip.decompressBuffer(compressBytes);
            Debug.Log("解压后字节长度=" + deCompressBytes.Length);
            Debug.Log("解压后字符串=" + Encoding.UTF8.
GetString(deCompressBytes));
        }
    }
```

接着在新场景中创建一个空物体并命名为ScriptManager，然后把UnZipTest脚本附加到ScriptManager对象运行场景。单击测试压缩zip按钮，然后刷新一下Project面板我们会看到DemoTest下面多出来一个test压缩包。再次单击测试解压zip按钮，然后刷新一下Project面板会看到DemoTest里面包含了解压后的图片。最后单击测试解压缩message buffer按钮，运行结果如图5-90所示。

图 5-90

第6章 GUI插件

在uGUI系统推出后，不少用户开始转用新的UI系统来制作游戏界面，虽然新UI系统功能完整性仍有待提升，但再加上GUI插件的辅助之后，将使得界面制作的流程更为高效。本章介绍的是资源商店中的制作GUI的专用插件，这些插件的特点是上手容易，在不需写任何代码的情况下，通过几个步骤的设置就可以得到绝佳的UI效果。

6.1 UGUI Minimap——小地图制作

6.1.1 简介

UGUI MiniMap是一个全面支持uGUI的小地图制作插件，可以快速地在各类游戏里面创建出多种形态的小地图，例如赛车游戏、第一人称射击或是RPG类型游戏。

6.1.2 功能

- 支持UGUI
- 提供RTS相机移动模式
- 提供3D与2D形态的小地图
- 提供静态与动态旋转的地图模式
- 全区地图与小地图的切换
- 支持自定义的地图遮罩
- 地图的缩放功能
- 只需拖放动作即可使用小地图
- 自定义图标颜色、大小与图集
- 可设置动态图标
- 提供不同的地图缩放层级
- 自动计算地图边界

6.1.3 操作流程

首先准备好游戏场景，需要配合UGUI Minimap运行的是场景里面的玩家与敌人角色。如图6-1所示，现在我们看到的是一个FPS场景，第一人称的玩家角色与对战的敌人已经摆放在里面。

Step 1 把UGUIMinimap>Content>Prefabs目录下的MiniMap 3D组件添加到Hierarchy里面，如图6-2所示。此组件包含了MiniMap3D的基本设置与MiniMapCanves3D的小地图UI，WorldSpace是用来设置整个小地图的显示范围。

图 6-1

如图6-3所示，MiniMap3D类型的小地图已经出现在视图的左上方，运行游戏时就可以看到小地图以3D界面的方式呈现，但是仍然需要进行一些设置才能看到小地图的显示内容。

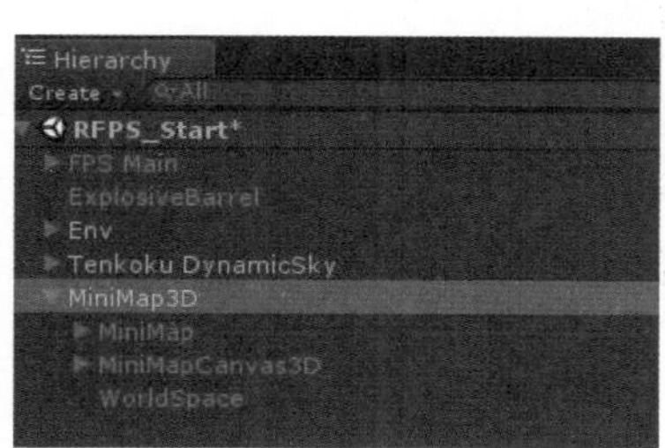

图 6-2

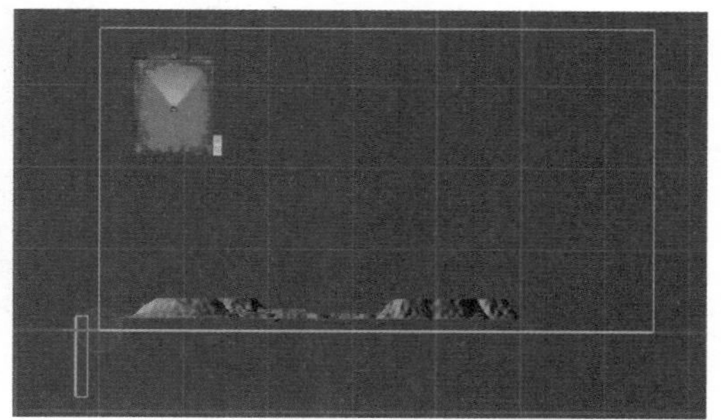

图 6-3

Step 2　在Hierarchy里面选择MiniMap3D子物件MiniMap，然后在BI_Mini Map设置里面的Target添加第一人称的角色（或是其他类型的玩家角色），如图6-4所示。

Step 3　为BI_MM_Compass设置里面的Target同样添加第一人称角色，其余的设置保持默认即可，如图6-5所示。

图 6-4

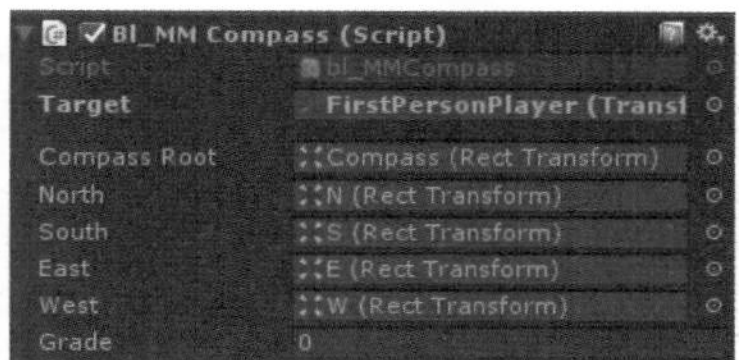

图 6-5

设置好小地图追踪的目标物后运行游戏，绿色箭头为玩家在场景里面的位置，按+与-键可以放大和缩小地图，单击E键可以把小地图切换为全区显示的地图，如图6-6所示。

图 6-6

如图6-7所示，视图里面现在显示的是已经切换为全区地图的模式，用在复杂的地形场景上就非常的方便，再按一次E键就能回到原来的小地图。

图 6-7

完成了小地图里面玩家的显示状态后，接下来需要设置的是敌人显示的状态，如图6-8里面已经摆放一个蜘蛛怪的动作模型，我们需要做的工作就是让小地图里面能显示出怪物的位置，或是根据不同的角色，在小地图中显示出不同的图标。

Step 4 为敌人角色添加BI MiniMapItem组件，然后把UGUIMiniMap>Content>UI>Icons目录下的图形文件添加到Icon的栏位，Icon Color为小视图显示的敌人图标颜色，Size则是用来设置图标的大小，如图6-9所示。

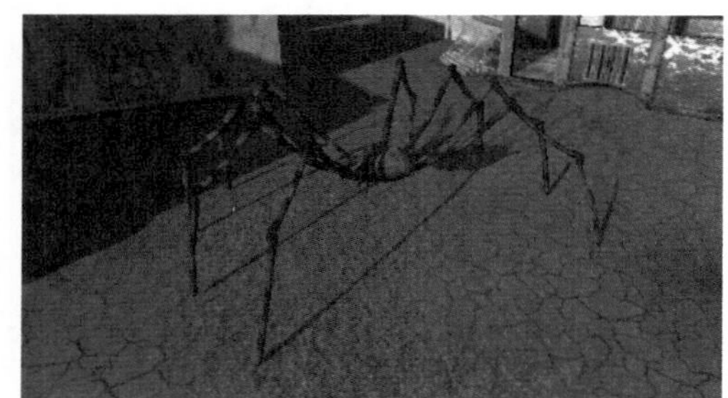

图 6-8

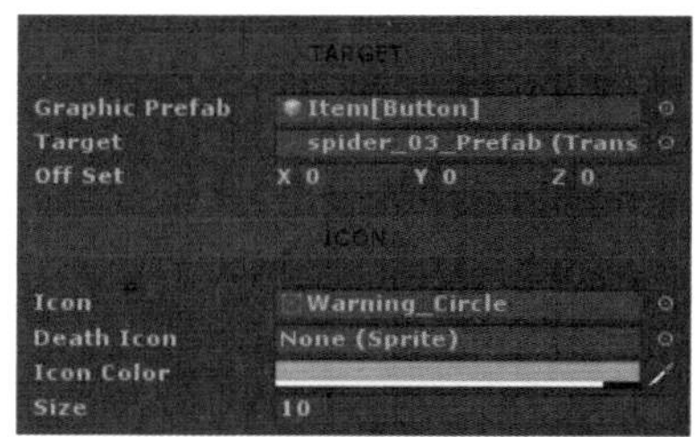

图 6-9

设置好敌人的图标显示后运行游戏，小地图上面出现的黄色圆形就是敌人的位置，如图6-10所示。通过上述的几个简单步骤，我们已经在场景里面添加了一个3D形态的小地图。

除了上述介绍的3D模式小地图，UGUI MiniMap也提供了标准的2D小地图与圆形地图的样式。2D模式地图有个特别的地方就是可以直接调整显示的位置，只要选择MiniMap2D底下的MiniMap>Background，如图6-11所示，然后再把小地图移到适合的位置就行了。

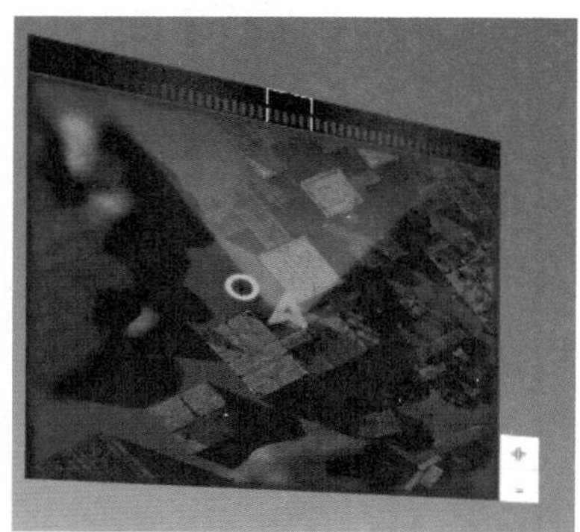

图 6-10

图 6-11

如图6-12所示，通过移动来进行2D小地图位置调整是非常直观的方法，而且不用特别去考虑锚点的设置，只要确认小地图位置后再运行游戏即可看到调整后的结果。

图 6-12

使用UGUI MiniMap资源来作为场景使用的小地图是非常不错的选择，只要通过拖放操作就能马上看到小地图的效果，加上配合地图全区放大的功能，可应用在漫游类应用与各类型的游戏开发工作。

图 6-13

6.2　Easy UI Motion——UI 动画专用插件

6.2.1　简述

在游戏开发中经常需要为UI制作一些动画效果，在使用新动画系统时，如果有一个所见即所得的动画预览方案，那么将会加快游戏的开发进度。通过Easy UI Motion插件的功能可以即时看到UI动画效果。

6.2.2　功能简介

Easy UI Motion允许我们简单可视地缓动Unity UI。管理打开、关闭效果，或简单影响UI元素或UI元素组。它使用新的事件系统，允许我们约束和管理我们的接口，不用写一行代码。

- UI面板的打开与关闭
- 简单的UI动作与反转功能
- UI位置的动画制作
- UI旋转效果的制作
- UI缩放效果的制作
- UI透明变化效果的制作
- UI动作的加减速
- 时间行为

6.2.3 使用说明

新建一个空的工程，把Easy UI Motion插件导入我们新建的工程中，Easy UI Motion结构如图6-14所示。

_Documentation：此目录存放的是帮助文档。

_Example：此目录存放的是演示样例。

Gizmos：此目录存放的是插件用到的图标。

Plugins：此目录里存放的是插件的核心代码文件。

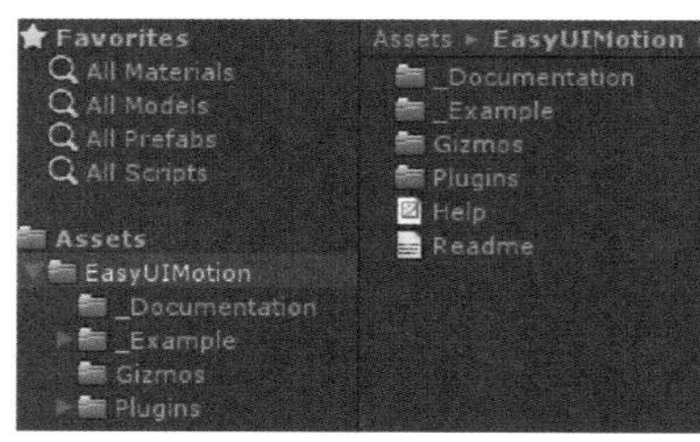

图 6-14

6.2.4 操作流程

Step 1 通过在层次面板视图单击右键创建一个Button按钮。

Step 2 设置画布。

Step 3 在层次面板上选择按钮。

Step 4 把选中按钮的位置设置为0,0,0。

Step 5 通过UI>Effects>Open-Close Motion命令为按钮添加组件。

Step 6 启用移动效果。

Step 7 开始播放模式。

如果需要查看UI Easy Motion所提供的动画效果，可以打开_Examples目录的场景文件查看，例如Easing场景里面提供了各种UI的动画效果，单击每个按钮就可了解不同的UI运动方式，如图6-15所示。

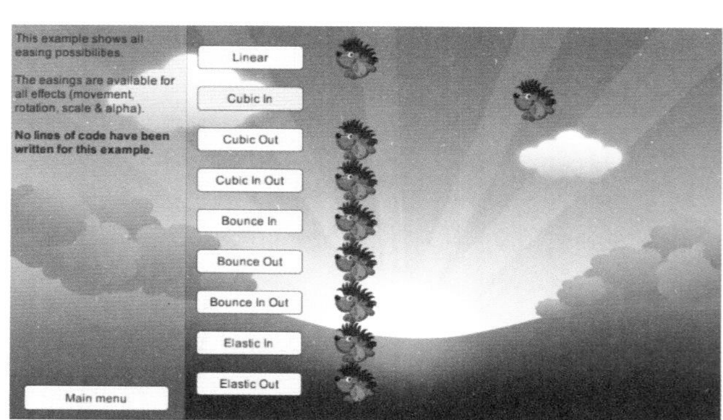

图 6-15

接着我们对Easy UI Motion的其他知识点进行简单说明。

6.2.5 可用组件

Easy UI Motion有EMopenClose

Motion和EMSimpleMotion两个组件，如图6-16所示，可以应用于一个元素或一组元素。我们也可以应用于组里面的子物体有自己的运动效果，当添加EasyUIMotion组件时，它添加CanvasGroup组件来管理透明、可选择模式或状态。

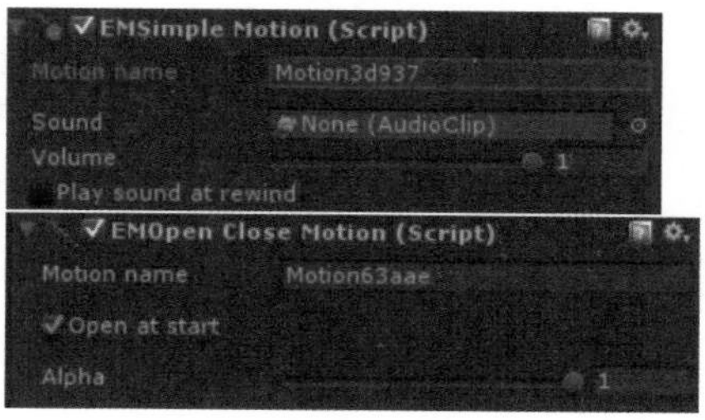

图 6-16

6.2.6　多组件 & 命名

一个元素或一组元素可以接受多个相同类型的组件。但是小心名字和给我们的目的，它必须在当前场景中是唯一的，这个名字用于我们使用Easy Motion UI的API（当创建组件时随机产生名字：例如Motion3d937）。

> **注意：**每个组件有一个自定义监视面板，允许我们配置运动效果&事件。

上面我们提到Easy UI Motion有2个核心组件，这里我们对其进行简单介绍。

6.2.7　EMOpenCloseMotion

这个组件允许我们管理打开和关闭一个元素或一组元素，它有2个运动（Open motion与Closemotion）。这个组件考虑当前状态在场景视图对应的打开状态，如图6-17所示。

Motion name：运动的名称必须唯一。

Open at start：是否在应用一开始就启动元素或元素组运动。

Alpha：定义当前打开状态的透明度。

Open motion 定义的是打开之前的初始化状态，如图6-18所示。

图 6-17

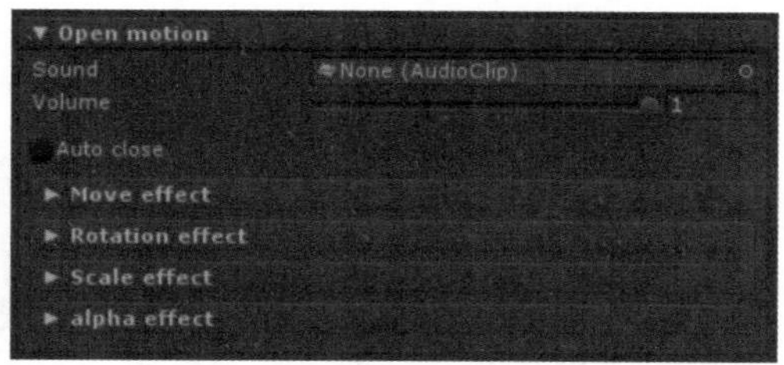

图 6-18

Close motion定义关闭运动的最终状态，如图6-19所示。

Sound：在播放运动时播放的声音。

Volume：声音的音量。

Motion功能里定义打开运动之前的初始化状态，或关闭运动之后的最终状态，如图6-20所示。

Move Effect：设置位置效果，从运动到达打开、关闭的位置，如图6-21所示。Eable move effect控制启用与禁用移动效果。From的选项可设置UI从哪一个方向进行运动，如图6-22所示。初始位置相对于场景视图当前的位置。这个位置将会被自动进行计算，将会超出画布。

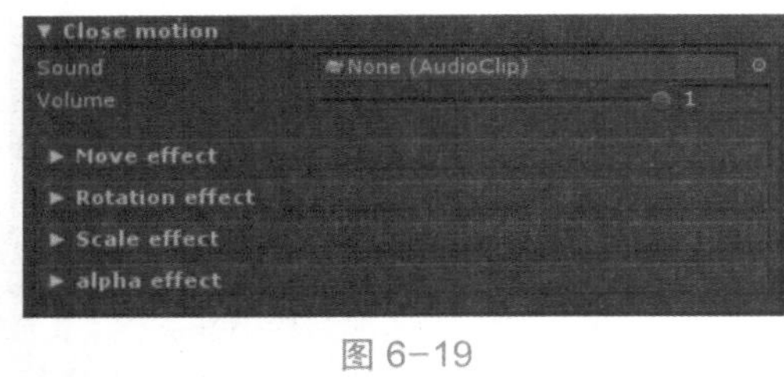

图 6-19

图 6-20

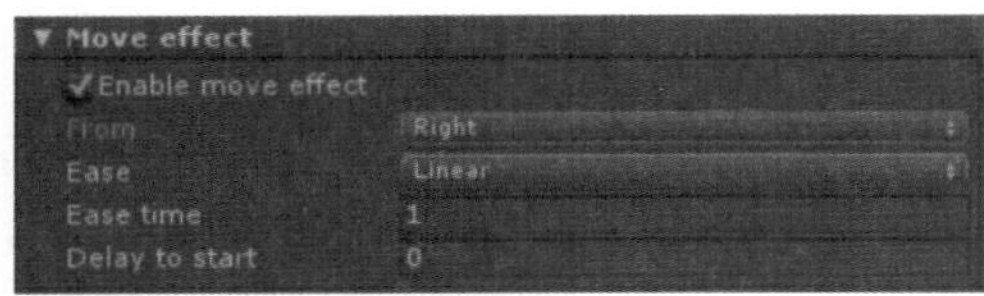

图 6-21

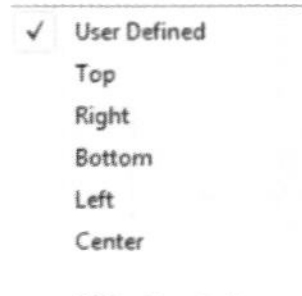

图 6-22

Rotation Effect：设置旋转效果，从运动到达打开、关闭旋转或旋转必须做出一个简单运动，如图6-23所示。Ease time为效果持续的时间，Delay to start的设置为打开请求后等待多久开始效果。Ease的功能用于移动的缓动模式，如图6-24所示。

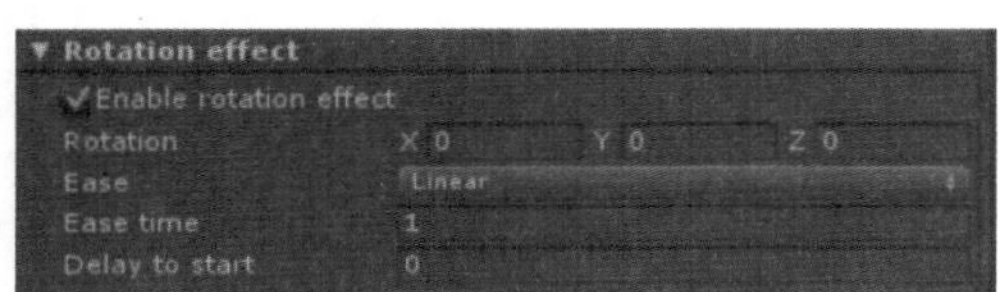

图 6-23

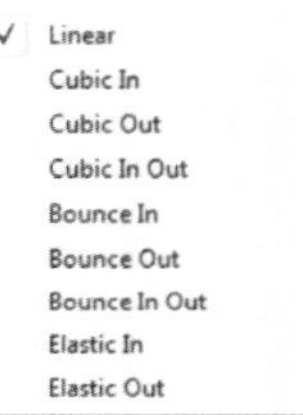

图 6-24

Scale effect：设置UI缩放效果，从运动到达打开、关闭缩放或缩放做出一个简单运动，如图6-25所示。

alpha effect：设置透明效果，从运动到达打开、关闭透明或透明必须做出一个简单运动，如图6-26所示。

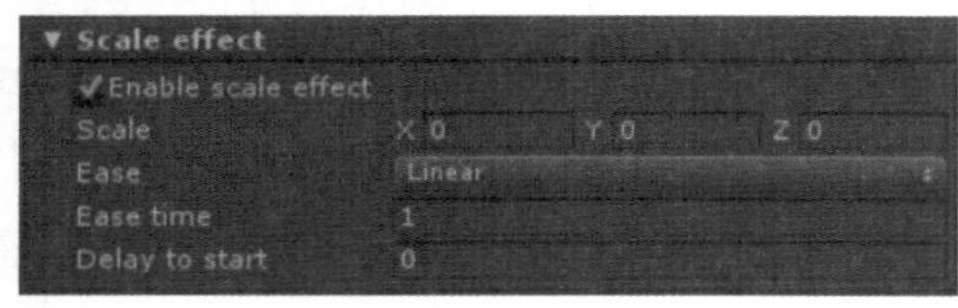

图 6-25

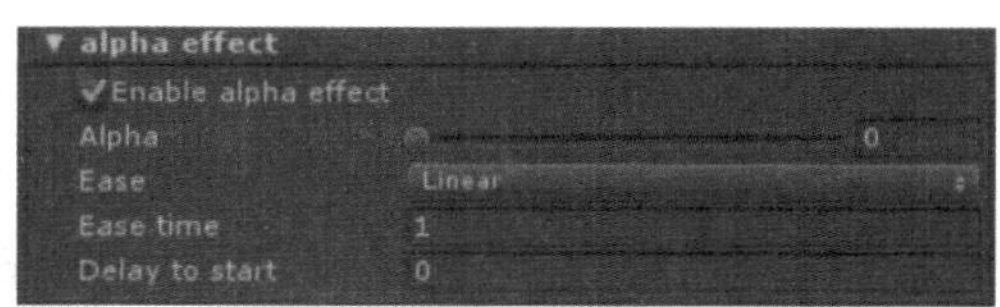

图 6-26

User defined 为自定义的模式，我们可以设置开始的位置，如图6-27所示。单击Record按钮，然后在场景视图中放置元素，单击stop按钮停止记录。

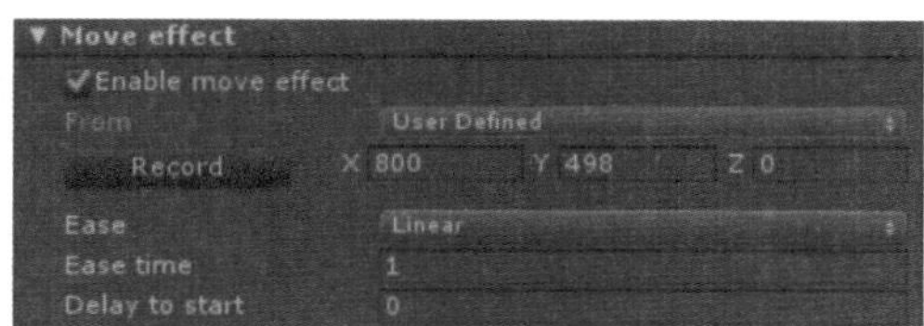

图 6-27

Easy UI Motion有API可以用于新的事件系统或脚本。

6.2.8　EMOpenCloseMotion

在使用Unity新的所见即所得的事件系统时使用的函数。

公开函数如下。

Open()：当仅有一个OpenClose组件时启动打开效果。

Open(String motionName)：根据运动的名称来启动OpenClose组件的打开效果。

Close()：当仅有一个OpenClose组件时启动关闭效果。

Close(String motionName)：根据运动的名称来启动OpenClose组件的关闭效果。

SetStateToOpen()：当仅有一个OpenClose组件时强制状态为打开效果。

SetStateToOpen(string motionName)：根据运动的名称来强制状态为OpenClose组件的打开效果。

SetStateToClose()：当仅有一个OpenClose组件时强制状态为关闭效果。

SetStateToClose(String motionName)：根据运动的名称来强制状态为OpenClose组件的关闭效果。

ShowUIElement()：当仅有一个OpenClose组件时显示UI元素和它的子物体。

ShowUIElement(string motionName)：根据运动的名字来显示UI元素和它的子物体。

HideUIElement()：当仅有一个OpenClose组件时隐藏UI元素和它的子物体。HideUIElement(string motionName)：根据运动的名字来隐藏UI元素和它的子物体。EnableUIElement()：当仅有一个OpenClose组件时启用UI元素。可选择的条目不再激活。

EnableUIElement(string motionName)：根据运动的名字来启用UI元素。可选择的条目不再激活。

DisableUIElement()：当仅有一个OpenClose组件时禁用UI元素。

DisableUIElement(string motionName)：根据运动的名字来禁用UI元素和它的子物体的UI元素。

事件如下。

onOpenStart：打开运动开始时触发。

onOpenEnd：当打开运动完成时触发。

onCloseStart：当关闭运动开始时触发。

onCloseEnd：当关闭运动结束时触发。

6.2.9　EMSimpleMotion

在使用Unity新的所见即所得的事件系统时使用的函数。

公开函数如下。

PlayMotion()：当仅有一个SimpleMotion组件时启动运动。

PlayMotion(String motionName)：根据运动名称来启动SimpleMotion组件的运动。

RewindMotion()：当仅有一个SimpleMotion组件时启动反转运动。

RewindMotion(String motionName)：根据运动名称来启动SimpleMotion组件的反转运动。

Reset()：如果不想启动反转运动，重置运动为初始化状态重新运动。

Reset(string motionName)：如果不想启动反转运动，根据运动名称重置运动为初始化状态重新运动。

ShowUIElement()：当仅有一个SimpleMotion组件时显示UI元素和它的子物体。

ShowUIElement(string motionName)：根据运动名称来显示UI元素和它的子物体。

HideUIElement()：当仅有一个SimpleMotion组件时隐藏UI元素和它的子物体。HideUIElement(string motionName)：根据运动名称来隐藏UI元素和它的子物体。EnableUIElement()：当仅有一个SimpleMotion组件时启用UI元素。可选择的条目不再激活。EnableUIElement(string motionName)：根据运动的名字来启用UI元素。可选择的条目不再激活。

DisableUIElement()：当仅有一个SimpleMotion组件时禁用UI元素。

DisableUIElement(string motionName)：根据运动的名字来禁用UI元素和它的子物体的UI元素。

事件如下。

onPlayStart：在运动开始时触发。

onPlayEnd：在运动完成时触发。

onRewindStart：在反转运动开始时触发。

onRewindEnd：在反转运动结束时触发。

6.2.10 EMMotionManager

这个类允许我们使用静态方法控制运动。

静态函数如下。

void Open(String motionName)：根据运动名称来启动OpenClose组件的打开效果。

void Close(String motionName)：根据运动名称来关闭OpenClose组件的打开效果。voidSetStateToOpen(string motionName)：根据运动名称强制转换状态为打开运动。

void SetStateToClose(String motionName)：根据运动名称强制转换状态为关闭运动。

void PlayMotion(String motionName)：根据运动名称来启动SimpleMotion组件的运动。

void RewindMotion(String motionName)：根据运动名称来启动SimpleMotion组件的反转运动。

void ResetSimpleMotion(string motionName)：如果不想启动反转运动，根据运动名称重置运动为初始化状态重新运动。

void ShowUIElement(string motionName)：根据运动名称来显示UI元素和它的子物体。

void HideUIElement(string motionName)：根据运动名称来隐藏UI元素和它的子物体。

void EnableUIElement(string motionName)：根据运动的名字来启用UI元素。可选择的条目不再激活。

void DisableUIElement(string motionName)：根据运动的名字来禁用UI元素。可选择的条目不再激活。

EMBaseMotion.MotionStateGetState(string motionName)：根据运动名称返回当前运动的状态。

6.3　ProChart——图表制作

6.3.1　简述

在使用Unity开发VR或者APP时，有时候需要搭配图表来显示数据分布或者走势。但是Unity并没有提供这些组件，而ProChat是专门用在项目中创建不同类型的图形和图表而设计的。

6.3.2　功能简介

ProChat基本思路是分开可视化和数据设置，所以我们可以将任何数量的数据类型来设置交互的图表。ProChat支持柱状、线形、曲线和饼图，还有1维或2维的数据设置。ProChart兼容Unity内置UI画布系统或2D/3D网格。

6.3.3　使用说明

新建一个空的工程，把ProChat插件导入我们新建的工程中，ProChat结构如图6-28所示。

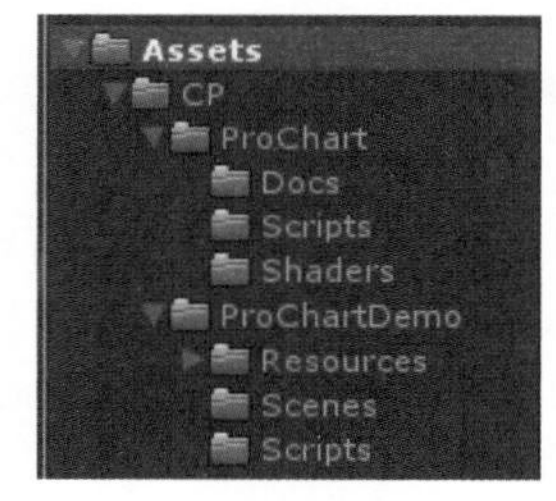

图 6-28

ProChat包括了几个文件，每个资产都在Assets/CP目录下。代码使用了CP.ProChart来避免与其他项目的冲突。

ProChat：这里包括了ProChat的核心。

Docs：这里包括了ProChat的文档。

Scripts：这里包括了ProChat的源代码文件。

Shaders：这里包括了网格渲染用的着色器。

ProChartDemo：演示了如何在Unity中使用ProChat。

Resources：demo中使用的材质球和精灵。

Scenes：这里包括了几个展示ProChat功能的例子。

Scripts：这里包括了演示例子里用到的脚本，展示了ProChat的每个特性。

我们可以先打开ProChartDemo/ Scenes里面的演示场景进行预览ProChat提供的功能。

6.3.4　ProChart 是如何工作的

ProChat支持4种类型的图表渲染，每个图表都有它自己的脚本。被划分进了3个主代码中。

1）与Unity内置UI系统的画布交互。

2）对于任何2D/3D对象使用网格渲染，没有交互（针对于Unity老版本，不支持新UI系统的版本）。

3）数据集描述数据的可视化。

使用画布版本，当我们使用Unity内置的UI系统创建网格时，允许我们使用任何其他的画布条目和效果进混合图表（例如阴影，轮廓或自定义效果）。

当我们不想使用新的Unity内置UI系统或想在4.6以下版本使用ProChat，请使用网格渲染版本。

画布图表和基于网格的图表仅负责数据的可视化。它们不包括真实的数据值。为了设置数据值，我们必须使用CharData类设置数据集。这允许我们使用同一数据集连接不同的图表视图，可以改变数据而不用关心谁如何渲染它的数据。

每个部分的源代码都在源代码目录下。

交互的画布版本：

1）BarChart.cs

2）LineChart.cs

3）PieChart.cs

非交互的2D/3D网格版本：

1）BarChartMesh.cs

2）LineChartMesh.cs

3）PieChartMesh.cs

每部分使用抽象基类Chart.cs和ChartMesh.cs，可以用来自定义ProChat的功能。

图表数据集：

ChartData.cs实现了ChartData1D和ChartData2D类。

使用1D数据设置饼形图表，使用2D数据设置条形或线性图表。捕获用户在图表上的行为，例如移上状态或单击条形/线性。ProChat使用事件委托。这些很容易与自己的功能进行绑定。

OnSelectDelegate：如果开启了交互标识，当用户选择图表上的数据时发生通知。

OnOverDelegate：如果开启了交互标识，当用户鼠标移到图表上的数据时发生通知。

OnEnabledDelegate：当图表的父游戏对象被激活时发生通知。

> **注意：**使用Interactable标识来开启或关闭这些事件。

6.3.5 属性

ProChat使用几个属性来设置每个图表的外包。这些可以在监视面板或通过代码进行设置。

6.3.6 饼图图表属性

组件界面如图6-29所示。

Material：饼图使用的材质球。

Color：饼图的颜色。

RayCast Target：射线投射目标。

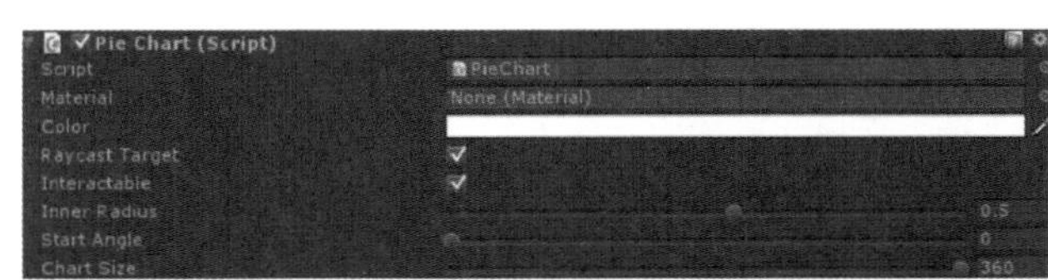

图 6-29

Interactable：开启或关闭通知事件。

InnerRadius：图表内孔百分比的大小，范围在0～0.9f。

StartAngle：零度开始时时钟的方向，范围在0～360f，0在顶部（12点）。

ChartSize：度的大小，范围在−360～+360f。

6.3.7　线性图表属性

Line Chart组件界面如图6−30所示。

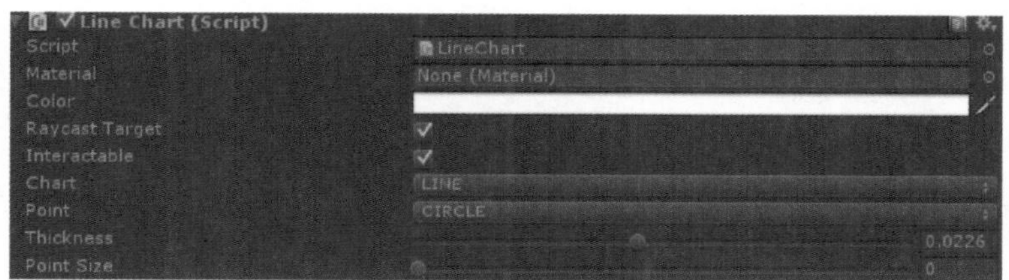

图 6−30

Material：线性图使用的材质球。

Color：线性图的颜色。

RayCast Target：射线投射目标。

Interactable：开启或关闭通知事件。

ChartType：图表的类型，使用LINE或CURVE。

PointType：在数据点的类型，枚举类型是NONE、CIRCLE、RECTANGLE 或TRIANGLE。

Thickness：线的粗细，图表厚度的百分比，范围在0～0.05f。

PointSize：点的大小，图表大小的百分比，范围在0～0.05f。

6.3.8　柱状图表属性

Bar Chart组件界面如图6−31所示。

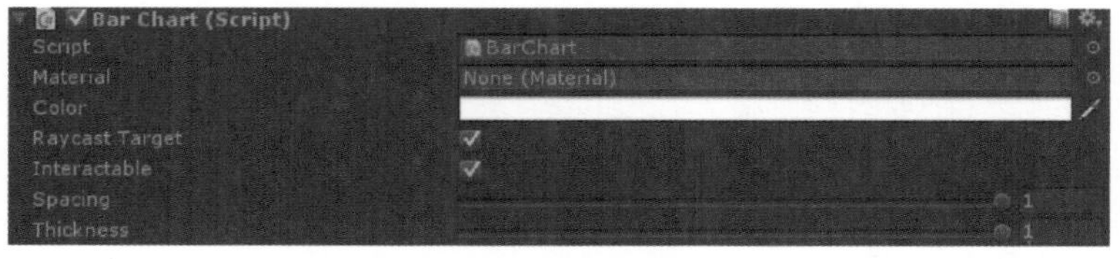

图 6−31

Material：柱状图使用的材质球。

Color：柱状图的颜色。

RayCast Target：射线投射目标。

Interactable：开启或关闭通知事件。

Spacing：数据组之间的距离，范围在0.1f ～1f。0.1是最小空间。

Thickness：柱状的厚度，范围在0.1f ～1f。1是最厚的厚度。

上面只是简单说明了画布模式下组件的参数说明，在网格模式下，只是少了Material、

Color、RayCast Target和Interactable参数的设置，同时多了Mode_3d选项。Mode_3d选项是否开启3d模式。

6.3.9 如何使用

Step 1 首先创建图表使用的空游戏对象，如果想使用图表的画布版本放到画布下面。

Step 2 然后创建一个图表对象，添加合适的图表脚本。

Step 3 创建一个新脚本来管理图表，添加脚本到游戏对象。

Step 4 在创建的脚本中导入ProChat的命名空间。

```
usingCP.ProChart;
```

这个脚本需要访问或者引用我们的游戏对象。

```
publicBarChartbarChart;
```

Step 5 创建一个数据集。这里我们使用2D数据创建一个条形图表。

```
ChartData2D dataSet = new ChartData2D();
```

使用图表绑定数据集。我们可以同时将同一数据集绑定到多个图表。我们可以看到相同数据集在不同图表上的变化。

如果我们想通知用户活动，在自定义处理中绑定相应的函数。首先确保这些函数在脚本中。

```
public void OnSelectDelegate(int row, int column)
{...}
public void OnOverDelegate(int row, int column)
{...}
```

一个很好的经验是在OnEnable()函数中进行绑定，在OnDisable()函数中进行移除。这个确保只有脚本在激活时才会发生通知。

```
voidOnEnable()
{
barChart.onSelectDelegate += OnSelectDelegate;
barChart.onOverDelegate += OnOverDelegate;
}
voidOnDisable()
{
barChart.onSelectDelegate -= OnSelectDelegate;
barChart.onOverDelegate -= OnOverDelegate;
}
```

填写数据[行，列]，这是图表实时可视化使用的数据。

```
dataSet[0, 0] = 50;
dataSet[0, 1] = 30;
dataSet[0, 2] = 70;
dataSet[0, 3] = 10;
dataSet[0, 4] = 90;
```

数据集可以根据需要进行更新值。每个数据集将会通知图表刷新并且显示真实数据。

6.4　Closing Credits——创建游戏结尾的滚动字幕

6.4.1　简介

在游戏过关结束后，有时需要列出一些制作人员的滚动信息，使用Closing Credits插件就可以使用几个简单的设置制作出非常专业的滚动文字效果。

6.4.2　功能

- 不需任何代码即可完成滚动文字效果制作
- 在屏幕的顶部对最上方的文字进行淡化处理
- 使用Unity 5的GUI系统
- 可以在结尾添加自定义的贴图
- 可以在文字播放结束回到游戏主页面

6.4.3　操作流程

Step 1　打开Demo里面的CreditsExample场景，运行场景后看到一组文字由下往上滚动，如图6-32所示。标题字的颜色与人名、职称的设置不同，滚动到后面出现图片，最后在Console提示Credit Roll Finished!文字，表示整个文字滚动效果已经完成。

Step 2　选择UI>Credits，这里设置了滚动文字所需要的基本设置，Credits File设置了滚动文字的XML文件，Speed的数值越高则表示滚动速度越快。Fade Time设置了文字消失的时间，如图6-33所示。其余的设置都是使用了UGUI的预设组件，可任意进行调整与修改。

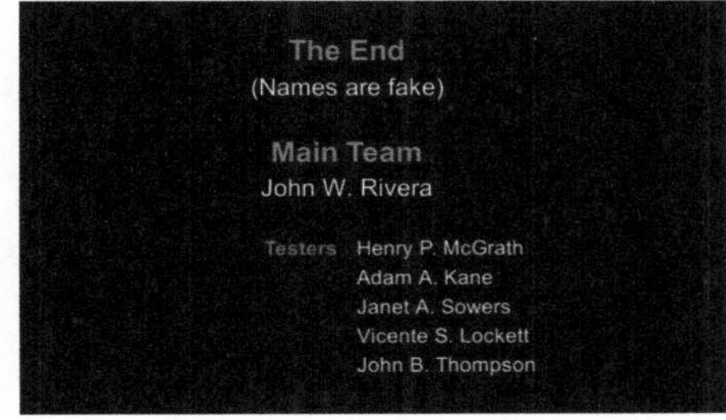

图 6-32

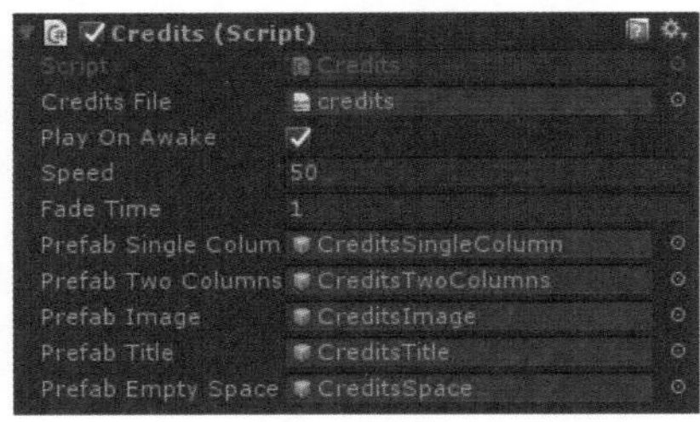

图 6-33

Step 3 接着我们需要对credits.XML文件进行修改，使用Windows>Credits Editor命令打开专用的编辑器，如图6-34所示。再单击左上方的Open按钮选择Demo\Resource里面的credits.xml文件。

Step 4 依序修改文字栏位的内容，数字的内容是控制文字间的空白范围，修改完成后务必单击左上方的Save（碟片图形）进行修改内容的保存，如图6-35所示。

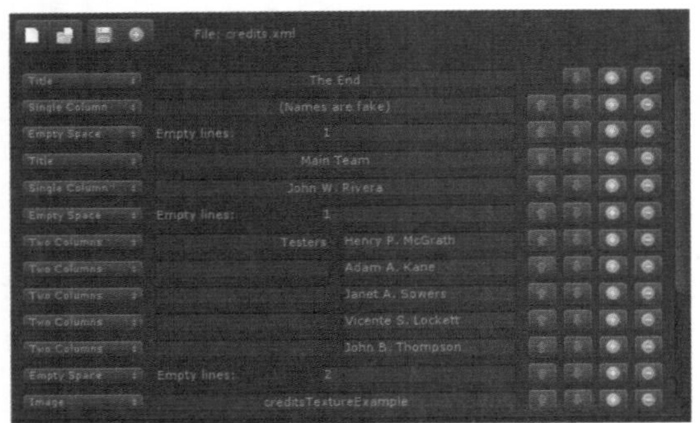

图 6-34

图 6-35

credits.xml的内容修改完成后再次进行播放，我们就可以看到滚动文字已经换成修改后的内容，如图6-36所示。而背景的部分可以使用现有的场景来进行替换，或是在UI组件里面新增一张背景图。

图 6-36

在滚动文字播放完毕后，我们可在Credits ExampleScript.cs代码里面添加事件，例如回到游戏的起始画面，只要在最底下添加对应的代码即可。

```
void creditsEnded(Credits c)
{
    Debug.Log("Credit roll finished!");
            Application.LoadLevel(0);
}
```

6.5 TextMesh Pro——创建漂亮文字的特效插件

6.5.1 简介

TextMesh Pro是一个用来取代Unity内建的UI Text与Text Mesh功能的文字专用插件，特点是非常的容易使用。

6.5.2　功能

- TextMesh Pro 提供文本格式设置和布局功能，如字符、行距和段落间距，字偶间距调整，对齐的文本，链接，超过 30种的文本标记可用。
- 提供多种字体与精灵模式，可自定义样式。
- TextMesh Pro提供了非常高的效能，每一个文字仅使用了两个三角面建构而成。
- TextMesh Pro针对单机与手机终端用途提供了最佳化效果。

6.5.3　操作流程

Step 1　选择Game Object>3D Object>TextMesh Pro-Text命令创建一个新的文字组件，如图6-37所示。

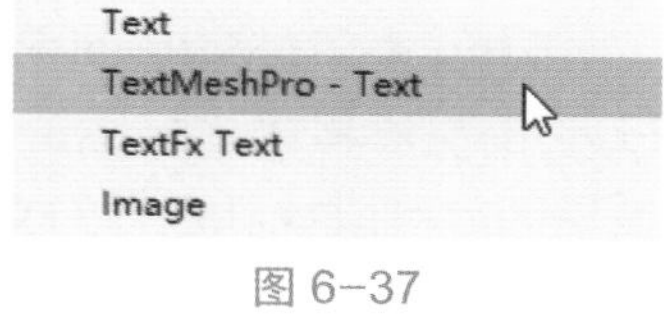

图 6-37

如图6-38所示，Hierarchy面板里面新增了一个Text MeshPro的物件，选择物件后就可以在Inspector里面进行基本的文字设置与参数调整。

> **注意**：从画面中的对比可以看到，上面的TextMeshPro文字边缘非常的清晰，而底下使用UGUI Text的文字就显得略微模糊，如图6-39所示。

图 6-38

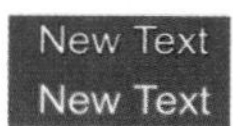

图 6-39

Step 2　在Inspector里面的Text Input Box栏位修改文字的内容，字体可以在Font Asset里面进行选择，Material Preset提供多种字体的专用材质，底部的设置可以在调整的同时直接看到效果，如图6-40所示。

Step 3　TextMesh Pro文字所使用的Shader可选用单机或是手机专用，材质栏位可以设置文字颜色（Face），文字的外框颜色（Outline）与文字的阴影层（Underlay）效果，如图6-41所示。

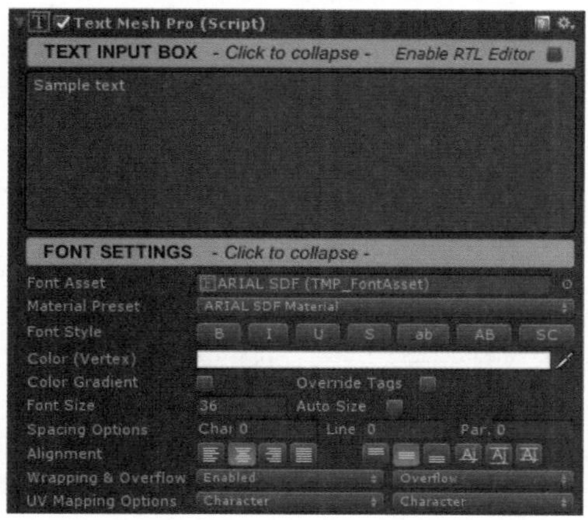

图 6-40

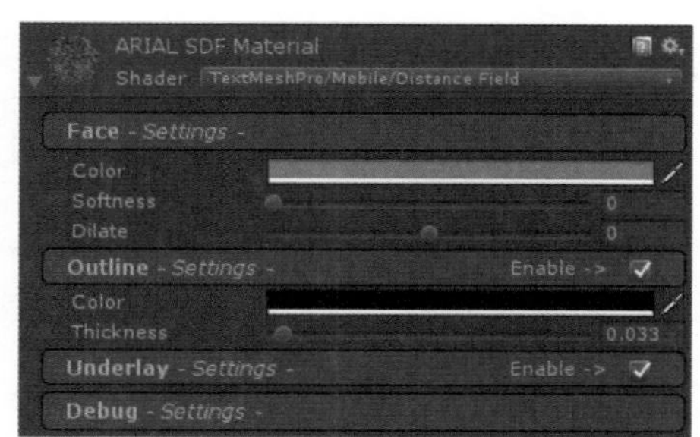

图 6-41

如图6-42所示，画面中显示的是TextMesh经过调整文字样式（Bangers SDF），颜色，外框与阴影层之后的效果。

图 6-42

> **提示**：在设置文字材质的时候，可在Shader上按右键选择Duplicate Material功能复制一个新的材质，如图6-43所示。然后对复制的材质进行设置，以便于后续可以调用不同的材质效果。

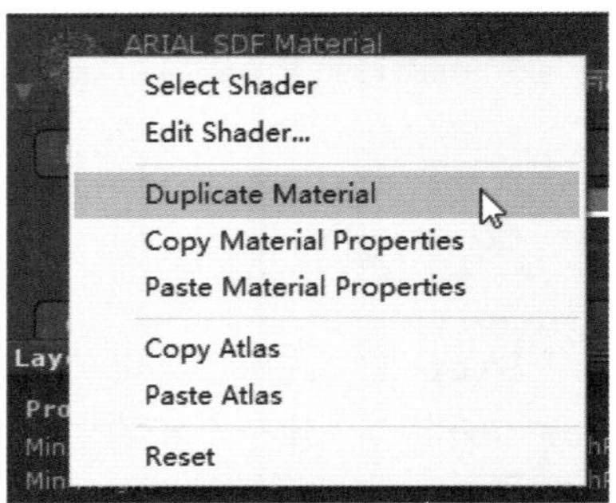

图 6-43

Step 4 在Material Preset的位置选择Bangers SDF Logo的材质样式，如图6-44所示。然后在Shader的设置里面就可以找到更多的文字属性设置。Bevel用来产生文字的倒角效果，Lighting可调整文字表面的灯光颜色，BumpMap用来增加文字与倒角的凹凸效果。EnvMap可强化文字表面的渲染质感，Glow则是用来设置文字的发光效果。

> **提示**：为了让TextMesh的文字能表现出类似3D模型的效果，可以在文字的前面加上几个点光源来回的移动，适合用来模拟开场或是转场画面里面的文字特效，图6-45为添加光源后的效果。

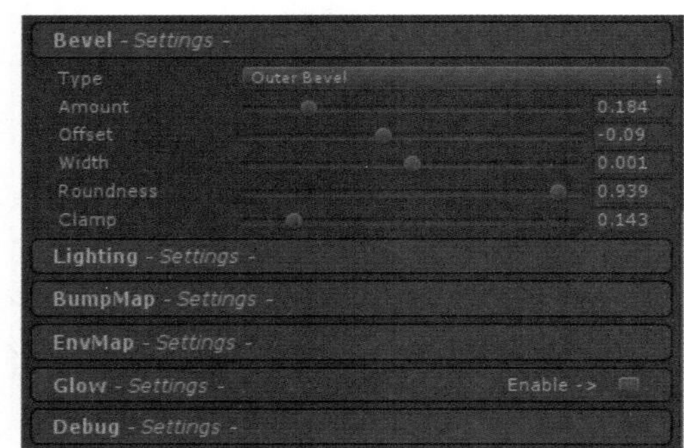

图 6-44

图 6-45

Step 5 接下来的步骤是在文字的表面贴上一个图片，在Face设置中的Texture添加图片即可在文字表面显示出纹理效果，如图6-46所示。

在TextMesh文字上指定贴图后，如图6-47所示，看到的是每一个字母上都被贴上了相同的纹理，而使得表面产生了不是我们所预期的贴图效果，所以还需要调整设置来修正贴图的模式。

Step 6 在UV Mapping Options的设置里面把UV贴图类型更换为Line模式，如图6-48所示。在文字表面就可以显示出正确的贴图效果，并且可以使用UV Offset来移动整个贴图的位置。

通过UV贴图类型的修改后，现在文字表面已经出现正确的贴图效果，如图6-49所示。

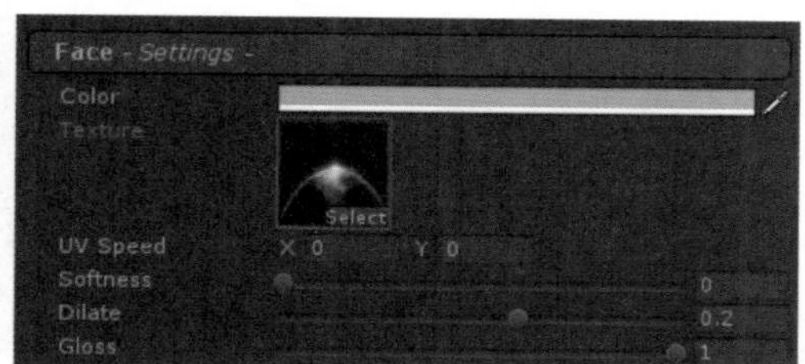

图 6-46

图 6-47

图 6-48

图 6-49

从上述的几个操作步骤的流程里面，我们看到了TextMesh Pro所展示的超强文字功能，比起Unity提供的UI文字有着更为明显的优势，对于美术人员来说，使用这一个插件就能快速地制作出效果绝佳的文字特效或是菜单功能。图6-50为制作完成的文字效果。

图 6-50

6.6　UGallery Flow 插件讲解

6.6.1　简述

在游戏或VR开发中，我们有时候需要图片墙预览效果。UGallery Flow可以让我们方便地创建这种效果。

6.6.2　功能

UGallery Flow是一个产生图片墙的工具，它使用UGUI系统自动加载和显示图片。可以从相册、背包或其他地方创建图片墙。

本插件有下面几个特性：

- 支持Unity 5.x，使用UGUI系统
- 支持反射和阴影效果
- 平滑移动，支持条目选取
- 完整窗口预览
- 弹性运动
- 完全自定义，简单易用

6.6.3 操作流程

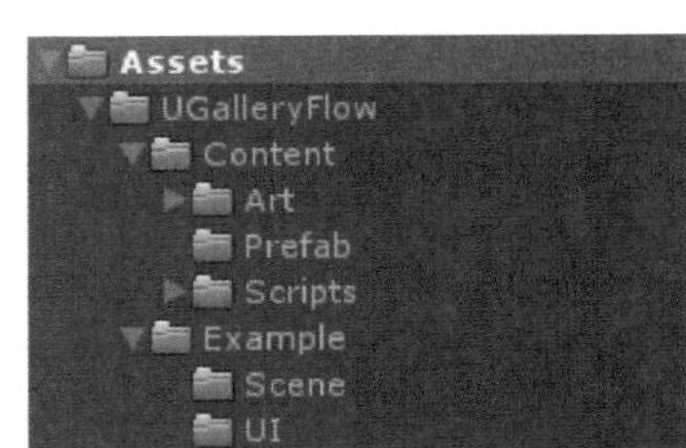

图 6-51

新建一个空的工程，把UGallery Flow插件导入我们新建的工程中，UGallery Flow结构如图6-51所示。

Content：此目录存放的是插件使用的内容。

Art：此目录存放的是插件使用到的动画、字体、着色器和UI。

Prefab：此目录存放的是插件预留好的预设。

Scripts：此目录存放的是插件的核心代码。

Example：此目录存放的是插件的演示内容。

下面介绍UGallery Flow插件的使用方法。

Step 1 新创建一个场景并命名为Demo，存放到Assets目录下。

Step 2 从Content/Prefab目录下把UGalleryFlow预设拖动到场景中。

Step 3 设置UGalleryFlow预设下的子物体Canvas，把它的Render Camera设置为场景主摄像机。

Step 4 继续在场景中添加EventSystem对象。由它来提供UI事件的传递。

现在我们对UGalleryFlow预设的组件Bl_GalleryManager的参数进行简单说明。参数设置如图6-52所示。

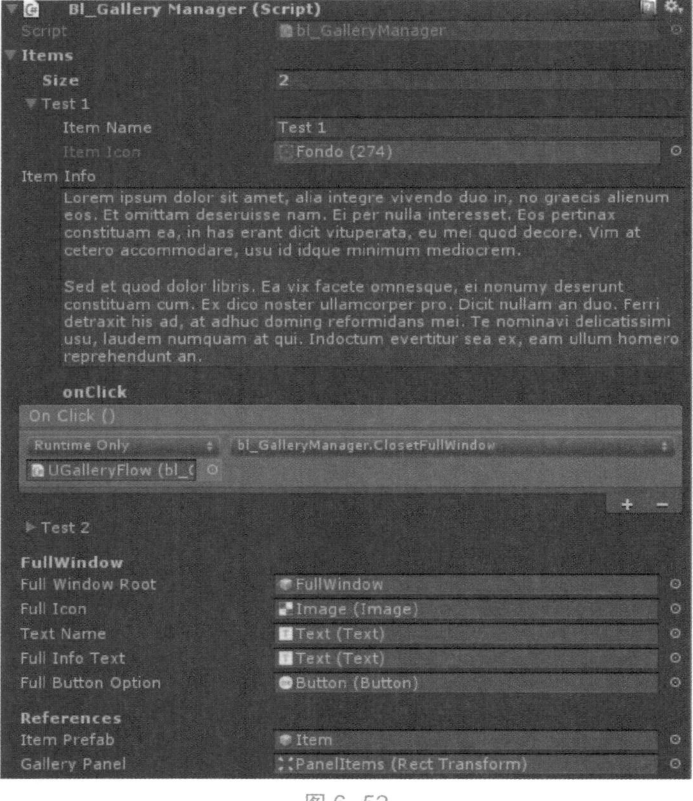

图 6-52

Items：这里是图片墙里面的条目。

Size：设置图片墙产生后所拥有的条目数量。

Item Name：这里是命名每个条目的名称。

Item Icon：这里显示每个条目对应的图标。

Item Info：这里填写每个条目的描述信息。

onClick：这里是单击时产生的行为。

Full Window Root：这里是全窗口的对象。

Full Icon：这里是全窗口对应的图标。

Text Name：这里显示的是条目的文本名字。

Full Info Text：这里显示的是条目描述。

Full Button Option：这里是全窗口时的按钮。设置了onClick事件才会出现。

Item Prefab：这里是条目的预设对象。

Gallery Panel：这里是图片墙的面板对象。

接着我们对Item预设的组件进行简单说明。它的组件参数截图如图6–53所示。

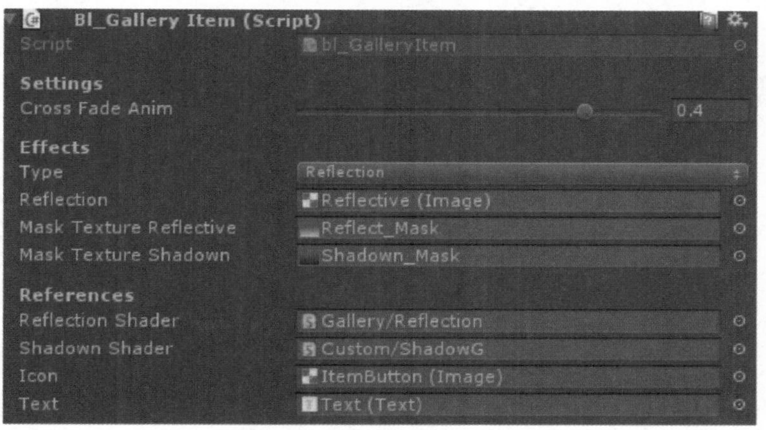

图 6–53

Cross Fade Anim：这里是动画过渡的时间。

Type：这里是条目的效果类型。有无效果、反射和阴影效果。

Reflection：这里是反射使用的图片。

Mask Texture Reflective：这里是纹理反射的遮罩纹理。

Mask Texture Shadown：这里是阴影的遮罩纹理。

ReflectionShader：这里是反射使用的着色器。

ShadownShader：这里是阴影使用的着色器。

Icon：这里是条目的图标。

Text：这里是条目的标题描述。

上面我们对UGallery Flow进行了简单的介绍，读者可以根据上面的介绍在Demo场景中进行简单设置，然后运行工程查看一下效果。

第7章
Shaders插件

Shader是游戏开发里面相当重要的一个制作环节，开发人员如果掌握了Shader的编写就能创造出独特的着色效果。对于美术人员来说，如能通过可视化插件来快速地制作出所需的Shader才是它们更为重视的部分。在这一章里，我们将要介绍的几个特殊Shader插件将使得游戏中的纹理表现与效果更为快速而高效。

7.1 Cool Mobile Water——移动设备的专用水面效果

7.1.1 简述

在游戏或虚拟现实开发中我们经常会为寻找能支持移动设备的水，且能很好地支持反射、折射同时具有很好的性能的方案而烦闷。现在有这么一个插件可以很好地满足我们的需求，且都提供了源代码。

7.1.2 功能简介

这是为移动设备准备的水，支持实时反射、折射，同时具有很好的性能。Cool Mobile Water的主要功能如下：

- 可以很好地运行在Unity 4和Unity 5中
- 包括源代码
- 也包括了Mobile Shader Pack
- 可以模拟反射、折射、深颜色

7.1.3 操作流程

新建一个空的工程，把Cool Mobile Water插件导入我们新建的工程中，Cool Mobile Water结构如图7-1所示。

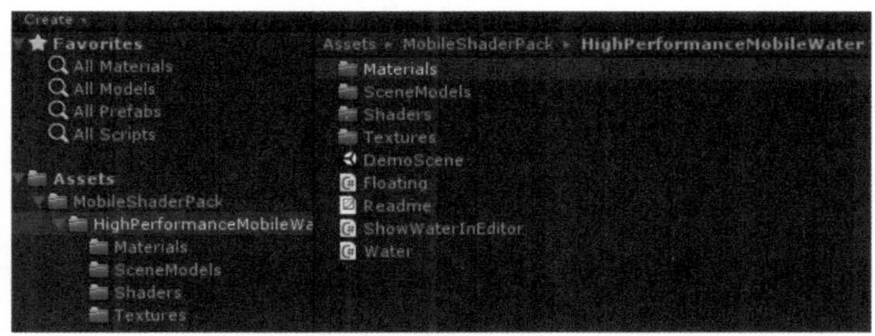

图 7-1

Materials：此目录里存放的是演示场景使用的材质球。

SceneModels：此目录里存放的是演示场景中使用的模型。

Shaders：此目录里存放的是插件的着色器文件。

Textures：此目录里存放的是演示场景中使用的纹理。

ShowWaterInEditor.cs和Water是插件的核心代码。

我们可以先打开DemoScen查看一下演示场景。运行后的效果如图7-2所示。

下面我们来看一下如何使用本插件，首先创建一个基础的模型对象，然后附加Water.cs脚本组件。这个脚本很简单，参数的意思一目了然，我们可以注意到附加此脚本的对象层级设置为Water，确保水平面仅被“MainCamera（检查MainCamera Culling Mask）”渲染。

图 7-2

1. 关于摄像机的设置建议

“Reflection Camera”应该尽可能的少渲染对象。建议为那些产生反射的对象添加一个“reflection”层。有两个摄像机：“MainCamera”和“RefractionCamera”。它们应该有相同的设置（位置、旋转、视野等）。为了获得更高的性能，建议有两个不同的层“InWater”和“UnderWater”。完全在水下的对象应该是“UnderWater”层，并且仅通过“Refraction Camera”来进行渲染。部分在水里面的对象应该是“InWater”层，并且由“MainCamera”和“RefractionCamera”同时渲染。

2. 核心脚本说明

ShowWaterInEditor.cs：水效果在某些Unity的编辑器版本中不能显示。如果发生这种情况，请添加这个脚本到“MainCamera”。

Water.cs：此脚本是插件的核心脚本。结合着色器实现了反射、折射等效果。

3. 着色器说明

Water.shader：实现水折射和假反射。

InWaterObject.shader/ Unlit_InWaterObject.shader：模拟不透明对象在水中的深度颜色。

InWaterObject_Transparent/ Unlit_InWaterObject_Transparent：模拟了透明对象在水中的颜色。

7.2 Dynamic Volumetric Fog——动态体积雾效果

7.2.1 简述

在游戏或虚拟现实开发中我们可能需要实现动态体积雾的效果，如果我们有一个可以方便使用正好到现有的着色器中，同时还支持移动设备那将是多么开心的一件事。

7.2.2　功能

动态体积雾使用GPU方法来模拟真实3D环境中的自然雾现象。

可以完全控制雾流速度和方向，雾的颜色和浓度。该插件的主要功能如下：

- 容易与自己现有的着色器集成
- 兼容Unity 4和Unity 5的UnityPro和Free
- 兼容移动平台
- 兼容任何DirectX9，DirectX11和OpenGL平台
- 包括全部源代码

7.2.3　操作流程

新建一个空的工程，把Dynamic Volumetric Fog插件导入我们新建的工程中，Dynamic Volumetric Fog结构如图7-3所示。

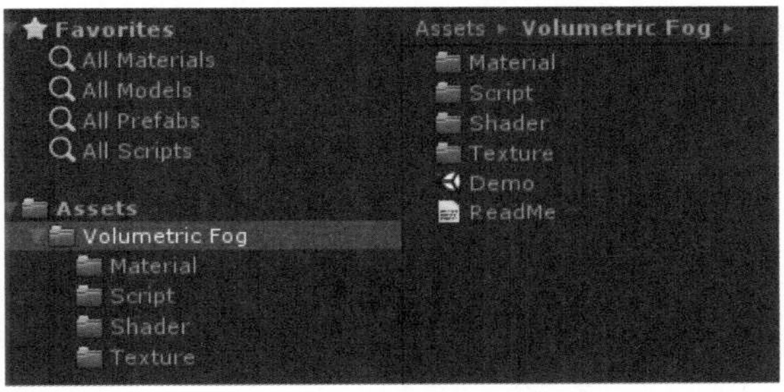

图 7-3

Material：该目录里有插件里的材质球，材质球上使用的是体积雾里面的着色器，可以进行参考。

Script：该目录里是插件里包括的脚本文件。

Shader：该目录里是插件的着色器文件。

Texture；该目录里是插件里面包括的纹理。

打开插件里面的Demo演示场景，运行后效果如图7-4所示，我们可以调节UI上面的参数来观看不同的效果。

图 7-4

下面我们来学习一下如何设置动态体积雾。

雾依赖于一个3D噪波纹理，所以我们必须要做的是转换3D噪波纹理到材质球上。

Step 1　Noise3D.cs脚本是一个3D噪波产生器，调用“Create”函数产生3D噪波纹理。

Step 2　然后就调用“SetTexture”转换3D噪波到材质球，应用于游戏对象。

在Dynamic Volumetric Fog包里面提供了3个着色器，分别是：

1）Volumetric Fog/Texture是一个模糊的纹理材质。

2）Volumetric Fog/Diffuse Textures 是一个亮光模糊纹理材质。

3）Volumetric Fog/Bump Diffuse Texture是一个一个亮光凹凸的模糊纹理材质。

7.3 Highlighting System——模型轮廓发光

7.3.1 简述

在游戏项目或VR环境中经常会用到模型外轮廓发光或者半遮挡效果，Highlighting System插件提供了这些功能，不仅提供了易于设置的内容更是提高了游戏内容的品质。

7.3.2 功能

Highlighting System允许任何对象可高光性，插件在设计时已经考虑到优化，所以仅当有必要时才会执行材质操作。本插件适用于所有主要的平台，也支持相机滤镜效果。

7.3.3 操作流程

建一个空的工程，把Highlighting System插件导入我们新建的工程中，Highlighting System结构如图7-5所示。

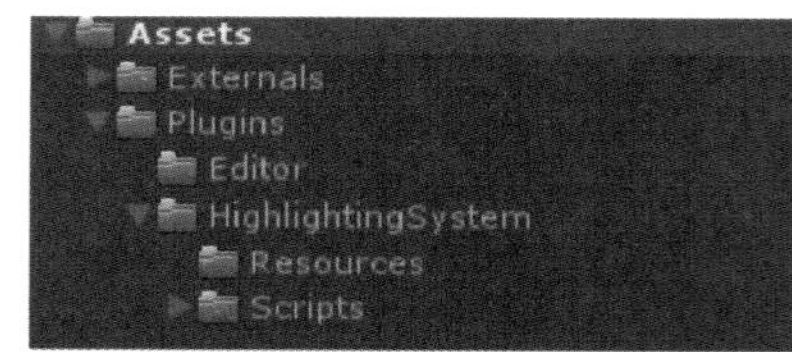

图 7-5

Externals：本目录存放的是插件的演示资源。

Plugins：本目录存放的是插件的核心脚本和使用的着色器。

我们可以打开Externals/Highlighting System/HighlightingSystemDemo/Scenes目录里的场景进行预览。接下来我们来介绍一下Highlighting System的使用步骤。

Step 1 导入插件到现有项目里面。

Step 2 添加HighlightingRender组件到摄像机。这个组件顺序定义点的高亮显示缓冲区应用于渲染帧。

Step 3 添加Highlighter组件到想使用可高光的对象上，或者在运行时通过GameObject.AddCompont<Highlighter>()方法进行添加。

Step 4 运行时，调用Highlighter组件里的高亮方法。

Step 5 参考动态批处理进行设置高亮渲染组件上的深度偏移因子和深度偏移单位。

现在我们来说一下如何在运行时使用Highlighter组件来控制高亮的对象。下面是我们允许时可以使用的API函数：

ReinITMaterials()

对象渲染器和材质球的重新初始化。在高亮对象添加或移除子对象时或者改变它的材质球或着色器之前或之后调用这个方法。每次更新时会调用多次，但是重新初始化仅会发生一次。

OnParams(Color color)
设置每帧高亮模式下的颜色。

On()
仅在当前帧开启高亮。

On(Color color)
仅在当前帧使用给定的颜色开启高亮。

FlashingParams(Color color1，Color color2，float freq)
设置闪烁参数的颜色和频率。

FlashingOn()
开启闪烁。

FlashingOn(Color color1，Color color2)
开启闪烁会从给定的颜色1到颜色2进行过渡。

FlashingOn(Color color1，Color color2，float freq)
开启闪烁会以闪烁频率从给定的颜色1到颜色2进行过渡。

FlashingOn(float f)
使用给定的频率开启闪烁。

FlashingOff()
关闭闪烁。

FlashingSwitch()
切换闪烁模式。

ConstantParams(Color color)
设置恒定的高亮颜色。

ConstantOn()
使用恒定高亮进行渐隐。

ConstantOn(Color color)
使用给定颜色的恒定高亮进行渐隐。

ConstantOff()
使用恒定的高亮进行渐出。

ConstantSwitch()
切换恒定高亮。

ConstantOnImmediate()
立即开启恒定高亮（无渐隐）。

ConstantOnImmediate(Color color)
使用给定的颜色立即开启恒定高亮(无渐隐)。

ConstantOffImmediate()
立即关闭恒定高亮(无渐出)。

ConstantSwitchImmediate()
立即切换恒定高亮(无渐隐渐出)。

SeeThroughOn()
启用高亮的透明模式或遮挡。高亮在这种模式下不被任何东西遮挡（透明遮挡除外）。遮挡在这种模式下将会重叠任何高亮显示。

SeeThroughOff()
关闭透明模式。

SeeThroughSwitch()
切换透明模式。

OccluderOn()
把对象变成遮挡。注意仅会当帧深度缓冲区不可用时将会启用不透明高亮遮挡。

OccluderOff()
禁用遮挡器模式。

OccluderSwitch()
切换遮挡模式。

Off()
关闭所有的高亮模式。

Die()
销毁Highlighter组件。当对象完成高亮时调用。

注意：在移动设备上不要忘记勾选Unity播放器设置里面的Use 32-bitDisplay Buffer复选框。在配置HighlightingRender组件时，提升模糊迭代会提升外轮廓辉光质量，但是尽量保持较低值这样有助于提升性能。请记住，在开启抗锯齿时尽量保持较低值。

如何使用自定义透明着色器?

按照如下的方式定制透明着色器用于高亮；

1）确保RenderType着色器标签设置为TransparentCutout或Transparent。否则这样的着色器将会被解释为不透明着色器，材质球的主纹理的透明通道将不会被考虑。

2）确保自定义着色器有_MainTex属性。高亮显示系统将会使用指定的纹理来检测透明区域。

> **注意：**高亮显示系统仅在初始化时缓冲主纹理使用它的偏移和缩放值。正因为如此，当我们改变主纹理参数时没有调用ReinitMaterials()方法不会发生影响。我们也可以根据自己的需要对插件的着色器进行修改。

如何使用动态批处理?

如果播放器设置里面禁用了动态批处理，总是设置深度偏移因子和深度偏移单位参数为0来避免渲染冲突。

高亮显示系统支持动态批处理，但是在某些情况下不同渲染对象被批处理时深度比较会产生不精确的情况，这样会产生深度冲突——“z-fighting”。

我们至少有下面三个选项来消除这种情况。

1）推荐使用复制和指定不同的同一材质球的实例来强制禁用批处理。

2）在播放器设置中禁用动态批处理。不要忘记在禁用动态批处理后设置深度偏移因子和深度偏移单位为0。

3）第三种方式不推荐使用这里暂不说明。

如何使用高亮显示遮挡?

如果帧深度缓冲区可用，它将用于遮挡那些禁用了透明模式的对象。否则将会启用不透明遮挡来替换高亮显示遮挡功能。

高亮显示系统将会在控制台显示这个事件。如果我们没有在项目中使用硬件抗锯齿，我们不应该手动添加不透明高亮遮挡到场景。场景深度缓冲区用于遮挡高亮显示。相反我们需要手动添加它们。

> **提示：**建议使用Imge Effect 抗锯齿来替代硬件抗锯齿。

7.4　See-Through System——插件讲解

7.4.1　简述

See-Through System提供了一个简单高度可配置的方式来实现项目中的透明度。用它来显示角色遮挡时的透明度。

7.4.2　功能

See-Through System是完全独立的着色器，不需改变现有材质球和着色器就可以工作。我们可以控制最终透明的效果与使用轮廓等效果，See-Through System插件也支持手机终端。

7.4.3 使用说明

新建一个空的工程，把See-Through System插件导入我们新建的工程中，See-Through System结构如图7-6所示。

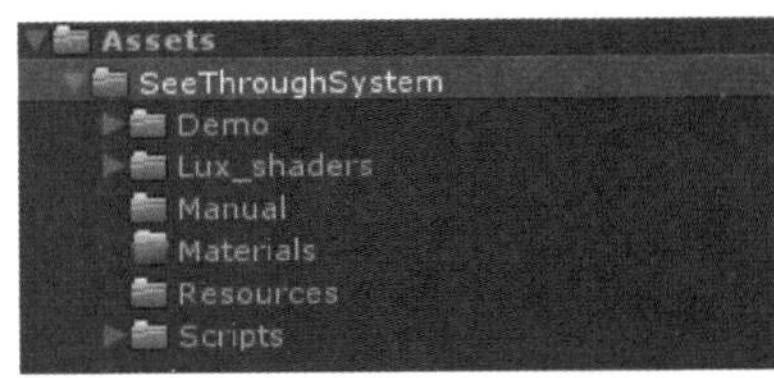

图 7-6

Demo：本目录里面存放的是Demo中使用的资产。

Lux_shaders：此目录存放的是插件中引用到的第三方free的着色器。完整版本地址为https：//www.assetstore.unity3d.com/en/#!/content/16000。

Manual：本目录存放的是帮助文档手册。

Resources：本目录存放的插件使用的着色器。

Scripts：本目录存放的是插件的核心代码。

我们可以先打开Demo/ Scenes的演示场景预览一下效果。

我们下面对插件的使用设置进行一些说明。

7.4.4 常规设置

为了启用透明系统（STS），请通过Image Effects/See-Through System附加组件到我们的摄像机。尽管有大量可能的设置，但STS可以用图7-7所示的方式直接使用，我们所需要做的就是指定触发器、障碍物和背景层。

图 7-7

Trigger Layers：当被障碍物遮挡时希望可以看到的对象。

Obstacle Layers：障碍物层。

Background layers：在触发器被遮挡的地方背景层将会可见。

注意：我们可以放置角色在触发层，但是排除透明度背景层。这样角色在遮挡时将会触发透明度，但是看不到自己。在大多数情况下，触发器是我们的角色，障碍物是我们的墙壁，背景是除了障碍物的所有层。

7.4.5 选择性禁用触发器和障碍

通过放置对象到禁用数组，可以告诉STS在计算遮挡时忽略它们。我们可以使用DisableTrigger、DisableObstacle、EnableTrigger、EnableObstacle方法在运行时添加渲染器到它们的数组，如图7-8所示。

图 7-8

注意：我们需要添加渲染器，而不是游戏对象到这些数组中。一个角色可以保护多个渲染器和游戏对象。使用Component.GetComponentsInChildren获得角色所有的渲染器。

7.4.6　色彩触发器

色彩触发器允许我们改变透明窗口色彩来创建不同的触发器。启用这个效果的方法是勾选Colorize triggers复选框，如图7-9所示。

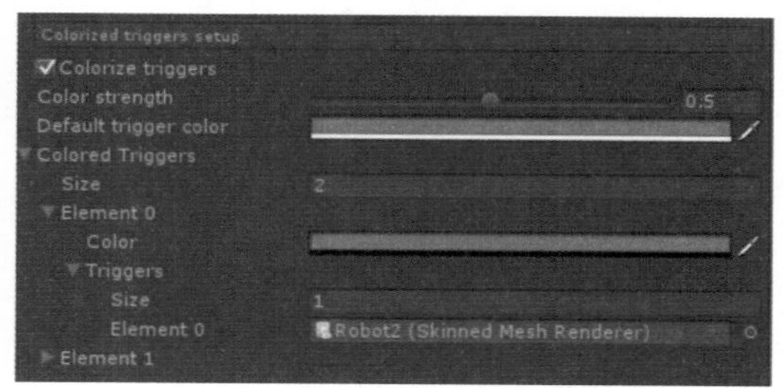

图 7-9

展开颜色遮罩数组，定义是否仅触发自身变色或影响周边地区变色。

Color strength：定义颜色的系数。1将会提供完整的颜色，0将会禁用任何颜色。

Default trigger color：可以设置，以便没有定义任何触发器颜色时使用此颜色。

Colored triggers：数组里包含色彩触发器定义的颜色和渲染器。我们可以在编辑器中填充它或使用ColorizeTriggerObject和DecolorizeTriggerObject方法在运行时填充。

7.4.7　背景渲染设置

Background type：定义什么类型的背景将会进行渲染，如图7-10所示。

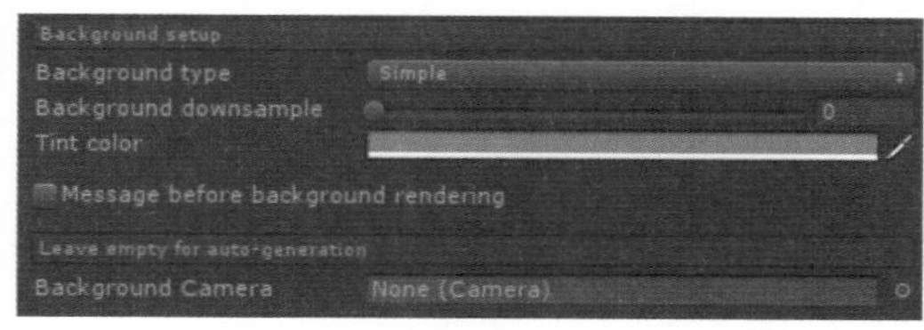

图 7-10

Background downsample：定义样本背景渲染的因素。使用它来改善性能或达到像素化背景的效果。

Tint color：允许我们改变最终背景图像的颜色。为了更精确地控制颜色，我们可以使用标准的摄像机的色彩曲线图像效果。

Message before background rendering：如果开启它，它将会发送“STS_BeforeBackRender”消息到选择的对象，使用背景摄像机作为参数。它允许我们通过自己的脚本来改变摄像机参数。

Background camera：如果我们想放置图像效果到摄像机，我们必须创建我们自己的背景摄像机。如果没有选择摄像机，STS将会自动为背景渲染创建一个简单的摄像机。

Background type里面的四个选项分别是Simple、Outline、Hologram与Custom_shader_replacement的类型，如图7-11所示。

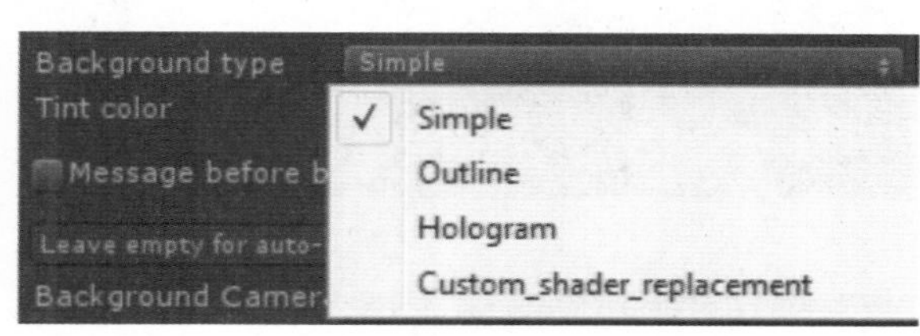

图 7-11

1）Simple：整个场景使用相同的设置来渲染背景。

2）Outline：使用轮廓着色器来渲染背景。

3）Hologram and Alpha Hologram：使用叠加全息的效果渲染背景。全息图像浓度依赖于主纹理的亮度，透明全息是主纹理的透明通道。

4）Custom_shader_replacement：允许我们指定自己的着色器和标签用于Background Camera.RenderWithShader方法。

7.4.8 透明窗口设置

Transparent area setup为透明区域的设置，图7-12显示所设置的内容。

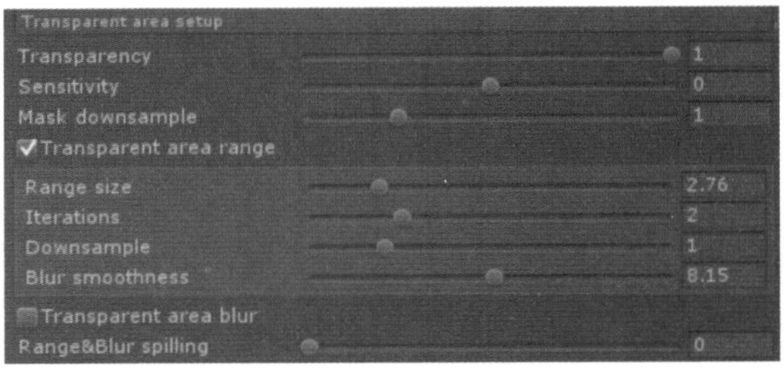

图 7-12

Transparency：这个定义遮挡触发时遮挡的透明系数。

Sensitivity：遮挡检测的灵敏度。负值是透明触发更难，正直是触发很简单。

Mask downsample：遮罩纹理的样本因子。使用它来提升性能（尤其是在移动设备上）。建议设置为1（遮罩将会有摄像机分辨率的一半）。

Transparent area range：启用这个选项会在触发器周围产生透明轮廓。

Blur smoothness：如果我们仅启用了范围选项，这个设置用来控制轮廓平滑。如果我们启用了范围和模糊，轮廓的平滑将会通过模糊参数进行控制。

Transparent area blur：启用此选项，模糊透明轮廓。

滑块控制模糊参数和标准的快速模糊图像效果相似。

如图7-13所示，从左至右分别显示了没有轮廓与模糊效果，中间的是产生轮廓，右边则是轮廓加上模糊的效果。

Range&Blur spilling：应该有多少来自透明区的特殊效果溢出在屏幕无遮挡的区域上。图7-14所示为此功能的设置。

图7-15所示为溢出数值为0与1的状态下所呈现的效果。

图 7-13

图 7-14

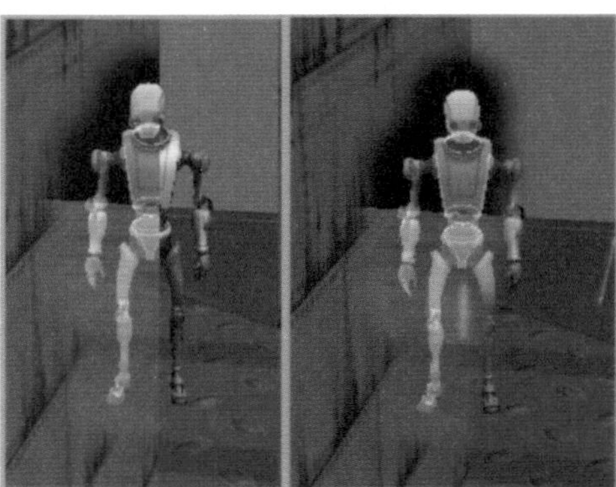

图 7-15

7.4.9 附加设置

Advenced setting里面提供了更多进阶的设置，如图7-16所示。

Force Forward rendering on background：如果启用这个选项，STS在通过触发透明窗口的屏幕可见部分的渲染时使用前向渲染路径。它用来避免在使用延迟灯光渲染路径时灯光产生的问题。

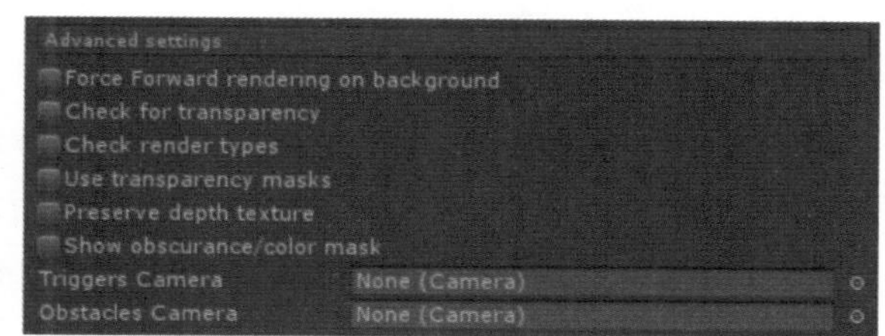

图 7-16

Check for transparency：如果启用这个选项。STS将会检查是否有任何遮挡区域在渲染背景之前需要渲染的，通过指定需要渲染的区域来优化背景渲染（仅在前向渲染路径下工作）。这个在有很多不同类型的背景时节省大量GPU的性能，但是检查将会花费一些CPU时间。

Check render types：如果启用这个选项，STS将会考虑触发器的着色器类型和产生触发遮罩的障碍。如果我们有大量使用透明和透贴的着色器（例如所有的2D项目使用了精灵，应该使用这个选项）时使用它。透明丢弃级别决定对象透明融合的透明级别。

Preserve depth texture：STS将会保留原始深度纹理。如果我们使用图像纹理效果就需要使用深度纹理线。

Show obscurance/color mask：调试模式，如果启用了色彩触发器着色的对象，将会显示合并的用于透明融合和非透明区域的遮罩。

Triggers camera：如果我们使用多个设置不一致的摄像机，放置渲染触发器使用的摄像机。

Obstacles camera：如果我们使用多个设置不一致的摄像机，放置遮挡使用的摄像机。

7.4.10　透明度遮罩

透明系统从1.6版本开始包括支持障碍物的透明遮罩。仅在重要通道的透明遮罩是红色的，它的值定义了障碍的透明度。

有两种方式定义这些遮罩：

a）全局材质球。如果我们的遮罩使用一个共享材质球影响多个对象，放置STS_TransMask_Global组件到任何指定的并且激活的游戏对象上，如图7-17所示。

图 7-17

添加组件之后需要进行材质的设置，如图7-18所示。单击Add material slot按钮，拖动材质球和发光遮罩纹理到它们的槽中。全局遮罩管理支持无限的材质球数，通过单击Add material slot来增加材质球槽。

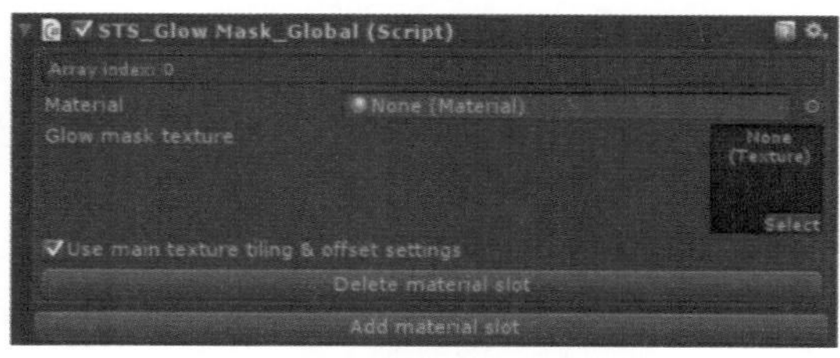

图 7-18

b）如果我们不用共享材质球仅影响一个游戏对象，可以使用STS_Transmask_For_Renderer组件，附加此组件到附加Render组件的游戏对象上，如图7-19所示。

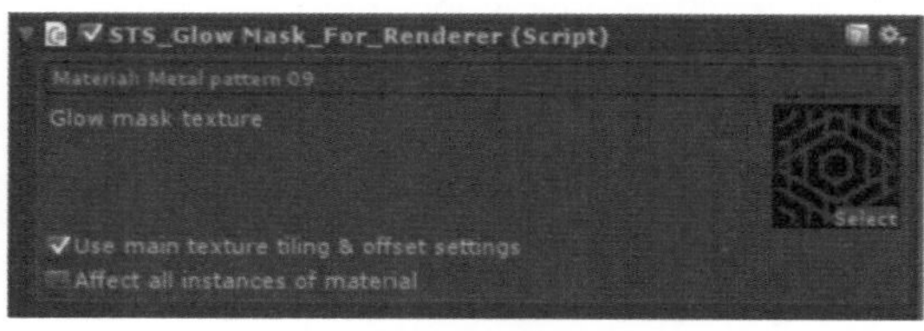

图 7-19

它会为所有渲染器的材质球自动创建纹理槽。启用Affect all instances of material选项允许蒙板影响所有材质实例，但是建议使用全局材质球管理来进行管理。

7.4.11 移动平台优化

如果是在移动平台上使用STS，请遵循如下的原则。

1）降低采样率！在移动设备上降低遮罩和背景的采样率对于提升性能都是很好的方式。

2）尽量不要同时使用范围和模式开关，如果可能的话尽量使用平滑轮廓范围。

3）在范围和模糊设置中减少迭代次数。

4）不要使用STS重载大量障碍和背景渲染。尝试从背景中去掉不需要的层和对象。

5）如果我们有非常复杂的网格或巨大数量的小对象作为触发器/障碍,考虑简化/合并网格，把它们放到不可见的层中（使用摄像机层进行剔除）。

7.5 Shader Forge——令人惊艳的可视化着色器

7.5.1 简介

Shader Forge是一个节点式的着色编辑器，主要的作用是让美术人员在直观的操作下创建出高度自由化的特殊材质，并且把保存的Shader使用在其他的项目工程。

Shader Forge插件之前在商店里面的售价为90美元，其开发人员在2018年中取消了收费模式，这使得Shader Forge现在成为一个免费的开源工具，同时在GitHub上可以找到相应的代码。

7.5.2 功能

- 基于物理底层的照明模式与
- 可视化与直观的操作界面
- 可自定义灯光模式并支持IBL
- DX11的表面细化功能与置换效果
- 提供光线折射与纹理渲染
- 额外提供环境六面贴图，自定义的混合模式，深度排列与雾化控制等多种功能
- 节点式的操作，不需任何代码即可创建高质量的材质
- 可以运行在Unity个人版与专业版

7.5.3 操作流程

接下来我们将通过几个步骤来完成Shader Forge的基本材质制作。

Step 1 选择Window>Shader Forge命令后弹出一个新的窗口，如图7-20所示。窗口的最上方显示了Shader Forge目前安装的版本。单击New Shader即可直接打开Shader Forge编辑器设置新的材质，如果已经有设置好的Shader Forge文件，可使用Load Shader打开文件进行编辑。

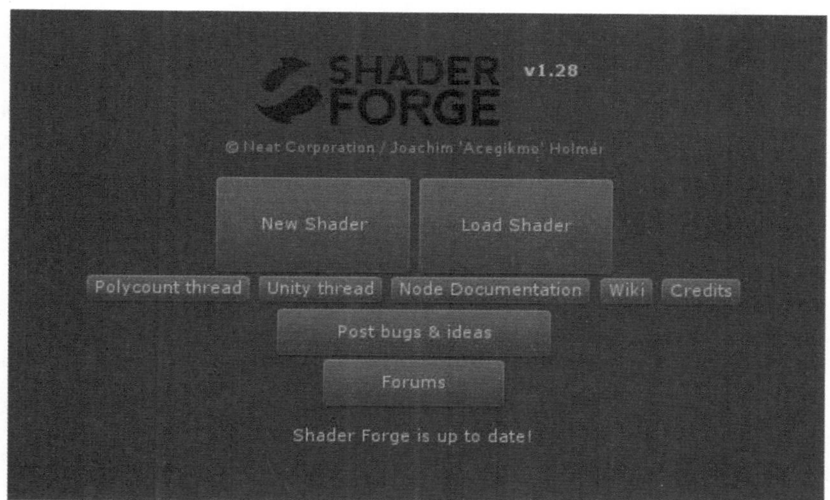

图 7-20

Step 2　单击New Shader后会出现一个材质的选项，如图7-21所示。在里面可以选择多种不同效果的材质属性，接着选择Lit（PBR）材质，保存一个新的材质名称（命名为DoubleSided）后进入编辑器界面。

图 7-21

编辑器的左上方以默认的球体显示设置的材质，左下方为Shader Forge的基本设置，右边显示的则是材质节点的工作区，如图7-22所示。

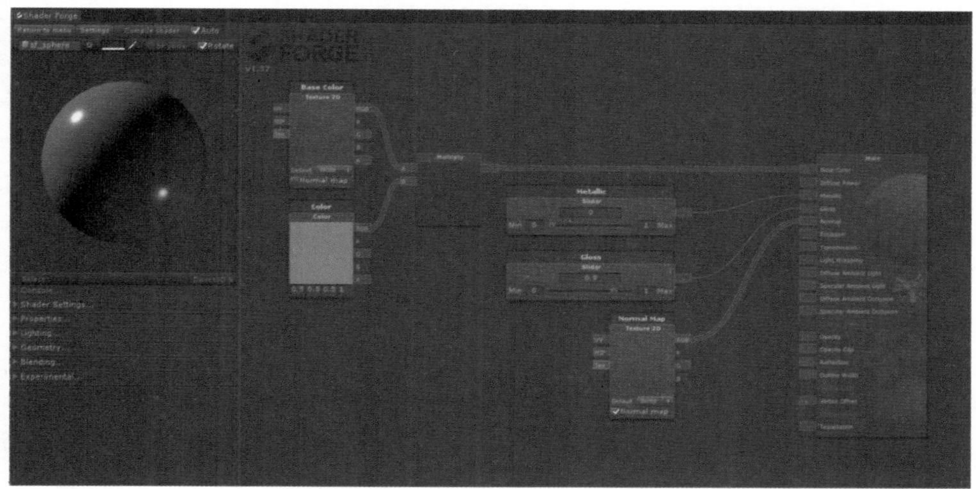

图 7-22

> **提示：** 在Shader Forge编辑器如果要移动视图，可以使用鼠标左键或是中键，而按着滚轮是可以对视图进行缩放。在视图中按下右键可添加新的节点类型，如果需要删除节点之间的连接线，则是以右键配合Alt键在线上直接划线删除。

Step 3 在左下方的设置里面找到Geometry，如图7-23所示。然后把Face Culling从默认的Backface Culling更换为Double Sided。此外必须记得勾选编辑器左上方的Auto功能，作用是在每次修改后会进行自动编译的动作。

Step 4 接下来新增一个材质球并命名为SF_DoubleSided_Mat，在Inspector的设置里面，把Shader类型更换为在第二个步骤所设置的Double Sided。

在完成双面材质的设置后，我们可以在场景内使用Unity内置的Plane网格进行测试，把SF_DoubleSided_Mat直接拖进Plane后进行旋转与观察，就可以看到Plane已经具备双面材质的特性，也可以在Base Color与Normal Map添加表面贴图与法线贴图来进行查看。图7-24所示为SF_DoubleSided_Mat的材质设置。

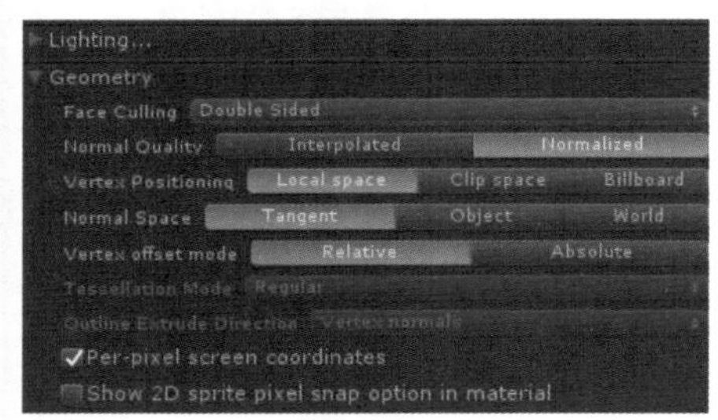

图 7-23

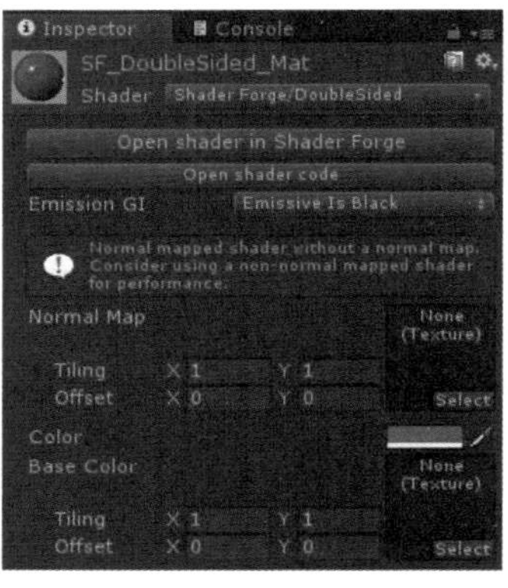

图 7-24

通过几个操作的步骤理解了Shader Forge的基本流程后，接着我们需要练习的一个纹理制作是把两种材质属性进行混合，并加上法线贴图来产生最终的贴图结果。

Step 1 新增一个Shader Forge材质，选择Lit（Basic）类型的材质并命名为Basic，然后在编辑器里面单击右键新增一个Texture 2D（Properties>Texture 2D）的节点，删除原来的Color节点并将Texture 2D连接到Diffuse的通道，再单击Select选择一张贴图，如图7-25所示。

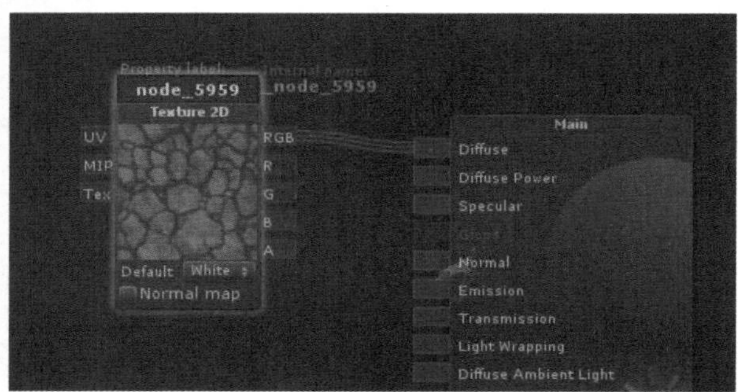

图 7-25

提示： 单击Shader Forge编辑器左上方的Settings，勾选Show node browse panel可以在编辑器的右边弹出所有节点的面板。

Step 2　使用相同的方法继续增加一个Texture 2D的节点，单击Select选择一张法线贴图，我们注意到该节点底部的Normal map会自动勾选，然后把此节点连接到Normal通道，如图7-26所示。

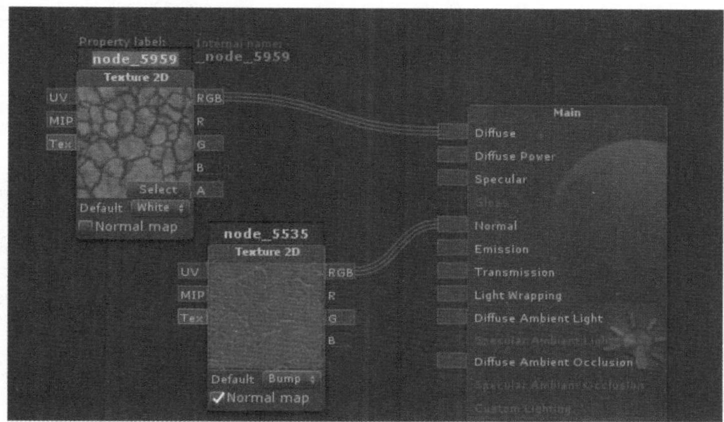

图 7-26

注意： 在设置完成一个节点后，必须对节点的名称进行修改，例如把默认的Texture 2D节点上方的node_xxxx更换为Base Texture，这样在后续的材质设置中会更容易区分材质的类型。

Step 3　单击右键选择Multiply（Arithmetic>Multiply）新增一个复合功能的节点，再添加一个Color（Properties>Color）节点，再把Texture 2D与Color分别连接到Multiply的AB通道，而Multiply作用是让原来的贴图可以通过复合作用改变颜色，所以把Multiply连接到Diffuse即可看到材质修改后的结果。

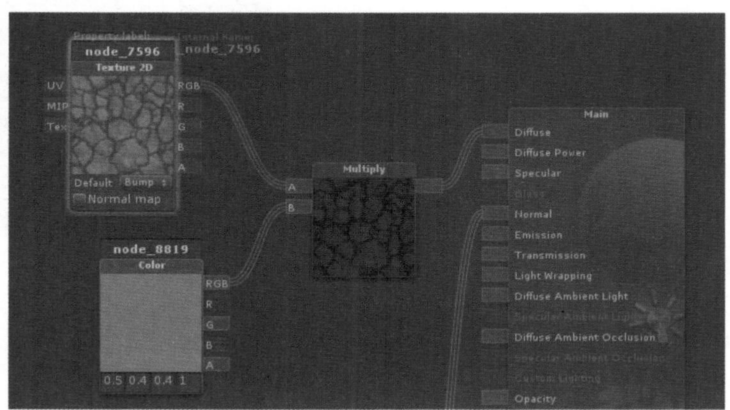

图 7-27

Step 4 在Shader Forge编辑器里面完成节点的设置后，新建一个材质并命名为BasicMat，然后到Inspector的设置里面把Shader更换为我们设置好的Basic类型，并将贴图添加到Base Texture与 Normal Map里面，如图7-28所示。接着就可以把BasicMat赋予到任意的网格模型上进行查看。

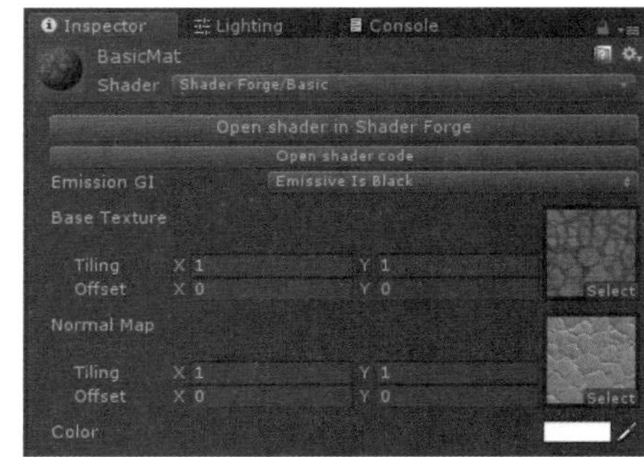

图 7-28

另一种混合贴图的方法是采用Lerp（Arithmetic>Lerp）的节点功能，除了两个Texture 2D的节点，另外添加一个Slider（Properties>Slider）的节点作为材质过度的调整用途。最后把两个Texture 2D节点连接到Lerp的AB通道，Slider则是连接到T通道，如图7-29所示。

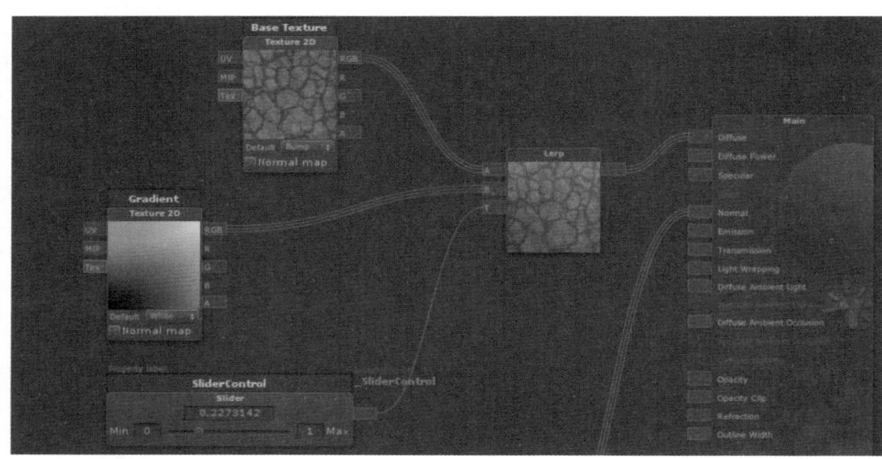

图 7-29

完成混合贴图的制作后，在材质的设置里面就会多了一个滑轨，如图7-30所示。Slider Control的功能是利于我们对不同材质的切换进行查看，并可以通过代码让材质在变换时产生过度的效果。

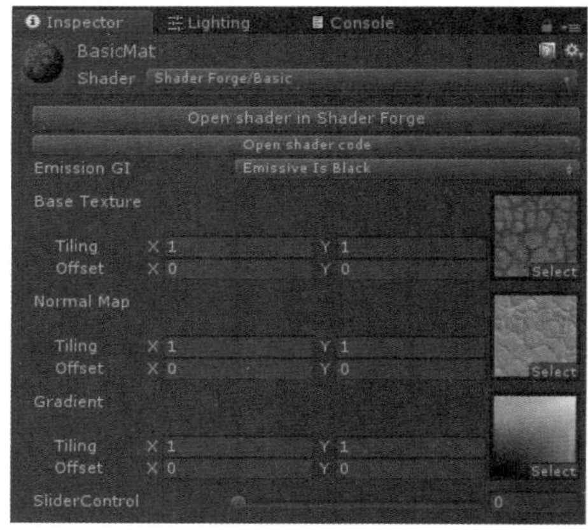

图 7-30

7.6 Curved World——创建弧形世界的插件

7.6.1 简述

在游戏或VR项目开发中，有时候需要让相机呈现出一种弧形世界的效果，而Curved World插件给我们提供了一个快捷方式来创建弧形世界的神奇效果。

7.6.2　功能

Curved World并不是图像滤镜的效果，它的作用很简单，就是让每个网格材质着色上呈现出来非常强大的效果。Curved World提供了弧形着色器的集合，主要的功能如下：

- 水平弯曲效果
- 夸张的地平线弧形效果
- 球形世界
- 圆柱滚动效果
- 小星球
- 圆柱塔防

7.6.3　使用说明

新建一个空的工程，把Curved World插件导入新建的项目工程中，Curved World结构如图7-31所示。

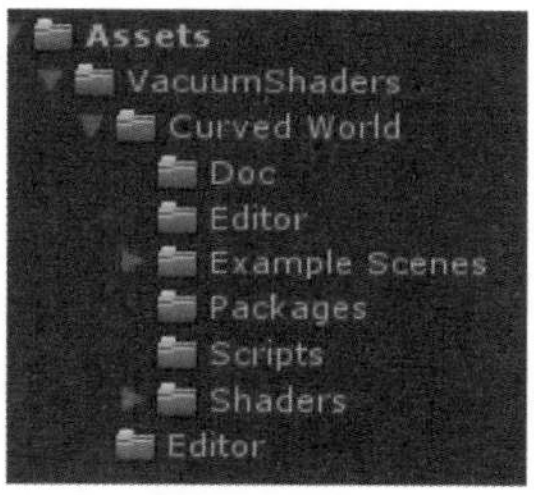

图 7-31

Doc：本目录存放的是插件的文档。

Editor：本目录存放的是插件的编辑器脚本。

Example Scenes：本目录存放的是插件提供的几个演示场景。

Packages：本目录存放的是插件提供的着色器包。

Scripts：本目录存放的是插件的核心脚本。

Shaders：本目录存放的是插件的着色器。

我们可以先预览一下插件提供的几个演示场景来查看效果。Curve World沿着世界的X、Y和Z轴弯曲网格，并且使用轴心点来设置弯曲中心，如图7-32所示。需注意的是，Curve World仅有在渲染期间使用着色器。

图 7-32

通过CurvedWorld_Controller脚本来控制弯曲轴心点、弯曲轴和倾斜大小，如图7-33所示。

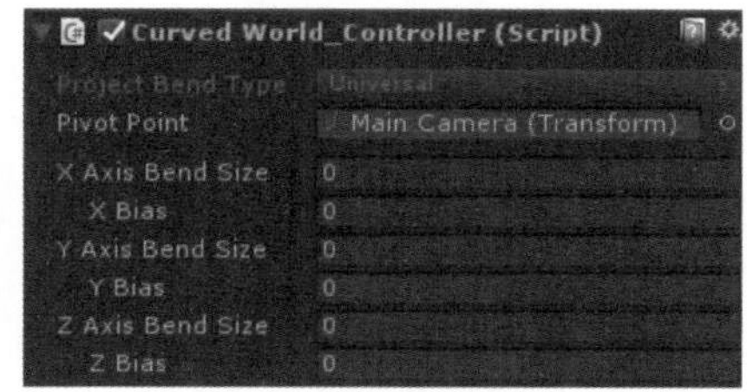

图 7-33

使用网格顶点来弯曲网格。曲线的质量和平滑度取决于网格数量，如图7-34所示，最左边的网格数量不足的情况下并没法产生曲线效果，而最右边的网格则是具备了曲线平滑的条件。

在CurvedWorld的设置里面，弯曲网格的形状是抛物线不是圆形，如图7-35所示，左边为抛物线的形状，也就是CurvedWorld采用的网格弯曲形状。

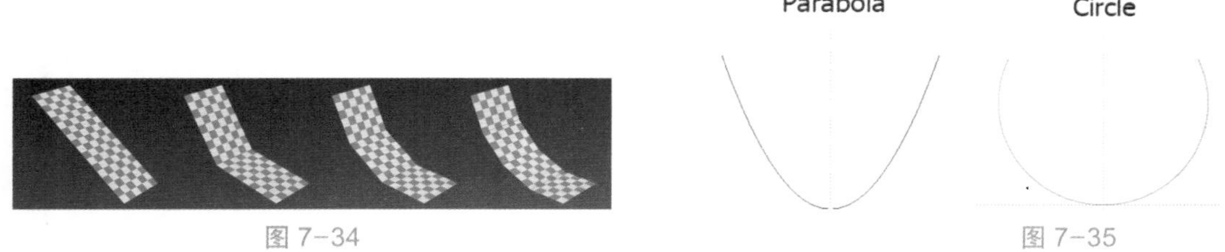

图 7-34　　图 7-35

下面我们对Curve World的5种已知弯曲效果进行简单介绍。

1）Classic Runner：仅沿着世界的X和Y轴弯曲网格。轴心点后边的顶点不受影响。斜率控制从轴心点偏移，如图7-36所示。

2）Little Planet：仅沿着世界的X和Z轴弯曲网格。斜率控制从轴心点偏移，如图7-37所示。

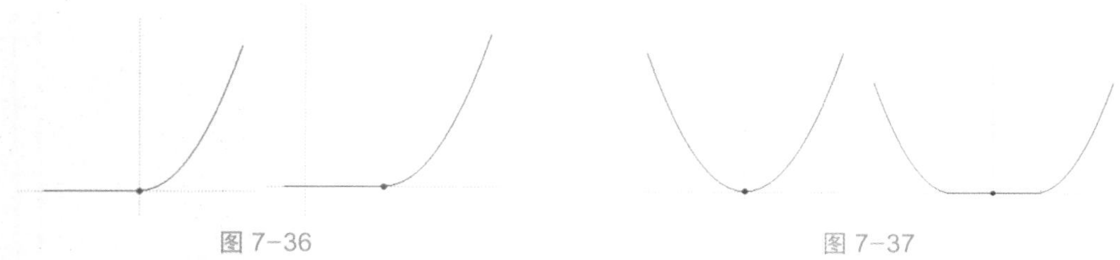

图 7-36　　图 7-37

3）Universal：和Little Planet弯曲类型相似，但它是沿着X、Y和Z轴弯曲控制。

4）Cylindrical Tower：和Little Planet弯曲类型相似，但它是沿着X、Y和Z轴弯曲。

5）Perspective 2D：仅用于2D精灵项目的特殊弯曲类型。弯曲依赖于摄像机的位置和旋转。

轴心点总是摄像机屏幕的中心点，激活摄像机的类型必须是投射而不是正交。只有X和Y轴弯曲控制。注意，轴向是摄像机屏幕的坐标而不是世界的。

弯曲插件的使用比较简单，但是要注意场景必须有一个CurvedWorld_Controller脚本实例，弯曲的大小通过它进行控制而不是来自着色器。然后对要弯曲的对象添加对应的VacuumShaders提供的着色器即可。

在Curve World插件使用过程中可能会出现的几个问题，这里进行简单介绍。

网格消失问题。弯曲的世界只有在摄像机可见时才会弯曲网格。如果网格超出了摄像机视锥，它将会被剔除而不会渲染。在某些情况下，这可能会造成弯曲网格的效果消失。弯曲世界有2种解决方案来解决网格消失问题。

1）Eagle Eye 脚本。在场景剔除之前重写摄像机的视野，在渲染之前复原。只有附加到激活摄像机时有用，如图7-38所示。

2）Mesh Bounds Corrector 脚本。重写独立网格渲染边界组件进行缩放网格，如图7-39所示。即使网格在视锥之外也可以确保摄像机可以看到。网格对于动态光源来说这个脚本也是很重要的。如果网格不可见则从阴影的接受/投射通道进行排除。只有附加到激活的带有渲染组件的非静态的游戏对象上时有用。

图 7-38

图 7-39

静态对象的手动解决方案。使用任何3D建模软件给网格添加8个边界点，在Unity的网格导入设置中禁用网格优化复选框，如图7-40所示。

注意： 如果在3ds Max中缩放网格边界，在网格中添加了8个顶点，8个顶点仅会增加网格64字节，因为8个顶点没有三角形不会进行网格渲染。

下面我们介绍一下插件的2个窗口。第一个是Curve World设置窗口，界面如图7-41所示。

图 7-40

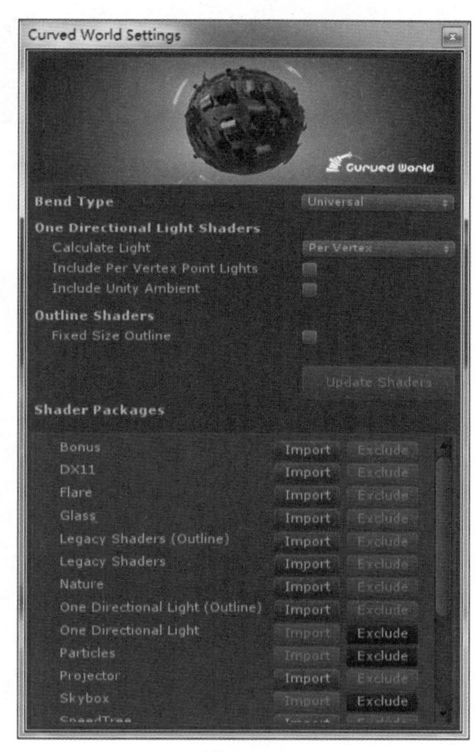

图 7-41

我们在这里可以修改弯曲类型、灯光计算方式、轮廓着色器，以及导入或者去除需要的着色器资产。注意：在更改完BendType之后单击Update Shaders按钮即可改变弯曲类型。

第二个是场景着色器预览窗口，如图7-42所示。在这个窗口里面列出了场景中使用的着色器数量和使用的着色器，还提供了查找方式和剔除按钮。

接着对Curve World的材质球面板进行说明。材质球的面板功能如图7-43所示。

1）工具栏：显示当前着色器类型和包含齿轮菜单。

2）默认可视选项：用于默认可视元素的控制。

3）Curve World选项：可以打开和关闭该组中的选项来实现各种效果。对于移动着色器可选参数是逐顶点计算的。关闭选项将会从着色器计算中排除。

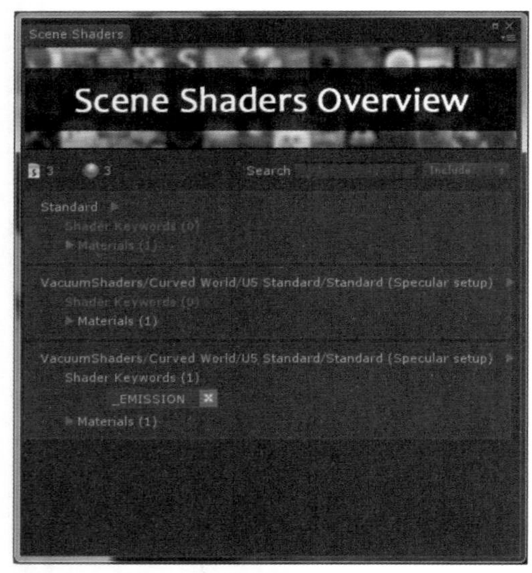

图 7-42

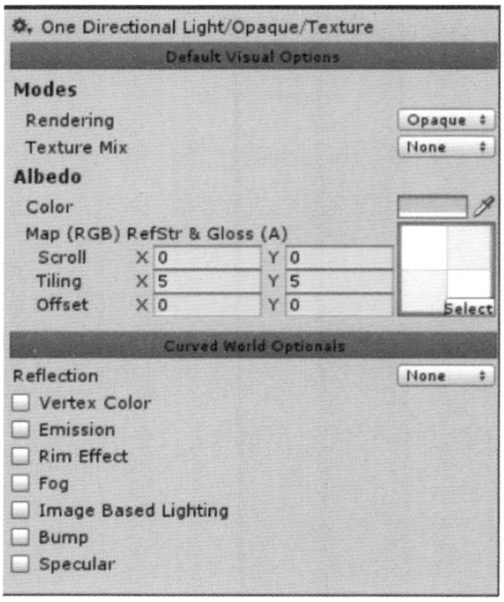

图 7-43

CurveWorld插件提供了3个核心脚本来对弯曲效果进行控制，如图7-44所示。

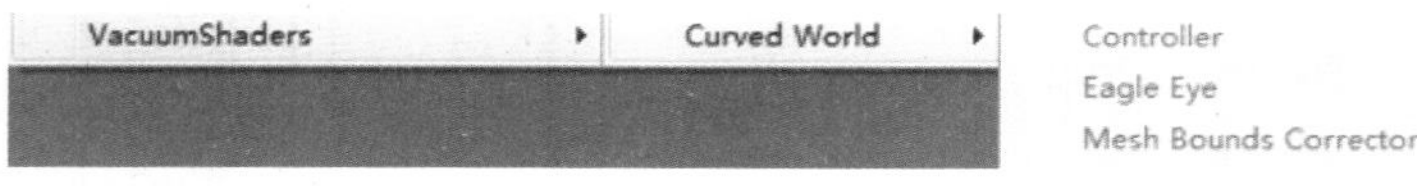

图 7-44

3个核心脚本的说明如下。

Controller：场景中必须包含一个这个脚本实例。

Eagle Eye：重写摄像机的视图参数用于渲染超出视锥体的网格。解决网格消失问题。

Mesh Bounds Corrector：如果网格对于摄像机或光源不可见，缩放网格渲染边界。

注意：这3个脚本都在VacuumShaders.CurvedWorld命名空间内。

这3个脚本提供了公开的方法和参数可供我们通过代码进行控制。

CurvedWorld_Controller 脚本

（1）公共变量

用于控制每个轴的弯曲大小。

public float _V_CW_Bend_X = 0; 用于控制X轴的弯曲大小。

public float _V_CW_Bend_Y = 0; 用于控制Y轴的弯曲大小。

public float _V_CW_Bend_Z = 0; 用于控制Z轴的弯曲大小。

用于控制每个轴的倾斜。

public float _V_CW_Bias_X = 0;

public float _V_CW_Bias_Y = 0;

public float _V_CW_Bias_Z = 0;

轴心点。

public Transform pivotPoint;用于定义中心点。如果定义（0,0,0）是弯曲的中心点，那么对于Perspective2D的轴心点总是激活摄像机的屏幕中心点。

（2）公共函数

public Vector3 GetBend()：返回轴弯曲大小。

public void SetBend(Vector3 _newBend)：设置弯曲轴大小。

public Vector3 GetBias()：返回轴倾斜弯曲大小。

public void SetBias(Vector3 _newBias)：设置轴倾斜弯曲大小。

public Vector3 TransformPoint(Vector3 _transformPoint, BEND_TYPE _bendType)：将Vector3作为世界空间位置，使用CurvedWorld_Controller参数进行弯曲。

（3）公共静态函数

static public Vector3 TransformPoint(...)：将Vector3作为世界空间位置，并且使用自定义参数进行弯曲。

CurvedWorld_EagleEye 脚本。

只有public float fieldOfView = 60;一个公共变量。

CurvedWorld_MeshBoundsCorrector 脚本。

只有public float meshBoundsScale = 1;一个公共变量。

7.6.4　操作流程

下面我们介绍如何将弯曲效果集成到自定义着色器中。

Step 1　在顶点着色器通道包括CurvedWolrd_Base.cginc文件。

#include "Assets/VacuumShaders/Curved World/Shaders/cginc/CurvedWorld_Base.cginc"

CurvedWolrd_Base.cginc文件通道将总是写在上方，不管项目如何设置和目录结构如何。

Step 2　在顶点着色器内使用弯曲世界的顶点变换函数。

1）inline void V_CW_TransformPoint(inout float4 vertex)：仅变换顶点，适用于Unlit着色器。

2）inline void V_CW_TransformPointAndNormal(inout float4 vertex, inout float3 normal, float4 tangent)：变换顶点和法线，适用于需要正确旋转法线用于计算，例如灯光、阴影、反射等。

如果顶点着色器做逐顶点动画，挤压、弯曲或其他逐顶点效果，变换点函数可以在此之后使用。步骤1和步骤2必须用于所有着色器的顶点着色器通道。

Step 3　可选项步骤如果着色器使用了Fallback着色器，它必须被修改用于弯曲世界或使用弯曲世界提供的内置着色器。

"Hidden/VacuumShaders/Curved World/VertexLit/Diffuse"：用于不透明着色器。

"Hidden/VacuumShaders/Curved World/VertexLit/Cutout"：用于裁剪（alpha test）着色器。

"Hidden/VacuumShaders/Curved World/VertexLit/Transparent"：用于透明着色器。

Step 4　可选项步骤。如果着色器需要摄像机深度和法线纹理用于图像处理，必须定义自定义渲染类型或者使用弯曲世界的内置渲染类型。

"RenderType"="CurvedWorld_Opaque"：用于不透明着色器。

"RenderType"="CurvedWorld_TransparentCutout"：用于裁剪着色器。

注意：不要更改原始的.shader和.cginc文件。

7.7 Paint in 3D——在模型上绘图的插件

7.7.1 简述

在游戏或VR开发中，我们可能会在运行模式下或编辑器里面对网格纹理进行涂色。Paint in 3D插件为我们提供了方便的实现方案。

7.7.2 功能

- 可直接在网格模型上使用笔刷绘制出多种贴图效果
- 提供多个功能演示场景
- 不需要在模型上设置碰撞器即可进行绘制
- 提供完整的C#源码
- 可以使用射线功能模拟贴图打洞效果
- 可以在刚体模型与其他物体碰撞时产生绘制的贴图效果
- 提供材质的图层，便于在已有的材质上绘制效果
- 在运行模式与编辑器里面对动态的网格物体进行绘制
- 提供多种混合模式
- 提供步骤撤销与重做的功能
- 可以在UV通道里面进行选择

7.7.3 使用说明

新建一个空的工程，把Paint in 3D插件导入新建的工程中，Paint in 3D结构如图7-45所示。

Document：本目录存放的是文档说明。

Editor：本目录存放的是插件的编辑器脚本。

Examples：本目录存放的是插件提供的演示样例。

Scripts：本目录存放的是插件的核心脚本。

Shaders：本目录是插件的核心着色器。

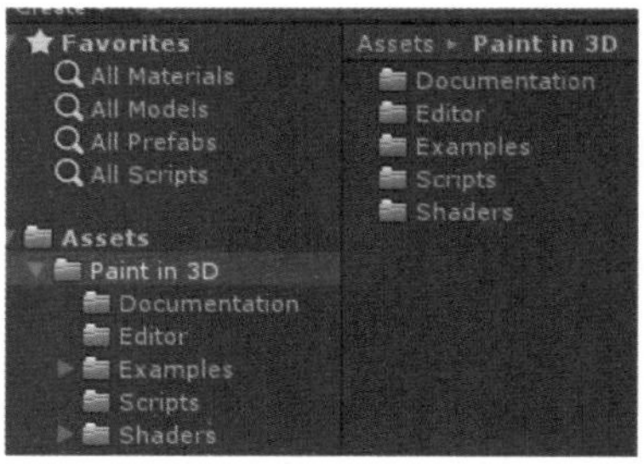

图 7-45

Paint in 3D可以在编辑器与运行模式下对网格物件表面进行绘制，使用的方法是选择Window >Paint in 3D命令打开主窗口，如图7-46所示。此时窗口会提示选择一个带有MeshFilter与

MeshRender组件的提示。

图 7-46

测试Paint in 3D功能最快的方式为创建一个基本的Cube或是Sphere物体，然后选择创建的物体就可以开启Paint in 3D的功能。接着单击Lock的按钮来锁定绘制的物体，再单击Material栏位的Duplicate与Texture栏位的Create创建新的材质的贴图，然后即可进入绘制模式，如图7–47所示。

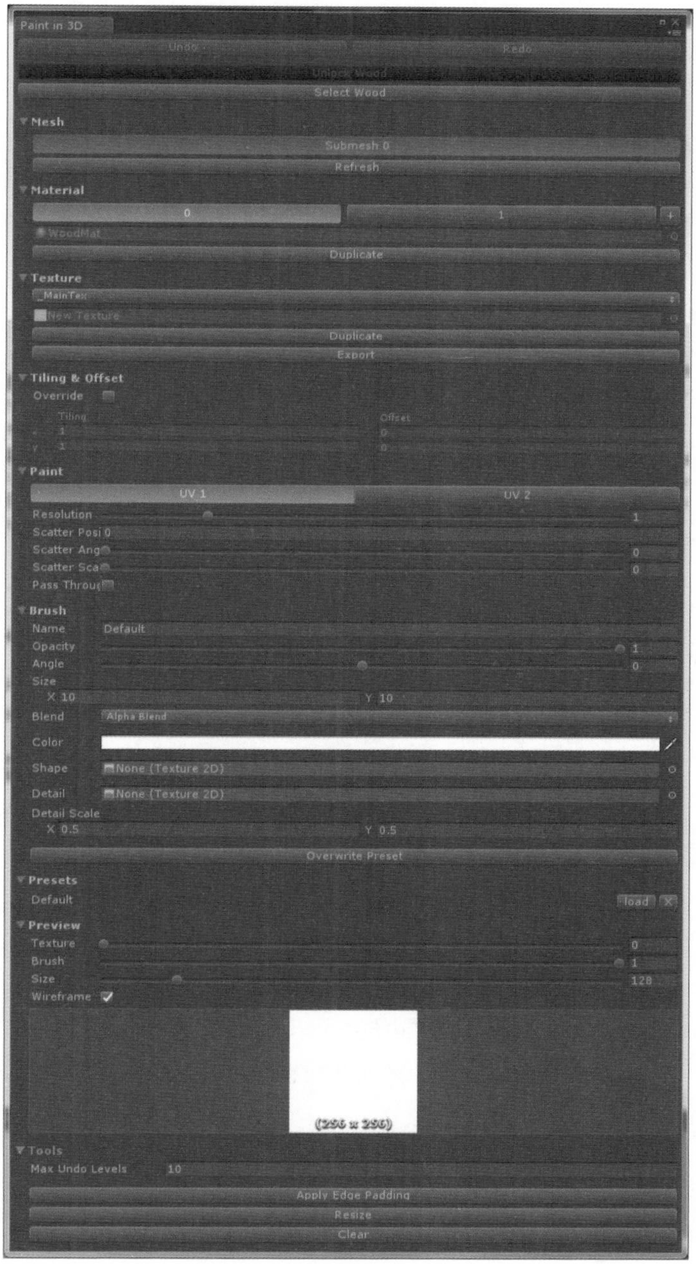

图 7-47

这里我们先对窗口上的参数进行简单介绍。

Undo：可撤销最后的纹理修改。

Redo：允许我们重做最后的纹理修改。

Lock <Mesh Name>：允许我们锁定选择的网格。

Unlock <Mesh Name>：允许我们解锁锁定的网格。

Select <Mesh Name>：允许我们选择需要锁定的网格。

Mesh中的参数如下。

Submesh <Submesh Index>：允许我们可以看到基于当前选择材质使用的网格。

Refresh：允许我们刷新当前锁定的网格，如果网格被修改了。

Material中的参数如下。

Material <Material Index>：允许我们选择当前的材质球（层）。

Create：如果当前没有应用于锁定网格的材质球，允许创建一个新的材质球。

Duplicate：允许我们复制当前的材质球，如果我们用于预设并且不想改变所有的副本时很有用。

Save：允许将当前材质球保存到项目中，可以允许在多个场景中使用。

Texture中的参数如下。

<Texture Slot Name>：允许我们选择当前的纹理槽。

Create：允许在当前槽没有纹理时创建一个新的纹理。

Duplicate：允许我们复制当前的纹理，如果我们用于预设并且不想改变所有的副本时很有用。

Save：允许保存当前纹理到项目中，允许在多个场景中使用。

Export：允许导出当前纹理为.png文件，给我们更多的纹理导入设置，允许外部图片编辑工具的编辑处理。

Tiling & Offset中的参数如下。

Override：允许我们重写选择纹理槽当前的平铺和偏移值。这个对于自定义着色器更改纹理的平铺和偏移时有用。

Paint中的参数如下。

UV 1 / UV 2：允许涂色选择纹理时选择使用的UV通道。

Resolution：移动鼠标时设置画刷应用于网格的频率。例如，如果我们快速移动鼠标，它可能移动了50个像素，而这个分辨率设置允许我们设置前一点和当前点使用多少次画笔。分辨率设置为1意味着每次应用一个像素。

Scatter Position：允许当前画刷位置可以分散的最大像素数。

Scatter Angle：允许当前画刷角度可以分散的辐射度的最大数。

Scatter Scale：允许我们设置当前画刷角度可以分散的最大百分比（0~1）。

Pass Through：允许使用画笔通过它选中的所有像素，或仅仅是第一个像素。

Brush中的参数如下。

Name：设置当前画刷的名称。

Opacity：允许设置全局画刷的透明度。

Angle：允许设置画刷的角度。

Size：允许设置画刷的大小。

Blend：允许设置当前画刷的融合模式。

Color：允许设置当前画刷的颜色。

Direction：允许设置当前画刷的方向偏移。

注意：仅适用于“Normal Blend”。

Shape：允许设置画刷的形状。纹理应该在透明通道中存储形状信息。

Detail：允许设置画刷纹理的细节。纹理的颜色在使用之前将会和画刷相乘。

Detail Scale：绘图时允许设置细节纹理的大小。

Save Preset / Overwrite Preset：允许我们保存当前画刷到预置列表中。

Presets：所有预置的画刷。

Load：允许我们加载选择的画刷到当前画刷设置中。

X：允许我们删除选中的画刷。

Preview中的参数如下。

Texture：允许通过使用一个未着色的网格覆盖来移除锁定网格的着色。

Brush：允许设置预览画刷的透明度。

Size：允许设置纹理视图框的大小。

Wireframe：允许启用/禁用选择网格的线框预览。

Resize：允许重置当前纹理大小。

Tools中的参数如下。

Apply Edge Padding：允许修复透明纹理边缘的透明度。和纹理导入设置里的“Alpha Is Transparency”相似。

Resize：允许重置当前纹理大小。

Clear Color：允许使用指定的颜色清除当前纹理的所有像素。

Max Undo Levels：允许改变可以撤销/重置的次数。注意，每个撤销级别存储当前纹理的完整副本，如果纹理是1MB，100个撤销需要100MB内存。

7.7.4　操作流程

Paint in 3D这个工具允许我们轻松地通过几个步骤来创建和更改纹理到我们的网格，设置的流程如下。

Step 1　通过Window>Paint in 3D命令打开主窗口。

Step 2　锁定网格模型。如果我们选择的游戏对象包含MeshFillter&MeshRender组件，Paint in 3D窗口会显示一个绿色的“lock”按钮。单击按钮会锁定用于纹理涂色的网格。

Step 3　选择材质球。一旦我们锁定了网格。默认将会选择第一个材质球。如果我们选择的网格没有材质球，单击“Add Material”按钮添加一个。

注意：如果我们选择的是Unity的“Default-Diffuse”或“Default-Material”，我们必须单击“Duplicate”按钮，因为默认的材质球用于所有默认的网格，因此修改它是不可取的。

Step 4 选择纹理槽&纹理。一旦我们选择好了材质球，就该选择纹理槽。默认的情况下选择第一个纹理槽，通常是_MainTex。如果我们选择的纹理槽不包含纹理，可以选择一个大小然后单击“Create”按钮添加一个。如果我们的材质球是透明的，我们可以选择透明纹理，或者使用白色纹理。如果我们选择的纹理是导入的纹理，我们不能直接修改它，如果要想修改它，就必须单击“Duplicate”按钮将其转换为可编辑格式。

Step 5 设置画刷&涂色。现在已经选择了材质和纹理，我们可以进行涂色了！如果打开画刷设置，我们可以看到很多参数可以进行设置。

需要注意确保使用正确的融合。例如，如果我们编辑一个法线贴图，我们可能想使用法线融合，但是透明融合适用于大多数纹理。

所有的Paint in 3D特性都可以通过C# 接口进行访问。主要使用P3D_Brush、P3D_Tree和P3D_Painter类。我们可以使用如下代码创建一个画刷并且进行参数设置。

```
var myBrush = new P3D_Brush();
myBrush.Color = Color.red;
```

如果我们不想重新分配画刷。我们可以使用P3D_Brush.TempInstance静态属性获得。

接着可以通过下面的代码创造一个涂色类并且进行纹理指定。

```
var myPainter = new P3D_Painter();
myPainter.SetCanvas(myGameObjectThatHasAMeshRenderer, "_MainTex", 0);
或 myPainter.Canvas = myPaintableTexture;
```

或者是我们不想重新分配一个新的涂色类，我们可以使用P3D_Painter.TempInstance获得。

现在我们可以使用下面的代码进行2D坐标的涂色。

```
myPainter.Paint(myBrush, 25, 50); // 像素坐标
或 myPainter.Paint(myBrush, new Vector2(0.1f, 0.5f)); //UV 坐标
```

如果我们需要更多复杂性的涂色，需要使用树，代码如下：

```
var myTree = new P3D_Tree();
myTree.SetMesh(myGameObjectThatHasAMeshFilter, 0);
或 myTree.SetMesh(myMesh, 0);
```

如不想重新分配一个新树。我们可以使用P3D_Tree.TempInstance静态属性获得。

我们可以使用下面的代码查询树。

```
    var result = myTree.FindNearest(myLocalPosition, 10.0f);
    myPainter.Paint(myBrush, result);
    或
    var results = myTree.FindBetweenAll(myLocalStartPosition,
myLocalEndPosition);
    myPainter.Paint(myBrush, results);
```

所有树的坐标使用的是网格的局部坐标。如果我们想使用世界坐标，需要使用网格的变换进行翻转。P3D_Painter 和 P3D_Tree类只设计用于一次处理一个网格和纹理。如果我们想涂色场景中的所有东西，我们可以查看P3D_Paintable类。对于可涂色网格对象，添加P3D_Paintabl组件。

第8章

优化类插件

项目工程中优化的部分包括了网格与材质合并，降低DC(Draw Call)和模型骨骼以及优化代码等工作。本章将要介绍一些在工程优化上非常有帮助的插件，并且适用在单机、手机或是VR的项目里面，对于开发人员来说是极具参考价值的重要内容。

8.1 FPS Graph-Performance Analyzer——性能分析专用插件

8.1.1 简述

在游戏或虚拟现实开发中我们经常需要进行优化，编辑器模式下可以在States菜单下观看真实的FPS预估。但往往是我们需要针对部署的设备进行优化，如果有可以发布后实时进行预览的工具，那就能提升开发的效率。

8.1.2 功能简介

FPS Graph-Performance Analyzer是一个用来追踪场景一段时间内的帧速率，可帮助我们区分帧速率的峰值来理解进行分析问题。

该插件主要特性如下。

- 颜色编码：CPU、渲染和其他的任务被分成三个不同的颜色。
- 性能故障屏幕
- 内存信息：显示垃圾回收器使用的内存。
- 轻量级：不加重项目的负担。
- 简单设置：只需要添加脚本到摄像机。
- 音频反馈：有选项可以听到帧速率。当游戏快速运行的时候声音很低，当有问题时会产生高音哀鸣。

8.1.3 使用说明

新建一个空的工程，把FPS Graph-Performance Analyzer插件导入新建的工程中，FPS Graph-Performance Analyzer目录结构如图8-1所示。

图 8-1

本插件目录很简单，脚本中只有FPSGraphC.cs是插件的核心代码。我们打开其中的一个演示场景FPSExamplePerformanceBreakdown，运行后的效果如图8-2所示。

在运行时可以实时观看相关的参数，例如CPU、渲染、GC内存使用等。单击屏幕上的性能图会弹出如图8-3所示的画面。画面里显示了性能的结果，资产使用的比例情况以饼形图给出。

接下来我们介绍FPS Graph插件的使用。通过Component>Scripts>DentedPixelPerformance>FPS Graph C命令为主摄像机添加FPS Graph C脚本组件。添加后的面板如图8-4所示。

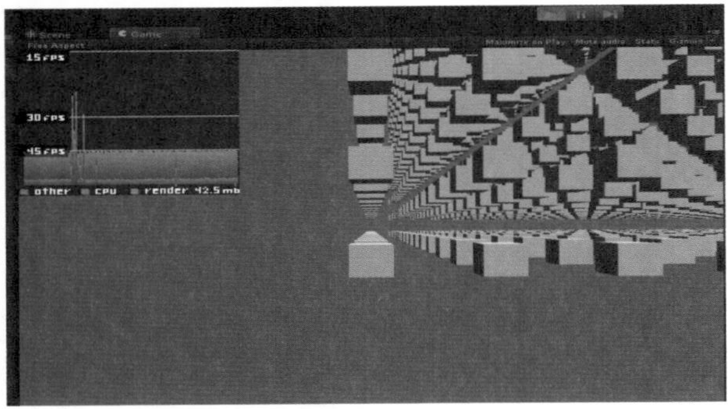

图 8-2

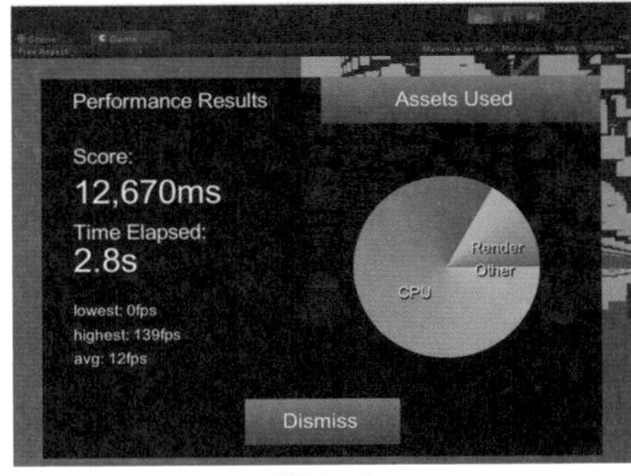

图 8-3

下面对FPSGraphC脚本设置的参数进行说明。

Switch To Main Camera：启用该选项自动切换到主摄像机。

Show Performance On Click：启用该选项可以在单击性能图时显示性能结果。

Show FPS Number：启用该选项可以显示帧速率。

Audio Feedback：启用该选项可以听见场景的性能反馈。

Audio Feedback Volume：反馈音频的声音，范围从0～1。

Graph Multiply：图的缩放因子，默认是2倍，意味着像素加倍。

Graph Positioning：图在屏幕上的停靠位置。有Top Left、Top Right、Bottom Left和Bottom Right。

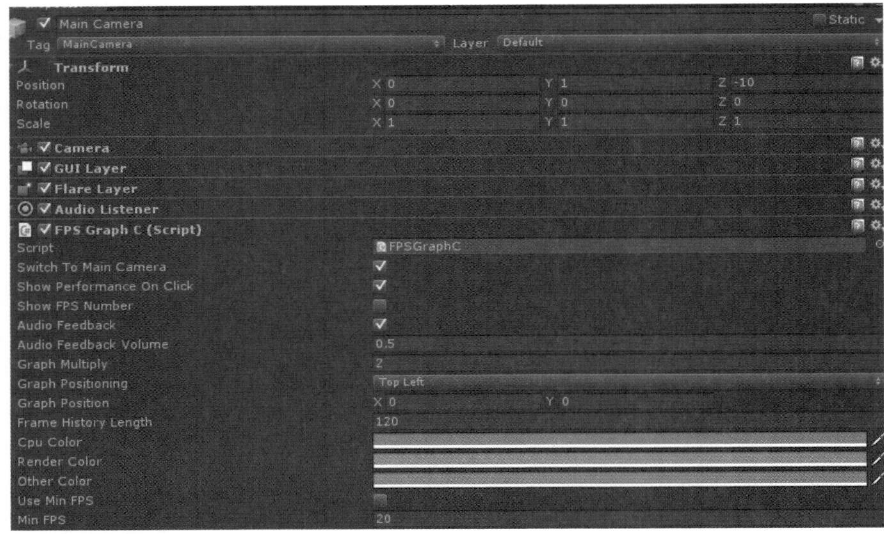

图 8-4

Graph Postion：图在屏幕停靠的位置。

Frame History Length：显示FPS帧的长度（在老的移动设备上设置为较低的数值）。

CPU Color：CPU使用的颜色。

Render Color：渲染使用的颜色。

Other Color：其他类型使用的颜色。

Use Min FPS：如果我们不想图形不断地对准屏幕上显示的新的最小帧速率，可勾选此选项。

Min FPS：使用的最小帧速率。

8.2　Asset Hunter 2——清除多余资源的专用插件

8.2.1　简述

在游戏或VR开发中经常需要保持工程干净，减少工程的大小，通过Asset Hunter 2去掉工程中无用的资源将是一件轻松而快速的工作。

8.2.2　功能简介

Asset Hunter 2自动分析发布工程中使用的资源和未使用的资源，同时还可以列出使用包中每个资源的大小，以利于我们在不影响工程文件的结构下进行多余资源的删除。

8.2.3　使用说明

新建一个空的工程，把Asset Hunter 2插件导入新建的工程中，Asset Hunter 2结构如图8-5所示。

AssetHunter：此目录存放的是AssetHunter的编辑器核心代码。

HeurekaShared：此目录存放的是共享的核心代码。

我们通过Window>Asset Hunter命令（或通过快捷键Ctrl+H）打开Asset Hunter窗口，如图8-6所示。

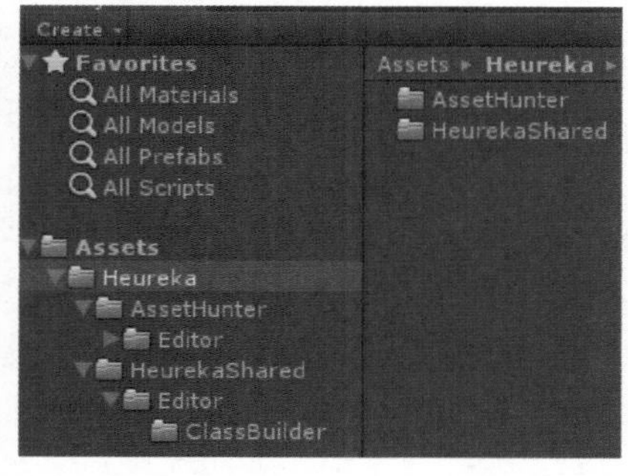

图 8-5

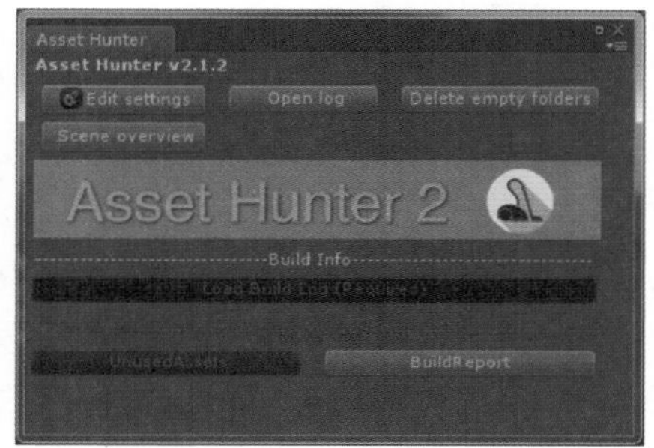

图 8-6

下面我们对窗口的几个按钮进行简单说明。

Edit settings：单击此按钮会弹出Asset Hunter Setting窗口。

Open log：单击此按钮会打开编辑器的log文件。

Delete empty folders：单击此按钮会删除空目录。

Scene overview：单击此按钮会打开Asset Hunter Scene Overview窗口。

Load Build Log（Required）：单击此按钮会自动分析编译的log文件。编译完成后，此按钮文字会变成Log updated（refresh）。

UnusedAssets：单击此按钮会列出分析完的未使用的资产。

BuildReport：单击此按钮会列出分析完的包里使用的资产。

下面我们对弹出的窗口进行说明。

1. Edit settings

单击Edit settings按钮后，会弹出如图8-7所示的界面。

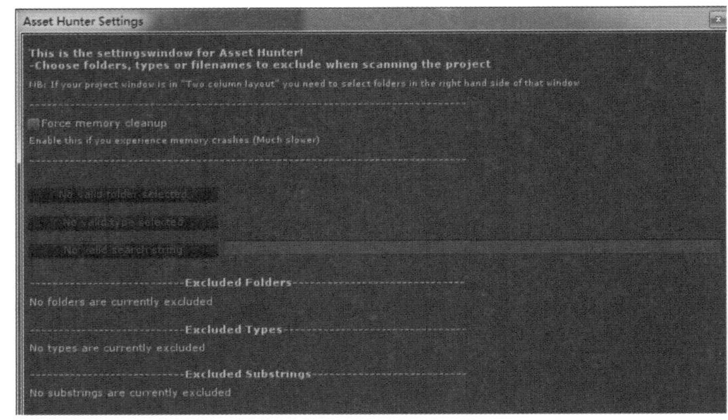

图 8-7

Force memory cleanup：勾选此复选框会强制清除内存。建议出现内存崩溃时勾选此选项，但是会变得缓慢。

No valid folder selected：选中无效的目录，会列在Excluded Foldders下面，同时在列出的前面出现Delete按钮，通过单击此按钮进行删除。

No valid type selected：选中无效的类型，会列在Excluded Types下面，同时在列出的前面出现Delete按钮，通过单击此按钮进行删除。

No valid search string：选中无效的搜索字符串，会列在Excluded Substrings下面，同时在列出的前面出现Delete按钮，通过单击此按钮进行删除。

2. Scene overview

单击Scene overview按钮后会出现如图8-8所示的界面。

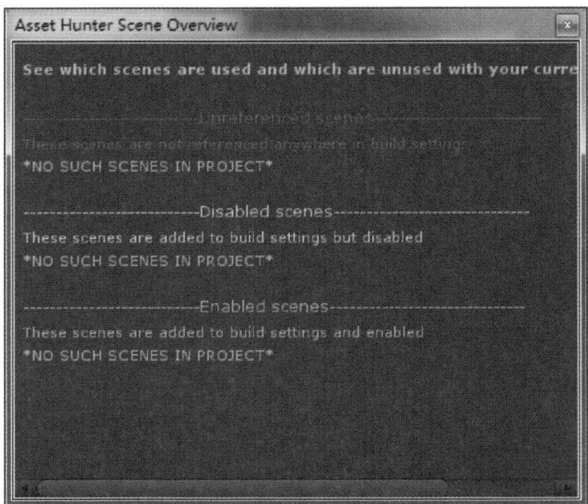

图 8-8

Unreferenced scenes：会在此分界线下面列出来散落在工程中，但未出现在编译设置里面的场景。单击左侧Select按钮可以导航到工程里此条目对应的资产。

Disabled scenes：会在此分界线下面列出编译设置里面未启用的场景。单击左侧的Select按钮可以导航到工程里此条目对应的资产。

Enabled scenes：会在此分界线下面列出编译设置里面启用的场景。单击左侧的

Select按钮可以导航到工程里此条目对应的资产。

3. Load Build Log

单击此按钮会出现如图8-9所示的界面，这个功能会对我们编译过的log文件进行分析。

4. UnusedAssets

单击此按钮之后，我们会看到如图8-10所示的界面，这里主要列出未被使用的各类资源。

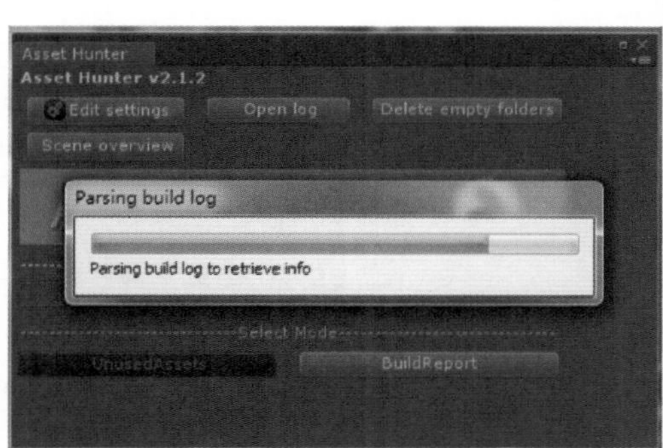

图 8-9

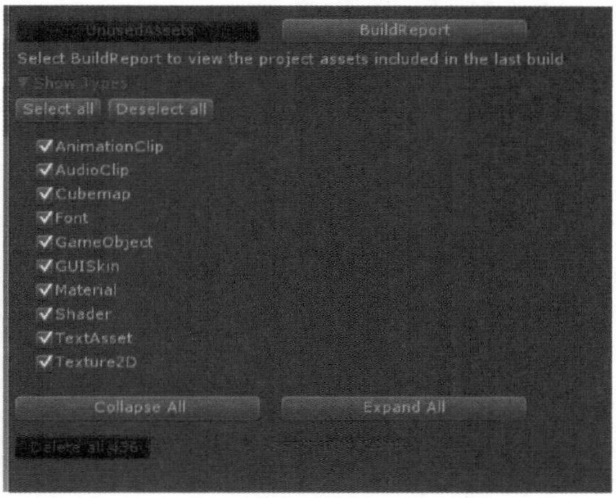

图 8-10

Select all：单击此按钮可以全选资产。

Deselect all：单击此按钮可以取消全选资产。

Collaspe All：单击此按钮可以进行资产的折叠。

Expand All：单击此按钮可以进行资产的展开。

Delete*：单击此按钮可以删除资产。

注意：可以通过单击资产类型前面的复选框进行资产过滤。也可以通过资产条目前的三角号箭头进行折叠和展开。

5. BuildReport

单击此按钮之后我们可以看到如图8-11所示的界面。

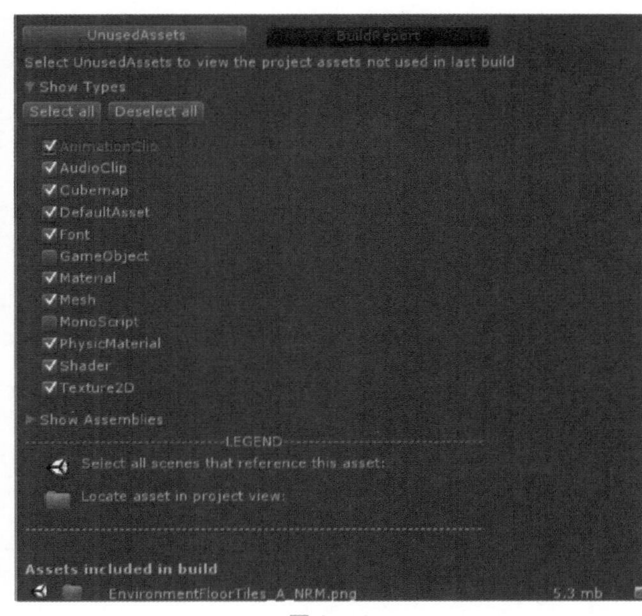

图 8-11

Select all：单击此按钮可以全选资产。

Deselect all：单击此按钮可以取消全选资产。

Show Assemblies：这里列出了发布包里包括的程序集。

Assets included in build：这里列

出了包里使用的资产。

> **注意：**可以通过单击资产类型前面的复选框进行资产过滤。

除了列出所有未使用的资产，Asset hunter也提供了预览编译里使用到的所有资产和它们给予未压缩的大小。这可以帮助我们减少最后编译的大小，也列出了所有程序集，方便我们减少包大小。场景依赖，可以允许我们选择给定资产，并且显示依赖它的场景。我们可以单击左手边的Unity log在监视面板上查找到此对象。现在我们可以看到所有引用此资产的场景了，相关的场景也可以在项目视图中选择。

8.2.4 操作流程

使用Asset Hunter插件是一个极其简单的过程，只需按一个按钮就可以开始使用。

Step 1 打开Build Settings（Ctrl+Shift+B）然后开始编译。

Step 2 打开Asset Hunter Window窗口（“Window>Asset Hunter”或Ctrl+H）。

Step 3 单击黄色的按钮标记为“refresh”开始进行资产分析。

Step 4 查看未使用的资产。等待一下，让程序分析我们的编译日志和场景文件，我们会看到工程中所有未使用的资产的完整列表。

Step 5 通过类型限制。我们可以选择仅查看指定类型的视图，例如AudioClip或Material。

Step 6 展开目录结构。未使用的资产列表有完整的功能目录结构可以简单的导航预览资产。我们可以使用指定的按钮展开/折叠所有。注意，如果我们有很多大量未使用的资产，它会导致工具允许缓慢。

Step 7 如果单击“Editor Settings”按钮，我们可以手动指定在分析是不想包括的排除的文件夹或类型。如果我们想排除第三方的编辑器工具，选择根夹，然后单击“Exclude Selected Folder”，完成后关闭窗口。

Step 8 排除在Asset Hunter 窗口里显示的未使用资产。在手动排除之后，将会刷新到Asset Hunter main窗口。

如果完成了清理工程，将会获得一个小成就，并提示我们的工程已经完全清理干净了!

小成就的画面如图8-12所示。

图 8-12

8.3 Dynamic Occlusion System + LOD 插件讲解

8.3.1 简述

在对项目进行优化时经常会用到遮挡剔除和层次细节优化LOD加载。但是在Unity中如果使用内置的优化必须要提前烘焙好场景，在允许时引擎会自动处理。但是有时候我们需要动态生成很多对象，这时候就没有办法提前烘焙场景了。Dynamic Occlusion System + LOD插件是一个很好的工具，它可以动态遮挡剔除和进行LOD加载。允许我们在玩游戏时有一个流畅的游戏体验，它专注于动态对象。

8.3.2　功能简介

Dynamic Occlusion System + LOD有如下特点：

- 不需要烘焙时间
- 100%兼容场景处理
- 遮挡系统使用2个智能
- 适用于所有的Unity渲染器
- 遮挡灯光和镜头光斑
- 遮挡声音
- 支持实时阴影
- 支持动态批处理
- 支持Unity 4.5和4.6free和pro
- 支持Unity 5与2017版本

动态遮挡是快速和容易实现的，它的强大力量是在运行时对移动的动态对象或产生的对象进行动态遮挡。默认情况下它不需要设置对象为static或静态批处理的一部分。在Unity 4 free中动态遮挡非常高效，因为我们没有静态批处理或umbra的静态遮挡。在Unity 4 Pro Unity 5动态遮挡在Awake()方法之后处理找到的移动的或产生的对象。

8.3.3　操作流程

新建一个空的工程，把Dynamic Occlusion System + LOD插件导入新建的工程中，Dynamic Occlusion System + LOD结构如图8-13所示。

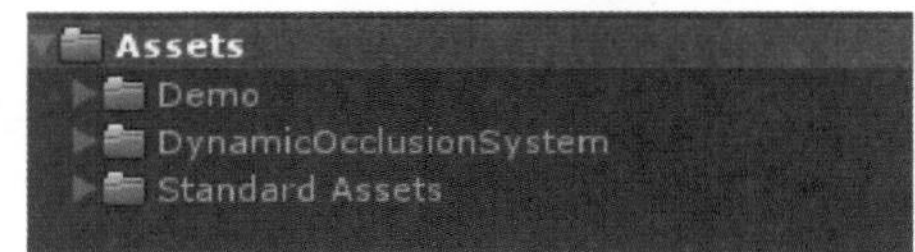

图 8-13

Demo：此目录存放的是插件演示中使用到的资产。包括音频、模型等。

DynamicOcclusionSystem：此目录存放的是插件的核心资产。包括脚本、文档等。

Standard Assets：这里存放的是Unity的标准资产。

我们可以简单地运行Demo目录里面的Test1演示场景，运行后查看Scene里面的场景，会发现物体自动进行了动态遮挡剔除。下面我们分别介绍一下插件的动态遮挡系统和动态LOD系统。

8.3.4　动态遮挡系统

选择Test1演示场景里面的相机即可看到Dynamic Occlusion System的组件内容，如图8-14所示。

Camera：选择我们想进行遮挡的摄像机，在单独的房间里不支持使用这个脚本。如果我们没有选择任何摄像机，它会自动指定Main Camera。

Layer to cull：用来控制动态遮挡的序列号数字。值范围在0～31层。

Fast Method：没有保留阴影渲染器，这个适用于已经烘焙过光照贴图的场景或不适合用快速方法激活阴影。当质量降低时会自动激活它。

> **注意**：在运行时改变这个属性，我们必须禁用这个脚本，改变属性之后再启用它。

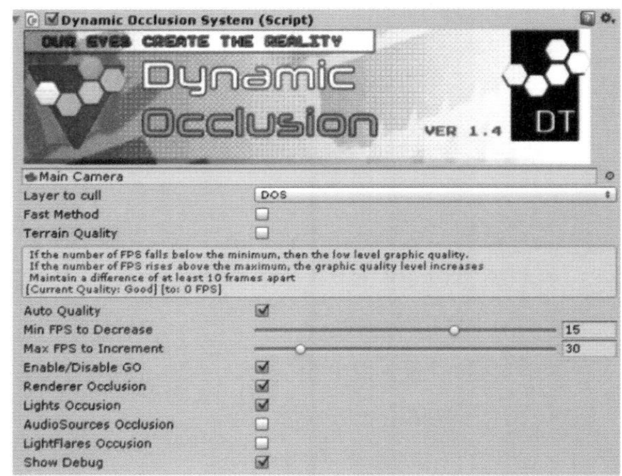

图 8-14

Terrain Quality：根据当前FPS处理地形细节，我们之前必须使Auto Quality生效。

Auto Quality：允许脚本自动管理FPS的图形质量。如果在运行时关闭它，它将会初始化成我们在Start()进行的质量设置。

Min FPS To Decrease：自动质量的最小范围，降低图形细节到一个很低级别的FPS。

Max FPS to Increment：自动质量的最大值，增加图形质量到一个高级别。

Enable/Dienable GO：可以禁用太远的游戏对象，当它们靠近摄像机时激活它们。

Renders Occlusion：我们可以找个脚本控制动态渲染器。

Lights Occlusion：允许这个脚本控制屏幕上点光源和聚光灯的遮挡。

AudioSource Occlusion：允许控制Spatial Blend＝1的音频源。

Lens Flare Occlusion：隐藏摄像机看不到的镜头光晕。

Show Debug：调试显示屏幕上渲染器、灯光、音频源的数量，这些都是被动态加载来解决当前质量设置和FPS。

8.3.5 动态 LOD 系统

动态LOD限制每秒进行重新计算，以防万一对象位置改变出现意想不到的状况。静态不干扰批处理，如果没有指定LOD0，直接加载场景对象。它的优势是我们需要很少的配置就可以自动重置LOD Grops，减少层次结构里的游戏对象，因为它们可以直接从project0加载。图8-15所示为Dynamic LOD组件的设置。

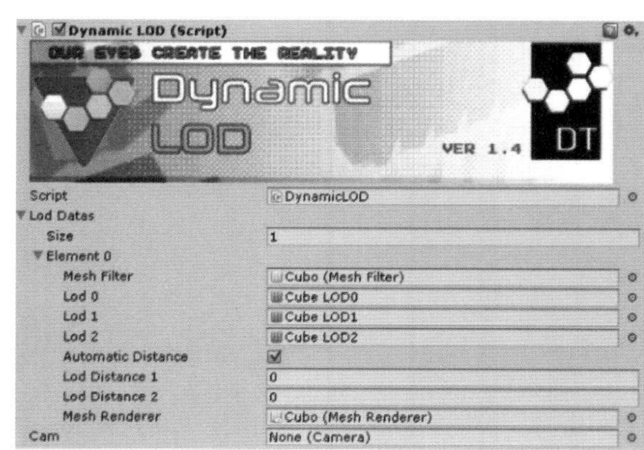

图 8-15

主要参数介绍如下。

LOD 0：高质量的网格（这里不建议进行指定）。

LOD 1：中质量的网格。

LOD 2：低质量的网格。

Automatic Distances：如果激活，它会基于体积渲染器进行自动计算，而忽略距离值。

Lod Distance 1：进行LOD0和LOD1切换的距离。

Lod Distance 2：进行LOD1和LOD2切换的距离。

Mesh Render：使用的网格渲染器。

Cam：这里是进行LOD的摄像机。

8.3.6　系统的工作原理

动态遮挡系统把游戏对象放到一个集合列表中，列表中包含了场景渲染器，音频监听器和灯光。渲染器不需要是静态批处理的一部分，需要在使用遮挡处理的层里。根据摄像机视图的点来隐藏对象。

对于音频监听器。在Unity5中Spatial Blend的值必须是1。

动态遮挡仅选择使用聚光灯或点类型的灯光，镜头光晕不需要其他的额外配置。

图形质量通过调整动态遮挡的层次细节来自动进行选择，确保运行的游戏高于或低于我们想要的FPS。

动态LOD根据我们的需要，根据对象的层次细节、网格的体积、游戏对象的位置和游戏的可视质量自动确定距离。

8.3.7　如何使用

动态遮挡系统包含3个脚本，但是动态LOD在项目中是可选项。

在监视面板创建一个层，然后指定我们想进行LOD的对象。添加动态遮挡到摄像机或一个空物体然后指定一个摄像机和我们想遮挡的层，进行选项设置。

动态遮挡系统：我们可以添加到游戏对象摄像机或游戏管理的LOD。

动态性：我们可以添加到每个需要层次细节控制的预设。

类扩展：它包含其他脚本可以调用的方法，让它停留在我们的项目中。

注意：只需要添加DynamicOcclusiion.cs脚本到我们的摄像机。必须指定动态遮挡的层，在执行游戏之前对象必须不能为static（静态）。我们可以选择添加动态LOD放到想提高性能的选项。动态LOD的优点是根据需要自动计算进行限制，产生更少的场景对象节省内存，使场景更清洁。

8.4 PoolManager 插件讲解

8.4.1 简述

在游戏或VR开发中我们经常会因为频繁地实例化对象而导致游戏卡顿、内存暴增的情况。尤其是在移动设备上，内存可是比较珍贵的。如何提升性能，减少频繁的IO从而实现内存对象复用，减少程序的耗电量是程序人员最为关心的事项。使用PoolManager会是一个不错的方案，它提供了对象池功能并添加了部分新特性。

8.4.2 功能

PoolManager是原始的最佳的Unity对象池解决方案。可以更有效地提高性能，组织场景层次，简单易用。PoolManager可以很方便地用于频繁生成销毁的对象，也用在管理音效、特效等对象池。

8.4.3 使用说明

新建一个空的工程，把PoolManager插件导入新建的工程中，PoolManager结构如图8-16所示。

Editor：本目录存放的是插件使用的编辑器扩展脚本。

Plugins：本目录存放的是插件的核心代码。

PoolmanagerExampleFiles：本目录存放的是插件的演示资产。包括演示场景、脚本、资产音效等。

我们可以打开PoolmanagerExampleFiles/ Scenes目录下的案例进行功能的预览。接着动手进行测试，新创建一个目录并命名为Demo，然后新建一个场景同时将其命名为demo存放到刚刚创建的Demo目录下。然后再创建一个cube制作预设同时也存放到Demo目录下。在层次面板我们新创建一个空对象并命名为PoolManagerTest，同时附加SpawnPool脚本到新创建的空对象上，如图8-17所示。

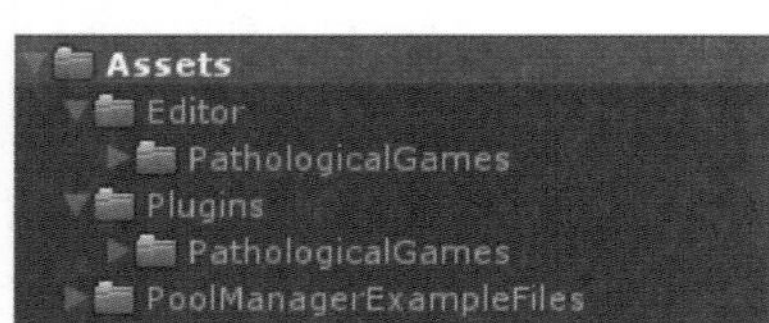

图 8-16

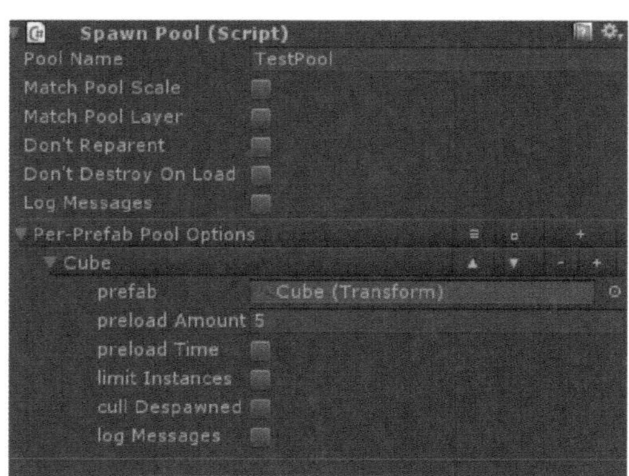

图 8-17

接下来我们对SpawnPool脚本的设置进行说明。

PoolName：缓存池的唯一名称。

MatchPoolScale：勾选后实例化的游戏对象的缩放比例将全是1，不勾选用Prefab默认的。

MachPool Layer：勾选后实例化的游戏对象的Layer将用Prefab默认的。

Don’t Reparent：勾选后实例化的对象将没有父节点，通通在最上层，建议不要勾选。

Don’t Destroy On Load：这个就不用我解释了吧？切换场景不施放。

Log Messages：是否打印日志信息

Pre-Prefab Pool Options ：缓存池列表，意思就是缓存列表里面可以放各种类型的Prefab。右边有个“+”按钮，单击该按钮就可添加每个类型的Prefab了。后面会介绍脚本怎么动态添加。

prefab：可以直接把工程里的Prefab拖进来。

preloadAmount：缓存池这个Prefab的最大保存数量。

preloadTime：如果都选表示缓存池所有的gameobject可以“异步”加载。

preloadFrames：每几帧加载一个。

preloadDelay：延迟多就开始加载。

limitInstance：是否开始实例的限制功能。

limit Amount：限制缓存池里最大的Prefab的数量，它和上面的preloadAmount是有冲突的，如果同时开启则以limitAmout为准。

limitFIFO：如果我们限制了缓存池里面只能有8个Prefab，如果不勾选它，那么我们取第9个的时候就会返回null。如果勾选它在取第9个的时候它会返回给我们前8个里最不常用的那个。

cullDespawend：是否开启缓存池智能自动清理模式。

cull Above：缓存池自动清理，但是始终保留几个对象不清理。

cull Delay：每过多久执行一遍自动清理，单位是秒。

cullMaxPerPass：每次自动清理几个游戏对象。

> **注意：**我们说的自动清理，就是清除对象池中对象为setActive(false)的对象，pool Manager会根据上述参数自动清理这些对象，也就是Destroy()掉。

接着我们创建一个PoolManagerTest脚本，附加到PoolManagerTest对象上。PoolManager Test组件的编码如下所示。

```
using UnityEngine;
using System.Collections;
//引入命名空间
using PathologicalGames;
using System.Collections.Generic;

public class PoolManagerTest : MonoBehaviour
{
```

```
/// <summary>
/// 对象池
/// </summary>
SpawnPool Pool;
/// <summary>
/// 生成对象的集合
/// </summary>
List<GameObject>SpawnObjList = new List<GameObject>();
// Use this for initialization
void Start()
{
    //获取对象池
    Pool = PoolManager.Pools["TestPool"];
    SpawnObj();
}

void LateUpdate()
{
    //销毁对象
    if (Input.GetKey(KeyCode.B))
    {
        DestroyObj();
    }
}

/// <summary>
/// 生成对象
/// </summary>
void SpawnObj()
{
    //获取对象池中的对象，通过 Prefab 的名字获取
    GameObject obj = Pool.Spawn("Cube").gameObject;
    //打印获取取到的对象名称
    Debug.LogError(obj.name);

    //生成的对象加入到集合中
    SpawnObjList.Add(obj);
}
/// <summary>
/// 销毁对象
/// </summary>
/// <param name="t"> 准备销毁的对象 </param>
```

```
        void DestroyObj()
        {
            if (SpawnObjList.Count>0)
            {
                //取出一个元素
                Pool.Despawn(SpawnObjList[0].transform);
                //从集合中移除销毁的元素
                SpawnObjList.Remove(SpawnObjList[0]);
            }
        }
    }
```

PoolManager对象可以根据需要进行扩展，在真实开发中经常会进行动态参数设置。我们在开发中只提取了PoolManager插件的核心代码，使整个工程看起来更简洁清爽。

8.5　Simple LOD——高效的 LOD 设置

8.5.1　简述

在游戏或VR开发中我们为了提升效果会使用模型的层次细节优化LOD技术（LOD技术指根据物体模型的节点在显示环境中所处的位置和重要度，决定物体渲染的资源分配，降低非重要物体的面数和细节度，从而获得高效率的渲染运算）。SimpleLOD插件正好给我们提供了这样的一个方案可以方便我们来进行LOD。

8.5.2　功能

SimpleLOD以一种很简单的方式：通过合并蒙皮和非蒙皮网格、合并图集和产生LOD网格来解决。所有的操作只需要在游戏对象上点几下鼠标就可以解决。

该插件的主要功能如下。

- 合并网格
- 合并图集
- 产生LOD级别
- 减少三角形
- 减少绘制调用
- 支持蒙皮网格
- 可以在后台允许
- 可以与UMA和Mixamo角色一起工作

8.5.3　使用说明

新建一个空的工程，把Simple LOD插件导入我们新建的工程中，Simple LOD结构如图8-18

所示。

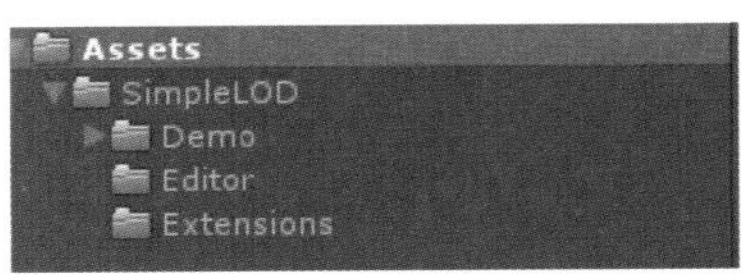

图 8-18

Demo：此目录存放的是插件的演示资产。

Editor：此目录存放的是插件编辑器使用的脚本文件。

Extensions：此目录是插件的核心脚本。

我们可以打开Demo目录下的演示场景SimpleLODDemo来查看效果。

8.5.4 操作流程

下面详细介绍一下SimpleLOD如何使用。

Step 1 创建一个目录并命名为Demo，接着再创建一个场景并命名为LODDemo，把它存放到Demo目录下。

Step 2 接着我们在层次面板上创建一个空游戏对象命名为Aircraft。拖动SimpleLOD/Demo/Models/ 目录下面的aircraft_generic和aircraft_prop模型到层次面板上，使其作为Aircraft对象的子物体。我们可以看到这个父对象的子物体，每个对象都有自己的网格渲染器和自己的材质球。总共有26个网格，58个材质球。

Step 3 选中Aircraft对象，通过Tools>SimpleLOD命令打开SimpleLOD窗口。在打开窗口的同时，会在层次面板上自动创建一个名为_SimpleLOD_backups_delete_when_ready的游戏对象。

SimpleLOD刚打开时的默认窗口如图8-19所示。

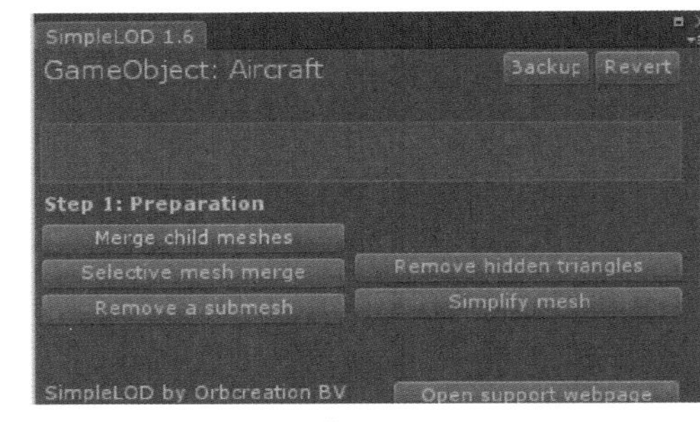

图 8-19

这是第一步显示的窗口参数，我们对其中的参数进行说明。

GameObject：这里显示的是选中模型的名称。

Bakeup：单击此按钮会对要操作的对象进行备份。

Revert：单击此按钮会返回到模型的初始状态。

矩形框：这里显示的是每个按钮的提示文字。

Merge child meshes：合并所有启用的子物体到单个网格中。

Selective mesh merge：选择子网格合并到一个新网格中。

Remove a submesh：选择子网格并移除它们。

Remove hidden triangles：删除隐藏的三角形。

Simplify mesh：使用LOD压缩创建一个具有很少顶点的新网格。

Open support webpage：打开插件的支持网站。

Step 4 单击Merge child meshes进行网格合并。1或2秒后会收到一条消息，表示合并的工作已经完成，如图8-20所示。它还会告诉我们目录中新的网格物体的位置以及新网格中的顶点和三角形的数量。

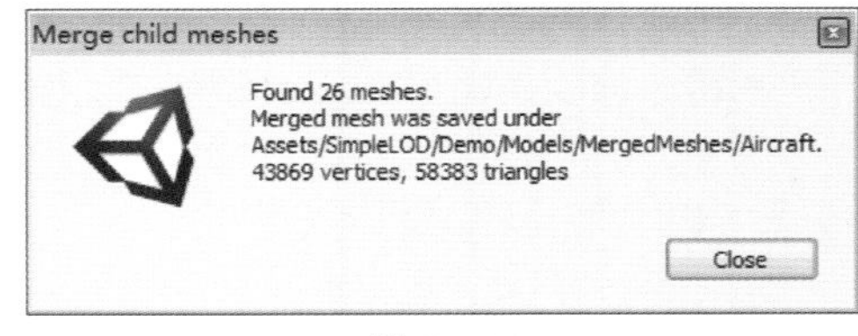

图 8-20

经过网格合并后，我们可以看到Aircraft对象上的监视面板如图8-21所示，材质球变成了12个，而不是原来的58个。

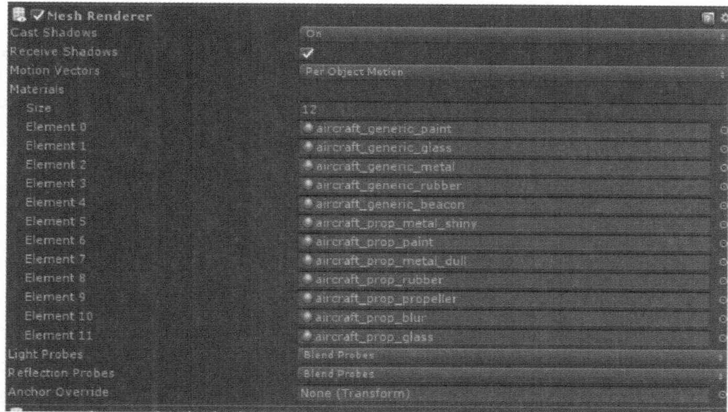

图 8-21

如果想要重新运行合并操作。必须通过SimpleLOD上面的还原按钮返回到初始化状态。

我们也可以手动进行撤销，具体操作如下。

1）移除合并的网格渲染器，或如果对象本来有网格渲染器替换到之前的网格渲染器。

2）激活需要合并的子对象。

3）再次单击Merge child meshes按钮。

完成网格合并后的窗口如图8-22所示。

在第一步上会多出来Bake atlases按钮，这个按钮的功能是进行合并图集。

下面我们对第二步里面的参数进行说明。

Nr of LOD levels：在这里选择我们想要创建的LOD级别数量。

Compression lOD（1～5）：选择压缩LOD级别，或用于简化当前网格。

Remove small parts：设置小部分的最大大小，例如按钮、门把手等会被删除。

Recalculate normals：是否重新计算法线。

Less…：用来折叠下面的参数。

More…：用来展开下面的参数。

Nr of steps：值越大效果越好，但是值越大越慢。

Protect normals：在合并2个三角形时阻止改变法线。

Protect UV：在合并2个三角形时阻止改变UV。

Protect sharp edges：保护顶点使用多个法线或UV坐标。

Protect bigger triangles：阻止影响更大的三角形。

Compression mulitiplier：压缩级别的因子，用于额外强大的压缩。

a. Create LOD levels and LODSwitcher：

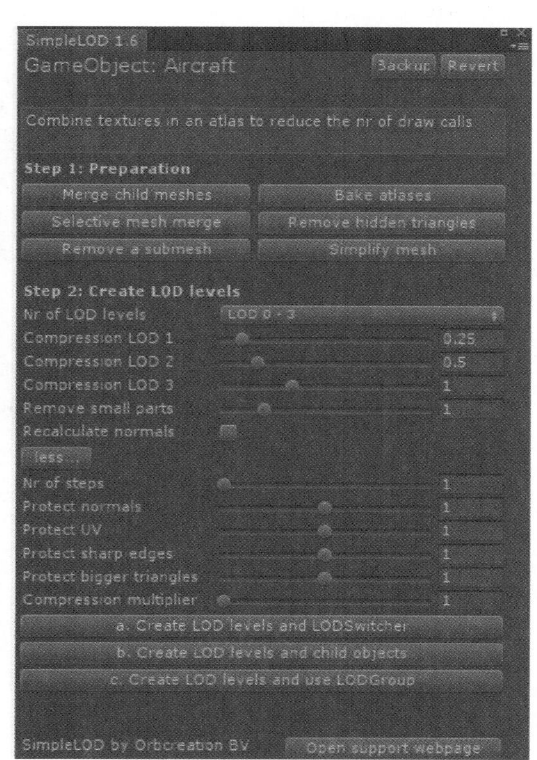

图 8-22

烘焙（1～5）个新的LOD 网格，并且添加一个LODSwitcher组件。

b. Create LOD levels and child objects：这个和a的操作一样，但是它会为每个LOD 级别创建一个单独的子物体。

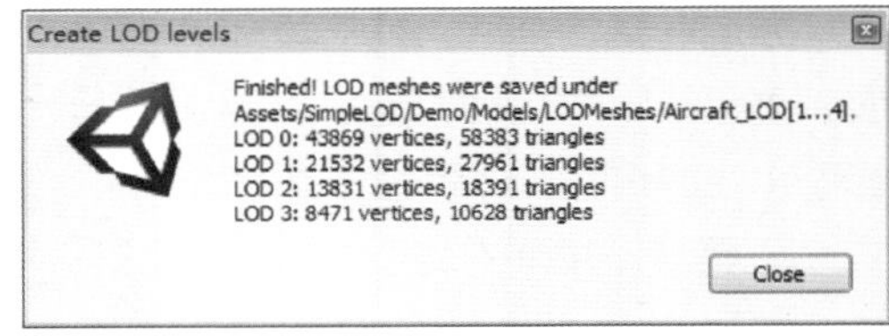

图 8-23

c. Create LOD levels and use LODGroup：这个和b的操作一样，但是它会创建一个父对象，使用Unity默认的LODGroup组件。

一切设置完成后单击“Create LOD levels（a.,b.,c.三种方案）”，然后会收到一个警告，因为这个操作需要一段时间。这里我们选择a方案，完成后如图8-23所示。

完成后我们可以反向在Aircraft对象上已经自动添加了LOD Switcher组件。

提示：当我们打开SimpleLOD窗口时或者已经打开它选择一个游戏对象时，系统将检查是否有可用的备份副本。如果没有，则进行游戏对象的备份。为此会创建一个名为_SimpleLOD_backups_delete_when_ready的对象，在它的下面可以找到备份副本。

注意：在开始SimpleLOD操作之前要单击备份按钮，这样我们总有一个新的副本可以找回。

简化网格所需的时间根据顶点的数量呈指数增长。因此要简化2个网格，每个网格有3万个顶点，将它们合并到一起比简化单独的更简单。

当打开控制台时，我们可以看到如图8-24所示。

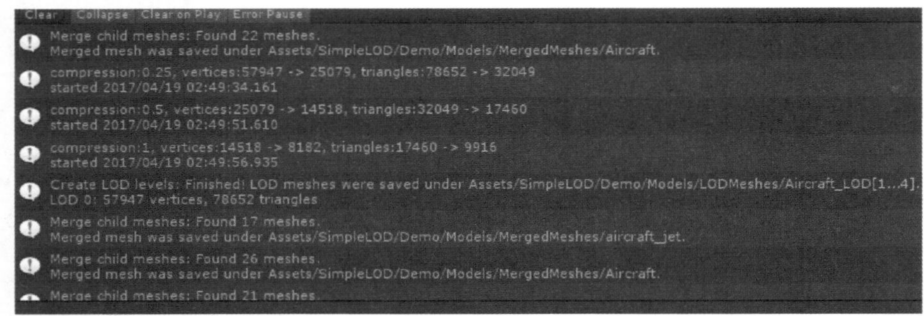

图 8-24

当我们打开对象监视器时，我们可以看到LODSwitcher组件。它的设置为LOD0,1,2和3的4个网格，它有3个浮点值，可以告诉在什么时候进行LOD级别之间的切换，如图8-25所示。

第一个0.6的值告诉LODSwitcher当对象尺寸相对于屏幕大小小于0.6时进行LOD0和LOD1之间的切换。第二个值0.3值告诉LODSwitcher在对象相对于屏幕大小为0.3时进行LOD1和LOD2之间的切换。如果对当前设置值不满意时可以根据需要自行调整到满意效果。

到现在我们已经完成了LOD的制作了。

注意：当进行合并网格时，所有网格的顶点总数不可能超过65536（64k），因为Unity不支持比此网格大的模型。为了克服这一点，SimpleLOD将自动合并的网格拆分成多个部分。我们会获得2个或更多个名为part1、part2……的对象，它们看起来与原始网格相同。如果我们不希望SimpleLOD为你拆分，应该在合并之前将子对象进行分组。

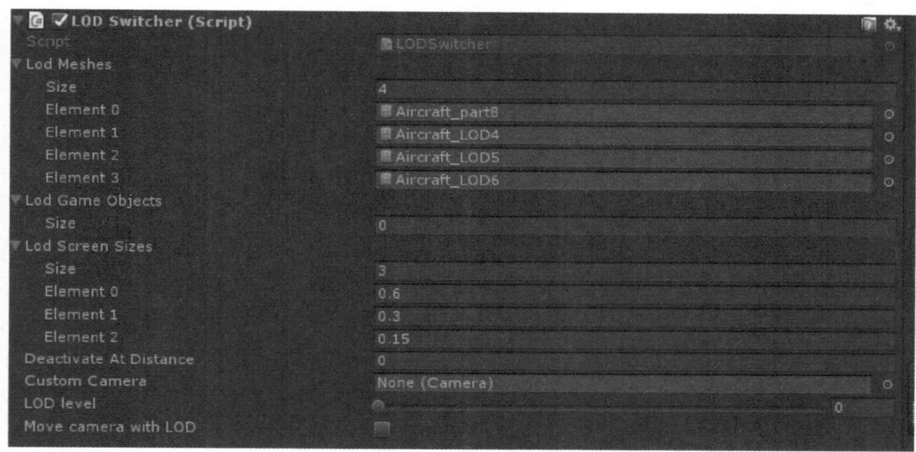

图 8-25

当我们合并2个蒙皮网格时，确保主网格位于对象层结构中。这是一个使用绑定姿势的人。如果其他蒙皮网格有额外的骨头，这些骨骼将会被添加到合并的骨骼结构中。

如果其他网格具有不同的绑定，则它们的顶点将会被移动，一般它们可以使用合并网格的绑定。

如果我们的对象由一个或多个蒙皮网格和一个或多个非蒙皮网格，SimpleLOD将首先会把蒙皮网格合并在一起。然后，非蒙皮骨骼将会被合并到合并的蒙皮网格中。

第 9 章

综合应用——卡通版赛车游戏开发

本案例将通过几个插件的组合来完成一个卡通风格的赛车游戏。如果你是一个美术人员，对Unity又有点基本的认识与操作概念，只需按照书中介绍的操作即可创建出自己专属的赛车游戏。而对于程序开发人员来说，通过本案例的操作说明后，更可以直接修改脚本来创建出更多不同的赛车游戏效果。

9.1　插件资源使用

- RacingGame Starter Kit——赛车游戏开发包
- Simple Racer-Cartoon Assets——卡通版赛车场景
- Export2Maya——导出Prefab模型的专用插件

开始本案例的操作之前，最重要的就是先设置一个全新的工程文件，然后再导入本案例所需的几个插件。我们推荐Unity 2017以上的版本，案例中所使用的插件也都可完全适用在Unity 2017版本以上，并得到最佳的游戏输出效果。

9.2　设置赛车场景

第一部分是使用Simple Racer-Cartoon Assets插件设置游戏需要的场景。Simple Race 是一个卡通风格的资源包，里面提供了卡通车辆、角色、道具和环境，通过这些资源的整合可以快速地搭建出一个特殊风格的的赛车专用跑道。图9-1所示为赛车跑道模型插件内容。

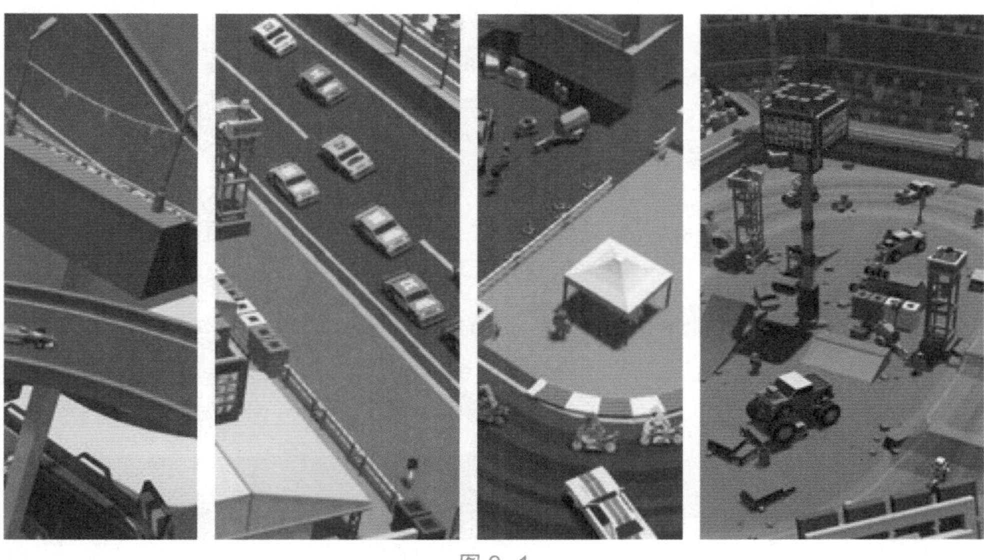

图 9-1

Step 1　导入Simple Racer-Cartoon Assets插件后，打开Demo文件夹下的演示场景，我们需要的是其中的一个跑道，如图9-2所示。

Step 2　接下来清理跑道内的所有车辆。在Hierarchy面板的搜索栏输入Veh找出所有的车辆模型，如图9-3所示，然后直接删除。新建一个Scene文件夹，把现在的场景进行保存，并命名为CarRace。

图 9-2

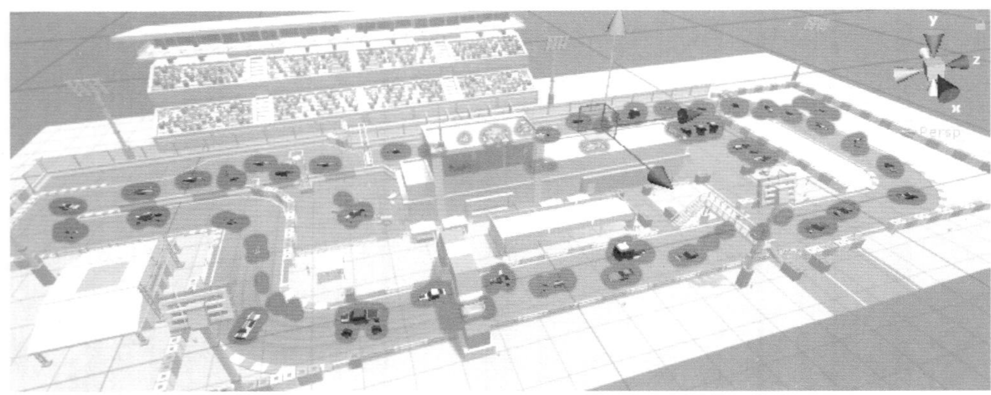

图 9-3

Step 3 在Hierarchy面板的搜索栏输入Track找出所有的跑道模型，然后新建一个空的Game Object，把选择的跑道模型拖到空的Game Object（可命名为RaceTack）成为子物件，如图9-4所示。

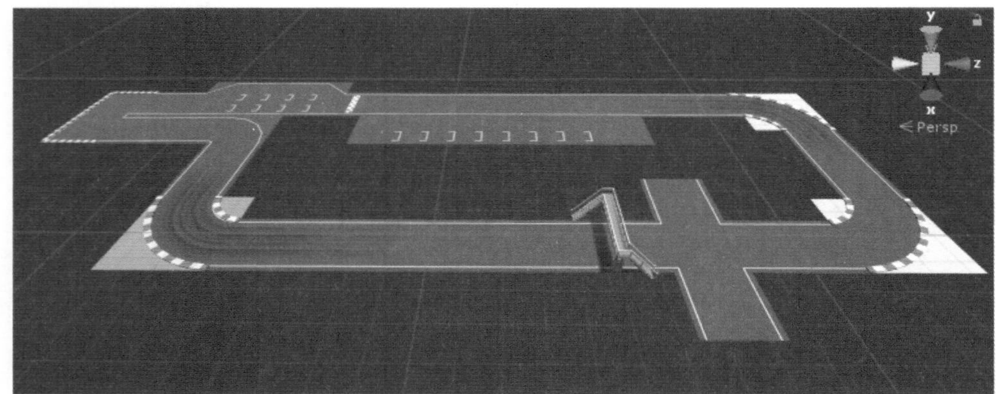

图 9-4

完成跑道模型的初步整理后，接着导入RacingGame Starter Kit（以下简称RGSK）插件准备进行后续的设置工作。

注意：在导入RGSK的插件后，我们建议先运行里面提供的演示场景（RacingGame StarterKit / Scenes/Demo/Car/CarMenu.Scene），对整个游戏的流程与界面的操作有初步的认识后，对于后面的资源替换工作将有更清晰的概念。

Step 4　把跑道模型的Layer设置为Ground的图层，同时确认Layers里面是否有Minimap、IgnoreCollision与Ground这三个图层设置，如图9-5所示，如没有所列的这三项则自行添加即可。

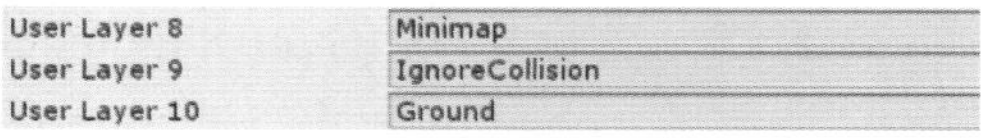

User Layer 8	Minimap
User Layer 9	IgnoreCollision
User Layer 10	Ground

图 9-5

Step 5　接下来准备创建赛车使用的导引路径，选择Window>Racing Game Starter Kit>Create>Create Race Path功能，然后单击视图里面的Node Layout Mode：False>Enable使其成为True的开启状态，接着在跑道预设的起点位置通过单击生成路径的控制点，并依循着跑道路线来进行设置。路径控制点的设置完成后按下Finish即可在跑道上产生一条封闭的黄色线段，如图9-6所示。

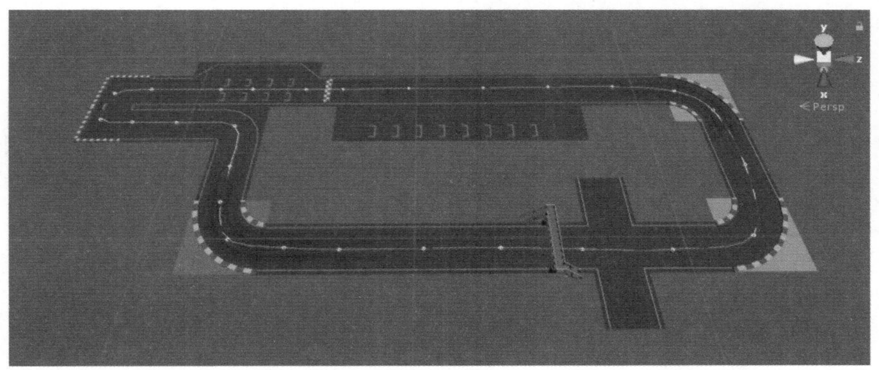

图 9-6

注意：必须确认路径的起点设置在终点线的前方，而最后一个点的位置设置在终点线的后方。如图9-7所示，终点线的右边为起点，左边为路径的结束点。

图 9-7

接下来的工作是对不同类型的触发器（Trigger）进行设置，我们必须对这几种触发器的作用先进行了解。

Finish Line Trigger：终点线触发器。

Checkpoint Triggers：检查点触发器。

Nitro Triggers (for AI)：氮气（AI车辆使用）。

Brakezones (for AI)：减速（AI车辆使用）。

在理解了这些触发器的类型之后，我们就准备在场景里面设置不同作用的触发器物件。

Step 6　增加一个空的GameObject并修改名称为Triggers，接着建立一个Cube并更名为FinishLine，在Inspector里面勾选Is Trigger使其设置为触发器，Tag设置为Finish，Layer设置为Ignore RayCast，并删除不必要的Mesh Renderer组件，如图9-8所示。

接下来按照Step6的方式来设置AI车辆使用的氮气触发器物件，氮气的数量可以取决于跑道的长短，以我们使用的跑道为例，设置2～3个氮气触发器（Nitro Trigger）即可，如图9-9所示。

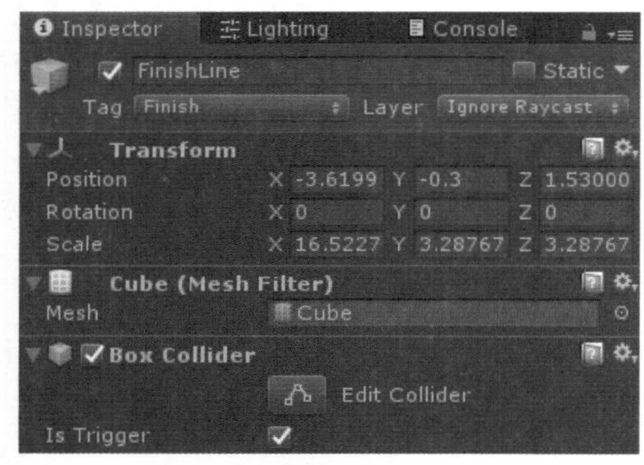

图 9-8

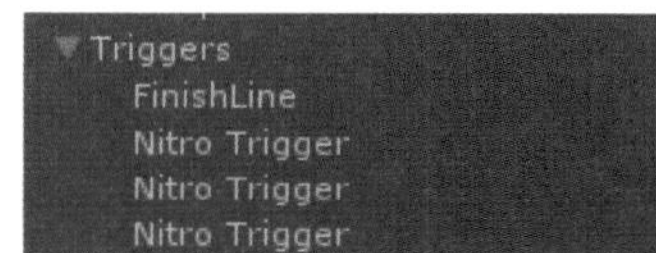

图 9-9

Step 7　接着需设置检查点的触发器，选择Window>Racing Game Starter Kit>Create>Create Race Checkpoints即可创建一个默认的检查点，如图9-10所示，在跑道上设置了两个不同位置的Checkpoint Trigger，并在Inspector里面把这两个触发器的类型都设置为Time Checkpoint类型，Time To Add设置为10，表示通过一个检查点即可增加10秒的时间。

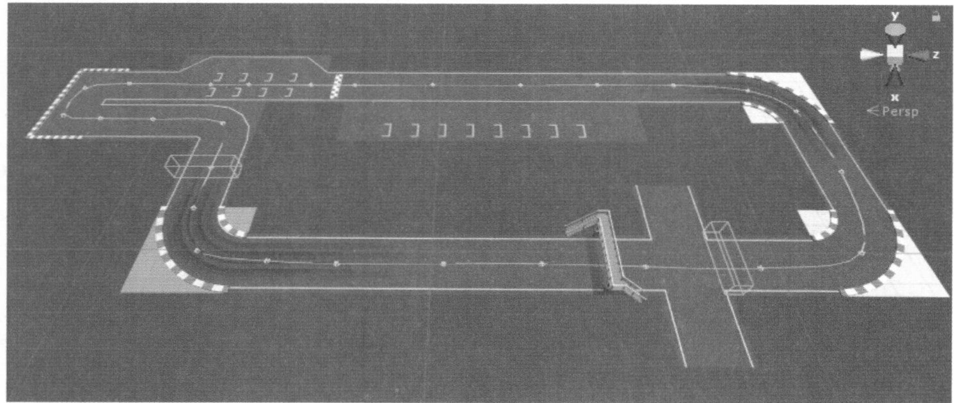

图 9-10

Step 8　Brakezone触发器是用来强制AI车辆减速的用途，当AI车辆通过Brakezone区域时，AI车辆将会自动把速度降低到Target Speed（指定速度）。设置Brakezone触发器的方式与Step6的方式相同，差别的地方是不需设置Tag，而是在Brakezone物件添加Brakezone.cs的脚本，在Target Speed设置里面输入指定的速度即可，如图9-11所示。并将其图层设置为“IgnoreRaycast”。

图 9-11

完成了不同类型的触发器设置后，下一个步骤是设置赛车的起始点（Spawn），创建赛车起始点的方法是选择Window>Racing Game Starter Kit>Create>Create Race Spawnpoints，在Hierarchy里面将会自动生成Spawnpoint Container物件，然后把里面的子物件放置到希望的位置，如图9-12所示。

图 9-12

注意： 需要特别注意的是Spawn的起始点有自己的轴向，所以使用旋转功能来确保起始点的方向是我们所需的。此外，赛车与AI车辆也将根据起始点物件的变化安排位置。例如“01”是位置1，“02”将是位置2，依此类推。

场景与基本的触发器物件设置完成后，下一个阶段的工作就是让赛车通过预设的脚本功能真正的动起来，这部分包含了RGSK脚本的使用与车辆模型组件的操作。下面让我们开始进入这个阶段的设置工作。

9.3　设置赛车相关组件

赛车使用的组件包括Race Manager（主要的管理脚本），Race UI（界面使用的脚本），Sound Manager（音乐与音效的管理脚本），Input Manager（输入设备管理器等）。

Step 1　首先创建RGSK赛车组件，选择Window>Racing Game Starter Kit>Create>Create Race Components命令创建一个新的RGSK Race Components组件，里面包含了四种不同类型的组件，如图9-13所示。

Step 2 选择Race Manager，在Race Settings的设置里面提供了Race Type（赛车模式）、TotalRacers（参赛人员数量）、Total Laps（圈数）与时间（InitialTime），如图9-14所示。Race Container的几个设置将在后续的步骤中进行讲解。

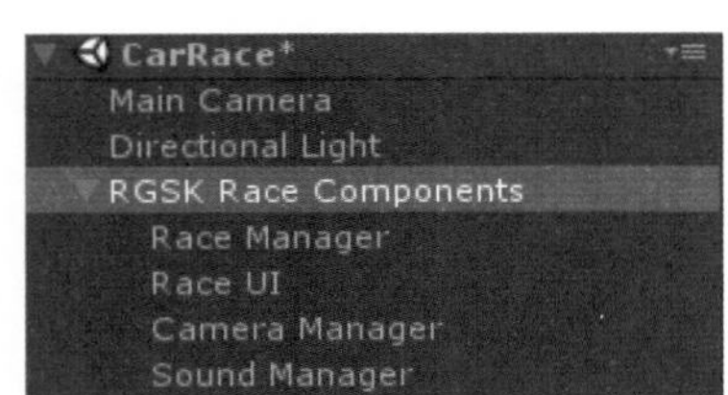

图 9-13

图 9-14

Race Type的类型说明如下。

Circuit Race：是一个标准的圈数的比赛，玩家必须完成一定数量的圈数。

Lap Knockout：是每一圈剔除最后一名的淘汰赛制。

Time Trial：这是一个计时赛制，目标是设置一个赛道的最佳时间。我们必须先设置“Start Point”对象来确定车辆将从哪个位置开始行驶，同时也可以使用“自动驾驶”选项来确定是否把玩家带到比赛的起点。在此模式下通过切换“使用幽灵车”来设置Ghost车辆。幽灵车辆将沿着我们设置的路径与自己比赛，并可以设置最佳的赛道时间。

Speed Trap：是总速度最高的赛车获胜的比赛。使用“Speed Trap Checkpoints”捕获速度。

Checkpoints：是一种每秒都会减少时间的赛事，玩家必须在时间用完之前到达下一个检查点。“Initial Time”是玩家到达第一个检查点的时间设置。

Elimination：是一个每秒都会减少时间的比赛，一旦时间用完，最后一名将被淘汰，同时计时器被刷新。“Elimination Time”是计时器倒计时的地方。

Drift：漂移是玩家必须达到多少漂移点的比赛。选中“Use Time Limit”选项将使玩家通过有限的时间来达到目标分数。

Step 3 选择Window>Racing Game Starter Kit>Create命令添加 Race Camera，Surface Manager与 Input Manager这三个组件，如图9-15所示。Race Camera用来管理赛车过程中的相机与小地图，Surface Manager被用在设置路面的属性，Input Manager则是输入设备的设置。

图 9-15

Race Camera的组件里面包含PlayerCamera（玩家视角）、Starting Grid Camera（显示信息的相机）、Cinematic Camera（回放的专用相机）、Minimap Camera（小地图相机）几个部分，如图9-16所示。Player Camera底下添加了一个WaypointArrow物

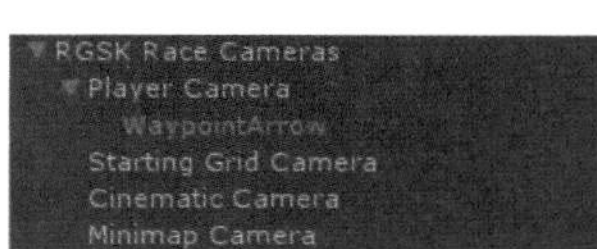

图 9-16

体来作为子物件，作用是在游戏画面的上方出现箭头方向的指引。WaypointArrow物件的位置存放在RacingGameStarterKit>Source>Model文件夹里面。Starting Grid Camera是用在显示游戏开始信息界面的专用相机。比较特别的是Cinematic Camera的用途，通过位置的放置把相机做成分镜回放的效果。MiniMap Camera则是用来显示小地图的专用相机。

Step 4　Cinematic Camera的用法是建立一个空的Game Object并更名为Cinematic CameraPositions，接着在底下建立多个Game Object并更名为CameraPosition，再把Camera Position分别移到跑道上的不同位置。如图9-17所示为游戏完成后的回放系统画面。

Step 5　Surface Manager用来设置赛车在地上的刹车痕迹，我们在里面设置Road()与Grass()两个属性，分别表示了赛车在道路与草地上的交互作用，如图9-18所示。

图 9-17

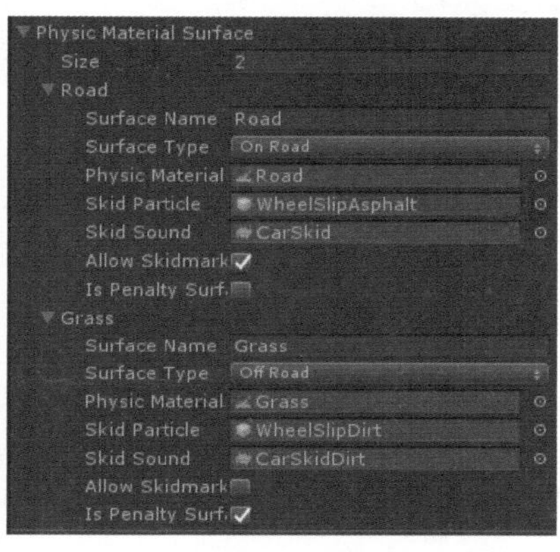

图 9-18

由于本案例的场景并没有地形物件，所以直接忽略Terrain Surface Type的设置，而是在Physical Material Surface里面设置两个路面的属性，使用的设置说明如下。

Surface Name：设置表面材质的名称。

Surface Type：选择赛道表面是道路还是草地属性。

Physical Material：设置表面物理属性材质为道路或是草地。

Skid Particle：赛车与道路交互时产生的粒子。

Skip Sound：赛车与道路作用时的音效。

Allow Skidmark：在道路属性时才需勾选此项。

Is Penalty Surface：草地属性需要勾选此项，以免赛车在草地的漂移也被计入分数。

Input Manager主要用来设置输入设备，Input Device默认的设备为Keyboard，也可以选择Xbox的手柄进行游戏的操作，勾选Auto Detect Input Device可以对设备自动进行判定。如图9-19所示，Input Manager提供了三种输入设备的设置。

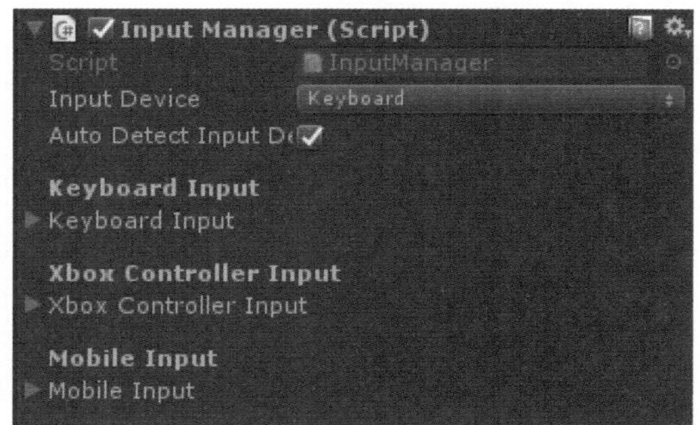

图 9-19

Input Device默认为Keyboard的设置，除了基本的方向键控制左右与前后，氮气的默认键为Left Shift（需开启氮气模式），如图9-20所示为其他功能的快速键设置。

Xbox Controller Input的设置里面对应了Xbox手柄上的不同按键，如图9-21所示。

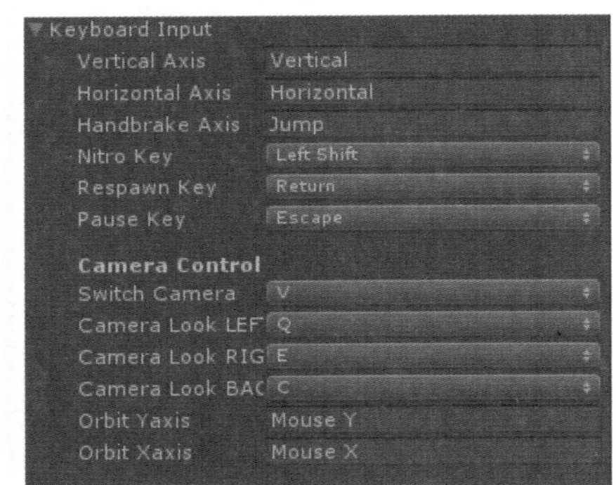

图 9-20

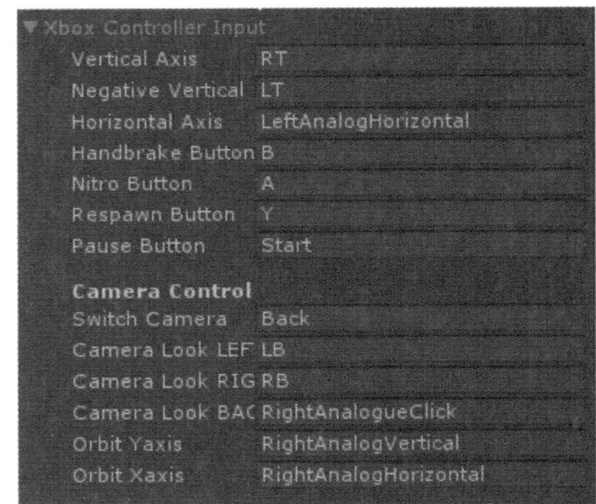

图 9-21

RGSK也提供了手机操作界面，在Mobile Input里面添加不同的界面按钮，如图9-22所示。

如图9-23所示，通过Mobile Input的界面添加后，屏幕上出现了油门、刹车、暂停、回放与氮气的图形显示，也可以通过素材插件对这些界面元素进行替换。

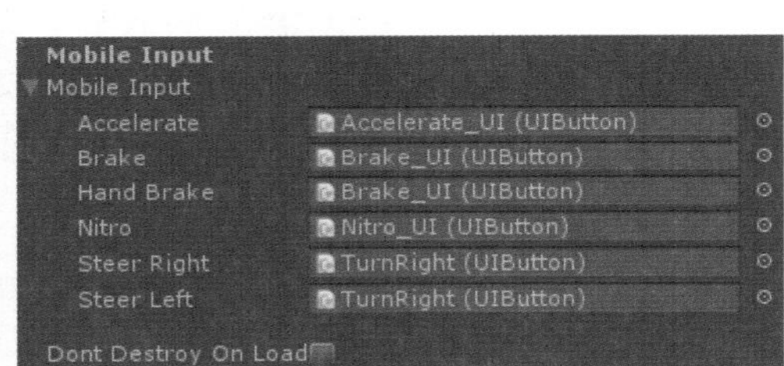

图 9-22

图 9-23

9.4 替换车辆模型

在这个阶段需要在场景内导入我们使用的车辆，一种方式是采用三维软件制作的赛车模型来进行导入；另一种方法是导入现有的车辆模型插件或是使用Simple Racer里面提供的车辆。本案例将使用Simple Racer内带的资源来制作游戏中的赛车模型。

Step 1 首先把 SimpleRacer 文件夹下的Prefabs>Vehicles>SR_Veh_StreetCar_Green添加到场景内，如图9-24所示。

Step 2 准备对车辆进行设置，使用 Window>Racing Game Starter Kit>Vehicle Configuration>Vehicle Setup Wizard命令打开车辆的设置面板，如图9-25所示。

Vehicle Settings里面是需要对车辆的基本选项进行设置，设置的内容说明如下。

Select the type of vehicle：选择Car（四轮车辆）或是Motorbike（两轮车）。

Select the type：选择车辆为Player（玩家）或是AI（对手）。

Drag your vehicle model here：添加车辆模型。

Front Left Wheel：添加车辆左前轮模型。

Front Right Wheel：添加车辆右前轮模型。

Rear Left Wheel：添加车辆左后轮模型。

Rear Right Wheel：添加车辆右后轮模型。

图 9-24

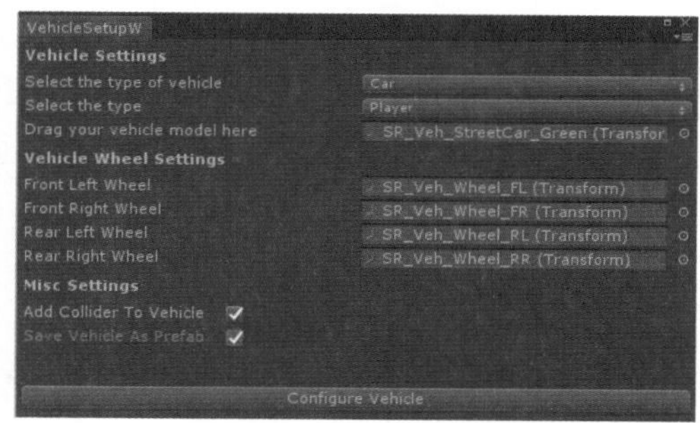

图 9-25

Step 3　此次导入的车辆将作为玩家的赛车用途，所以将Select the type of vehicle 的类型设置为Car，将Select the type设置为Player，然后把赛车的轮子按照方位分别添加到四个轮子的栏位。勾选Add Collider To Vehicle为车辆添加碰撞器，勾选Save Vehicle As Prefab会自动把车辆设置为一个预制件并保存在Resource>Player Vehicle的文件夹里面。

添加完成后，单击Configure Vehicle完成车辆的设置。

注意：在设置车辆的属性之前，必须先确认车辆的轴心位置，如图9-26所示。

车辆的X轴需要向右（红色箭头）

车辆的Y轴为上（绿色箭头）

车辆的Z轴面向前方（蓝色箭头）

如果轴心位置不符合上述的要求，可以回到三维软件进行修改后再重新导入进行设置。

车辆设置完成后会自动把车辆的子物件重新进行编排，如图9-27所示。

图 9-26

图 9-27

接下来使用Step1～Step3的步骤来完成AI车辆的设置，与Player车辆不同的地方就在于Select the type需设置为AI，其余的操作与Player车辆完全相同。在后续的过程中需要对车辆进行调用，Player车辆的保存位置为Rescources>PlayerVehicles，AI车辆的保存的默认位置为Prefabs>AIVehicles。

9.5 设置游戏界面

RGSK插件的界面使用的是Unity内建的uGUI系统，如对于uGUI稍有研究的用户都可以很快地熟悉整个游戏界面的设置。选择RacingGameStarterKit>Prefabs>UI文件夹下的RaceCanvas组件，然后添加到Hierarchy里面，如图9-28所示。添加完成后保存现有的场景。

打开RaceCanvas的层级可以看到已经建立完成的各种赛车界面。RaceCanvas提供了位置的赛车界面元素，每一个对应的界面说明如下。

Race Panel：游戏过程中的展示界面。

Pause Panel：游戏暂停时的展示界面。

Race Complete Panel：游戏完成时的展示界面。

Fail Race Panel：游戏失败时的展示界面。

Screen Fade：过场时的淡入淡出效果。

Replay Panel：重播游戏画面的界面。

Step 1 接下来需要对赛车游戏的开始菜单进行设置，打开RacingGameStarterKit>Scenes>Demo>Car文件夹下的CarMenu场景，CarMenu的场景内容如图9-29所示。

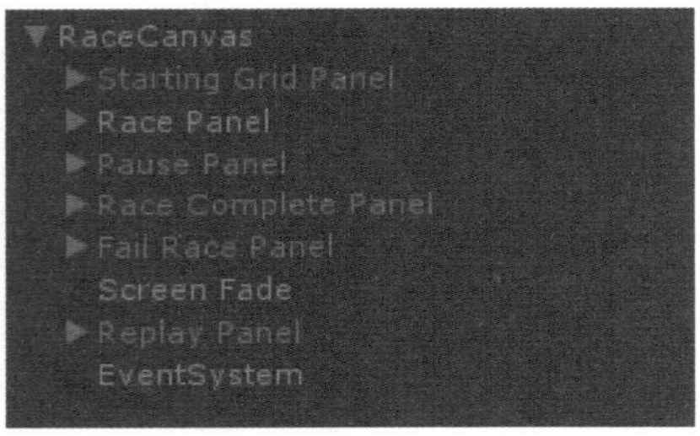

RaceCanvas
Starting Grid Panel
Race Panel
Pause Panel
Race Complete Panel
Fail Race Panel
Screen Fade
Replay Panel
EventSystem

图 9-28

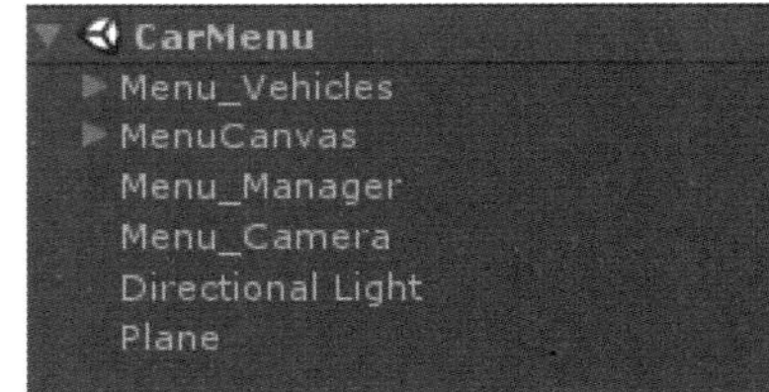

图 9-29

CarMenu内容主要表现了车辆与赛道的选择，并内置了车辆换色功能。CarMenu的组件内容说明如下。

Menu_Vehicles：赛车展示所需的模型与相关信息。

MenuCanvas：赛车选择使用的菜单界面。

Menu_Manager：菜单管理组件。

Menu_Camera：场景内使用的相机。

Directional Light：场景内的光源。

Plane：场景里面使用的地面网格。

CarMenu场景里面已经设置了几种赛车模型提供我们进行选择，如图9-30所示。我们需要做的就是把这些赛车替换为Simple Racer插件里面的模型。

图 9-30

Step 2 打开Menu_Vehicles的层级，把原来的车辆模型全部删除，然后把Simple Racer>Prefabs>Vehicles里面的StockCar添

加进来成为Menu_Vehicle的子物件，如图9-31所示。

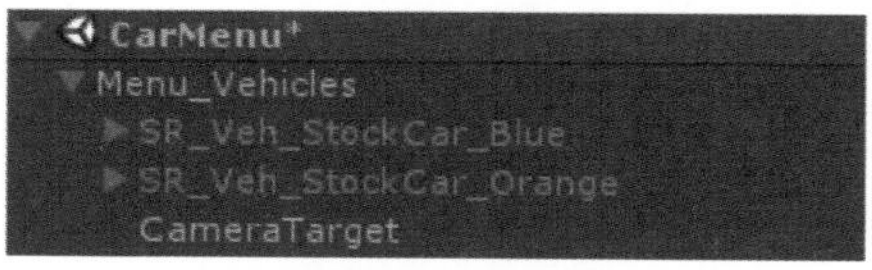

CarMenu*
Menu_Vehicles
SR_Veh_StockCar_Blue
SR_Veh_StockCar_Orange
CameraTarget

图 9-31

如图9-32所示，把Simple Racer里面的赛车模型添加进来后，还需要对Menu_Manager的内容进行设置，才能在运行模式下看到替换后的赛车模型。

Step 3　在Menu_Manager里面依据玩家赛车的数量进行设置，在本段的Step2添加了Simple Racer里面的两个赛车预制模型，所以Size的数量为2，如图9-33所示。

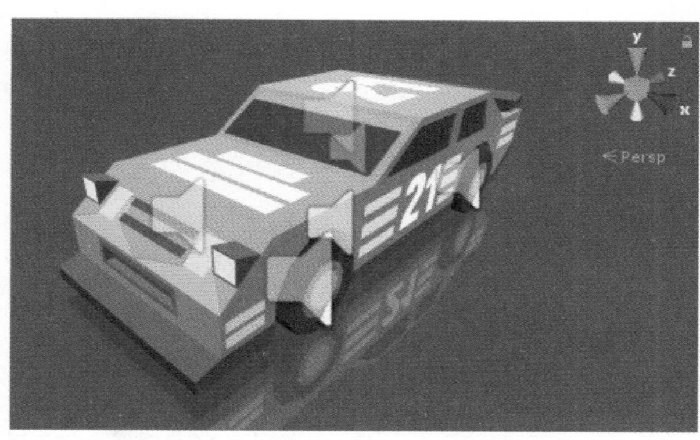

图 9-32

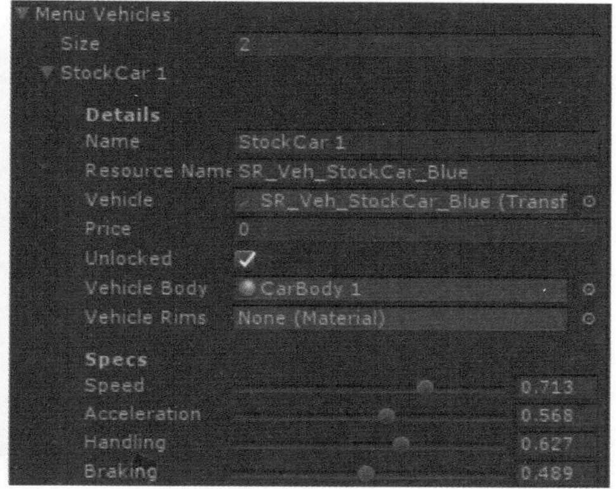

图 9-33

Details设置内容包含了CarMenu使用的车辆，并提供解锁车辆与调校车辆效能，具体的设置内容如下。

Name：车辆命名。

Resource Name：需与Resources>PlayerVehicles 文件夹里面车辆名称一致。

Vehicle：添加车辆模型。

Price：车辆价格。

Unlocked：勾选后为需要解锁的车辆。

Vehicle Body：车辆的颜色。

Vehicle Rims：轮圈的颜色。

Specs的设置内容如下。

Speed：设置赛车速度。

Acceleration：设置赛车的加速。

Handing：设置赛车的操控性。

Braking：设置赛车的制动力。

通过Menu_ Manager车辆的添加与设置后，在运行模式下选择Vehicle Selection功能，就可以单击箭头进行车辆的选择，在画面的右上方同时显示了车辆名称与设置好的参数，如图9-34所示。

Menu_Manager也包含了跑道场景的添加，在Track Setting里面可以根据现有的场景数量来进行设置，如图9-35所示。

图 9-34

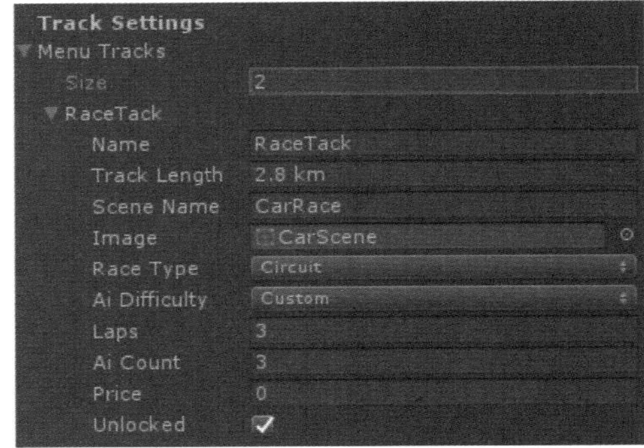

图 9-35

Track Setting的设置内容说明如下。

Name：跑道名称。

Track Length：跑道长度。

Scene Name：使用的场景名称。

Race Type：竞赛类型。

Ai Difficulty：AI车辆的难度。

Laps：圈数。

Ai Count：AI车辆的数量。

Price：购买此跑道的价格。

Unlocked：设置跑道是否需要解锁。

提示：跑道的长度可以在Race Manager脚本里面使用 print (raceDistance)来测量出大致的长度，例如本案例的跑道长度经过测量约为700米的长度，如图9-36所示。

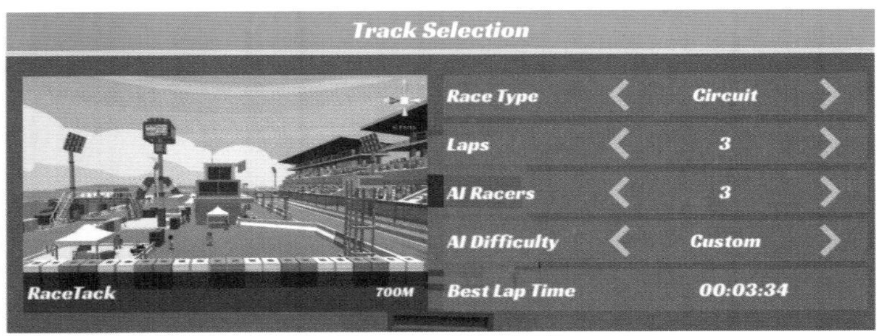

图 9-36

完成上述的步骤之后，把现有的场景保存到Scenes文件夹，并命名为CarMenu。接下来的工作就是准备对CarRace的管理组件进行另一个阶段的设置。

9.6 设置管理组件

Step 1 打开之前保存的CarRace场景，在Hierarchy面板选择RGSK Race Components里

面的Camera Manager组件，默认的设置已经将不同类型的相机添加到指定的栏位，如图9-37所示。

> **提示：** 在CarRace场景中设置小地图的方法非常简单，只要把跑道的网格模型设置为UI的图层，然后再调整Minimap Camera的相机位置即可。

Step 2　选择Race Manager组件，在Player Settings的设置里面，把Resources>Player Vehicles文件夹下的SR_Veh_StockCar_Blue预制模型添加到Player Prefab。Spawn Settings需要设置的是玩家在游戏开始的起始位置，Player Spwan Position设置为Selected表示可以任意指定起始的位置（按Spwan Point的编号），如果选择Randomized就是随机的安排位置。AI Prefabs的设置就是按顺序把预制完成的AI赛车添加进来即可，如图9-38所示。

图 9-37

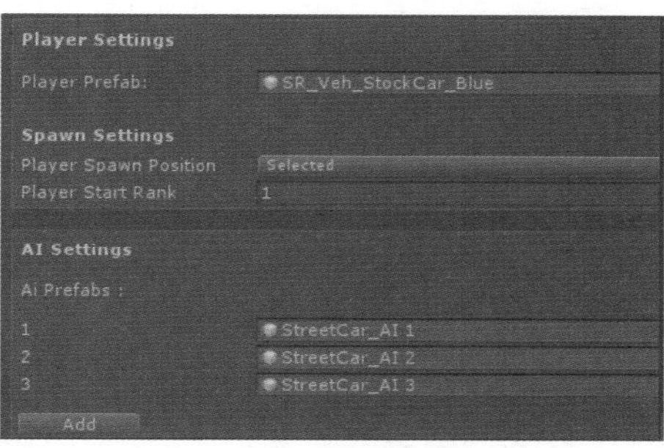

图 9-38

Step 3　选择Race UI组件进行设置，把RaceCanvas界面下的Starting Grid Panel组件添加进来后，在Starting Grid设置需要显示信息的数量，然后把Starting Grid Panel底下的物件按编号顺序添加到Position、Name与Vehicle Name的位置，如图9-39所示。

Step 4　把RaceCanvas里面的Race Panel与Pause Panel组件添加到Racing UI，然后把RaceCanvas界面下的Race Panel组件按照名称添加进来，如图9-40所示。

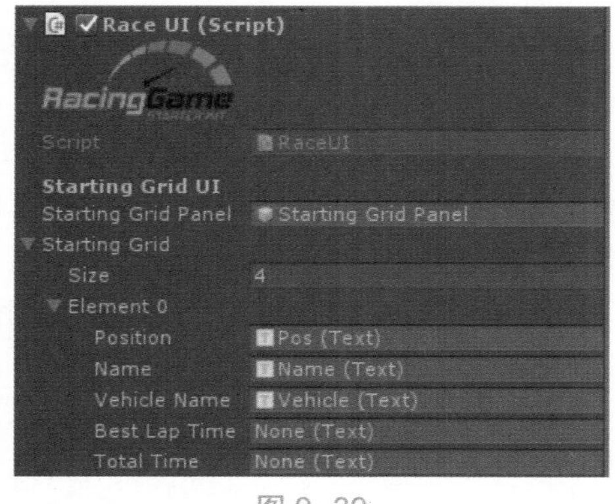

图 9-39

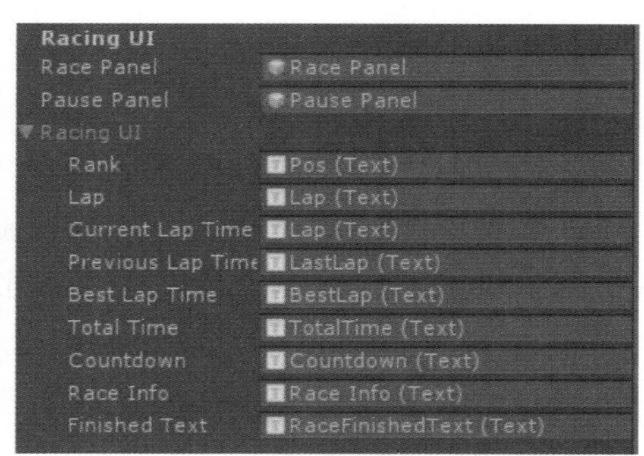

图 9-40

Step 5　把RaceCanvas里面的Drift Panel组件添加到Drift UI，然后把Drift Panel界面组件按名称添加进来，如图9-41所示。

Step 6　Vehicle UI的设置被使用在画面右下方的时速表与氮气效果，如图9-42所示，在

Vehicle UI添加Race Panel里面的Speedometer界面组件。

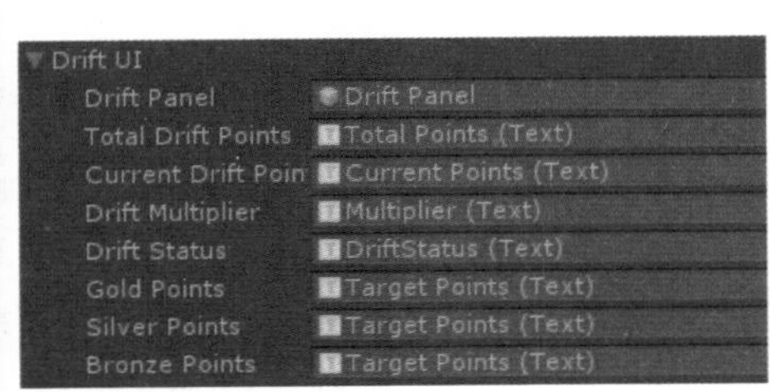

图 9-41

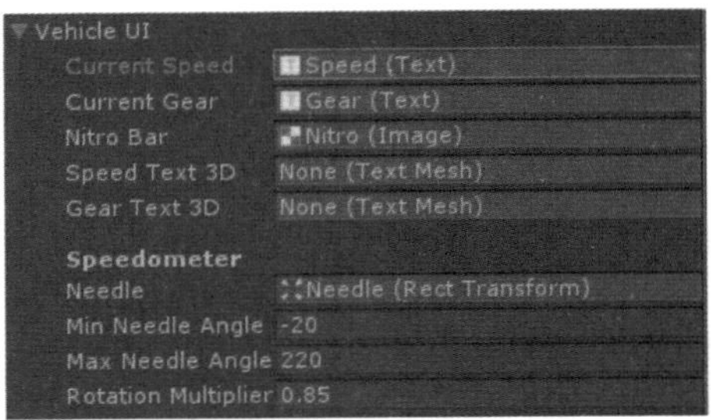

图 9-42

Step 7 Fail Race UI的作用是游戏失败时显示的界面，把RaceCanvas里面的Fail Race Panel组件添加进来，然后在Fail Title（闯关失败的标题）与Fail Reason（失败的理由说明）分别添加文字组件。Race Finished UI用来显示游戏完成时的界面，把Race Complete Panel里面的Race与Drift组件添加进来，如图9-43所示。

Step 8 Race Results主要是游戏完成时的信息显示，根据需要显示的赛车数量进行设置，然后把Race Complete Panel里面的Race组件内容添加进来。Race组件的内容包含了Position（名次）、Name（赛车手名称）、Vehicle（赛车名称）、Best Lap Time（最佳时间）与Total Time（总共计时）的内容，如图9-44所示。

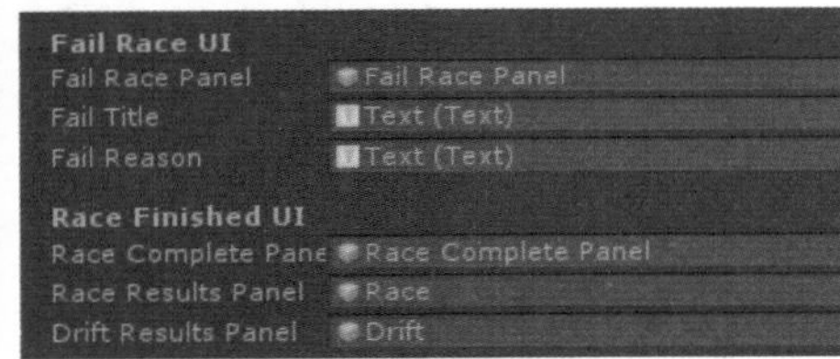

图 9-43

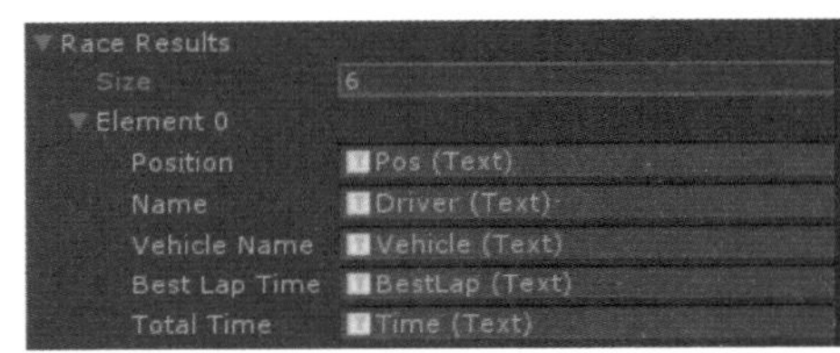

图 9-44

Step 9 Drift Results用来显示漂移赛后信息，把Race Complete Panel里面的Drift组件内容添加进来后进行设置。Drift组件的内容包含了Total Points（总得分）、Drift Race Time（漂移的时间）、Best Drift（最佳的漂移得分）、Longest Drift（最长的漂移）、Gold（金牌）、Silver（银牌）与Bronze（铜牌），如图9-45所示。

Step 10 Replay UI的作用是在单击回放按钮后显示出操作的界面，把Replay Panel组件添加进来，然后再添加Replay Panel里面的Progress Bar（进度条）。ScreenFade的作用是在转场时通过一个白色图片模拟出淡入或是淡出的效果。设置的方法非常简单，只需要把一张转换为UI属性的全白图片添加进来即可，如图9-46所示。Fade Speed可以设置淡入淡出的时间，Fade On Start与Fade on Exit分别表示在游戏开始与退出时产生淡入淡出的效果。

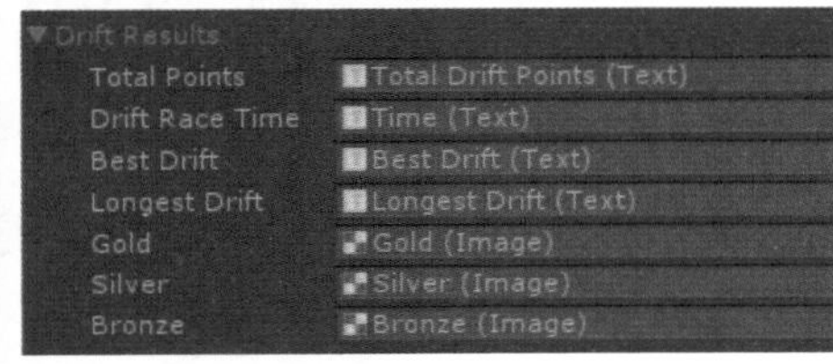

图 9-45

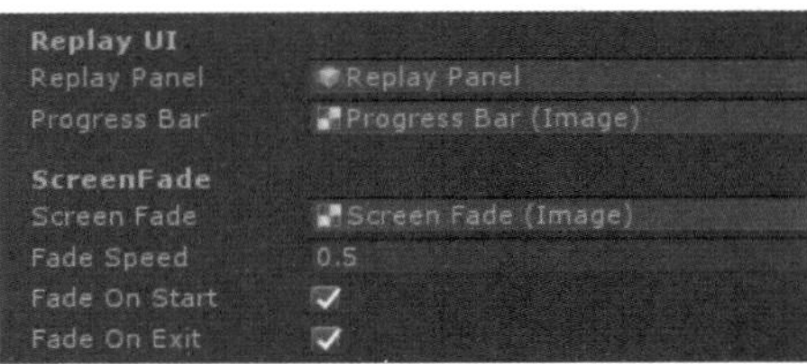

图 9-46

9.7　设置游戏音效

RGSK Race Components组件里面的Sound Manager用来设置游戏中的音乐与音效，如图9-47所示。

图 9-47

本案例使用的音效资源在 RacingGameStarterKit>Source>Audio文件夹，设置的说明如下。

Countdown Sound：倒计时的音效。

Start Race Sound：游戏开始的音效。

Checkpoint Sound：通过检查点的音效。

Speed Trap Sound：通过测速点的音效。

Background Music：设置游戏的背景音乐。

Background Music可以加入多种背景音乐，然后在Play Mode里面选择Order（按顺序）或是Random（随机）模式进行音乐的播放。

9.8　设置跑道碰撞网格

在游戏场景中必须设置一个网格范围，使车辆在游戏过程中不会冲出跑道而出现奇怪的结果，所以我们需要做的工作是把Simple Racer的预制跑道模型导出，再通过三维软件在跑道的边缘设置碰撞网格。

首先是把Unity的预制模型导出为三维软件可读取的格式，这个部分我们将使用一个模型导出插件——Export2Maya。Export2Maya 的作用是把整个场景或是单一的模型导出为ma格式，然后在Maya里面读取后进行模型调整或是修改。在本案例中我们需要做的是把跑道模型导出到Maya，再根据跑道的外形制作出碰撞的网格模型。

Step 1　安装Export2Maya插件后，选择场景内的跑道模型后，选择Window>Export2Maya命令打开导出模型的面板，在Maya Version选择使用的版本号，Maya Units选择导出的单位。

确认设置完成后单击Export Selection即可把模型输出到指定的文件夹，如图9-48所示。

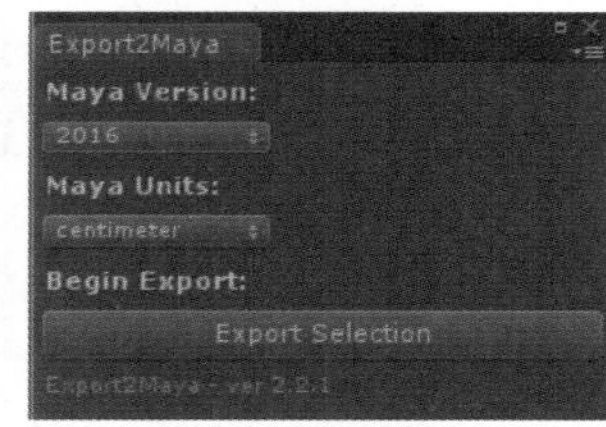

图 9-48

如图9-49所示，这是使用Export2Maya插件导出ma格式的模型后，在Maya 2016版本里面读取ma模型所看到的轨道效果。

Step 2　使用Maya的多边形工具，依据跑道的轮廓描绘出形状后再延伸出高度，如图9-50所示。然后把法线的方向朝内，这样才能让导出的模型网格与赛车直接有碰撞的效果。

Step 3　把制作完成的模型网格导出FBX格式，然后添加到Unity的场景里面，添加Mesh Collider组件，作用是让这个网格模型具备碰撞的属性，并删除默认的Mesh Renderer组件，如图9-51所示。

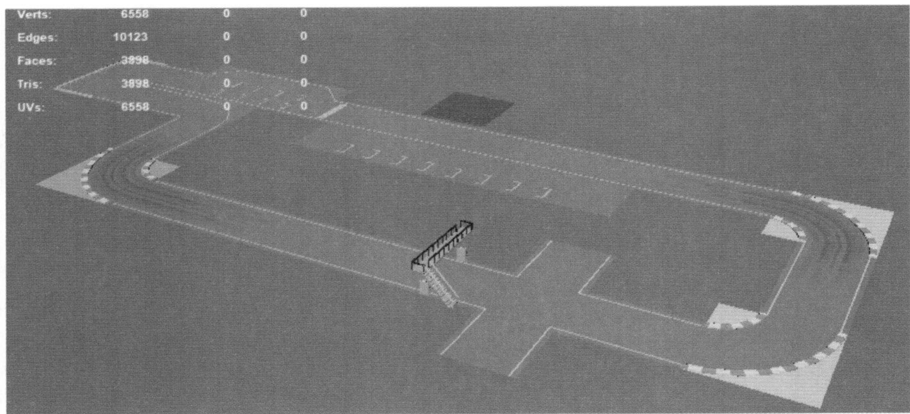

图 9-49

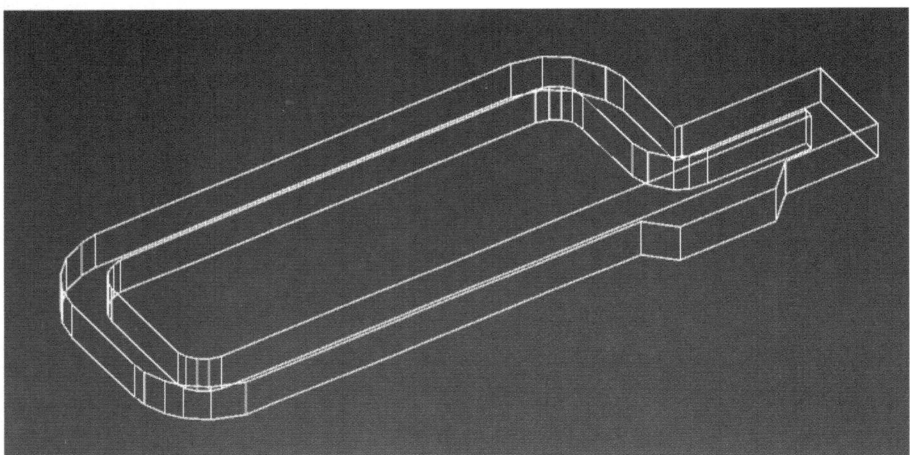

图 9-50

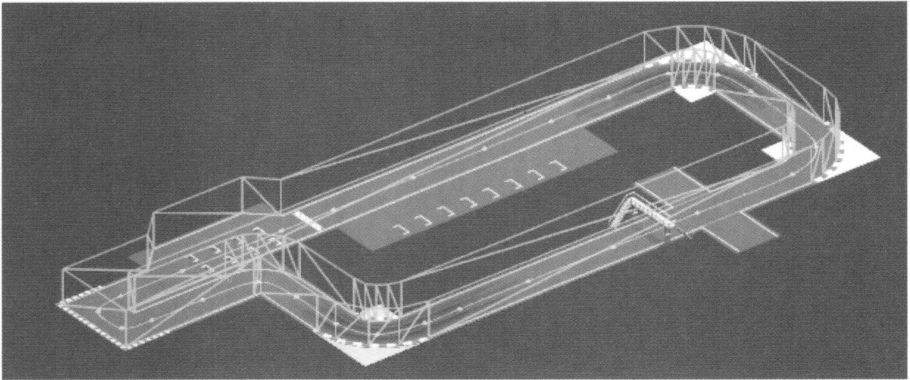

图 9-51

在完成前面的步骤后，现在我们可以通过运行游戏来查看玩家与对手的竞赛效果，如图9-52所示。除了使用键盘的操作，也可以使用Xbox手柄或是方向盘（例如莱仕达方向盘）来进行操作。

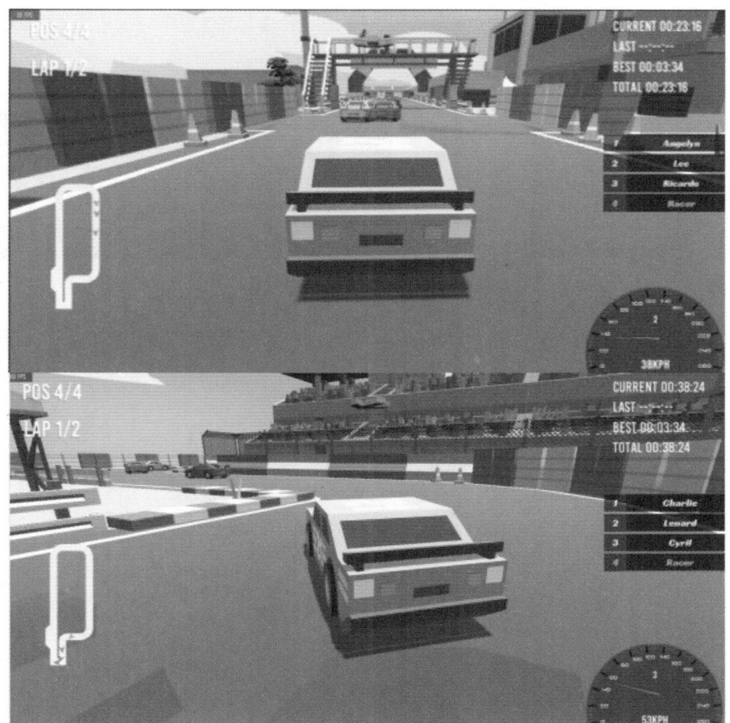

图 9-52

9.9　设置界面关联性

RGSK插件自身已经提供了完整的界面组件，在替换场景与赛车的资源后，还需要对这些界面进行脚本的关联性设置。如图9-53所示，在这个界面下方的两个按钮此时是不具备任何作用的。所以接下来就是在不需更改脚本的情况下来进行一些简单的设置。

图 9-53

Step 1　以Starting Grid Panel底部的按钮为例，Bottom组件底下的Start与Exit分别表示游戏开始与退出功能，我们需要做的就是让两个按钮与脚本的函数进行关联。如图9-54所示，在Starting Grid Panel组件里的Start为游戏开始的按钮。

Step 2 选择Start，在Inspector设置里面添加Race UI组件，然后选择RaceUI.StartCountDown，并设置游戏开始前的倒数秒数，如图9-55所示。

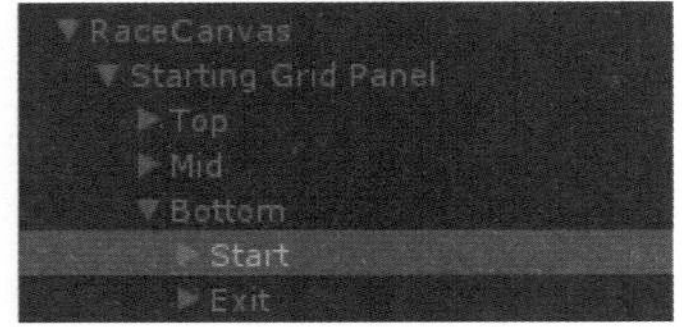

图 9-54

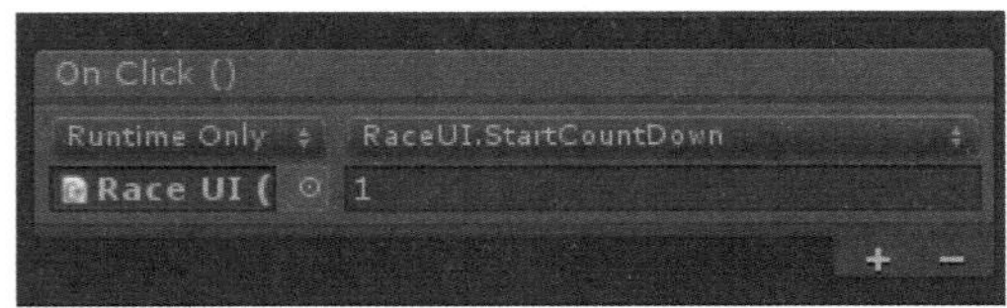

图 9-55

通过上一个步骤的设置，再次运行游戏，当Starting Grid界面出现时，按下Start按钮就可以进行竞赛。以此类推，把Exit按钮添加到RaceUI.Exit()后，就能在按下Exit按钮时回到CarMenu的场景。

```
    Starting Grid Panel>Bottom>Start-添加 RaceUI.StartCountDown(float)
    Starting Grid Panel>Bottom>Exit-添加 RaceUI.Exit()
    Pause Panel>Bottom>Resume-添加 RaceUI.PauseResume()
    Pause Panel>Bottom>ReStart-添加 RaceUI.Restart()
    Pause Panel>Bottom>Exit-添加 RaceUI.Exit()
    Race Complete Panel>Race>Bottom>Main Menu-添加 RaceUI.Exit()
    Race Complete Panel>Race>Bottom>View Replay-添加 ReplayManager.
ViewReplay()
    Race Complete Panel>Race>Bottom>Restart-添加 RaceUI.Restart()
    Race Complete Panel>Drift>Bottom>Main Menu-添加 RaceUI.Exit()
    Race Complete Panel>Drift>Bottom>View Replay-添加 ReplayManager.
ViewReplay()
    Race Complete Panel>Drift>Bottom>Restart-添加 RaceUI.Restart()
    Fail Race Panel>Bottom>Restart-添加 RaceUI.Restart()
    Fail Race Panel>Bottom>Exit-添加 RaceUI.Exit()
    Replay Panel>Replay Controls>Exit-添加 ReplayManager.ExitReplay()
    Replay Panel>Replay Controls>FF-添加 ReplayManager.
AdjustPlaybackSpeed(int)
    Replay Panel>Replay Controls>Play-添加 ReplayManager.PauseReplay()
    Replay Panel>Replay Controls>RW-添加 ReplayManager..
AdjustPlaybackSpeed(int)
    Replay Panel>Replay Controls>Cam-添加 CameraManager.
SwitchBetweenReplayCamera()
```

注意：在Replay Panel的设置里面，FF（加速播放）使用了int的变量，默认的数字为2的倍数播放速度，RW（倒回播放）的速度则为-2的倍数值。

所有的界面组件设置完成后，再次运行游戏就可以对过程中出现的界面按钮进行单击，并出现相应的效果。

最终的输出工作就是在Build Settings里面添加我们制作的CarMenu与CarRace场景，如图9-56所示，再根据输出的终端进行相应的设置。

图 9-56

通过上述的介绍后，我们对于RGSK插件已经有了全面的理解，只要通过对界面与模型素材的替换，就能展现出不同风格的赛车游戏。如图9-57所示，此项目即为采用RGSK插件为核心所开发出来的赛车游戏开始界面。

图 9-57

如图9-58所示，此项目内容即为采用RGSK插件所开发出来的赛车游戏操作界面。

图 9-58

第 10 章

综合案例——AR 人体医疗开发应用

增强现实（简称AR）现在的发展如火如荼，AR+的应用也具有广阔的市场前景。

本例通过利用几个插件的组合来开发快速实现一个AR+医疗的人体展示案例。不管你是程序员还是美工或者是产品人员，只要根据本案例的操作，都可以快速创建出自己的AR+医疗的人体展示案例，也可以根据自己的需求来修改脚本和替换美术资源来实现各种各样的AR+应用。

10.1　功能简介

本案例具有的功能截图如图10-1所示。

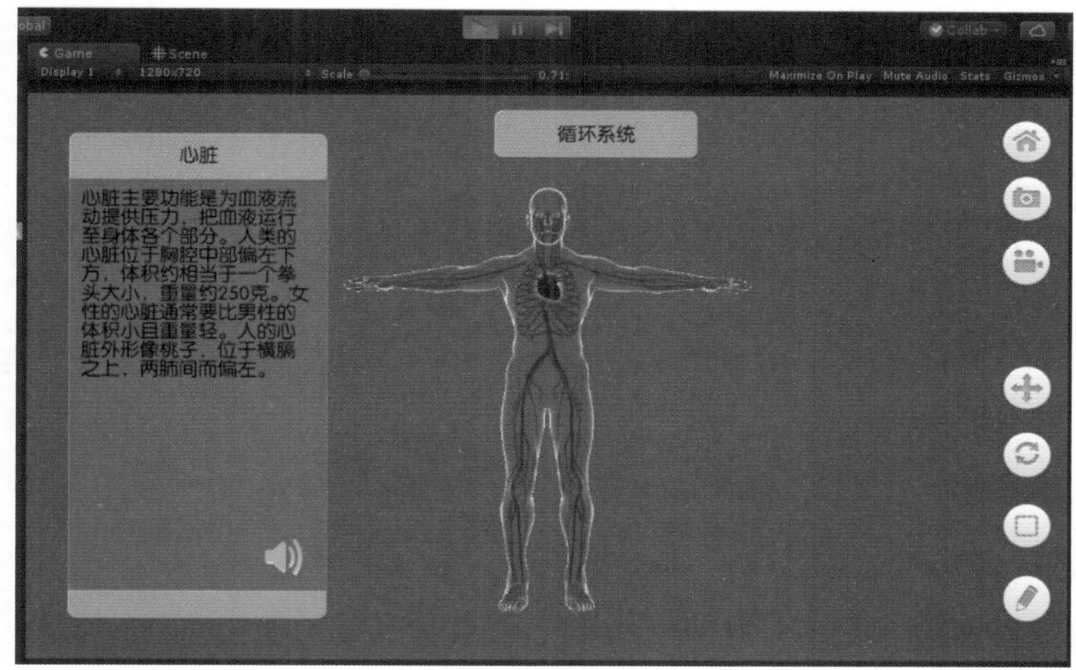

图 10-1

功能简述：

1）当摄像头捕捉到AR识别卡后，会显示出来左侧信息面板和头上的标题面板。当单击到3D模型后左侧面板会显示对应模型器官的名称和描述信息。通过单击下方的音频按钮可以自动通过语音播报器官的描述信息。

2）左侧为功能按钮。从上到下依次为默认按钮、拍照按钮、录制视频按钮、平移按钮、旋转按钮、框选按钮、标注按钮。

a）默认按钮：单击该按钮后模型回到识别的初始状态。

b）拍照按钮：单击该按钮，可以打开文件资管理器窗口，我们可以选择自定义保存图片的路径和图片文件名称。

c）录制视频按钮：单击该按钮，可以打开文件资源管理器窗口，我们可以选择自定义保存的视频路径和视频的名称。

d）平移按钮：单击该按钮，我们可以通过拖动进行平移模型。如果没有选中模型我们可以整体平移模型。

e）旋转按钮：单击该按钮，我们可以通过鼠标移动旋转模型。如果没有选中模型，我们可以整体旋转模型。

f）框选按钮：单击按钮，我们可以通过鼠标进行框选模型。鼠标释放后，框选的模型可以回到默认位置。

g）标注按钮：单击按钮，我们可以通过鼠标在屏幕上绘制文字。通过双击可以清除绘制的文字。

h）当单击模型后，模型可以进行高亮显示。当单击空白处后高亮取消。

10.2 策划和准备工作

前一节我们介绍了案例具有的功能和简单的操作，在本节我们主要介绍一下案例的策划、美术和使用的插件。

10.2.1 策划

本节对案例的策划进行简单的介绍。在真实项目中策划工作还需要更细致、更具体、更全面的工作，还要考虑产品的定位等。本案例是一个典型的AR+医疗的展示案例，主要功能是使用摄像头扫描识别卡来呈现人体医疗模型进行展示和解说。

运行平台：目标是PC平台，可通过扩展应用于手机终端。

开发环境：Windows 10系统、Unity 2017.3版本与 Visual Studio 2015。

操作方式：PC平台上使用鼠标进行操作，可通过扩展使用手机终端进行触摸操作。

目标受众：AR+医疗的一个人体展示案例，可以适用于人体的学习和相关的医疗培训等。

10.2.2 美术资源

在工程文件 Assets \ UI文件夹下存放的界面图片资源如表10-1所示。

表 10-1 界面图片资源

图片名称	分辨率	用途
home	120X120	回到初始位置使用的图标
takePhoto	120X120	进行拍照存储使用的图标
recoardVideo	120X120	进行视频录制使用的图标
translate	120X120	进行平移使用的图标
rotate	120X120	进行旋转使用的图标
boxSelect	120X120	进行框选使用的图标
label	120X120	进行屏幕标注使用的图标
left	301X620	左侧面板使用的底板图标
tobBg	250X21	顶部标题使用的图标
audio	46X48	语音播放文字使用的图标

在工程文件 Assets \Yiliao\Model文件夹下存放的模型资源如表10-2所示。

表 10-2　模型资源

模型名称	模型描述
changdao	人体肠道模型
dan	人体的胆模型
danao	人体的大脑
dongmai	人体的动脉模型
fei	人体的肺模型
gan	人体的肝模型
gemo	人体的隔膜
guge	人体的骨骼
jingmai	人体的经脉
jirou	人体的肌肉
linba	人体的淋巴
pi	人体的脾
qiguan	人体的气管
shen	人体的肾
shenjing	人体的神经
shenti	人体的身体
shidao	人体的食道
wei	人体的胃
xiaonao	人体的小脑
xinzang	人体的心脏
yi	人体的胰

提示：上面列出了案例使用的美术资源和模型，关于音频和着色器等其他的资源可以直接参考项目内容。

10.2.3　使用插件

1. NGUII

NGUII：在本案例中使用此插件来制作场景内的所有UI界面。

NGUI的主要特性如下。

- 编辑整合界面元素，在视图里面所见即所得
- 提供本地化、数据绑定、委托、各种事件触发
- 支持所有桌面与手机平台
- 只需1个DrawCall即可绘制用户界面
- 附带完整的C＃源代码

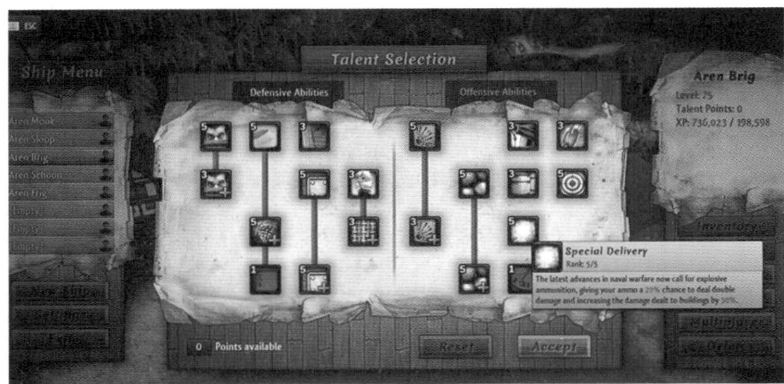

图 10-2

PDollar Point-Cloud Gesture Recognizer：在本案例中通过它来实现鼠标或者触摸来实现手势识别，如图10-3所示。

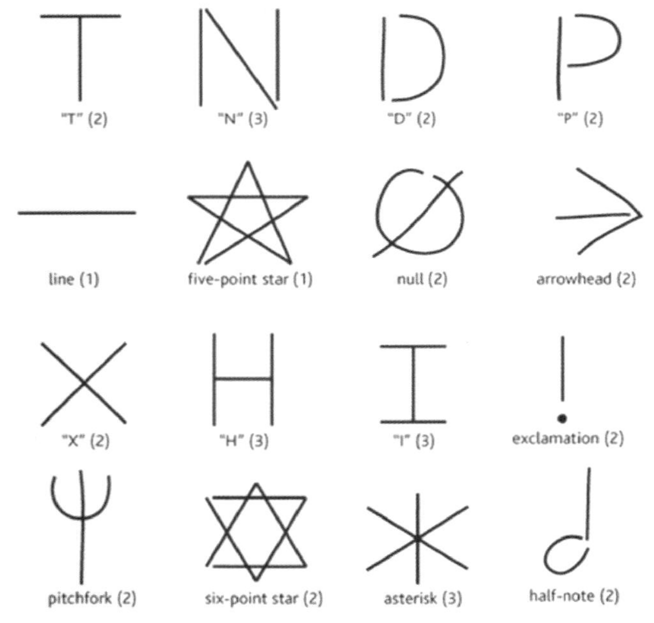

图 10-3

2. JSON .NET For Unity

JSON .NET For Unity：在本案例中使用此插件来操作JSON数据。

JSON .NET将Json和Bson序列化的强大功能支持4.7.2及更高版本，并且兼容.NET和IL2CPP后端。

JSON .NET的主要特性如下。

- 强调预编译以获得更快的构建
- 适用于IL2CPP以及.NET后端
- 支持JSON和BSON（二进制）序列化
- 保留原始的JSON .NET命名空间

- 支持在iOS和Android上分割为ByteCode级别
- 支持Android上的Micro Mscorlib（但由于平台限制，不支持iOS）

3. AVPro Movie Capture

AVPro Movie Capture：在本案例中使用此插件进行PC平台的视频录制。

AVPro Movie Capture的主要特性如下。

- 针对高性能进行了优化
- 对Unity 2017版本的支持
- 实时捕捉和离线渲染
- 可渲染到8K的超高分辨率
- 使用任何你想要的视频编解码器
- 360度VR等长方形捕捉（单声道和立体声）
- 全方位立体声（ODS）
- 支持VR渲染
- 运动模糊渲染
- 支持线性和伽玛色彩空间
- 可以捕捉Alpha通道以创建透明视频
- 直接从Unity或Windows录制设备录制音频

4. RT-Voice PRO

RT-Voice PRO：在本案例中使用此插件进行文字语音的自动播报。

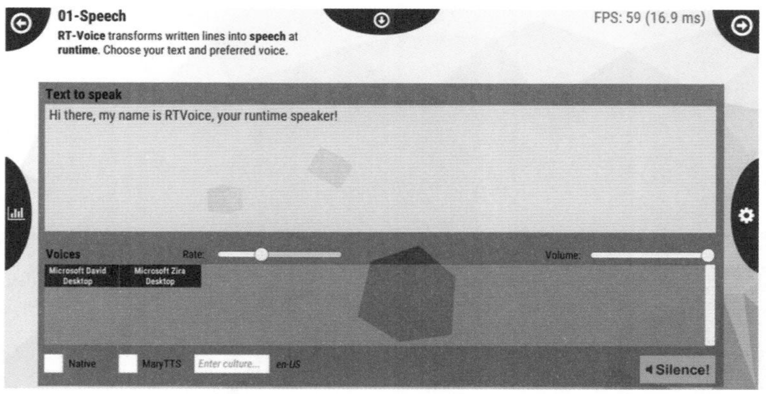

图 10-4

RT-Voice PRO的主要特性如下。

- 从文本到语音的即时转换，在运行模式下直接生成语音
- 在游戏开发期间不需要配音演员就能测试游戏内容
- 按名称，文化和/或性别过滤声音
- 一次可以有多个声音（例如在场景里面很多人们同时在说话）
- 以极快的速度微调您的声音，音高和音量
- 支持SSML和EmotionML
- 生成的音频可以存储在文件中，利于后续项目中使用

- 提供简单的序列和对话系统

5. HighlightingSystem

HighlightingSystem：在本案例中使用此插件来实现模型本体的高亮效果。

HighlightingSystem主要特性如下。

- 作为相机的图像效果
- 兼容正向和延迟渲染路径，HDR，Gamma和线性色彩空间，GPU实例化
- 原始渲染器材质保持不变（共享材质将保持共享）
- VR：兼容单通（快速）立体渲染方法
- 完全兼容LODGroup组件
- 适用于静态和蒙皮网格

6. Easy Touch 5

Easy Touch 5 ：Touchscreen & Virtual Controls：在本案例中使用此插件来实现基本的操作。

Easy Touch 5的主要特性如下。

- Easy Touch可识别所有主要手势，如轻拍、双击、轻扫、扭曲、捏、多点触控等
- 可用在多个相机
- 可使用在多个图层
- 对Unity uGUI的支持
- 内置PlayerMaker专用的扩充组件
- 摇杆设置
- 手柄按键设置
- 触摸板设置
- 按钮设置
- 强大的API支持

图 10-5

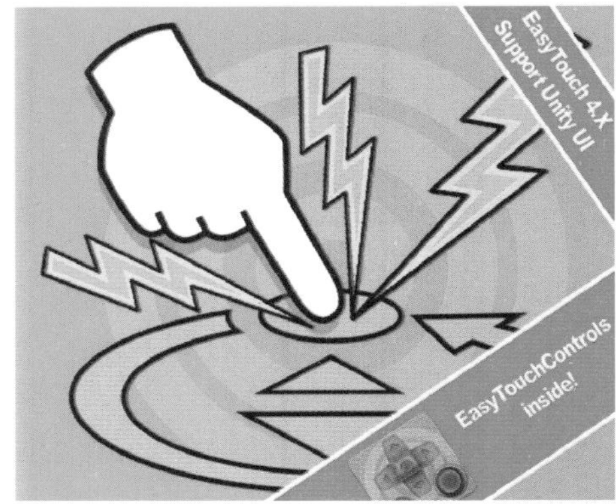

图 10-6

7. VoidAR

VoidAR：本案例中使用此插件来实现AR卡牌的识别。

提示：考虑到此案例可能会进行平台的移植，在技术选型中必须考虑到这种情况，所以在选择插件时尽量选择可以支持跨平台的插件。

10.3　场景搭建

10.3.1　开发环境的搭建

在正式编写功能之前，需要准备好一个新的工程，把案例所需的的插件与美术资源全部导进去，然后就可以搭建场景。具体步骤如下：

Step 1　打开Unity 2017.3版本，新建一个项目并命名为ARHealth，保存到一个指定路径。注意存放工程的文件夹不要有中文。然后依次导入NGUI：Next-Gen UI、PDollar Point-Cloud Gesture Recognizer、JSON .NET For Unity、AVPro Movie Capture、RT-Voice PRO、HighlightingSystem、Easy Touch 5 : Touchscreen & Virtual Controls插件和VoidAR sdk。

提示：插件的导入方式前面都已经介绍了，这里就不另行讲解。在平台的设置里面选择PC平台。VoidAR sdk的开发工具可以直接在官网https://voidar.net/进行下载。

Step 2　接着在新创建的工程里，创建一个文件夹并命名为UI，然后把事先准备好的UI图片全部拖到这个文件夹下。

在工程里面再创建一个Yiliao文件夹，把事先准备好的模型和纹理全部拖进这个文件夹中。把OrganInfo人体器官描述的JSON文件拖到工程中的Resources文件夹下。然后再创建一个Scenes文件夹用来保存我们的场景，再创建一个Scripts文件夹用来保存案例中使用的脚本。接着创建一个Fonts文件夹，用来存放案例所需的字体。

注意：这里的OrganInfoJson文件是根据前面章节中JSON.NET For Unity 部分的操作进行转换的。先把器官描述信息整理到Excel然后转换成JSON文件。JSON文本里面的器官描述信息均来自百度百科。

Step 3　在新场景的工程中创建一个场景，命名为ARHealth后保存到Scenes文件夹下。

10.3.2　案例 UI 搭建

Step 1　创建UI图集。选中UI文件夹下的所有UI元素，然后通过NGUI>Open-Altas Maker图集制作窗口，如图10-7所示。

通过单击Create按钮创建一个图集，这里我们命名图集为ARHealth，保存到UI文件夹下。

Step 2　设置使用的动态字体。这里我们使用SIMYOU动态字体，把该字体拖动到Fonts文件夹下，这里也可以使用系统自带的动态字体。

Step 3 通过NGUI>Options>Reset Prefab Toolbar打开NGUI的预设工具栏，如图10-8所示。

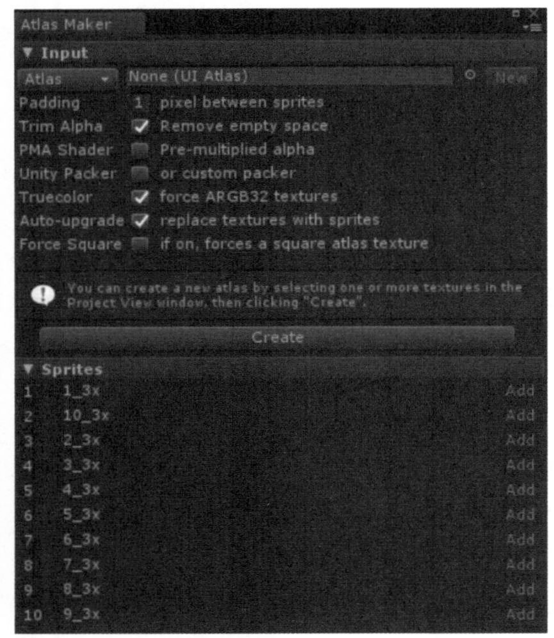

图 10-7

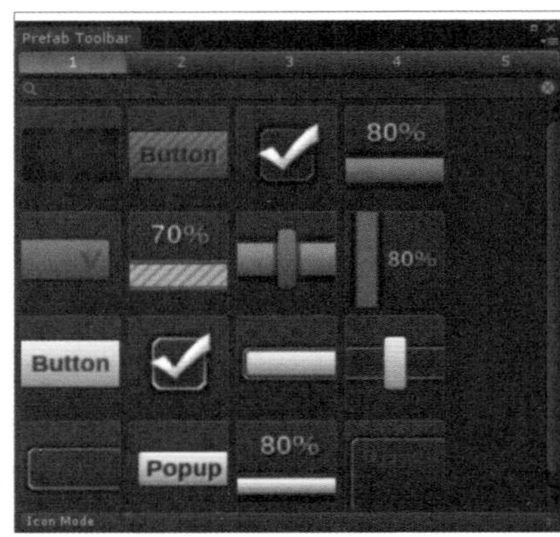

图 10-8

通过拖动工具栏里面的Button按钮预设到上一节中创建的ARHealth场景中，NGUI会自动创建一个UIRoot。这里设置UIRoot的Content Width为1280，Content Height为720，同时勾选后边的Fit复选框。

Step 4 在UIRoot下面新创建一个空游戏对象并命名为Toolbar，然后把刚才拖进来的按钮预设拖进来作为Toolbar的子物体，接着把按钮命名为home。然后移除掉NGUI Snapshot Point 36和Overlay对象。把home按钮使用的Atlas修改为ARHealth图集，然后选择精灵为home。

接着把home下的子物体Label命名为home_des，设置使用的字体为Unity形式的动态字体SIMYOU，设置home_des里的Text为“初始”，接下来把home按钮调整到合适的位置。

Step 5 通过复制上一步操作中创建的home按钮，把复制的按钮命名为takePhoto，然后设置它的精灵为takePhoto。把home_des命名修改为takePhoto_des，设置它使用的字体为Unity形式的动态字体SIMYOU。设置takePhoto_des里Text属性值为“拍照”。再把takePhoto按钮调整到合适位置。

Step 6 依次通过Step5的重复操作，完成左侧工具栏按钮的创建，如图10-9所示。

Step 7 准备搭建左侧描述面板，创建一个精灵对象并命名为LeftDes，然后选择使用的图集为ARHealth，精灵为left。然后在它的下面创建一个Label对象并命名为left_title，设置使用的字体为Unity形式的动态字体SIMYOU，FontSize为24，对齐方式为居中对齐。接着在LeftDes下面创建一个Label对象命名为left_des，设置使用的字体为Unity形式的动态字体SIMYOU，FontSize为24，对齐方式为左上对齐。接着在LeftDes下面创建一个精灵命名为audio，为其添加BoxCollider碰撞器。然后分别把LeftDes、left_title、left_des和left_audio调整到合适位置。

Step 8　设置顶部标题，创建一个精灵对象并命名为TopTitle，然后选择使用的图集为ARHealth，精灵为topBg。接着在TopTitle下面创建一个Label对象并命名为title_des，设置使用的字体为Unity形式的动态字体SIMYOU，FontSize为24，对齐方式为居中对齐。

到此完整的UI搭建就已经完成，完成后的效果图如图10-10所示。

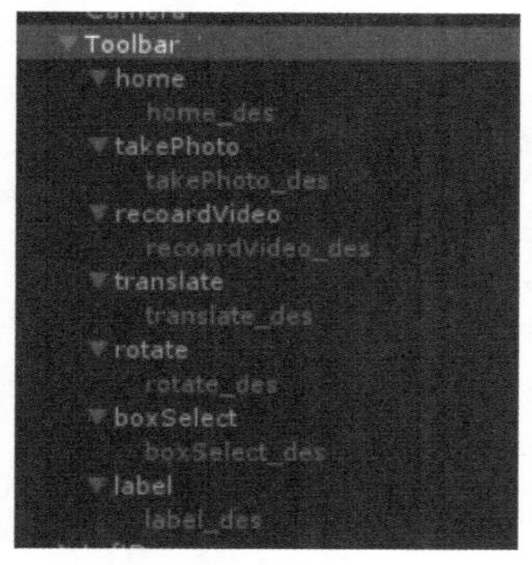

图 10-9

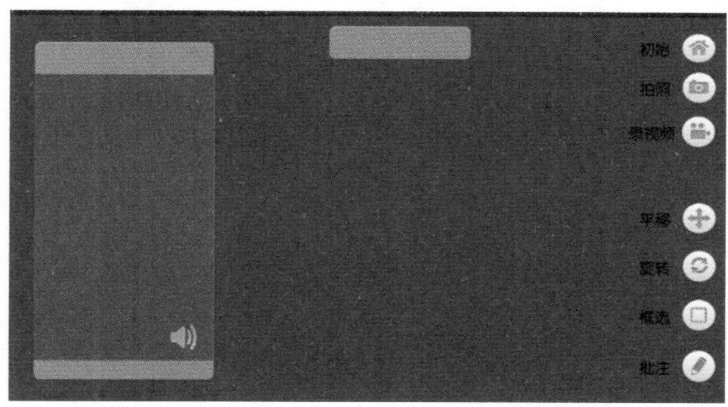

图 10-10

接下来是把Toolbar里面的提示文字的对象设置为false，隐藏界面里的提示文字。

10.3.3　AR 场景搭建

Step 1　从VoidAR/Prefabs中把ARCamera对象拖动到打开的ARHealth场景中，搭建AR摄像机。

Step 2　然后从Yiliao/Prefabs下把Shenti_touming预设拖动到场景中，作为ARCamera的子物体。设置它的位置为（0，-1,4），旋转设置为（0,180,0），缩放设置为（1,1,1）。

Step 3　通过Create>RTVoicePRO>RTVoice创建一个RTVoice对象，然后再通过Create>RTVoicePRO>SpeechText创建一个SpeechText对象。

Step 4　接着从Yiliao/Prefabs文件夹下把Fivexittong预设拖动到场景中。

Step 5　通过Create>Easytouch>Easytouch来创建一个Easytouch对象。

Step 6　最后创建一个空游戏对象，命名为DrawLines。

经过上面的几个步骤，我们已经成功搭建了基本的AR场景。接下来的部分将会对AR案例使用的代码进行讲解。

10.4　AR 案例功能类讲解

下面我们对实现AR功能的主要代码进行说明。

特别需要注意的是，为了防止在VoidAR 运行时的摄像机启动失败及Unity闪退的问题。我们需要打开VoidARBehavior脚本，然后重写OnDestroy函数。这里可以不用写任何代码，当然也可以根据需求填写对应的功能代码。

10.4.1 数据实体类

1. 人体器官说明实体

OrganInfoExcelInfo里面的代码如下：

```
public class OrganInfo
{
    /// <summary>
    /// 器官编号
    /// </summary>
    [JsonProperty("OrganID")]
public string OrganID { get; set; }

    /// <summary>
    /// 器官名称
    /// </summary>
    [JsonProperty("OrganName")]
public string OrganName { get; set; }

    /// <summary>
    /// 器官描述
    /// </summary>
    [JsonProperty("OrganDestribe")]
public string OrganDestribe { get; set; }
}
public class OrganInfoModelInfo
{
    /// <summary>
    ///OrganInfo 类集合
    /// </summary>
    [JsonProperty("OrganInfo")]
public List<OrganInfo>OrganInfo { get; set; }
}
```

提示：该代码通过工具自动产生。

2. 模型实体类

ModelInfo里面的代码如下：

```
using UnityEngine;
/// <summary>
```

```
/// 模型信息实体
/// </summary>
public class ModelInfo
{
    /// <summary>
    /// 模型网格
    /// </summary>
public MeshRenderer ObjMeshRender;

    /// <summary>
    /// 模型位置
    /// </summary>
public Vector3 ObjPosion;

   /// <summary>
   /// 模型旋转
   /// </summary>
public Quaternion ObjRotation;

    /// <summary>
    /// 模型缩放
    /// </summary>
public Vector3 ObjScale;

    /// <summary>
    /// 是否选中
    /// </summary>
public bool IsSelected;
}
```

该实体类代码根据需要保存的信息进行编写，主要保存的是模型的网格对象和该网格对象的位置、旋转、缩放和是否选中属性。

10.4.2　单例模板工具功能类

在本项目中，功能管理之间是通过单例模式进行相互访问的。下面我们把单例模板类贴出来，代码如下：

```
// Copyright (c) Microsoft Corporation. All rights reserved.
// Licensed under the MIT License. See LICENSE in the project root for
license information.

using UnityEngine;
```

```
/// <summary>
/// 泛型单例模板，使用该组件确保仅有一个实例
/// </summary>
/// <typeparam name="T"></typeparam>
public class Singleton<T>: MonoBehaviour where T : Singleton<T>
{
private static T m_Instance;

public static T Instance
    {
get
        {
if (object.ReferenceEquals(Singleton<T>.m_Instance, null))
            {
                Singleton<T>.m_Instance = (UnityEngine.Object.
FindObjectOfType(typeof(T)) as T);
if (object.ReferenceEquals(Singleton<T>.m_Instance, null))
                {
Debug.LogWarning("cant find a gameobject of instance " + typeof(T) + "!");
                }
else
                {
                    Singleton<T>.m_Instance.OnAwake();
                }
            }
return Singleton<T>.m_Instance;
        }
    }

    /// <summary>
    /// 判断单例实例是否有效
    /// </summary>
public static bool IsInstanceValid
    {
get
        {
return !object.ReferenceEquals(Singleton<T>.m_Instance, null);
        }
    }

private void Awake()
    {
```

```
if (object.ReferenceEquals(Singleton<T>.m_Instance, null))
        {
            Singleton<T>.m_Instance = (this as T);
            Singleton<T>.m_Instance.OnAwake();
        }
    }

protected virtual void OnAwake()
    {
    }

protected virtual void OnApplicationQuit()
    {
        Singleton<T>.m_Instance = (T)((object)null);
    }

protected virtual void DoOnDestroy()
    {
    }

private void OnDestroy()
    {
this.DoOnDestroy();
if (object.ReferenceEquals(Singleton<T>.m_Instance, this))
        {
            Singleton<T>.m_Instance = (T)((object)null);
        }
    }
}
```

该脚本组件是一个泛型单例模板，如果想让某个脚本也变成单例，只需要继承该组件就可以进行全局访问。

10.4.3 数据管理中心功能类

在本案例中，我们创建了一个数据中心管理器来处理与数据有关的逻辑。他是一个继承了Singleton的单例类。下面我们对DataCenterManager类的核心代码进行介绍。

```
/// <summary>
/// 注册对象
/// </summary>
/// <param name="tmp"> 注册的对象 </param>
public void Register(Transform tmp)
{
```

```
            //存放父对象的子对象位置信息
            if (!dicObjInfos.ContainsKey(tmp.name))
            {
                List<ModelInfo>listPrcInfo = new List<ModelInfo>();
                MeshRenderer[] tmpRenders = tmp.GetComponentsInChildren<Mesh
Renderer>();
                //Debug.LogError(tmpRenders.Length);
                for (int i = 0; i < tmpRenders.Length; i++)
                {
                    ModelInfo prcInfo = new ModelInfo();
                    prcInfo.ObjMeshRender = tmpRenders[i];
                    prcInfo.ObjPosion = tmpRenders[i].transform.parent.
localPosition;
                    prcInfo.ObjRotation = tmpRenders[i].transform.parent.
localRotation;
                    prcInfo.ObjScale = tmpRenders[i].transform.parent.
localScale;
                    prcInfo.IsSelected = false;
                    listPrcInfo.Add(prcInfo);
                }

                dicObjInfos.Add(tmp.name, listPrcInfo);
            }
            //存放父对象位置信息
            if (!dicParentInfos.ContainsKey(tmp))
            {
                ModelInfo prcInfo = new ModelInfo();
                prcInfo.ObjPosion = tmp.localPosition;
                prcInfo.ObjRotation = tmp.localRotation;
                prcInfo.ObjScale = tmp.localScale;
                prcInfo.IsSelected = false;
                dicParentInfos.Add(tmp, prcInfo);
            }
        }
```

上面的代码，我们实现了注册对象的功能，通过该方法把对象和该对象的ModelInfo信息关联起来，方便我们后边对模型的操作。

```
        /// <summary>
        /// 取消注册
        /// </summary>
        /// <param name="tmp">取消注册的对象</param>
```

```
    public void UnRegister(Transform tmp)
    {
        if (dicObjInfos.ContainsKey(tmp.name))
        {
            dicObjInfos.Remove(tmp.name);
        }
    }
```

通过上面的代码我们实现了取消注册的功能，这样我们可以从注册的对象集合中移除掉指定的对象。

```
    /// <summary>
    /// 所有模型回到最初状态
    /// </summary>
    public void NotifyBackToDefault()
    {
        foreach (KeyValuePair<string, List<ModelInfo>>item in
dicObjInfos)
        {
            for (int i = 0; i < item.Value.Count; i++)
            {
                item.Value[i].ObjMeshRender.transform.parent.
localPosition = item.Value[i].ObjPosion;
                item.Value[i].ObjMeshRender.transform.parent.
localRotation = item.Value[i].ObjRotation;
                item.Value[i].ObjMeshRender.transform.parent.localScale
= item.Value[i].ObjScale;
            }
        }
        foreach (KeyValuePair<Transform, ModelInfo>item in
dicParentInfos)
        {
            item.Key.localPosition = item.Value.ObjPosion;
            item.Key.localRotation = item.Value.ObjRotation;
            item.Key.localScale = item.Value.ObjScale;
        }
    }
```

通过上面的代码，实现了所有模型回到注册时的状态。注意，这里恢复到的是局部坐标的旋转、平移、缩放。

```
    /// <summary>
```

```
        /// 框选结束后，通知选中的对象回到初始位置
        /// </summary>
        public void NotifyPartToDefault()
        {
            foreach (KeyValuePair<string, List<ModelInfo>>item in
dicObjInfos)
            {
                for (int i = 0; i < item.Value.Count; i++)
                {
                    if (item.Value[i].IsSelected)
                    {
                        item.Value[i].ObjMeshRender.transform.parent.
localPosition = item.Value[i].ObjPosion;
                        item.Value[i].ObjMeshRender.transform.parent.
localRotation = item.Value[i].ObjRotation;
                        item.Value[i].ObjMeshRender.transform.parent.
localScale = item.Value[i].ObjScale;
                    }
                }
            }
        }
```

通过上面的代码，我们实现了在框选结束后被框选中的模型恢复到对象记录的初始位置的功能。注意，这里使用的也是局部坐标。

```
        /// <summary>
        /// 设置激活识别到的模型
        /// </summary>
        /// <param name="name">识别卡对应的模型名称</param>
        public void SetActiveArMode(string name)
        {
            for (int i = 0; i < arModels.Count; i++)
            {
                if (arModels[i].name.CompareTo(name) == 0)
                {
                    arModels[i].gameObject.SetActive(true);
                    //把识别图激活的ar模型赋值给要操作的对象
                    EasyTouchManager.Instance.tmp = arModels[i];
                }
                else
                {
                    arModels[i].gameObject.SetActive(false);
                }
            }
    }
```

通过上面的代码，我们实现了根据传入的识别出来的系统名称来显示对应的3D模型。这里传入的是AR识别卡识别出来的名字，3D模型是我们AR识别卡对应的指定的3D模型。我们在这个案例中是手动拖动ar模型到集合中的。

提示： 在现实的开发环境中，我们一般是通过编码进行动态添加的。

```
    /// <summary>
    /// 通知 UI 信息
    /// </summary>
    public void NotifyDescripe(string name)
    {
        OrganInfo info = GetOrganInfo(name);
        UIManager.Instance.leftTitleDescribe.text = info.OrganName;
        UIManager.Instance.leftContentDescrite.text = info.OrganDestribe;
    }
}
```

通过上面的代码，我们实现了根据识别的系统名称和器官名称来显示UI对应的信息。

10.4.4　文字语音播报功能类

在本案例中，VioceTextManager负责文字语音播报的功能。同样该脚本也是继承了Singleton的单例类。下面我们对该组件的关键代码进行说明。

```
    /// <summary>
    /// 是否可以播放语音
    /// </summary>
public bool canSpeech = true;
```

我们声明了一个canSpeech的bool变量。因为插件中没有提供一个判断文字语音是否播放中的API，所以我们在这里设置了该变量，结合Speaker_OnSpeakComplete方法来实现了如果语音播放中不能重复播放，直到该文字语音播放结束，才可以重新进行语音播放。具体的代码实现可以参考项目工程。

10.4.5　屏幕框选功能类

本案例中屏幕框选高亮和框选释放时选中物体恢复到记录的状态的功能均是由BoxSelect Manager来实现的。该脚本同样是继承了Singleton的单例类。下面我们对该脚本中的核心代码进行说明：

```
    void OnPostRender()
    {
        //画线这种操作推荐在OnPostRender()里进行，而不是直接放在Update，所以需要标志来开启
        if (UIManager.Instance.boxSelectToggle.value)
        {
            if (drawRectangle)
            {
                Vector3 end = Input.mousePosition;//鼠标当前位置
                GL.PushMatrix();//保存摄像机变换矩阵，把投影视图矩阵和模型视图矩阵压入堆栈保存
                if (!rectMat)
                    return;
                rectMat.SetPass(0);//为渲染激活给定的pass。
                GL.LoadPixelMatrix();//设置用屏幕坐标绘图
                GL.Begin(GL.QUADS);//开始绘制矩形
                GL.Color(new Color(rectColor.r, rectColor.g, rectColor.b, 0.1f));//设置颜色和透明度，方框内部透明
                //绘制顶点
                GL.Vertex3(start.x, start.y, 0);
                GL.Vertex3(end.x, start.y, 0);
                GL.Vertex3(end.x, end.y, 0);
                GL.Vertex3(start.x, end.y, 0);
                GL.End();
                GL.Begin(GL.LINES);//开始绘制线
               GL.Color(rectColor);//设置方框的边框颜色边框不透明
                GL.Vertex3(start.x, start.y, 0);
                GL.Vertex3(end.x, start.y, 0);
                GL.Vertex3(end.x, start.y, 0);
                GL.Vertex3(end.x, end.y, 0);
                GL.Vertex3(end.x, end.y, 0);
                GL.Vertex3(start.x, end.y, 0);
                GL.Vertex3(start.x, end.y, 0);
                GL.Vertex3(start.x, start.y, 0);
                GL.End();
                //恢复摄像机投影矩阵
                GL.PopMatrix();
            }
        }
    }
```

我们通过上面的代码实现了绘制框选框的形状和颜色。

```
        /// <summary>
        /// 检测被选择的物体
        /// </summary>
        /// <param name="start">框选开始的起始位置</param>
        /// <param name="end">框选的结束位置</param>
        public void CheckSelection(Vector3 start, Vector3 end)
        {
            Vector3 p1 = Vector3.zero;
            Vector3 p2 = Vector3.zero;
            if (start.x>end.x)
            {
                //判断确保p1的xy坐标小于p2的xy坐标，因为我们画的框不见得就是左下到
右上这个方向的
                p1.x = end.x;
                p2.x = start.x;
            }
            else
            {
                p1.x = start.x;
                p2.x = end.x;
            }

            if (start.y>end.y)
            {
                p1.y = end.y;
                p2.y = start.y;
            }
            else
            {
                p1.y = start.y;
                p2.y = end.y;
            }

            foreach (KeyValuePair<string, List<ModelInfo>>item in
DataCenterManager.Instance.dicObjInfos)
            {
                for (int i = 0; i < item.Value.Count; i++)
                {
                    Vector3 location = Camera.main.WorldToScreenPoint(item.
Value[i].ObjMeshRender.transform.parent.position);//把对象的position转换成屏
幕坐标
```

```
                        if (location.x < p1.x || location.x>p2.x || location.y <
p1.y || location.y>p2.y
                        || location.z < Camera.main.nearClipPlane || location.
z>Camera.main.farClipPlane)//z 方向就用摄像机的设定值，看不见的也不需要选择了
                        {
                            item.Value[i].ObjMeshRender.
GetComponent<Highlighter>().ConstantOff();
                            item.Value[i].IsSelected = false;
                        }
                        else
                        {
                            item.Value[i].ObjMeshRender.
GetComponent<Highlighter>().ConstantOn();
                            item.Value[i].IsSelected = true;
                        }
                    }
                }
            }
        }
```

我们通过上面的代码实现了框选的功能，在框选内的对象会进行高亮显示，同时把框选中的游戏对象添加到集合中。这样方便我们在框选结束后，可以对该集合中的对象恢复到记录的初始状态。

提示：要判断物体是否在方框内，按照经典的数学算法可以根据直线方程和点的坐标计算判断点在线的左边、右边还是线上。空间平面方程可表示为：

$Ax+By+Cz=0$

对于点（x1, y1, z1），有

若 $Ax1+By1+Cz1 = 0$，则点在平面上；

若 $Ax1+By1+Cz1 < 0$，则点在平面的一侧；

若 $Ax1+By1+Cz1>0$，则点在平面的另一侧；

由于我们在屏幕上绘制的都是直线，所以我们可以直接选择比较一下物体的屏幕位置是否在方框内就可以了。

10.4.6 屏幕标注功能类

本案例通过DrawScreenManager脚本实现了屏幕标注功能。它同样也是一个继承了Singleton的单例。我们对其核心代码进行简单说明。

通过下面的代码预先加载了制作的手势配置文件。

```
    //加载预先制作的手势
    TextAsset[] gesturesXml = Resources.LoadAll<TextAsset>("GestureSet/10-
stylus-MEDIUM/");
    foreach (TextAsset gestureXml in gesturesXml)
    {
      trainingSet.Add(GestureIO.ReadGestureFromXML(gestureXml.text));
    }
```

关键的文字标注的核心代码我们放到了Update函数里面，原理是通过LineRenderer组件把鼠标经过的位置绘制出来。具体的可以查看工程中的源代码。

```
        /// <summary>
        /// 清除标注文字
        /// </summary>
        public void Clear()
        {
            foreach (LineRenderer lineRenderer in gestureLinesRenderer)
            {
                //lineRenderer.SetVertexCount(0);
                Destroy(lineRenderer.gameObject);
            }
            gestureLinesRenderer.Clear();
    }
```

通过上面的方法我们可以清除屏幕标注。因为事先把绘制的线都添加到了手势集合中了，只需要删除集合中的手势就可以清除屏幕标注。

提示：这里我们没有进行优化，你可以完全使用对象池来控制手势的生成和销毁，这样对移动设备比较友好。

```
        /// <summary>
        /// 判断是否触摸到 UI
    /// </summary>
        bool IsMouseOverUI()
        {
            return UICamera.isOverUI;
        }
    }
```

通过上面的代码我们实现了鼠标是否在UI元素上，因为我们在进行标注时不能标注在UI上，所以通过该方法进行预判当前鼠标是否在UI上。

10.4.7 视频捕捉功能类

本案例使用了视频捕捉功能脚本MovieCaptureManager，该脚本同样是继承了Singleton的单例类，核心代码如下：

```
    /// <summary>
    /// 开始捕捉视频
    /// </summary>
    /// <param name="fileName">视频名称</param>
    /// <param name="filenameExtension">视频的后缀名</param>
    public void StartMovieCapture(string fileName, string folderPath)
    {
        if (_movieCapture&&!IsMovieCaptureing())
        {
            _movieCapture._autoGenerateFilename = false;
             _movieCapture._outputFolderPath = folderPath;
            _movieCapture._forceFilename = fileName;
            Debug.Log(string.Format("输出路径={0}，文件名称
={1}",folderPath,fileName));
            _movieCapture.StartCapture();
        }
}
```

通过上面的代码我们实现了开始捕捉视频的功能。

```
  /// <summary>
    /// 停止视频捕捉
    /// </summary>
    public void StopMovieCapture()
    {
        if (_movieCapture)
        {
            _movieCapture.StopCapture();
        }
    }
```

通过上面的代码我们实现了停止捕捉视频的功能。

提示：在源码工程中你将会看到封装了视频捕捉功能相对完整的脚本。它包括我们对视频捕捉需要的常用功能。每个功能行数我都对其进行了描述。读者根据功能函数的描述就知道该段代码的作用。在实际使用中可以根据自己的需要进行修改。

10.4.8 文件管理器功能类

本案例使用了文件管理器功能脚本SaveFileManager，该脚本同样是继承了Singleton的单例类。核心代码如下：

```
    /// <summary>
    /// 获得保存图片或视频的路径
    /// </summary>
    public void GetSaveFilePath(SaveFileType sft)
    {
        SaveFileDialog sfd = new SaveFileDialog();
        //设置初始盘符
        sfd.InitialDirectory = "c:\\";
        switch (sft)
        {
            case SaveFileType.Photo:
                //设置过滤器
                sfd.Filter = "Image Files(*.JPG;*.BMP;*.PNG)|*.JPG;*.BMP;*.PNG";
                break;
            case SaveFileType.Video:
                sfd.Filter = "Video Files(*.avi;)|*.avi;)";
                break;
            default:
                break;
        }
        DialogResult result = sfd.ShowDialog();
        if (result== DialogResult.OK)
        {
            saveFileName = Path.GetFileName(sfd.FileName);
            saveFolderPath = Path.GetDirectoryName(sfd.FileName);
        }
    }
}
```

上面的代码实现了打开电脑浏览器找到要存放的路径。我们在使用的时候只需要设置是要保存成图片还是要保存视频即可。

提示：这里我们使用的是Unity里面的Mono库里面的System.Windows.Forms动态链接库。可以在电脑的E:\Unity2017.3.0f3\Editor\Data\Mono\lib\mono\2.0（这里作者把Unity安装在了E盘，读者要根据自己的实际安装路径进行查找）下查找到，然后拖动到我们项目里面的Plugins文件夹下即可使用。

10.4.9 屏幕截图功能类

本案例使用的屏幕截图功能脚本ScreenShotManager该脚本同样是继承了Singleton的单例。核心代码如下：

```
        /// <summary>
        /// 截屏
        /// </summary>
        /// <param name="camera">截屏的摄像机</param>
        /// <param name="rect">图片大小</param>
        /// <returns>屏幕快照</returns>
        Texture2D CaptureCamera(Camera camera, Rect rect)
        {
            RenderTexture rt = new RenderTexture((int)rect.width, (int)rect.
height, 0);
            RenderTexture originRT = camera.targetTexture;       // 临时把
camera中的targetTexture替换掉
            camera.targetTexture = rt;
            camera.RenderDontRestore();                          // 手动渲染
            camera.targetTexture = originRT;
            RenderTexture.active = rt;
            Texture2D screenShot = new Texture2D((int)rect.width, (int)rect.
height);
            screenShot.ReadPixels(rect, 0, 0);                   // 读取的是
RenderTexture.active 中的像素
            screenShot.Apply();
            GameObject.Destroy(rt);
            RenderTexture.active = null;
            return screenShot;
        }
    }
```

通过上面的CaptureCamera()方法来获得需要捕获的摄像机产生的Texture2D纹理。

然后再通过下面的CaptureScreenshot()方法把产生的Texture2D保存到指定路径下。

```
        /// <summary>
        /// 截图
        /// </summary>
        public IEnumerator CaptureScreenshot(string filePath)
        {
            yield return new WaitForEndOfFrame();
            Texture2D texture2D = CaptureCamera(shotCamera, new Rect(0, 0,
Screen.width, Screen.height));
            File.WriteAllBytes(filePath, texture2D.EncodeToPNG());
            Destroy(texture2D);
```

```
        texture2D = null;
        Resources.UnloadUnusedAssets();
       // GC.Collect();
    }
```

10.4.10　UI 管理功能类

本案例使用了UI管理相关的功能脚本UIManager，该脚本同样是继承了Singleton的单例类。该脚本的核心代码如下：

```
    #region Unity 内置函数
    void Start()
    {
        #region 注册按钮点击事件
        UIEventListener.Get(home).onClick = ClickHome;
        UIEventListener.Get(takePhoto).onClick = ClickTakePhoto;
        UIEventListener.Get(recoardVideo).onClick = ClickRecoardVideo;
        UIEventListener.Get(audioObj).onClick = PlayAudio;
        #endregion
        #region 注册按钮移上事件
        UIEventListener.Get(home).onHover = HoverHome;
        UIEventListener.Get(takePhoto).onHover = HoverTakePhoto;
        UIEventListener.Get(recoardVideo).onHover = HoverRecoardVideo;
        UIEventListener.Get(translate).onHover = HoverTransLate;
        UIEventListener.Get(rotate).onHover = HoverRotate;
        UIEventListener.Get(boxSelect).onHover = HoverBoxSelect;
        UIEventListener.Get(label).onHover = HoverLabel;
        #endregion
        #region 缓存精灵对象
        recoardVideoSprite = recoardVideo.GetComponent<UISprite>();
        translateSprite = translate.GetComponent<UISprite>();
        rotateSprite = rotate.GetComponent<UISprite>();
        boxSelectSprite = boxSelect.GetComponent<UISprite>();
        labelSrite = label.GetComponent<UISprite>();
        #endregion
        #region 缓存 Toggle 对象
        recoardVideoToggle = recoardVideo.GetComponent<UIToggle>();
        translateToggle = translate.GetComponent<UIToggle>();
        rotateToggle = rotate.GetComponent<UIToggle>();
        boxSelectToggle = boxSelect.GetComponent<UIToggle>();
        labelToggle = label.GetComponent<UIToggle>();
        #endregion
    }
#endregion
```

在Start()函数中我们进行了缓存精灵和Toggle对象，还通过UIEventListener进行了点击事件和鼠标移上事件的注册。同时在脚本中对UIEventListener中注册的事件实现了该事件需要执行的方法。包括点击和移上事件对应的方法。细节部分可以参考工程源代码。

10.4.11 触摸交互管理功能类

本案例使用的触摸交互相关的功能（主要有旋转对象、缩放对象、拖动对象操作）脚本EasyTouchManager。该脚本同样是继承了Singleton的单例类。该脚本的核心代码如下：

```
/// <summary>
/// 操作的模型对象
/// </summary>
public Transform tmp;
```

声明的tmp变量，存储的是我们需要操控的对象，如在移动时如果选中单个物体那么tmp就为选中的单个物体，如果没有选中物体那么tmp就是该系统对象。

```
    private void OnEnable()
    {
        //触摸按下
        EasyTouch.On_TouchDown += TouchDown;
      //此处略去部分代码
}
```

我们在OnEnable里面是对触摸事件的注册。

```
    private void OnDisable()
    {
        UnSubcribeEvent();
    }
    private void OnDestroy()
    {
        UnSubcribeEvent();
}
```

我们在OnDisEnable和OnDestroy方法里面是对触摸事件的移除。

```
    /// <summary>
    /// 取消事件
    /// </summary>
    private void UnSubcribeEvent()
    {
        //选中对象
```

```
            EasyTouch.On_SimpleTap -= Tap;
    //此处略去部分代码
        }
```

上面的代码是封装了触摸事件的取消功能。

```
        if (UIManager.Instance.boxSelectToggle.value)//开启框选
            {
                BoxSelectManager.Instance.drawRectangle = true;//如果鼠标左键
按下，设置开始画线标志
                BoxSelectManager.Instance.start = gesture.startPosition;//记
录按下位置
                BoxSelectManager.Instance.CheckSelection(gesture.
startPosition, gesture.position);
            }
```

上面这段代码是在触摸按下同时开启框选功能时执行的逻辑，我们可以开始框选同时计算出框选的对象。

```
    if (UIManager.Instance.boxSelectToggle.value)//开启框选
            {
                BoxSelectManager.Instance.drawRectangle = false;//如果鼠标左键
放开 结束画线
                BoxSelectManager.Instance.CheckSelection(gesture.
startPosition, gesture.position);
                DataCenterManager.Instance.NotifyPartToDefault();
            }
        }
```

上面这段代码是触摸抬起同时开启框选功能时执行的逻辑。我们可以取消框选，同时对框选的对象恢复到记录状态。

```
    #region Tap选中对象
        private void Tap(Gesture gesture)
        {
            if (gesture.pickedObject)
            {
                foreach (KeyValuePair<string, List<ModelInfo>>item in
DataCenterManager.Instance.dicObjInfos)
                {
                    for (int i = 0; i < item.Value.Count; i++)
                    {
                        if (item.Value[i].ObjMeshRender.name.
CompareTo(gesture.pickedObject.name) == 0)
```

```
                        {
                            item.Value[i].ObjMeshRender.
GetComponent<Highlighter>().ConstantOn();
                            UIManager.Instance.leftDescrite.
SetActive(true);// 显示UI
                            DataCenterManager.Instance.NotifyDescripe(item.
Value[i].ObjMeshRender.name);// 通知显示信息
                            VioceTextManager.Instance.SpeechStop();// 停止信息
读取
                        }
                        else
                        {
                            item.Value[i].ObjMeshRender.
GetComponent<Highlighter>().ConstantOff();
                        }
                    }
                }
            }
        }
```

上面这段代码是触摸点击时把点击到的对象的描述信息展示到UI上，同时该对象会有高亮显示。

提示：这里需要高亮提示的模型必须要附加Highlighter组件。

```
    private void DoubleTap(Gesture gesture)
      {
          // 双击之后可以继续播放语音
          VioceTextManager.Instance.canSpeech = true;
          if (DrawScreenManager.Instance)
          {
              DrawScreenManager.Instance.Clear();// 双击清除屏幕标注
          }
          if (gesture.pickedObject)
          {
              foreach (KeyValuePair<string, List<ModelInfo>>item in
DataCenterManager.Instance.dicObjInfos)
              {
                  for (int i = 0; i < item.Value.Count; i++)
                  {
```

```
                        if (item.Value[i].ObjMeshRender.name.CompareTo
(gesture.pickedObject.name) == 0)
                        {
                            gesture.pickedObject.transform.parent.
localPosition = item.Value[i].ObjPosion;
                            gesture.pickedObject.transform.parent.
localRotation = item.Value[i].ObjRotation;
                            gesture.pickedObject.transform.parent.localScale
= item.Value[i].ObjScale;
                        }
                    }
                }
            }
            //双击隐藏 UI
            UIManager.Instance.leftDescrite.SetActive(false);
            VioceTextManager.Instance.SpeechStop();//停止信息读取
        }
```

上面这段代码是双击后，如果有屏幕标注就清除屏幕标注，同时把双击的对象恢复到记录状态，然后把显示的UI隐藏掉还有声音进行停止播报。

```
    //没有选中对象整体旋转
    if (UIManager.Instance.rotateToggle.value)
    {
        if (gesture.pickedObject)
        {
        foreach (KeyValuePair<string, List<ModelInfo>>item in
DataCenterManager.Instance.dicObjInfos)
        {
          for (int i = 0; i < item.Value.Count; i++)
          {
            Debug.Log(string.Format("item.Value[i].ObjMeshRender.
name={0},gestrue.pickedObject.name={1}", item.Value[i].ObjMeshRender.name,
gesture.pickedObject.name));
        if (item.Value[i].ObjMeshRender.name.CompareTo(gesture.pickedObject.
name) == 0)
        {
          DoRotation(gesture, item.Value[i].ObjMeshRender.transform.parent);
           isRoateAll = false;
           break;
        }
```

```
        else
        {
          isRoateAll = true;
        }
      }
    }
  }
```

上面这段代码是触摸旋转时且开启了旋转功能同时又选中了对象时，对该对象进行旋转操作。

```
  //如果没有选中单个物体，就对该系统模型进行旋转
  if (isRoateAll)
  {
     DoRotation(gesture, tmp);
  }
```

上面这段代码是如果没有选中单个物体，就对该系统模型进行旋转。

```
    if (UIManager.Instance.translateToggle.value)//平移
          {
                if (gesture.pickedObject!=null)
                {
                      if (gesture.pickedObject)//如果选中物体可以单独平移
                      {
                            foreach (KeyValuePair<string, List<ModelInfo>>item
in DataCenterManager.Instance.dicObjInfos)
                            {
                                  for (int i = 0; i < item.Value.Count; i++)
                                  {
                                        if (item.Value[i].ObjMeshRender.name.
CompareTo(gesture.pickedObject.name) == 0)
                                        {
                                              Vector3 position = gesture.
GetTouchToWorldPoint(gesture.pickedObject.transform.parent.position);
                                              item.Value[i].ObjMeshRender.transform.
parent.position = position-deltaPosition;
                                              isTranslateAll = false;
                                              break;
                                        }
                                        else
                                        {
                                              isTranslateAll = true;
```

```
                                    }
                                }
                            }
                        }
                    }
                    if (isTranslateAll)
                    {
                        gesture.pickedObject = tmp.gameObject;
                        Debug.LogError(gesture.pickedObject.transform);
                        Vector3 position = gesture.GetTouchToWorldPoint(gesture.
pickedObject.transform.position);
                        tmp.position = position-deltaPosition;
                    }
                }
```

上面的代码是触摸拖动时且开启了平移功能时，同时又选中的对象并对该对象进行平移操作，否则对整体进行平移操作。

```
    /// <summary>
        /// 执行旋转，这里只是限制了使用本地坐标旋转
        /// </summary>
        /// <param name="gesture">手势</param>
        /// <param name="tmpRotate">旋转的对象</param>
        private void DoRotation(Gesture gesture, Transform tmpRotate)
        {
            float coef = -1;
            axisActionValue = 0;
            switch (gesture.swipe)
            {
                /*
                 *  Vector3(-1, 0, 0) left
                 *  Vector3(1, 0, 0)  right
                 *  Vector3(0, 1, 0)  up
                 *  Vector3(0, -1, 0) down
                 */
                case EasyTouch.SwipeDirection.Left://左滑动
                    axisActionValue = gesture.deltaPosition.x * coef *
sensibility;
                    tmpRotate.Rotate(Vector3.left * axisActionValue, Space.Self);

                    break;
                case EasyTouch.SwipeDirection.Right://右滑动
```

```
                    axisActionValue = gesture.deltaPosition.x * coef *
sensibility;
                    tmpRotate.Rotate(Vector3.right * axisActionValue, Space.
Self);
                    break;
                case EasyTouch.SwipeDirection.Up:// 向上滑动
                    axisActionValue = gesture.deltaPosition.y * coef *
sensibility;
                    tmpRotate.Rotate(Vector3.up * axisActionValue, Space.
Self);
                    break;
                case EasyTouch.SwipeDirection.Down:// 向下滑动
                    axisActionValue = gesture.deltaPosition.y * coef *
sensibility;
                    tmpRotate.Rotate(Vector3.down * axisActionValue, Space.
Self);
                    break;
                case EasyTouch.SwipeDirection.UpLeft:// 向左上滑动
                    axisActionValue = gesture.deltaPosition.magnitude * coef
* sensibility;
                    Vector3 tmpUpLeft = new Vector3(-1, 1, 0);
                    tmpRotate.Rotate(tmpUpLeft * axisActionValue, Space.
Self);
                    break;
                case EasyTouch.SwipeDirection.UpRight:// 向右上滑动
                    axisActionValue = gesture.deltaPosition.magnitude * coef
* sensibility;
                    Vector3 tmpUpRight = new Vector3(1, 1, 0);
                    tmpRotate.Rotate(tmpUpRight * axisActionValue, Space.
Self);
                    break;
                case EasyTouch.SwipeDirection.DownLeft:// 向左下滑动
                    axisActionValue = gesture.deltaPosition.magnitude * coef
* sensibility;
                    Vector3 tmpDownLeft = new Vector3(-1, -1, 0);
                    tmpRotate.Rotate(tmpDownLeft * axisActionValue, Space.
   Self);
                    break;
                case EasyTouch.SwipeDirection.DownRight:// 向右下滑动
                    axisActionValue = gesture.deltaPosition.magnitude * coef
    * sensibility;
                    Vector3 tmpDownRight = new Vector3(1, -1, 0);
```

```
                tmpRotate.Rotate(Vector3.down * axisActionValue, Space.
Self);
                break;
            default:
                break;
        }
    }
```

上面的代码我们实现了DoRotation方法，该方法执行旋转，这里只是限制了使用本地坐标旋转。

上述的内容说明了本案例使用的核心代码，完整的代码内容请参考本书配套资源。